"十二五"普通高等教育本科国家级规划教材

国家精品课程配套教材

中国石油和化学工业优秀教材奖一等奖

电气CAD工程实践技术

李忠勤 主编

刘宏洋 桑林 副主编

付家才 审

DIANQI CAD
GONGCHENG
SHIJIAN
JISHU

化学工业出版社

·北京·

内容简介

本书共分 6 章，第 1 章介绍电气 CAD 绘图基础，第 2 章介绍 AutoCAD 2018 绘图基础，第 3 章介绍工厂电气控制识图与绘图，第 4 章介绍发变电一次工程图识图与绘图，第 5 章介绍电子、通信线路及装置的识图与绘图，第 6 章介绍电气 CAD 工程实践方法。

本书可作为高等学校电气工程及其自动化、电子信息工程、自动化、通信工程、机械设计制造及其自动化等电类相关专业本科教材，也可作为高职高专、中等专业学校、成人教育等电气 CAD 相关课程教材，又可作为相关技术人员的参考书。

图书在版编目（CIP）数据

电气 CAD 工程实践技术 / 李忠勤主编. —3 版. —北京：化学工业出版社，2021.7 （2024.1 重印）
“十二五”普通高等教育本科国家级规划教材 国家精品课程配套教材 中国石油和化学工业优秀教材奖一等奖
ISBN 978-7-122-39073-8

Ⅰ. ①电… Ⅱ. ①李… Ⅲ. ①电气制图—AutoCAD 软件—高等学校—教材 Ⅳ. ①TM02-39

中国版本图书馆 CIP 数据核字（2021）第 080517 号

责任编辑：唐旭华 郝英华　　装帧设计：史利平
责任校对：张雨彤

出版发行：化学工业出版社（北京市东城区青年湖南街 13 号 邮政编码 100011）
印　　装：三河市双峰印刷装订有限公司
787mm×1092mm 1/16 印张 17½ 字数 451 千字 2024 年 1 月北京第 3 版第 6 次印刷

购书咨询：010-64518888　　售后服务：010-64518899
网　　址：http: // www. cip. com. cn
凡购买本书，如有缺损质量问题，本社销售中心负责调换。

定　　价：49.00 元

前　言

根据教育部本科应用型人才培养目标的精神，为满足本科电类相关专业实践能力培养的需要，在化学工业出版社大力支持下，我们组织编写了一套电气工程实践技术系列教材，涵盖电子、电机、电气控制、工业控制、单片机、DSP、应用电子、EDA 等内容。

本套教材立足于本科教育人才培养目标，遵循主动适应社会发展需要，突出应用性和针对性、着重加强工程实践能力、工程设计能力的培养原则，与专业基础课、专业课的理论教材相配套，作为理论教材的扩展和延伸。这套教材集设计、制作、工程实践操作、工程应用、工程训练等能力培养为一体，体系新颖，内容可选择性强。本套书的特点可归纳为：内容先进性、教学适用性、灵活选择性、突出实用性、强调实践性。本套教材取材上充分考虑了内容的先进性，以新技术、新元件、新材料充实到各门实践教材中；在整体规划上尽力保证了与专业基础课、专业课内容的衔接，与理论教材的配套，体现了专业的系统性和完整性，利于课程的整合；为适应电类各专业的需要，对选用实践教材进行多种方案组合；为便于学生学习，本套教材中既注意到一般设计方法和过程介绍，同时对工业设计和过程也进行了具体的介绍，作为通向现场的一座桥梁。本套教材很多内容来源于科研和生产实践，通过对科研和生产单位的广泛调研，搜集了大量有实用意义的资料，使内容更加贴近现场，贴近实践。本套教材既注意工程设计能力的传授，以动手能力、工程实践能力为培养主线，重点放在电气操作技能的训练上，培养学生分析和解决实际问题的能力，又遵循循序渐进的原则，由基础实践技能到综合实践技能，由浅入深、深入浅出的培养方法。

本套教材有《工业控制工程实践技术》、《电子工程实践技术》、《电机工程实践技术》、《电气控制工程实践技术》、《单片机控制工程实践技术》、《DSP 控制工程实践技术》、《EDA 工程实践技术》（第二版）、《应用电子工程实践技术》、《电气 CAD 工程实践技术》（第三版）、《通信工程实践技术》、《LabVIEW 工程实践技术》、《计算机装配工程实践技术》12 本。

由于 AutoCAD 软件版本的升级和部分相关国标的更新，我们对《电气 CAD 工程实践技术》进行了再版。《电气 CAD 工程实践技术》（第三版）主要介绍 AutoCAD 在电气领域中的应用。结合大量的实例，系统详尽地介绍了 AutoCAD 2018 的使用方法和应用技巧。以工厂电气控制、电力系统接线、电子线路、通信线路及装置等的绘图为主线，结合实例掌握工厂电气控制、电力系统接线、电子线路、通信线路及装置等原理与识图技巧、方法。

本书的主要特点为：

（1）识图与绘图相结合，使读者在掌握使用 AutoCAD 绘制电气图形的同时，能够识别各类电气图形；

（2）提供典型电气工程的设计思路，充分体现 AutoCAD 的设计技巧；

（3）涵盖电气设计各个专业学科，读者可有针对性地学习相关章节，做到有的放矢；不同专业的学生可以选做本专业相关的实践题目；

（4）书中全部电气图形符号均采用最新国标，所有实例均经过实践检验；

（5）实例讲解，深入浅出，读者只需按书中实例操作，即可在最短时间掌握 AutoCAD 在电气领域的应用；

（6）精选了大量实践题目，为读者提供提高 AutoCAD 应用水平的实践平台。

本书配套的电子课件可免费提供给采用本书作为教材的院校使用，如有需要，请发邮件至 cipedu@163.com 索取。

本书由李忠勤主编，刘宏洋、桑林任副主编。第 1 章由刘丹丹编写，第 2 章由李忠勤编写，第 3 章由林海鹏编写，第 4 章由刘宏洋编写，第 5 章由桑林编写，第 6 章由董金波编写。全书由李忠勤策划和统稿。

本书由付家才审，在审阅中提出了许多宝贵意见和建议，在此表示衷心的感谢。

由于编者水平有限，书中难免存在不足之处，敬请广大读者批评指正。

编　者
2021 年 5 月

目　录

1 电气 CAD 绘图基础

1.1 电气制图的一般规定

1.1.1 图纸幅面及格式（GB/T 14689—2008《技术制图　图纸幅面和格式》）

（1）图纸的幅面尺寸

为了使图纸规范统一，便于使用和保管，在绘制技术图样时，应优先选用表 1.1 中规定的基本幅面。

必要时，也允许选用加长幅面，这些加长幅面的尺寸是由基本幅面的短边按整数倍增加后得出的，如图 1.1 所示。图 1.1 中 A0、A1、A2、A3、A4 为优先选用的基本幅面；A3×3、A3×4、A4×3、A4×4、A4×5 为第二选择的加长幅面；虚线所示为第三选择的加长幅面。

表 1.1　图纸的基本幅面尺寸　　单位：mm×mm

幅面代号	尺　寸	幅面代号	尺　寸
A0	841×1189	A3	297×420
A1	594×841	A4	210×297
A2	420×594		

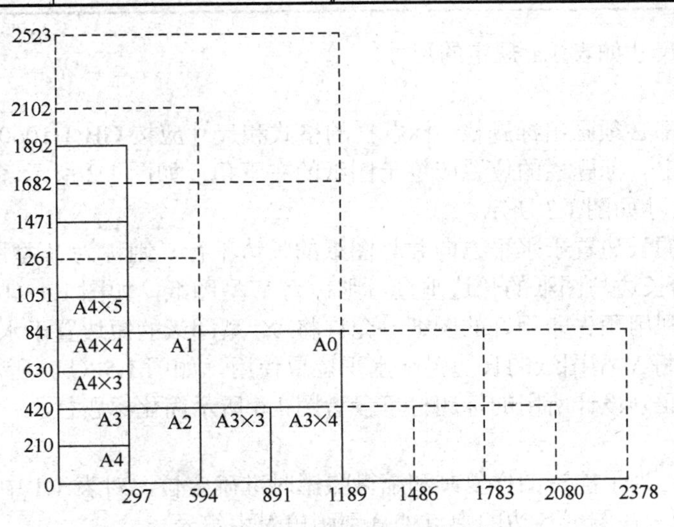

图 1.1　基本幅面和加长幅面

（2）图框格式

① 在图纸上必须用粗实线画出图框，其格式分为不留装订边和留有装订边两种，但同一产品的图样只能采用一种格式。

② 对于留有装订边的图纸，其图框格式如图 1.2（a）所示。图中尺寸 a 为 25mm，尺寸 c 分为两类：对于 A0、A1、A2 三种幅面，c 为 10mm；对于 A3、A4 两种幅面，c 为 5mm。

在装订成册时，一般 A4 幅面的要竖装，A3 幅面的要横装。

③ 当图纸张数较少或需要采用其他方法保管而不需要装订时，其图框应按照不留装订边的方式绘制，如图 1.2（b）所示。图纸的四个周边尺寸相同，对于 A0、A1 两种幅面，*e* 为 20mm；对于 A2、A3、A4 三种幅面，*e* 为 10mm。

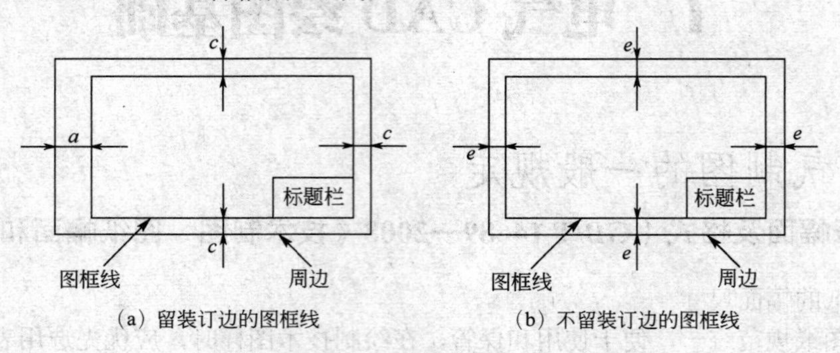

图 1.2　图纸的图框线

④ 图框的线宽。图框分为内框和外框，两者的线宽不同。根据幅面及输出设备的不同，图框的内框线应采用不同的线宽，具体设置如表 1.2 所示。各种幅面的外框线均为 0.25mm 的实线。

表 1.2　图框内框线宽

幅　面	绘图机类型	
	喷墨绘图机	笔式绘图机
A0、A1 及加长图	1.0mm	0.7mm
A2、A3、A4 及加长图	0.7mm	0.5mm

⑤ 图框外框尺寸如表 1.1 规定的尺寸。

（3）标题栏

① 每张图纸都必须画出标题栏。标题栏的格式和尺寸应按 GB/T 10609.1—2008《技术制图 标题栏》的规定。标题栏的位置应位于图纸的右下角，如图 1.2 所示，国内工程通用标题栏的基本信息及尺寸如图 1.3 所示。

② 若标题栏的长边置于水平方向并与图纸的长边平行，则称为 X 型图纸，如图 1.4（a）所示。若标题栏的长边与图纸的长边垂直，则称为 Y 型图纸，如图 1.4（b）所示。

③ 为了能够利用预先印刷好的图纸，允许将 X 型图纸的短边置于水平位置使用，如图 1.5（a）所示，或将 Y 型图纸的长边置于水平位置使用，如图 1.5（b）所示。

④ 课程（毕业）设计所用的标题栏可参考图 1.6 所示简化标题栏。

（4）附加符号

① 对中符号　为了能在图样复制和缩微摄影时准确定位，对表 1.1 中所示及部分加长幅面的各号图纸，均应在图纸各边的中点处分别画出对中符号。

对中符号用粗实线绘制，线宽不小于 0.5mm。对中符号应从纸边开始向内延伸，并伸入图框内部距图框约 5mm 处，如图 1.5（a）所示。

对中符号的位置误差应不大于 0.5mm。当对中符号处于标题栏范围内时，则伸入标题栏部分省略不画，如图 1.5（b）所示。

② 方向符号　对于本节（3）中③条规定，使用预先印制的图纸时，为了明确绘图与看图时的图纸方向，应在图纸相对应的对中符号处画出一个方向符号，如图 1.5 所示。

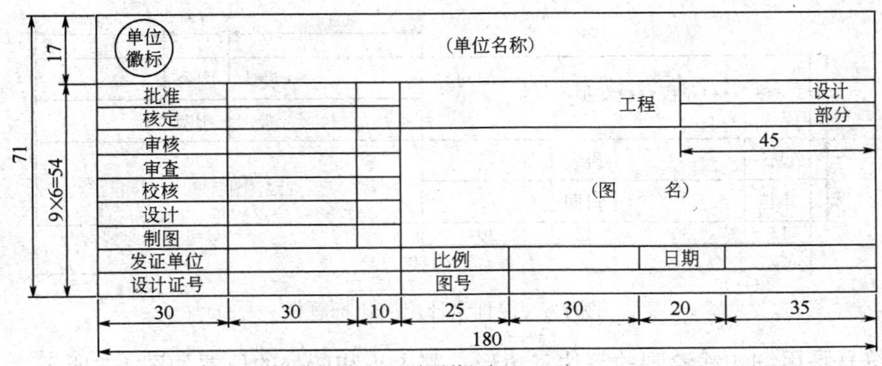

（a）设计通用标题栏（A0～A1）

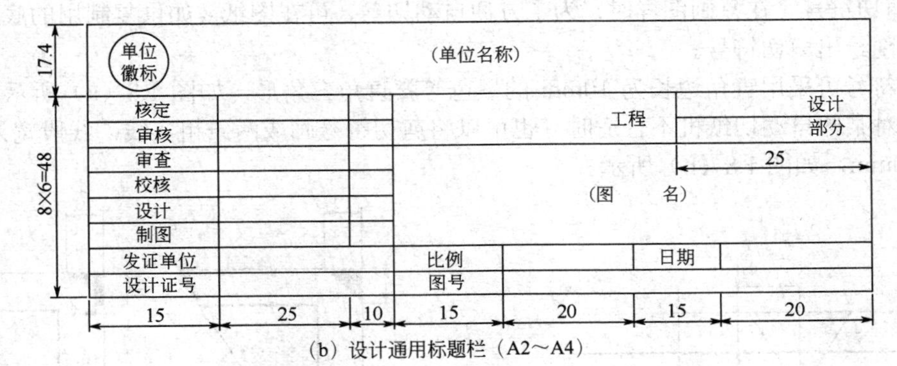

（b）设计通用标题栏（A2～A4）

图 1.3　标题栏的格式

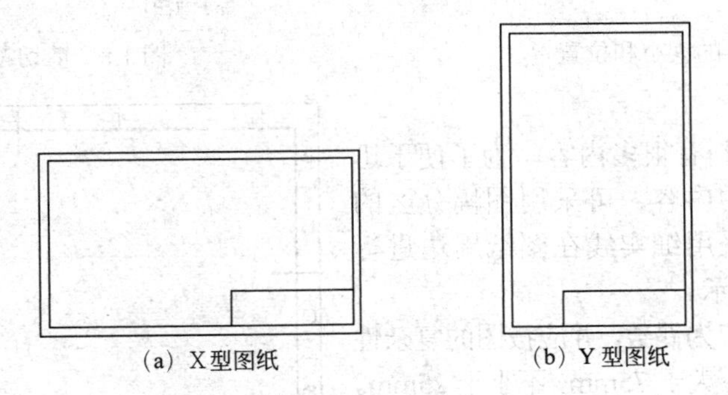

（a）X 型图纸　　（b）Y 型图纸

图 1.4　X、Y 型图纸

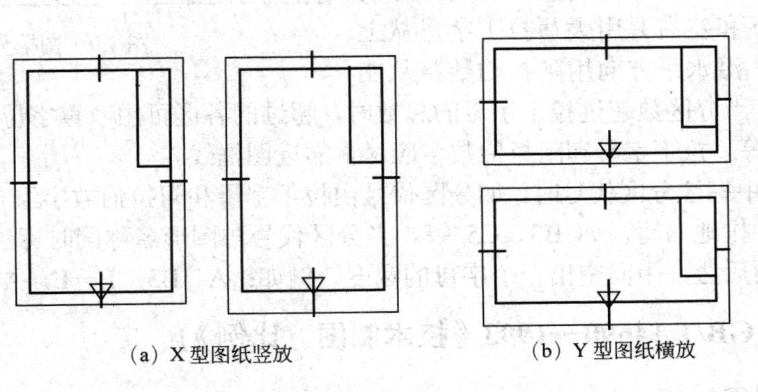

（a）X 型图纸竖放　　（b）Y 型图纸横放

图 1.5　X、Y 型图纸的对中符号

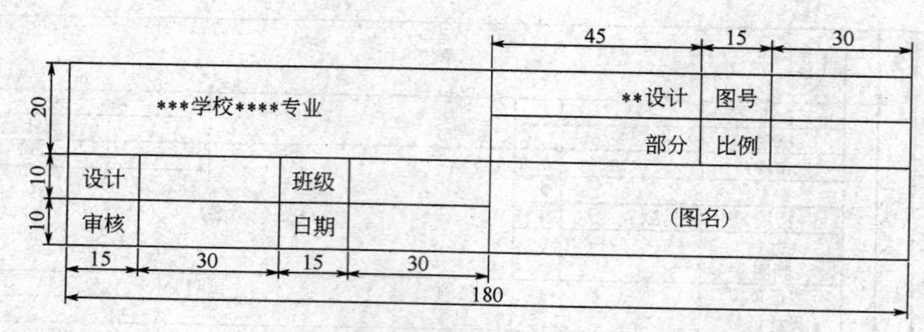

图 1.6　课程设计用简化标题栏

方向符号是用细实线绘制的等边三角形，其大小和所处的位置如图 1.7 所示。

③ 剪切符号　在复制图样时，为了方便自动切剪，可在图纸（如供复制用的底图）的四个角上分别绘出剪切符号。

剪切符号可采用直角边长为 10mm 的黑色等腰直角三角形，如图 1.8（a）所示。当使用这种符号对某些自动切纸机不合适时，也可以将剪切符号画成两条粗实线，线段宽为 2mm，线长为 10mm，如图 1.8（b）所示。

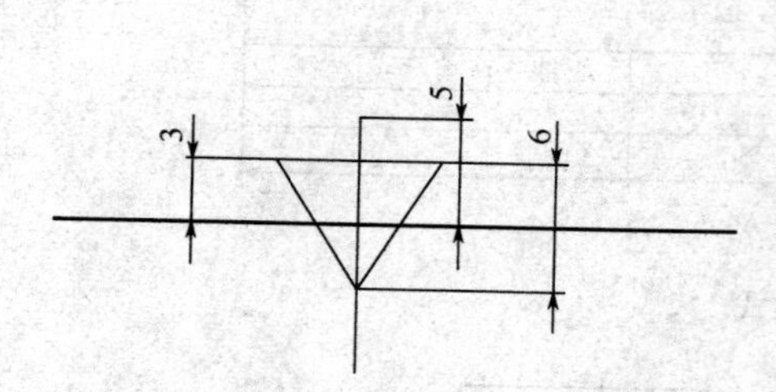

图 1.7　方向符号的大小和位置

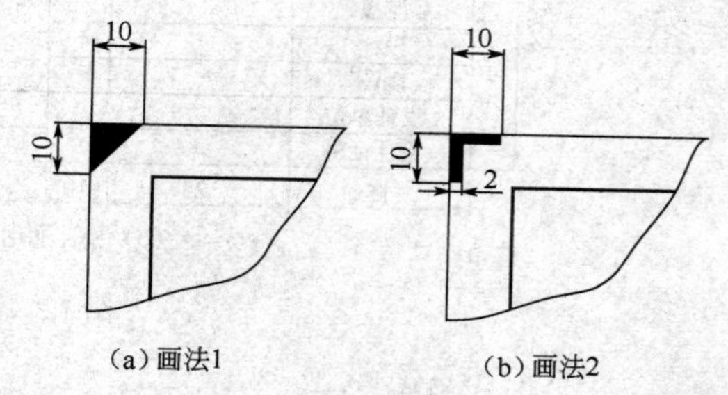

图 1.8　剪切符号画法

（5）图幅分区

① 若图纸上绘制有很多内容，为了便于迅速查找其中某部分的内容，可采用图幅分区的方法。这种方法是采用细实线在图纸周边进行分区的，如图 1.9 所示。

② 图幅分区数应为偶数，并应按图的复杂性选取。每个分区长度不大于 75mm，不小于 25mm。

③ 分区的编号，沿上下方向（按看图方向确定图纸的上下和左右）用大写拉丁字母从上到下顺序编写；沿水平方向用阿拉伯数字从左到右顺序编写。当分区数超过拉丁字母的总数时，超过的各区可用双重字母依次编写，例如：AA、BB、CC 等。拉丁字母和阿拉伯数字应尽量靠近图框线。

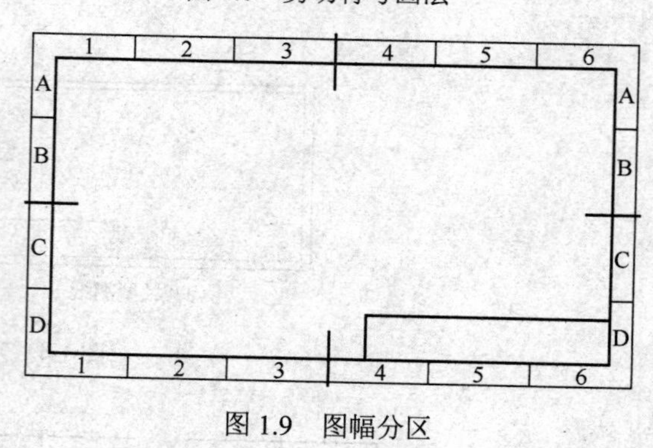

图 1.9　图幅分区

④ 在图样中标注分区代号时，如分区代号由拉丁字母和阿拉伯数字组合而成，应字母在前、数字在后并排地书写，如 B3、C5 等。当分区代号与图形名称同时标注时，则分区代号写在图形名称的后边，中间空出一个字母的宽度，例如：A　B3；E—E　A7；2∶1　C5 等。

1.1.2　比例（GB/T 14690—1993《技术制图　比例》）

（1）比例概念

图中图形与其实物相应要素的线性尺寸之比，称为比例。

原值比例：比值为 1 的比例，即 1∶1。

放大比例：比值大于 1 的比例，如 2∶1 等。

缩小比例：比值小于 1 的比例，如 1∶2 等。

（2）比例系列

① 电气工程图中的设备布置图、安装图最好能按比例绘制。技术制图中推荐采用的比例规定如表 1.3 所示。

② 在特殊情况下，也允许选取表 1.4 中的比例。

表 1.3　比例系列 1

种　类	比　例		
原值比例	1∶1		
放大比例	5∶1 (5×10^n)∶1	2∶1 (2×10^n)∶1	10∶1 (1×10^n)∶1
缩小比例	1∶2 1∶(2×10^n)	1∶5 1∶(5×10^n)	1∶10 1∶(1×10^n)

注：n 为正整数。

表 1.4　比例系列 2

种　类	比　例				
放大比例	4∶1 (4×10^n)∶1	2.5∶1 (2.5×10^n)∶1			
缩小比例	1∶1.5 1∶(1.5×10^n)	1∶2.5 1∶(2.5×10^n)	1∶3 1∶(3×10^n)	1∶4 1∶(4×10^n)	1∶6 1∶(6×10^n)

注：n 为正整数。

（3）标注方法

① 比例符号应以“∶”表示，其标注方法如 1∶1、1∶500、20∶1 等。

② 比例一般应填写在标题栏中的相应位置（即比例栏处）。标注方法示例如：

$$\frac{1}{2:1}\quad \frac{A\text{向}}{1:100}\quad \frac{B-B}{2.5:1}\quad \frac{\text{墙板位置图}}{1:200}\quad \frac{\text{平面图}}{1:100}$$

（4）比例的特殊情况

当图形中孔的直径或薄片的厚度等于或小于 2mm 以及斜度和锥度较小时，可不按比例而夸大画出。

（5）采用一定比例时图样中的尺寸数值

不论采用何种比例，图样中所标注的尺寸数值都必须是实物的实际大小，与图形比例无关，如图 1.10 所示。

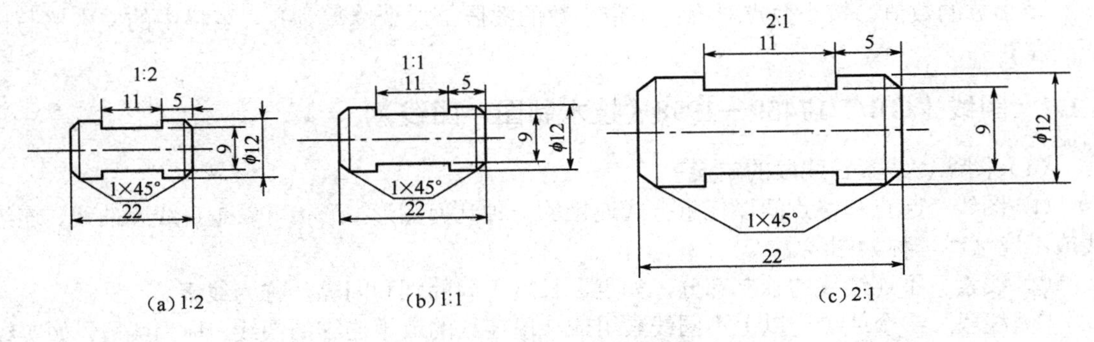

图 1.10　用不同比例画出的图形

1.1.3 字体（GB/T 14691—1993《技术制图 字体》）

（1）书写方法

图样中书写的汉字、字母和数字，都必须做到“字体工整、笔画清楚、间隔均匀、排列整齐”，且图样中字体取向（边框内图示的实际设备的标记或标识除外）采用从文件底部和从右面两个方向来读图的原则。

（2）字体的选择

汉字字体应为仿宋简体，拉丁字母、数字字体应为ROMANS.SHX（罗马体），希腊字母字体为GREEKS.SHX。图样及表格中的文字通常采用直体字书写，也可写成斜体字。斜体字字头向右倾斜，与水平基准线成75°。

（3）字号

常用的字号（字高）共有20、14、10、7、5、3.5、2.5七种（单位为mm）。汉字的高度h不应小于3.5mm，数字、字母的高度h不应小于2.5mm；字宽一般为$h/\sqrt{2}$。如需要书写更大的字，其字体高度应按$\sqrt{2}$的比率递增。表示指数、分数、极限偏差、注脚等的数字和字母，应采用小一号的字体。不同情况字符高度如表1.5、表1.6所示。

字体的高度代表字体的号数。

表1.5 最小字符高度

单位：mm

图幅	A0	A1	A2	A3	A4
汉字	5	5	3.5	3.5	3.5
数字和字母	3.5	3.5	2.5	2.5	2.5

表1.6 图样中各种文本尺寸

单位：mm

文本类型	中文		字母或数字	
	字高	字宽	字高	字宽
标题栏图名	7～10	5～7	5～7	3.5～5
图形图名	7	5	5	3.5
说明抬头	7	5	5	3.5
说明条文	5	3.5	3.5	2.5
图形文字标注	5	3.5	3.5	2.5
图号和日期	5	3.5	3.5	2.5

（4）表格中的数字

带小数的数值，按小数点对齐；不带小数的数值，按个位数对齐。表格中的文本书写按正文左对齐。

1.1.4 图线（GB/T 17450—1998《技术制图 图线》）

（1）图线、线素、线段的定义

① 图线 起点和终点间以任意方式连接的一种几何图形，形状可以是直线或曲线、连续线或不连续线，称为图线。

② 线素 不连续线的独立部分，如点、长度不同的划和间隔，称为线素。

③ 线段 一个或一个以上不同线素组成一段连续的或不连续的图线，称为线段。如实线的线段或由“长划、短间隔、点、短间隔、点、短间隔”组成的双点划线的线段等。

（2）样式

GB/T 17450—1998 中规定有 15 种基本线型如表 1.7 所示。除此之外，还可以对基本线型进行变化，例如可将 1 号线型变化为规则波浪连续线、规则螺旋连续线、规则锯齿连续线、波浪线等。1 号基本线型的变化样例如表 1.8 所示。

表 1.7　GB/T 17450－1998 中规定的 15 种基本线型

序　号	线　型	名　称
1		实线
2		虚线
3		间隔划线
4		点划线
5		双点划线
6		三点划线
7		点线
8		长划短划线
9		长划双短划线
10		划点线
11		双划单点线
12		划双点线
13		双划双点线
14		划三点线
15		双划三点线

表 1.8　基本线型的变形

基本线型的变形	名　称
	规则波浪连续线
	规则螺旋连续线
	规则锯齿连续线
	波浪线（徒手连续线）

（3）图线的宽度

所有线型的图线宽度，均应按图样的类型和尺寸大小在 0.13mm、0.18mm、0.25mm、0.35mm、0.5mm、0.7mm、1mm、1.4mm、2mm 中选择，该系列的公比为$1:\sqrt{2}$。粗线、中粗线和细线的宽度比率为 4∶2∶1。在同一图样中，表达同一结构的线宽应一致。

（4）图线的画法

① 间隙　除非另有规定，两条平行线之间的最小间隙不得小于 0.7mm。

② 相交

a. 类型　基本线型代码为 02～06 和代码为 08～15 的线应恰当地相交于画线处，如图 1.11（a）～图 1.11（c）所示；代码为 07 的线应准确地相交于点上，如图 1.11（d）所示。

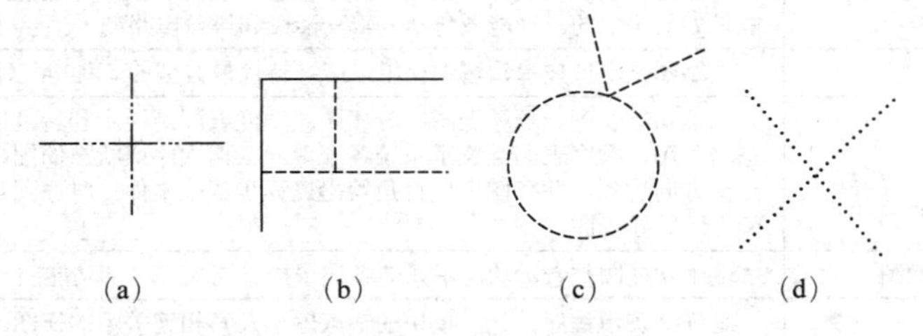

图 1.11　几种基本线型相交绘制方法示例

b. 第二条图线的位置　绘制两条平行线的两种方法，如图 1.12（a）、（b）所示。推荐采用如图 1.12（a）所示的画法。（第二条线均画在第一条线的右下边）

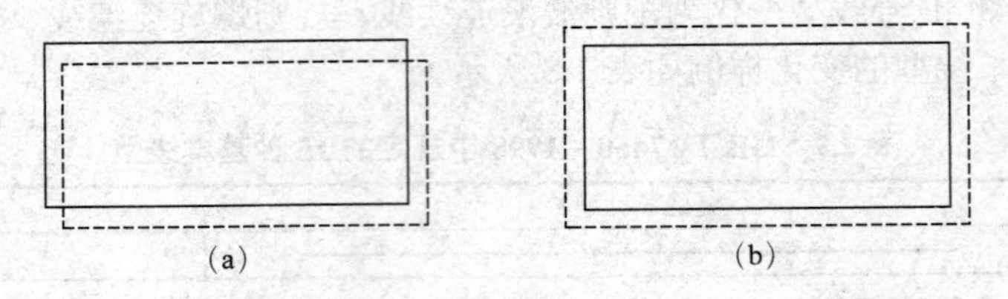

图 1.12　绘制平行线的两种方法

③ 圆的中心线画法　圆的中心线画法如图 1.13 所示。中心线超出轮廓线的长度，一般习惯规定为 3～5mm，且同一图中应基本一致。

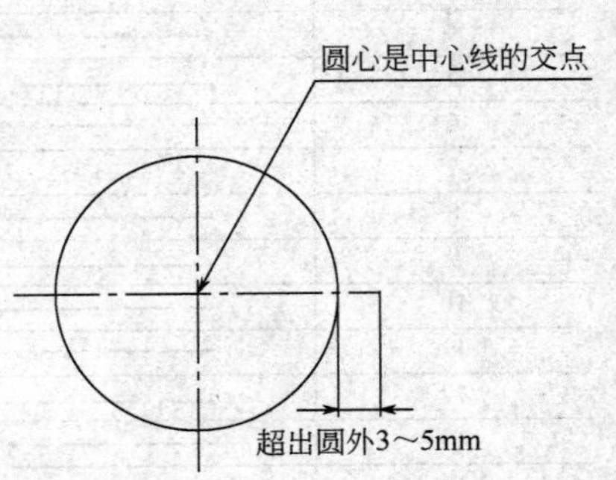

图 1.13　圆的中心线画法

1.1.5　尺寸标注（GB/T 16675.2—2012《技术制图　简化表示法　第 2 部分：尺寸注法》）

在图样中，图形表达机件的形状，尺寸表示机件的大小。因此，标注尺寸应该严格遵守国家标准的有关规定。

① 机件的真实大小应以图样上所标注的尺寸为依据，与图形大小及绘图的准确度无关。

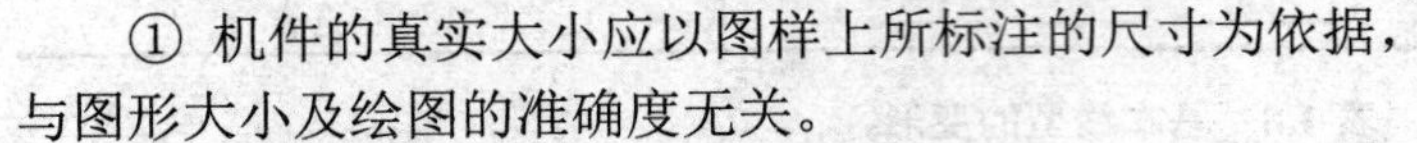

② 图样中标注的尺寸（包括技术要求和其他说明中的），以毫米为单位时，不需要标注计量单位的代号或名称；如采用其他单位标注尺寸时，则必须注明相应的计量单位的代号或名称。

③ 图样中所标注的尺寸，应为该图样所示机件最后完工时的尺寸，否则应另加说明。

④ 机件的每一尺寸，一般只标注一次，并应标注在最能够反映该结构的部位上。

1.2　电气制图的分类及其表示法

1.2.1　电气图的分类

电气图的具体分类，如表 1.9 所示。

表 1.9　电气图分类

类　别	名　称	说　明
功能性文件	概略图	概略图应表示系统、分系统、成套装置、设备、软件等的概貌，并示出各主要功能件之间和（或）各主要部件之间的主要关系。概略图包括传统意义上的系统图、框图等电气图
	功能图	功能图应表示系统、分系统、成套装置、设备、软件等功能特性的细节，但不考虑功能是如何实现的。功能图包括逻辑功能图和等效电路图
	电路图	电路图是电气技术领域中使用最广，特性最典型的一种电气简图
	表图	包括功能表图、顺序表图、时序图。功能表图是用步和转换描述控制系统的功能和状态的表图。顺序表图是表示系统各个单元工作次序或状态的图，各单元的工作或状态按一个方向排列，并在图上成直角绘出过程步骤或事件。时序图是按比例绘出时间轴（横轴）的顺序表图
	端子功能图	端子功能图是表示功能单元的各端子接口连接和内部功能的一种简图
	程序图	是详细表示程序单元、模块的输入输出及其相连关系的简图，其布局应能清晰地识别其中的相互关系

续表

类　别	名　称	说　明
位置文件	总平面图	总平面图是表示建筑工地服务网络、道路工程、相对于测定点的位置、地表资料、进入方式和工区总体布局的平面图
	安装图	安装图是表示各项目安装位置的图
	安装简图	安装简图是表示各项目之间连接的安装图
	装配图	装配图是通常按比例表示一组装配部件的空间位置和形状的图
	布置图	布置图是经简化或补充以给出某种特定目的所需信息的装配图
接线文件	接线图[表]	接线图[表]是表示或列出一个装置或设备的连接关系的简图。包括单元接线图[表]、互连接线图[表]、端子接线图[表]等
	电缆图[表][清单]	电缆图[表][清单]是提供有关电缆，诸如导线的识别标记、两端位置以及特性、路径和功能（如有必要）等信息的简图
项目表	元件表、设备表	元件表、设备表是表示构成一个组件（或分组件）的项目（零件、元件、软件、设备等）和参考文件（如有必要）的表格
	备用元件表	备用元件表是表示用于防护和维修的项目（包括零件、元件、软件、散装材料等）的表格
说明文件	安装说明文件	安装说明文件是给出有关一个系统、装置、设备或元件的安装条件以及供货、交付、卸货、安装和测试说明或信息的文件
	试运转说明文件	试运转说明文件是给出有关一个系统、装置、设备或元件试运转和启动时的初始调节、模拟方式、推荐的设定值以及为了实现开发和正常发挥功能所需采取措施的说明或信息的文件
说明文件	使用说明文件	使用说明文件是给出有关一个系统、装置、设备或元件的使用的说明和信息的文件
	可靠性和可维修性说明文件	可靠性和可维修性说明文件是给出有关一个系统、装置、设备或元件的可靠性和可维修性方面的说明和信息的文件
其他文件	手册、指南、样本、图样和文件清单等	

1.2.2　电气简图中元件的表示法

（1）元件中功能相关各部分的表示方法

① 集中表示法　这是一种把一个复合符号的各部分列在一起的表示法。如图 1.14（a）所示。为了能表明不同的部件属于同一个元件，每一个元件的不同部件都集中画在一起，然后用虚线将它们连接起来。这种方法的优点是能够让人快速、清晰地了解到电气图中任一元件的所有部件。但与半集中表示法和分开表示法相比，这种表示法不容易使人理解电路的功能原理。因此在绘制以表示功能为主的电气图时，除非原理很简单，否则很少采用集中表示法。

② 半集中表示法　这是一种把同一个元件不同部件的符号（通常用于具有机械的、液压的、气动的、光学的等方面功能联系的元件）在图上展开的表示方法。如图 1.14（b）所示。它通过虚线把具有以上联系的各元件或属于同一元件的各部件连接起来，以清晰表示电路布局，这种画法的优点是易于理解电路的功能原理，而且也能通过虚线清楚地找到电气图中任何一个元件的所有部件。但和分开表示法相比，这种表示法不宜用于很复杂的电气图。

③ 分开表示法　这是一种把同一个元件不同部件的图形符号（用于有功能联系的元件）分散于图上的表示方法，采用其同一个元件的项目代号表示元件中各部件之间的关系，以清晰表示电路布局，如图 1.14（c）所示。同样的“$-K_1$”，不需通过虚线把它的不同部件连接起来或集中起来，而只要通过在其每一个部件（如线圈、主触点和控制触点）附近标上“$-K_1$”即可。显然，这种画法对读图者来讲，是最容易理解电路的功能的。

④ 重复表示法　这是一种把一个复杂符号（通常用于有电功能联系的元件，例如用含有公共控制框或公共输出框的符号表示的二进制逻辑元件）示于图上的两处或多处的表示方法，同一项目代号只代表同一个元件，如图 1.15（a）、图 1.15（b）所示（图 1.15 表示的是二进制逻辑元件多路选择器）。

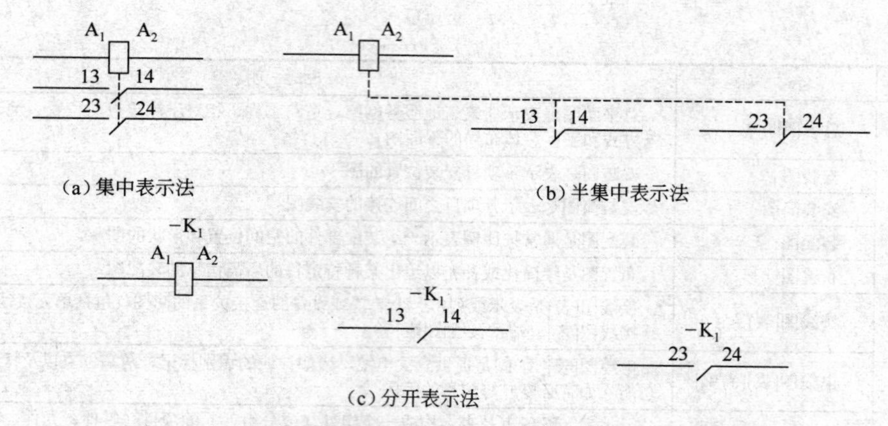

图 1.14　元件中功能相关部分集中、半集中和分开表示法示例

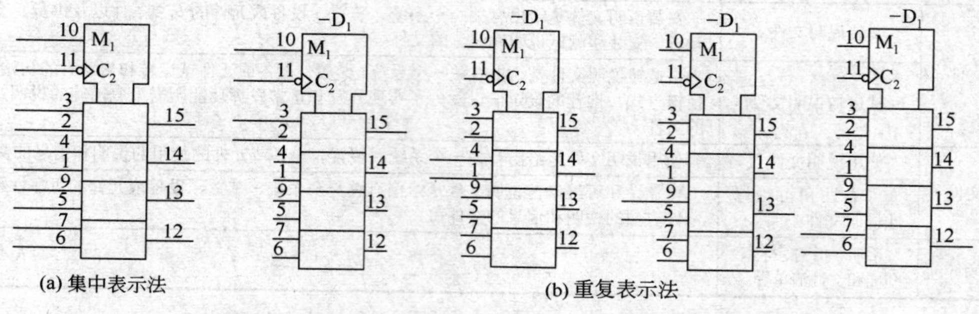

图 1.15　元件中功能相关各部分集中表示法和重复表示法符号

（2）元件中功能无关各部分的表示方法

① 组合表示法　即可以按照下面给出的两种方式中的任意一种来表示元件中功能无关的各个部分。

a．符号的各个部分均在点划线框内画出，如图 1.16 所示，运用组合表示法表示一个封装了两只继电器的元件。

b．符号的各部分（通常是二进制逻辑元件或模拟元件）连在一起。如图 1.17 所示，用组合表示法表示一个四输出与非门的封装单元。

② 分立表示法　这种方法是把在功能上独立的符号的各部分分开示于图上，并通过其项目代号使电路和相关的各部分的布局清晰。图 1.17 所示元件的分立表示法如图 1.18 所示。

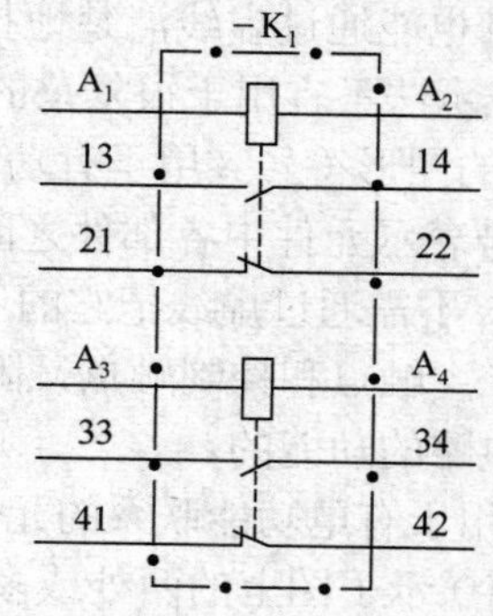

图 1.16　组合表示法表示两只断电器的封装单元示例

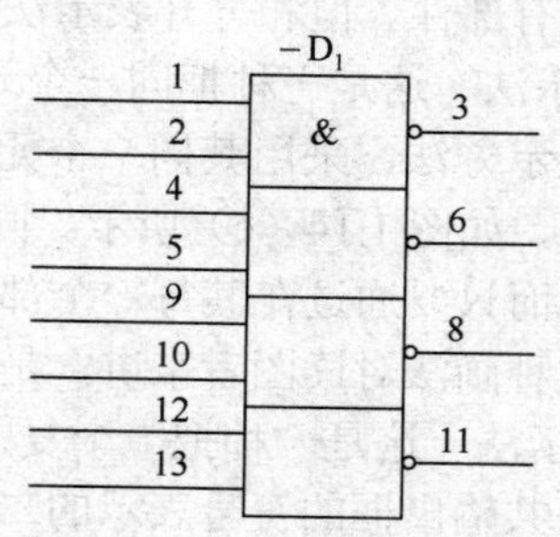

图 1.17　组合表示法表示四输出与非门封装单元示例

1.2.3　信号流的方向和符号的布局

（1）信号流方向

信号流的默认方向是从左到右或者从上到下，如图 1.19（a）所示。如果由于制图的需要，信号的流向与上述习惯不同时，需在连接线上画上开口箭头，以表明信号流的方向。需要注意的是，这些箭头不可触及任何图形符号，如图 1.19（b）所示。

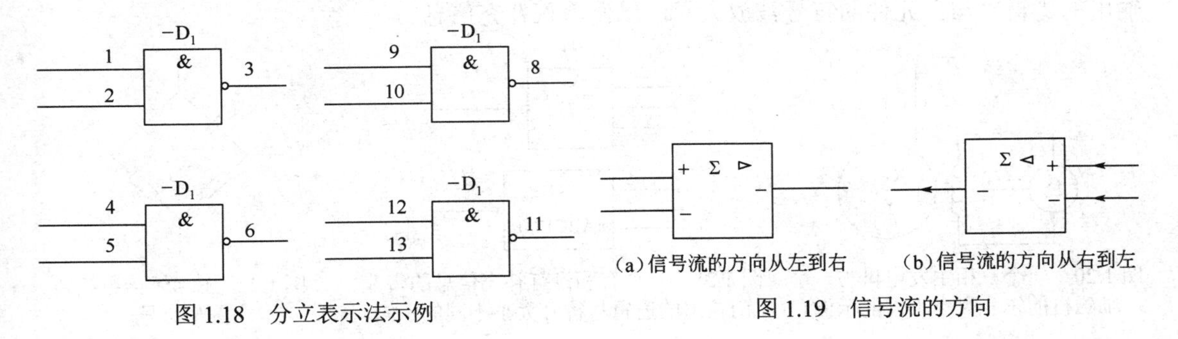

图 1.18　分立表示法示例

（a）信号流的方向从左到右　（b）信号流的方向从右到左

图 1.19　信号流的方向

（2）符号的布局

符号的布局应按顺序排列，以便能强调功能关系和实际位置。可分为功能布局法和位置布局法两种。

① 功能布局法　功能布局法是指元件或元件的各部件在图上的布置使电路的功能关系易于理解的布局方法。对于表示设备功能和工作原理的电气图，在进行布局时，可把电路划分成多个既相互独立又相互联系的功能组，并按照工作顺序或因果关系把划分的功能组从上到下或从左到右进行排列。每个功能组内的元器件应集中布置在一起，其顺序也按因果关系或工作顺序排列，这样才能便于读图时分析电路的功能关系。一般电路图都采用这种布局的方法。

② 位置布局法　位置布局法是指在元件布置时使其在图上的位置反映其实际相对位置的布局方法。对于需按照电路或设备的实际位置绘制的电气图（如接线图或电缆配置图），在进行布局时，可把元器件和结构组按照实际位置布置，这样绘制的导线接线的走向与位置关系也与实物相同，便于装配接线及维护时的读图。

1.2.4　电气简图图形符号

（1）图形符号标准

目前，我国采用的电气简图用图形符号标准为 GB/T 4728《电气简图用图形符号》。该标准由 13 个部分组成，包括符号形式、内容、数量等，且全部与 IEC 相同，为我国电气工程技术与国际接轨奠定了一定基础。

（2）符号的选择

GB/T 4728《电气简图用图形符号》标准对同一对象的图形符号有的示出“推荐形式”“优选形式”“其他形式”等，有的示出“形式 1”“形式 2”“形式 3”等，有的示出“简化形式”，有的在“说明及应用”栏内注明“一般符号”。一般来说，符号形式可任意选用，当同样能够满足使用要求时，最好用“推荐形式”“优选形式”或“简化形式”。但无论选用了哪种形式，对一套图中的同一个对象，都要用该种形式。表示同一含义时，只能选用同一个符号。

（3）图形符号的大小

在使用图形符号时，应保持标准中给出的符号的一般形状，并应尽可能保持相应的比例。但为了与平面图或电网图的比例相适应，GB/T 4728.11 中规定：用于安装平面图、简图或电网图的符号允许按比例放大或缩小。

在同一张电气图样中只能选用一种比例的图形形式，但为了适应不同图样或用途的要求，可以改变彼此有关符号的尺寸，如电力变压器和测量用互感器就经常采用不同大小的符号。出现下列情况的，可采用大小不等符号画法：①为了增加输入或输出线数量；②为了便于补充信息；③为了强调某些方面；④为了把符号作为限定符号来使用。如图 1.20 所示，发电机组的励磁机的符号小于主发电机的符号，以便表明其辅助功能。如图 1.21 所示，具有“非”输出的逻辑“与”元件的符号被放大了，以便填入补充信息。

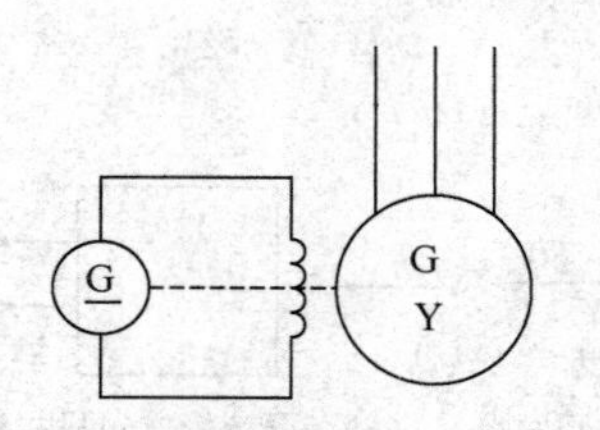

图 1.20　一个三相主发电机与一个励磁机的符号大小不同的示例

图 1.21　一个有和没有补充信息的带非门输出的逻辑与符号大小不同的示例

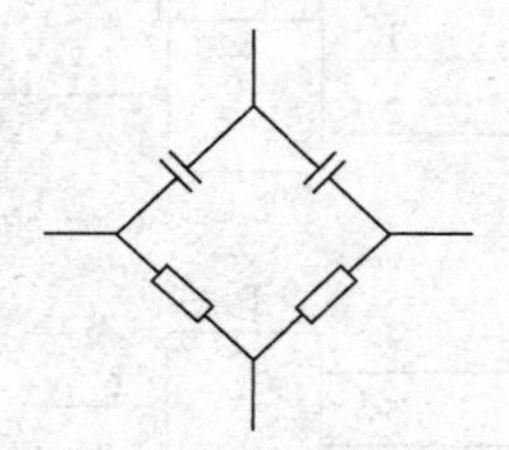

图 1.22　按 45° 倍数旋转图形符号

（4）符号的取向

为了满足流动方向和绘制符号的方便以及阅读方向不同的要求，可根据需要调整标准图形符号的取向。通常可按 90° 的倍数进行图形符号的旋转，按照此方法旋转可获得 4 种符号取向。也可先经镜像再将图形符号进行 90° 旋转，按照此方法旋转可获得 8 种符号取向。但有时为了使读者读图方便，可将符号旋转 45°，如图 1.22 所示。无论图形符号如何取向，都认为是相同的符号。

对于辐射符号，当相关符号旋转时，其辐射符号方向应保持不变。

对于方框形符号、二进制逻辑元件符号以及模拟元件符号，包括文字、限定符号、图形或输入/输出标记等，由于改变符号取向后，其方向也会改变，所以当从图的底边或右边看图时，必须能够识别。如表 1.10 所示，给出了这方面的一个示例。

（5）符号的组合

假如想要的符号在标准中找不到，则可按照 GB/T 4728 中给出的原则，从标准符号中选取相应的符号，组合出一个新的符号。图 1.23 给出了一个过电压继电器组合符号组成的示例。

对 GB/T 4728 范围之外的项目，应贯彻相应的图形符号标准，不必费尽脑汁在 GB/T 4728 中的符号中去组合。如果需要的符号未被标准化，则所用的符号必须在图上或支持文件用的注释中加以说明。

表 1.10　标准图形符号取向改变方法示例

信号从左到右	信号从右到左	信号从上到下	信号从下到上
* L_1 L_2 L_3 L_4 L_5	* L_4 L_5 L_1 L_2 L_3	L_1 L_2 L_3 * L_4 L_5	L_4 L_5 * L_1 L_2 L_3
取自标准符号	将标准符号做镜像	将标准符号先做镜像，然后按逆时针旋转 90°	将标准符号逆时针旋转 90°

注：1. *表示按照 GB/T 4728.2 最好放在上部的通用限定符号。

2. L_1、L_2、L_3 表示输入标记。

3. L_4、L_5 表示输出标记。

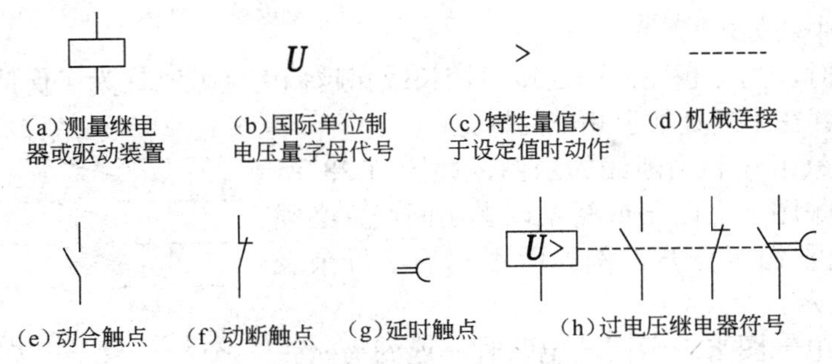

图 1.23　过电压继电器组合符号组成的示例

（6）端子的表示法

在 GB/T 4728 中，多数符号未表示出端子符号，一般不需要将端子、电刷等符号加到元件符号上。在某些特殊情况下，如端子符号是符号的一部分时，则必须画出。

（7）引出线表示法

在 GB/T 4728 中，元件和器件符号一般都包含有引出线。在保证符号含义没有改变的前提下，引出线在符号中的位置是允许改变的。如图 1.24 所示，虽然改变了引出线的位置，但并未影响符号的含义，此种改变是被允许的；如图 1.25 所示，改变了引出线的位置，电阻的符号变成了继电器线圈符号，图形符号的含义发生了改变，此种改变是不被允许的，此时必须按 GB/T 4728 中规定来画引出线。

图 1.24　改变引线方向的扬声器　　图 1.25　改变引线方向的电阻器

1.2.5　简图的连接线

（1）一般规定

对于非位置布局简图的连接线应尽量采用直线，并减少交叉线及弯曲线，以提高简图的可读性。为了改善图的清晰度，可采用斜线。例如对称布局或改变相序的情况，如图 1.26 所示。

简图的连接线应采用实线来表示，表示计划扩展的连接线用虚线。

同一张电气图中，所有的连接线应具有相同的宽度，具体线宽应根据所选图幅和图形的尺寸来决定。但在有些电气图中，为了突出和区分某些重要电路，必要时连接线可采用两种以上的宽度，例如电源电路，可采用粗实线。

（2）连接线的标记

当连接线需要标记时，标记符号必须沿着连接线置于水平连接线的上方及垂直连接线的左边，或放在连接线中断处，如图 1.27 所示。

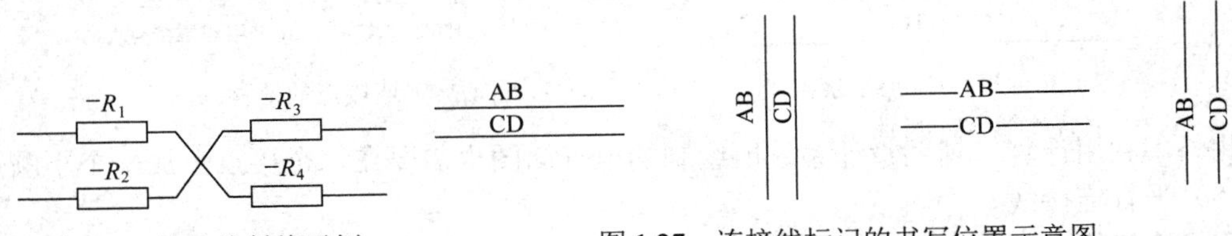

图 1.26　连接线斜线示例　　图 1.27　连接线标记的书写位置示意图

（3）连接线中断处理

绘制电气图时，当穿越图面的连接线较长或穿越稠密区域时，为了保持图面清晰，允许将连接线中断，并在中断处加上相应的标记。

在同一张图纸上绘制中断线的示例，如图 1.28 所示。如果在同一张图上有两条或两条以上中断线，必须用不同的标记把它们区分开，例如用不同的字母来表示，如图 1.29 所示。

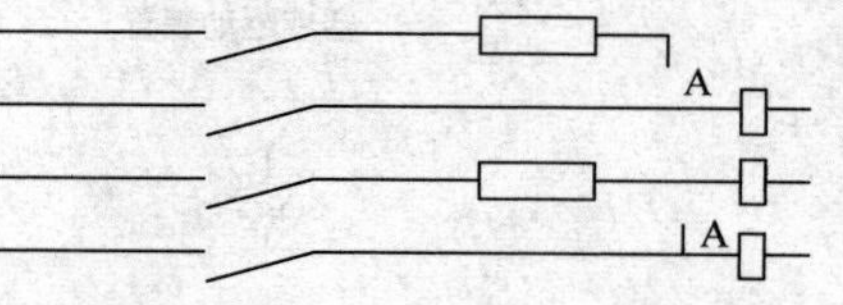

图 1.28　一张图中带标记 A 的中断线

当需用多张电气图来表示同一电路时，连到另一张图上的连接线，应画成中断形式，并在中断处注明图号、张次、图幅分区代号等标记，如图 1.29 所示。

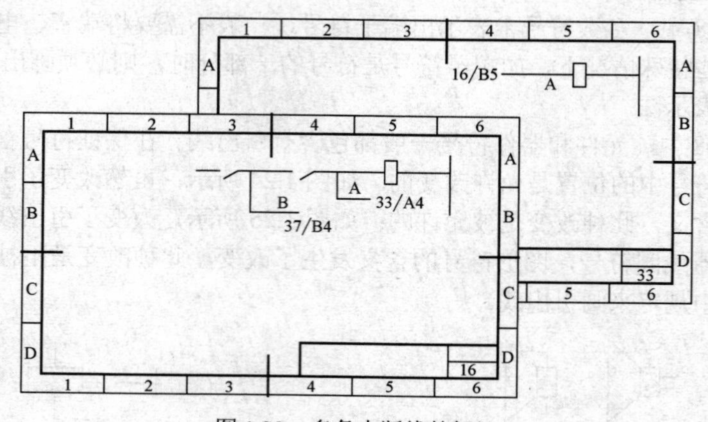

图 1.29　多条中断线的标记

平行走向的连接线组也可中断，但需在图上线组的末端加注适当的标记，如图 1.30 所示。

（4）连接线的接点

连接线的接点按照标准有两种表现方式，一种为 T 形连接表示，当布局比较方便时，应优先选用此种表达方式，如图 1.31（a）所示；另一种为双重接点表示方式，若采用此种表达方式表示，则图中所有连接点都应加上小圆点，不加小圆点的十字交叉线被认为是两线跨接而过，并不相连，如图 1.31（b）所示。需要注意的是，在同一份图上，只能采用其中一种方法。图 1.31（a）、（b）两个电路是等效的。

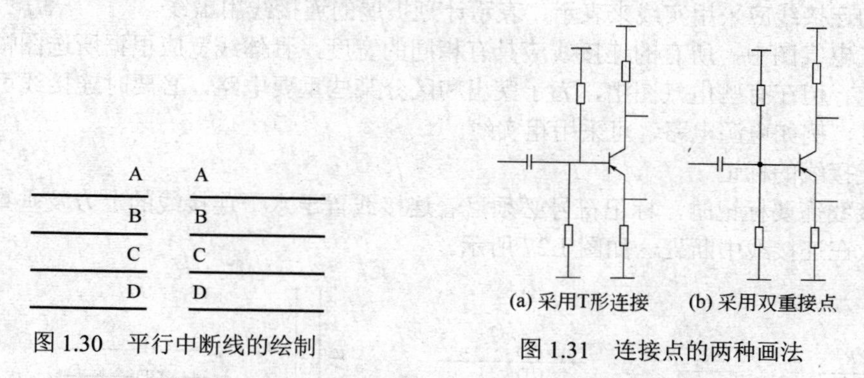

图 1.30　平行中断线的绘制

图 1.31　连接点的两种画法

此外，利用计算机辅助设计系统所绘制的电气简图也需要在每个接点上加一个小圆点。

（5）平行连接线

平行连接线有两种表示方法，一种是一根图线表示法，如图 1.32（a）所示；另一种是多线表示法，如图 1.32（b）所示。

① 采用多线表示法时，当平行走向的连接线数大于等于 6 根时，就应将它们分组排列。在概略图、功能图和电路图中，应按照功能来分组。对于不能按功能分组的其余情形，则应按不多于五根线分为一组进行排列。

② 当采用一根图线表示法时，多根平行走向的连接线可采用下列方法之一来表示：

a．短垂线法　平行连接线被中断，留有一点间隔，画上短垂线，其间隔之间用一根横线相连，如图 1.33（a）所示。

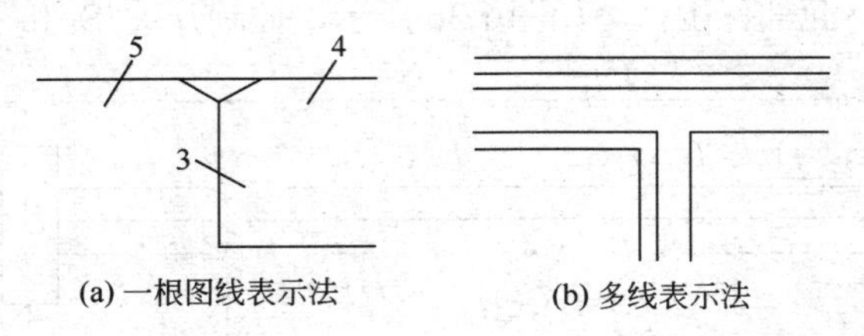

(a) 一根图线表示法　　(b) 多线表示法

图 1.32　平行连接线的两种表示方法

b．倾斜相接法　单根连接线汇入线束时，应倾斜相接，如图 1.33（b）所示。

如果连接线的顺序相同，但次序不明显，如图 1.34 所示，当线束折弯时，必须在每端注明第一根连接线，例如用一个圆点。

如端点顺序不同，应在每一端标出每根连接线的标记。

（6）信息总线

如果连接线表示传输几个信息的总线（同时的或时间复用的），可用单向总线指示符、双向总线指示符来表示，如图 1.35 所示。

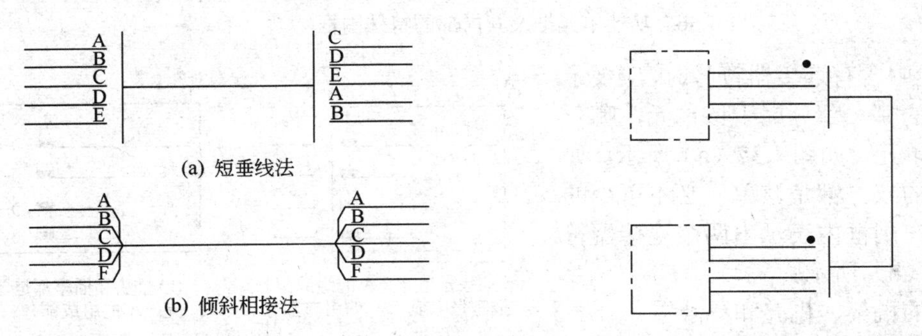

(a) 短垂线法

(b) 倾斜相接法

图 1.33　用单根连接线表示线组　　图 1.34　采用短垂线并用圆点标识第一根连接线的线组示例

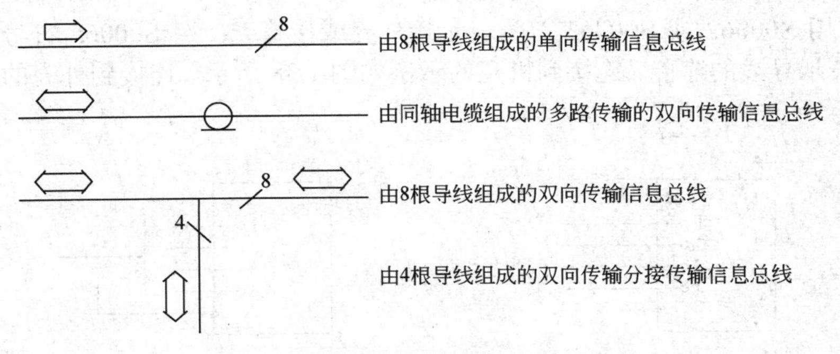

图 1.35　信息总线单线表示法的示例

1.2.6　围框和机壳

（1）围框

① 表示功能单元、功能组的围框、结构单元应采用框线符号（即长划短划线）绘制。围框最好有规则的形状，并且不应与任何元件符号相交，如图 1.36 所示。此外，如有需要也可采用不规则形状的围框。

② 在复杂简图中，若表示一个单元的围框中包围了不属于此单元的部件，此时应用长划双短划线绘制一个围框并将此部件围住，如图 1.36 所示，控制开关$-S_1$和$-S_2$不是$-Q_1$单元的部件。

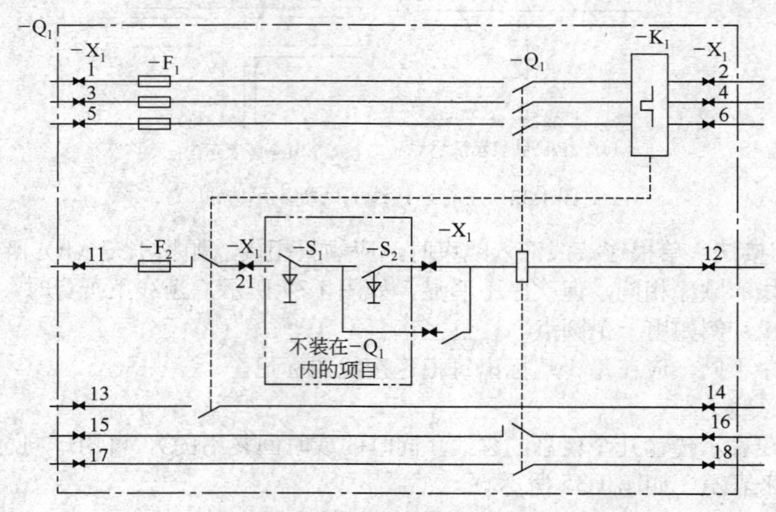

图 1.36　功能单元框及其内部的特殊围框

③ 当单元中含有连接器符号时，应表示出一对连接器的哪一部分属于该单元，哪一部分不属于该单元，如图 1.37（a）所示。如果一对连接器的双方都是该单元必不可少的部分，则必须在围框内表示出两个连接器符号，如图 1.37（b）所示。

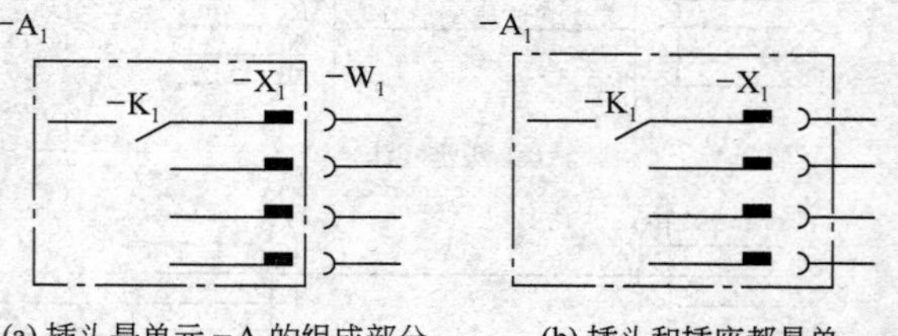

(a) 插头是单元$-A_1$的组成部分，插座是电缆$-W_1$的组成部分

(b) 插头和插座都是单元$-A_1$的组成部分

图 1.37　连接器位置符号位置示例

（2）导电的机架、机壳和屏蔽罩

应采用 GB/T 4728 中的符号，清楚地表示出与结构单元相关的导电机架、机壳或屏蔽罩的连接：用 S00062 或 S00063 符号表示接外壳或接管壳；用 S00065 符号表示屏蔽；用 S00016 符号表示导线的连接。连接到机壳的示例如图 1.38 所示。连接到外壳的示例如图 1.39 所示。

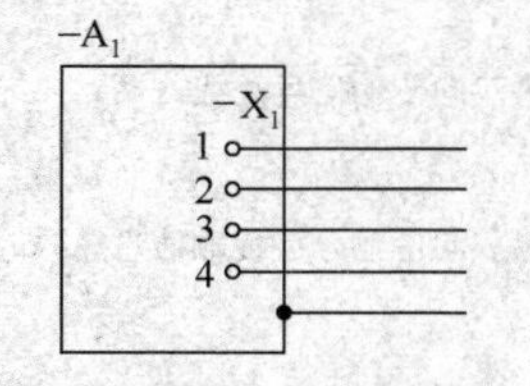

图 1.38　表示连接到机壳的示例

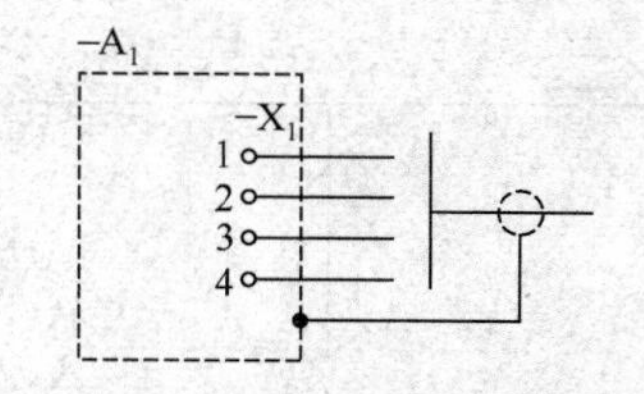

图 1.39　表示连接到外壳的示例

1.2.7 项目代号和端子代号

（1）项目代号的定义

在图上通常用一个图形符号表示的基本件、部件、组件、功能单元、设备、系统等，称为项目。项目的大小可能相差很大，例如电容器、端子板、发电机、电源装置、电力系统都可称为项目。

项目代号是用以识别图、表图、表格中和设备上的项目种类，并提供项目的层次关系、实际位置等信息的一种特定的代码。通过项目代号可以将不同的图或其他技术文件上的项目（软件）与实际设备中的该项目（硬件）一一对应和联系在一起。

（2）项目代号的组成

一个完整的项目代号由 4 个代号段组成，分别是：① 种类代号段，其前缀符号为“−”；②高层代号段，其前缀符号为“=”；③位置代号段，其前缀符号为“+”；④端子代号段，其前缀符号为“：”。

种类代号是用以识别项目种类的代号，称为种类代号。种类代号段是项目代号的核心部分。种类代号一般是由字母代码和数字组成，其中的字母代码必须是标准中规定的文字符号，例如$-K_1$表示第 1 个继电器 K，$-QS_3$表示第 3 个隔离开关 QS。

高层代号指系统或设备中任何较高层次（对给予代号的项目而言）项目的代号。例如，某电力系统 S 中的一个变电所，则电力系统 S 的代号可称为高层代号，记作“=S”。所以，高层代号具有“总代号”的含义。高层代号可用任意选定的字符、数字表示，如=S、=1 等。当高层代号与种类代号需要同时标注时，通常将高层代号标在前面，种类代号标在后面，例如：1 号变电所的开关 Q_2，则标记为“$=1-Q_2$”。

位置代号是指项目在组件、设备、系统或建筑物中的实际位置的代号。位置代号一般由自行选定的字符或数字来表示。如果需要，应给出相应的项目位置的示意图。例如：105 室 B 列机柜第 3 号机柜的位置代号可表示为：“+105+B+3”。

端子代号是指用以同外电路进行电气连接的电器的导电件的代号。端子代号通常用数字或大写字母来表示。例如：端子板 X 的 5 号端子，可标记为“−X:5”；继电器 K_4 的 B 号端子，可标记为“$-K_4$:B”。

项目代号是用来识别项目的特定代码，一个项目可由一个代号段组成（较简单的电气图只需标注种类代号或高层代号），也可由几个代号段组成。例如：S_1 系统中的开关 Q_4，在 H_{84} 位置中，其中的 A 号端子，可标记为：“$+H_{84}=S_1-Q_4$:A”。

（3）项目代号的位置和取向

每个表示元件或其组成部分的符号都必须标注其项目代号。一套文件中所有代号（包括项目代号和端子代号）应该保持一致。项目代号应标注在符号的旁边，如果符号有水平连接线，应标注在符号上面，如果符号有垂直连接线，应标注在符号左边，如图 1.40 所示。如果需要，可把项目代号标注在符号轮廓线里面。表示在同一张图上的所有或多数元件项目代号的公用部分仅需表示在标题栏中。项目代号应尽可能地水平取向。

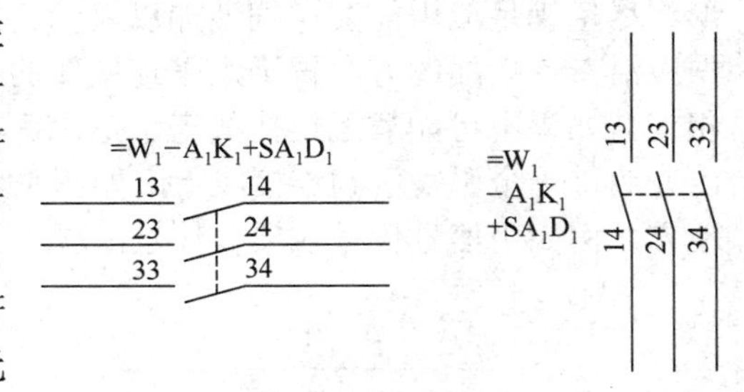

图 1.40　项目和端子代号位置和取向

（4）端子代号的位置和取向

端子代号应靠近端子，最好标在水平连接线的上边或垂直连接线的左边，端子代号的取向应与连接线的方向保持一致，如图 1.40 所示。元件或装置的端子代号应放置于该元件或装置轮廓线和围框线的外边。而一个单元内部元件的端子代号应标注在该单元轮廓线或围框线的里边。

1.2.8 位置标记、技术数据和说明性标记

（1）字母符号

关于电气图中使用的量和单位的字母符号应符合 IEC 27 和 GB 3102 的规定。按照 IEC 的规定，如果图形符号表示的物理属性十分明显，则这些数值可以简化。例如 6.3kΩ、0.6pF、5mH 可简化为：电阻器为 6.3k、电容器为 0.6p、电感为 5m。

（2）位置标记

电气图采用图幅分区法进行位置标记，这种标记法示例如表 1.11 所示。

当符号或元件的图幅分区代号与实际设备的其他代号有可能引起混淆时，则图幅分区代号应当用括号括起来或将分区标记放在统一位置。

表 1.11 符号或元件在图上位置的表示方法

符号或元件的位置	标 记 写 法	符号或元件的位置	标 记 写 法
同一张图样上的 B 行	B	图号为 4568，单张图上的 B3 区	图 4568/B3
同一张图样上的 3 列	3	图号为 5796 的第 34 张图上的 B3 区	图 5796/34/B3
同一张图样的 B3 区	B3	=S1 系统单张图上的 B3 区	=S1/B3
第 34 张图上的 B3 区	34/B3	=Sl 系统多张图上第 34 张的 B3 区	=S1/34/B3

（3）元件的技术数据

元件的技术数据可以放在符号的外边，也可放在符号里边。

① 元件的技术数据放在符号外边。元件的技术数据必须靠近符号。当元件垂直布置时，技术数据标在元件左边；当元件水平布置时，技术数据标在元件的上方；技术数据应放在项目代号的下面，如图 1.41 所示。

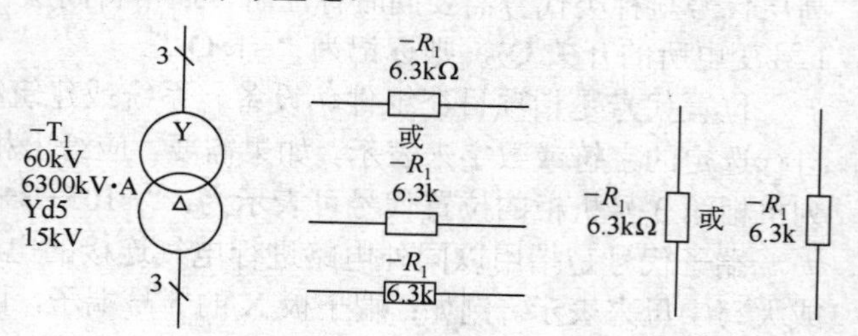

图 1.41 元件技术数据示出位置规则的示例

② 元件的技术数据放在符号内。电气数据，如电阻值，可放在像继电器线圈和二进制逻辑元件那样的矩形符号内。

（4）信号的技术数据

波形可用一种规范化的方式来表示，如图 1.42 所示。也可按示波器屏幕上正常显示的波形，尽量满足应用需要详细地加以表示。如果需要，应表示波形坐标轴电压电平等。技术数据应沿着连接线的方向置于水平连接线的上边或垂直连接线的左边，且不能与连接线接触或相交。如果不可能靠近连接线表示信息，则应表示在远离连接线的封闭符号内（最好在圆圈内）通过一个引线引到连接线上，如图 1.43 所示。技术数据也可以放在其有关连接线的其他地方，例如用信号代号或项目代号和端子代号来表示，如图 1.44 所示。

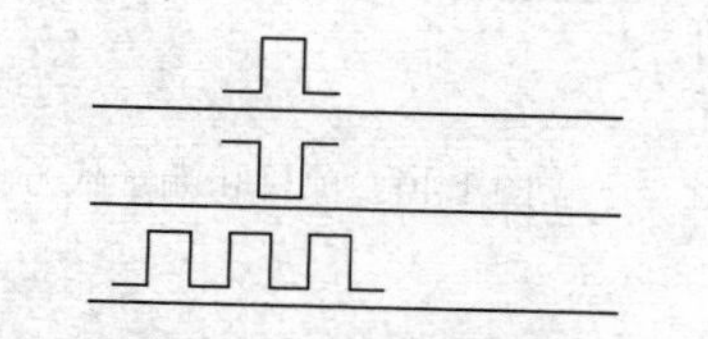

图 1.42 信号波形表示的技术数据

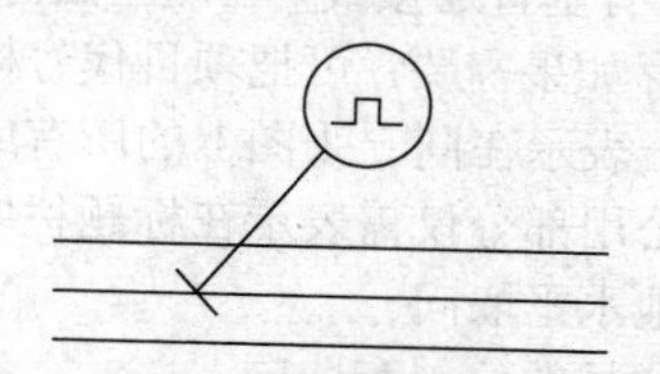

图 1.43 在远处表示信号波形

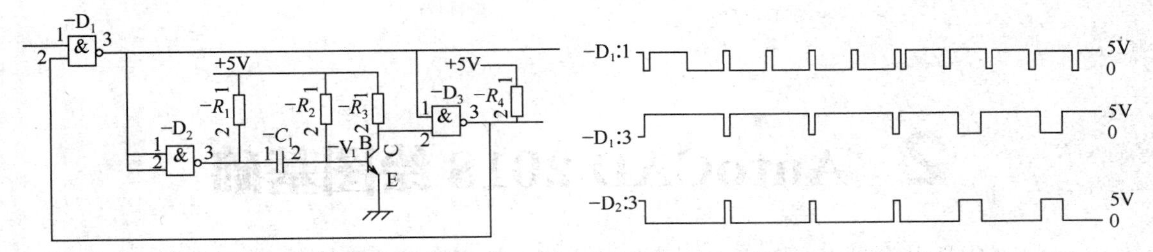

图 1.44　技术数据用项目代号和端子代号表示示例

（5）注释和标识

① 注释　绘制电气图时，当遇到含义不便于用图示形式表示的情况时，可采用文字注释的方式。注释有两种表达方式：一是简单的注释可直接放在所要说明的对象附近；二是当对象附近不能注释时，可加标记，而将注释放在图上的其他位置。如图中有多个注释时，应把这些注释集中起来，按标记顺序放在图框附近，以便于阅读。对于一份多张的电气图，应把一般性的注释写在第一张图上，其他注释写在有关的张次上。

② 标识　如果在设备面板上有人-机控制功能等的信息标识时，则应在有关电气图的图形符号附近加上同样的标识。

（6）二进制逻辑元件符号所含信息

二进制逻辑元件符号的一般信息可在符号的轮廓线内标出。有关一般限定符号的补充信息则应在方括号内标出。上述规则对非标准的输入/输出标记的补充信息同样适用，如图 1.45 所示的[T1]，表示对总限定符号 X/Y 进行补充说明，这个图形符号还有一个附表[T1]。

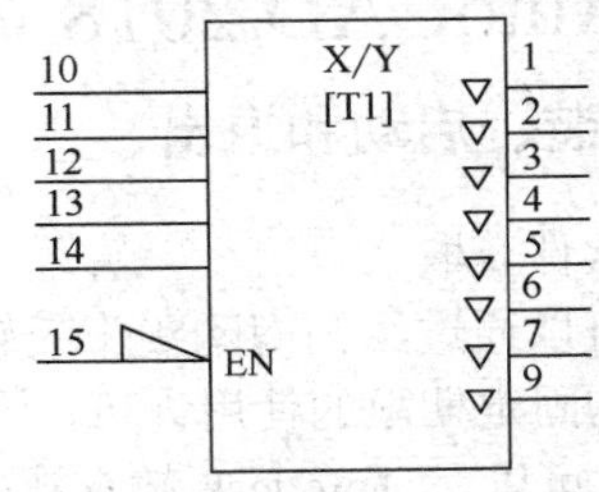

图 1.45　二进制逻辑元件符号的一般信息和附加信息

本章小结

本章从电气制图一般规定及电气制图的表示法两个方面阐述了电气制图的部分绘制标准。电气制图的一般规定包括了对图纸的幅面及格式、比例、字体、图线、尺寸标注等方面的具体规定，并给出了相应的实例。电气制图表示法包括了对电气简图中元件的表示法、信号流的方向和符号的布局、电气简图的图形符号、简图连接线、围框和机壳、项目代号和端子代号、位置标记、技术数据和说明性标记等方面的具体要求，并给出了相应的实例。

思考题与习题

1-1　请绘制 A4 的图框。

1-2　电气图是如何分类的？

1-3　电气简图中元件有多少种表示法？分别是什么？

1-4　在进行电气简图绘制时，关于图形符号的绘制标准有哪些方面的规定？

1-5　国标对电气简图连接线的绘制有何规定？

1-6　什么是项目代号？项目代号的组成包括哪几部分？

2 AutoCAD 2018 绘图基础

AutoCAD 是由美国 Autodesk 公司开发的大型计算机辅助绘图软件，主要用来绘制各种图样。本书使用的版本为 AutoCAD 2018。它运行速度快，安装要求比较低，而且具有众多制图、出图的优点。它提供的平面绘图功能能胜任电气工程图中使用的各种电气系统图、框图、电路图、接线图、电气平面图等的绘制。AutoCAD 2018 还提供了三维造型功能、图形渲染等功能以及电气设计人员有可能要绘制的一些机械图、建筑图，作为电气设计的辅助工作。本章介绍的 AutoCAD 2018 绘图基础知识是学习后续章节的基础，请读者一定结合实例多加练习，举一反三，以熟练掌握 AutoCAD 2018 的使用方法。

2.1 AutoCAD 2018 的基本操作

2.1.1 安装、启动和退出

（1）软件获取

用户可以通过经销商购买正版软件，也可以在官网（https://www.autodesk.com.cn/）下载软件并订购固定期限的使用许可，体验用户还可以在官网下载免费试用版（30 天）。学生或教师注册后，可以在 Autodesk 教育社区（https://www.autodesk.com.cn/education/）获取面向学生和教师的免费软件。本书使用的版本即为 AutoCAD 2018 学生版。

（2）安装 AutoCAD 2018 的系统要求

针对 32 位和 64 位 Windows 操作系统，AutoCAD 2018 亦分为 32 位和 64 位版本。安装 AutoCAD 2018 的系统要求如表 2.1 所示。

表 2.1 安装 AutoCAD 2018 的系统要求

项目	系统要求
CPU	32 位：1 千兆赫（GHz）或更高频率的 32 位（×86）处理器 64 位：1 千兆赫（GHz）或更高频率的 64 位（×64）处理器
内存	32 位：2 GB（建议使用 4GB） 64 位：4 GB（建议使用 8GB）
硬盘	4GB 可用磁盘空间（用于安装）
显示器分辨率	传统显示器：1360×768 真彩色显示器（建议使用 1920×1080） 高分辨率和 4K 显示器：在 Windows 10 64 位系统（配支持的显卡）上支持高达 3840×2160 的分辨率
显卡	支持 1360×768 分辨率、真彩色功能和 DirectX® 9 的 Windows 显示适配器。建议使用与 DirectX 11 兼容的显卡
操作系统	Microsoft® Windows® 7 SP1（32 位和 64 位） Microsoft Windows 8.1（含更新 KB2919355）（32 位和 64 位） Microsoft Windows 10（仅限 64 位）（建议 1607 及更高版本）
浏览器	Windows Internet Explorer® 11 或更高版本
.NET Framework	.NET Framework

（3）安装过程中的注意事项

① 安装之前，确保计算机满足安装的系统要求，并已收集所需的所有信息（包括但不限于产品序列号）。

② 如果有待安装的操作系统更新，请安装它们，然后重新启动。暂时禁用任何防病毒程序和安全卫士（电脑管家）等程序，因为它们通常会干扰安装。

③ 如果在尝试安装时遇到问题，请参见 Autodesk 支持站点上相应产品的疑难解答部分。

（4）启动 AutoCAD

通常情况下，可以通过下列方式启动 AutoCAD。

① 桌面快捷方式　安装 AutoCAD 时，将在桌面上放置一个 AutoCAD 2018 快捷方式图标（除非在安装过程中清除了该选项）。双击 AutoCAD 2018 图标可以启动 AutoCAD。

②“开始”菜单　在“开始”菜单（Windows）中，单击“AutoCAD 2018-（简体中文）Simplified Chinese”|“AutoCAD 2018-（简体中文）Simplified Chinese”。

启动后弹出如图 2.1 所示界面。

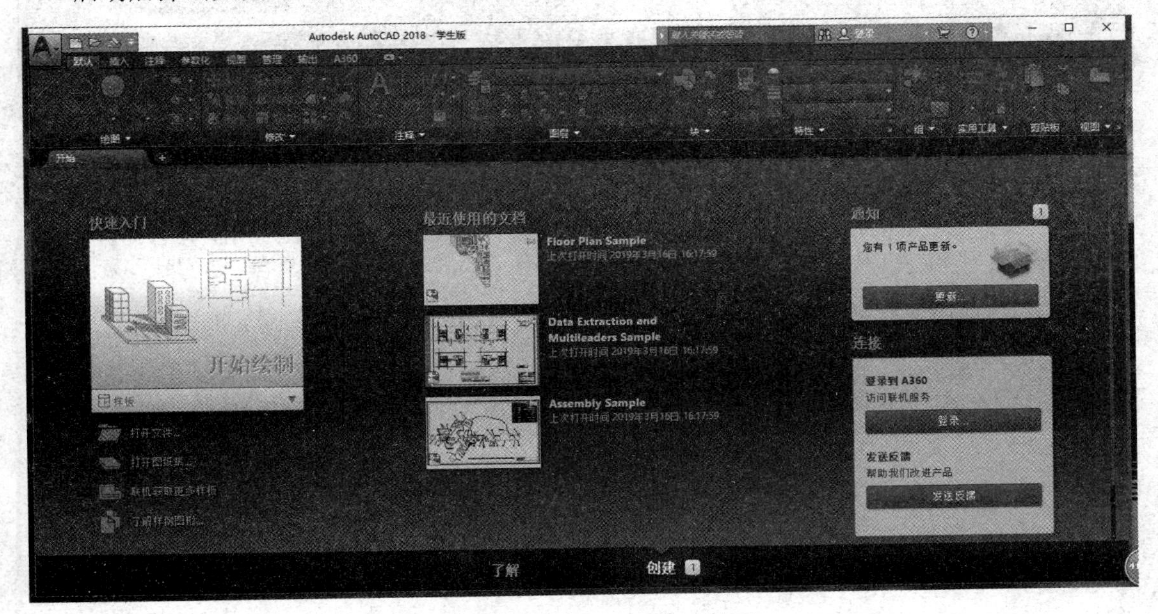

图 2.1　AutoCAD 2018 启动界面

（5）退出 AutoCAD

用户可通过如下几种方式来退出 AutoCAD。

① 直接单击 AutoCAD 主窗口右上角的“关闭”按钮✕。

② 选择菜单：“文件”|“退出”。

③ 在命令行中输入：quit ↙。

如果在退出 AutoCAD 时，当前的图形文件没有被保存，则系统将弹出提示对话框，提示用户在退出 AutoCAD 前保存或放弃对图形所做的修改。如图 2.2 所示。

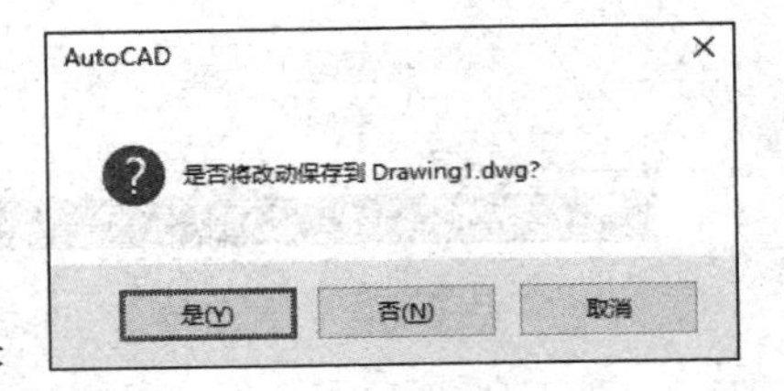

图 2.2　系统提示保存对话框

2.1.2　工作界面介绍

启动 AutoCAD 2018 后，其初始工作界面如图 2.3 所示。

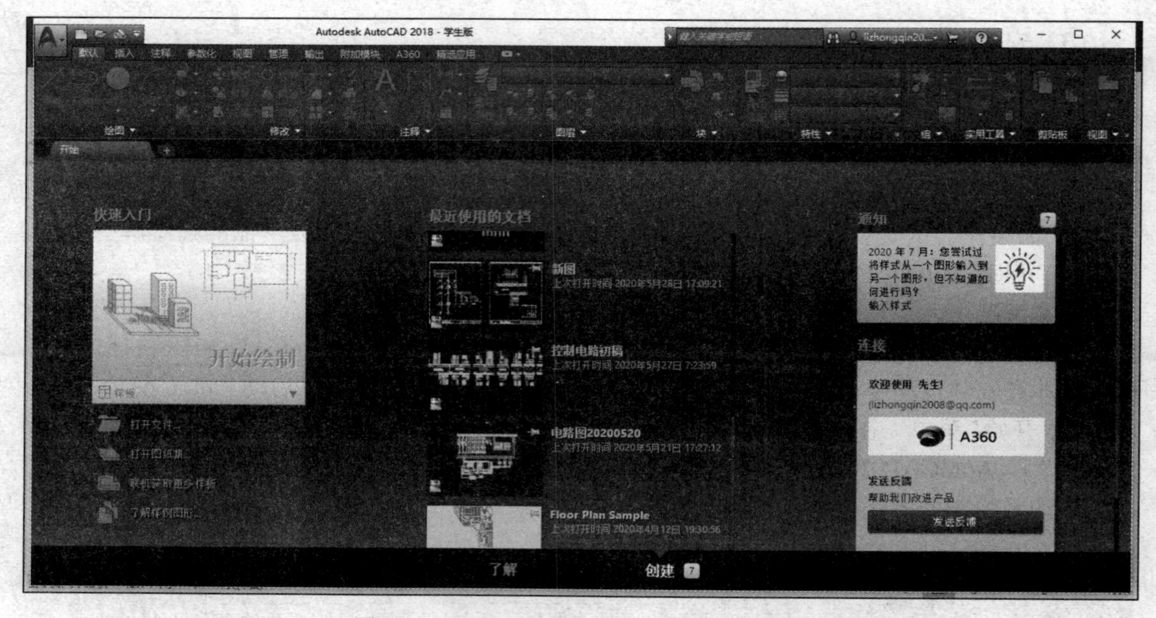

图 2.3　AutoCAD 2018 启动后初始工作界面

点击“开始绘制”或“新建”等命令按钮即可进入常规工作界面。AutoCAD 2018 的常规工作界面如图 2.4 所示。

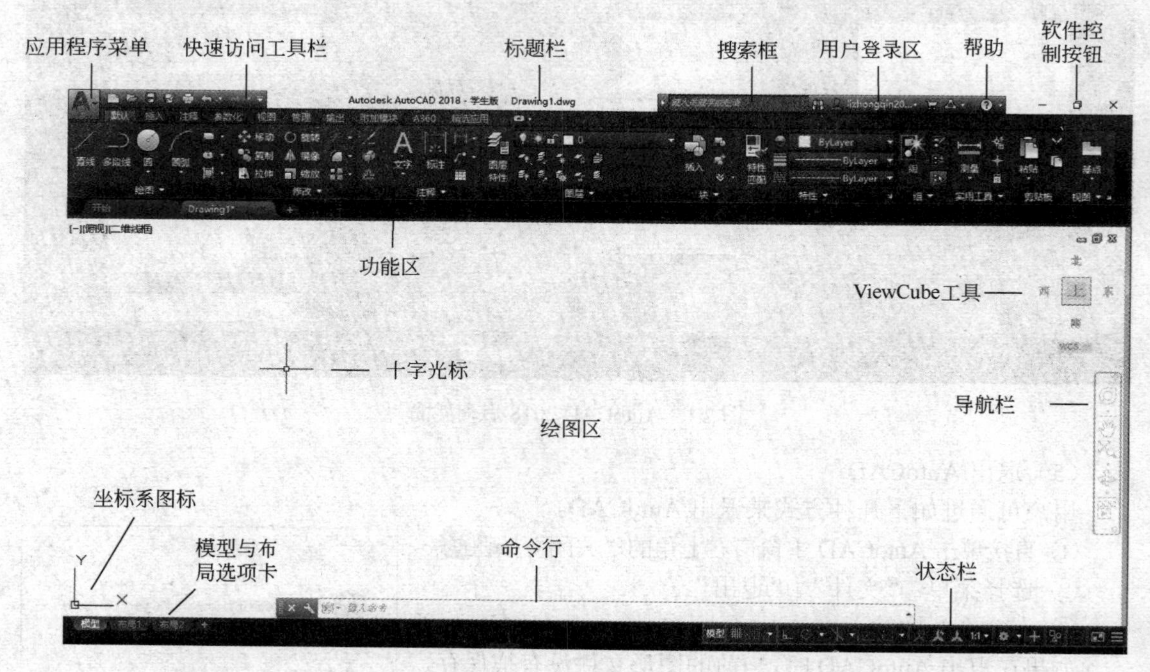

图 2.4　AutoCAD 2018 常规工作界面

AutoCAD 2018 的常规工作界面主要由应用程序菜单、快速访问工具栏、标题栏、功能区、绘图区、坐标系图标、模型与布局选项卡、命令行、状态栏等几部分组成。

（1）应用程序菜单

打开应用程序菜单，可以执行创建、打开或保存文件，核查、修复和清除文件，打印或发布文件，访问“选项”对话框，关闭应用程序等操作。“应用程序”菜单如图 2.5 所示。

（2）快速访问工具栏

“快速访问”工具栏如图2.6所示，用于显示经常使用的工具，如“新建”“打开”“保存”“另存为”“打印”“放弃”“重做”等。通过单击最右侧的下拉按钮并单击下拉菜单中的选项，可添加或取消常用工具在“快速访问”工具栏的显示，如图2.7所示。

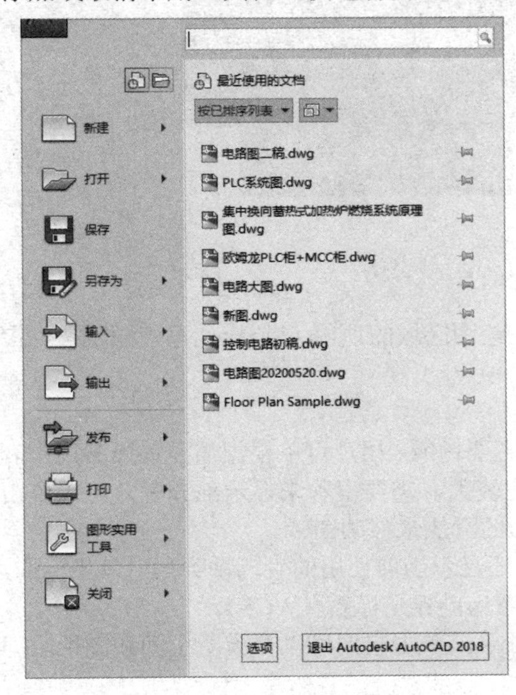

图2.5 “应用程序”菜单

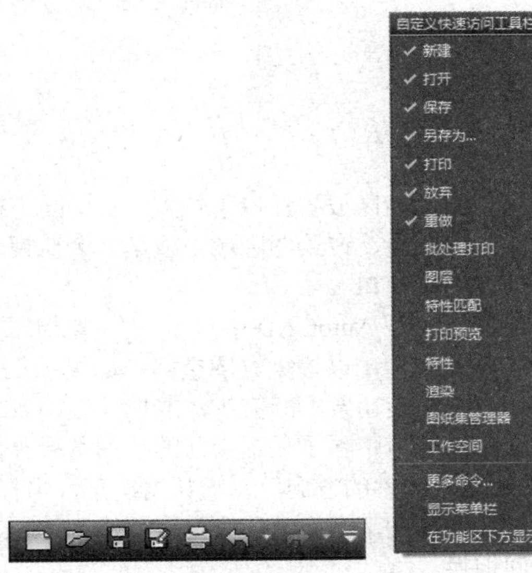

图2.6 “快速访问”工具栏　　图2.7 自定义“快速访问”工具栏

（3）标题栏

标题栏用于显示应用程序名和当前图形的名称。如果是AutoCAD默认的图形文件，其名称为DrawingN.dwg（N是数字）。如图2.4所示，应用程序名为“Autodesk AutoCAD 2018-学生版”，当前图形的名称为“Drawing1.dwg”。

（4）用户登录区等

标题栏右方依次为“搜索区”“用户登录区”“帮助按钮”和“软件控制按钮”。用户可以在“搜索框”中键入关键字或短语后点击按钮显示“帮助”中的搜索结果。“用户登录区”用于登录AutoCAD官方网站获取相关资源。点击“帮助”按钮进入帮助页面，也可以点击“帮助”按钮右侧的下拉按钮并单击下拉菜单中的选项，获取软件信息或下载脱机帮助等。“软件控制按钮”包括Windows平台下软件共有的“最小化”“最大化”（“恢复窗口大小”）“关闭”三个按钮。上述部分界面如图2.8所示。

图2.8 搜索区、用户登录区、帮助按钮、软件控制按钮

（5）功能区

功能区为用户提供一个简洁紧凑的选项板，其中包括创建或修改图形所需的所有工具。如图2.9所示，功能区由一系列选项卡组成，这些选项卡被组织到面板，其中包含很多工具栏中可用的工具和控件。

图 2.9　功能区

可以将功能区放置在以下位置：水平固定在绘图区域的顶部（默认）、垂直固定在绘图区域的左边或右边、在绘图区域中或第二个监视器中浮动。

（6）绘图窗口

绘图窗口是 AutoCAD 中显示、绘制图形的主要场所。用户可以根据需要关闭其周围和里面的各个工具栏，以增大绘图空间。如果图纸比较大，需要察看未显示部分时，可以单击窗口右边与下边滚动条上的箭头，或拖动滚动条上的滑块来移动图纸。

在绘图窗口中除了显示当前的绘图结果外，还显示当前使用的坐标系类型以及坐标原点、*X* 轴、*Y* 轴、*Z* 轴的方向等。默认情况下，坐标系为世界坐标系（WCS）。

绘图窗口的下方有“模型”和“布局”选项卡，单击它们可以在模型空间和图纸空间之间来回切换。

（7）命令行

“命令行”默认位于绘图窗口的底部，用于接收用户输入的命令，并显示 AutoCAD 命令的提示及有关信息。在 AutoCAD 2018 中，可以自由拖动“命令行”为浮动窗口或固定窗口，也可以设置是否显示历史命令或“提示历史记录行”的行数，“提示历史记录行”默认值为 3。2018 版本中可以自定义命令行的透明度，还可以设置其他选项，用户根据自己的使用习惯或绘图需要随时修改设置。

（8）状态栏

如图 2.10 所示，状态栏位于绘图屏幕的底部，用于显示坐标、提示信息等，同时还提供了一系列的控制按钮。每个按钮均可通过单击鼠标左键打开或关闭相应功能，单击鼠标右键弹出快捷菜单。用户还可以单击状态栏最右侧的“自定义”按钮，从弹出的菜单中选择状态栏显示的内容。部分常用按钮的功能如下。

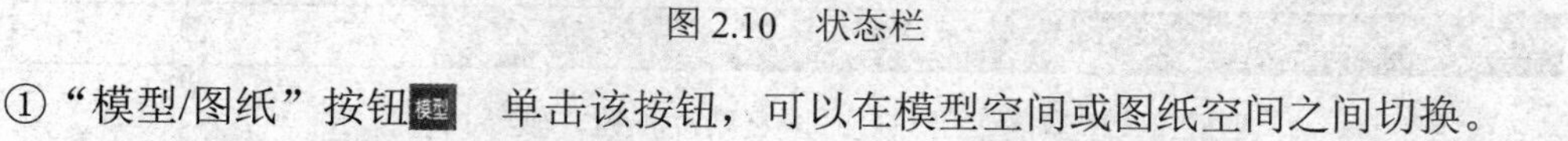

图 2.10　状态栏

①“模型/图纸”按钮　单击该按钮，可以在模型空间或图纸空间之间切换。

②“栅格”按钮　若该按钮处于打开状态，屏幕上将布满小点。其中，栅格的 *X* 轴和 *Y* 轴间距也可通过“草图设置”对话框的“捕捉和栅格”选项卡进行设置。

③“捕捉模式”按钮　若该按钮处于打开状态，光标只能在 *X* 轴、*Y* 轴或极轴方向移动固定的距离（即精确移动）。在下拉菜单中选择“工具”|“草图设置”命令，在打开的“草

图设置”对话框的“捕捉和栅格”选项卡中设置X轴、Y轴或极轴捕捉间距。

④“动态输入”按钮 若该按钮处于打开状态，将在绘制图形时自动显示动态输入文本框，方便用户在绘图时设置精确数值。

⑤“正交”按钮 若该按钮处于打开状态，只能绘制竖直直线或水平直线。

⑥“极轴追踪”按钮 若该按钮处于打开状态，在绘制图形时，系统将根据设置显示一条追踪线，可在该追踪线上根据提示精确移动光标，从而进行精确绘图。默认情况下，系统预设了4个极轴，与X轴的夹角分别为0°、90°、180°和270°（即角度增量为90°）。可以使用“草图设置”对话框的“极轴追踪”选项卡设置角度增量。

⑦“对象捕捉追踪”按钮 若该按钮处于打开状态，可以通过捕捉对象上的关键点，并沿正交方向或极轴方向拖动光标，此时可以显示光标当前位置与捕捉点之间的相对关系。若找到符合要求的点，直接单击即可。

⑧“二维对象捕捉”按钮 因为所有几何对象都有一些决定其形状和方位的关键点，所以在绘图时可以利用对象捕捉功能，自动捕捉这些关键点。可以使用“草图设置”对话框的“对象捕捉”选项卡设置对象的捕捉模式。

（9）ViewCube工具和导航栏

绘图工作区右上角的ViewCube工具用以控制图形的显示和视角。一般在二维状态下，不用显示该工具。在“选项”对话框中选择“三维建模”选项卡，然后在“在视口中显示工具”选项区中取消选中“显示ViewCube”复选框，单击 确定 按钮，或者在功能区“视图”选项卡的“视口工具”面板上单击“ViewCube”按钮，即可取消ViewCube工具的显示。

导航栏位于绘图工作区的右侧，用以控制图形的缩放、平移、回放、动态观察等功能，一般二维状态下不用显示导航栏。要关闭导航栏，只需单击导航栏右上角的按钮即可。在“视图”选项卡的“视口工具”面板上单击“导航栏显示”按钮，可以打开或关闭导航栏。

（10）菜单栏、工具栏、滚动条

在AutoCAD 2018中，默认不显示菜单栏、工具栏和滚动条。习惯于使用经典菜单栏、工具栏和滚动条的用户，可以通过如下方式在工作界面中显示以上内容。

① 显示/隐藏菜单栏 单击快速访问工具栏最右侧的下拉按钮，弹出下拉菜单如图2.7所示。选择 显示菜单栏 或 隐藏菜单栏 （选择后自动切换状态）即可显示或隐藏前期版本的经典菜单栏。菜单栏默认包括“文件”“编辑”“视图”“插入”“格式”“工具”“绘图”“标注”“修改”“参数”“窗口”“帮助”“数据视图”等13个下拉菜单，提供了访问命令和选项的更完整列表，如图2.11所示。

文件(F) 编辑(E) 视图(V) 插入(I) 格式(O) 工具(T) 绘图(D) 标注(N) 修改(M) 参数(P) 窗口(W) 帮助(H) 数据视图

图2.11 菜单栏

② 显示/隐藏工具栏 选择“工具”菜单|“工具栏”|“AutoCAD”，选中要显示的工具栏，即可打开工具栏。图2.12所示即为打开的“绘图”工具栏。

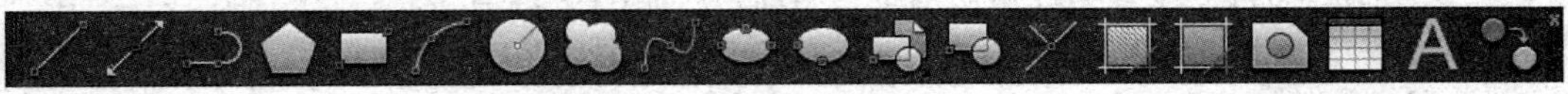

图2.12 “绘图”工具栏

当打开了某个工具栏后还需再打开其他工具栏，则可在已打开的工具栏上右击，然后选中要显示的工具栏。将鼠标指针置于工具栏上按住鼠标左键拖动，可改变工具栏的位置。当拖动当前浮动的工具栏至窗口任意一侧时，该工具栏会紧贴窗口边界。单击工具栏右上角的按钮即可隐藏工具栏。

③ 滚动条　滚动条包括垂直滚动条和水平滚动条，用户可以利用它们来控制图样在窗口中的位置。如果 AutoCAD 工具界面未显示滚动条，可以利用下拉菜单“工具”|“选项”命令打开“选项”对话框（参见 2.1.9 节），选择“显示”选项卡，在“窗口元素”区中选中“在图形窗口中显示滚动条”复选框，这时就会出现垂直滚动条和水平滚动条了。

2.1.3　文件操作

（1）创建新的图形

用户可以通过如下五种方式来创建新图形。

①“开始”页面　单击“创建”选项卡里“快速入门”部分的“开始绘制”，如图 2.13 所示。

② 单击如图 2.13 所示右上角的　新建图形后该按钮仍然存在，可以使用此方式不断创建新图形。

③ 快速访问工具栏　单击“新建”命令按钮。

④“应用程序”菜单　单击最上面的。

⑤ 命令行　new ↙。

使用③、④、⑤中任意一种方式，如图 2.14 所示。

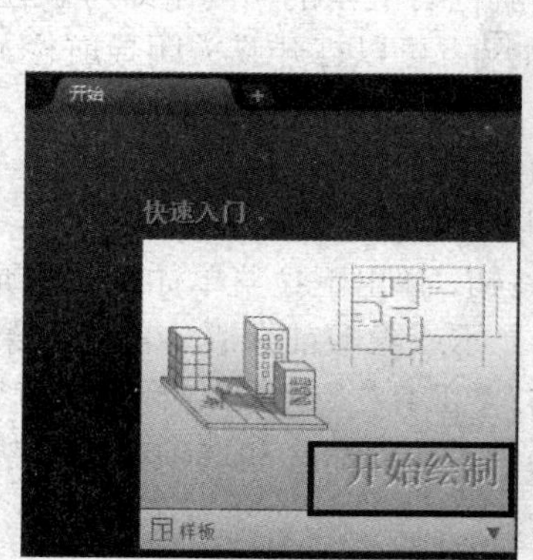

图 2.13　创建新图形的两种方式

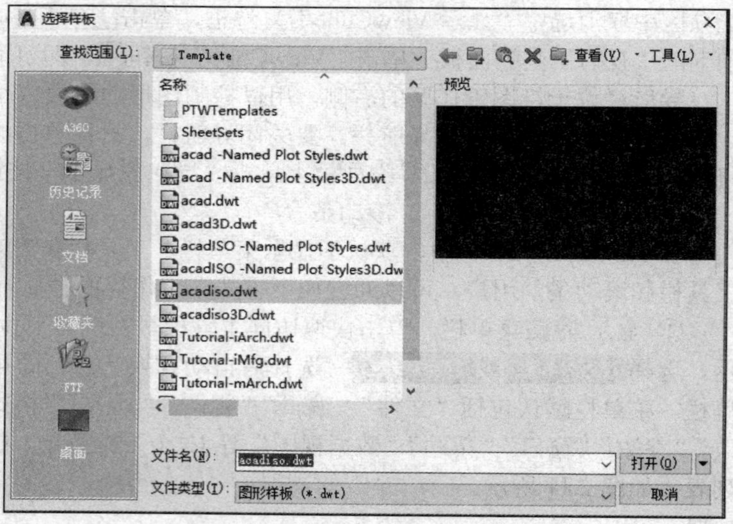

图 2.14 “选择样板”对话框

在“选择样板”文件对话框中，可以在样板列表中选中某一样板文件，这时在其右面的“预览”框中将显示出该样板的预览图像。单击“打开”按钮，可以以选中的样板文件为样板创建新图形。如果不想使用任何样板，则单击 打开(O) 右侧的，在弹出的菜单中选择“无样板打开-英制(I)”或“无样板打开-公制(M)”，如图 2.15 所示。

样板文件中通常包含有与绘图相关的一些通用设置，如图层、线型、文字样式、尺寸标注样式等的设置。此外还可以包括一些通用图形对象，如标题栏、图幅框等。利用样板创建新图形，可以避免每当绘制新图形时要进行的有关绘图设置、绘制相同图形对象这样的重复操作，不仅提高了绘图效率，而且还保证了图形的一致性。

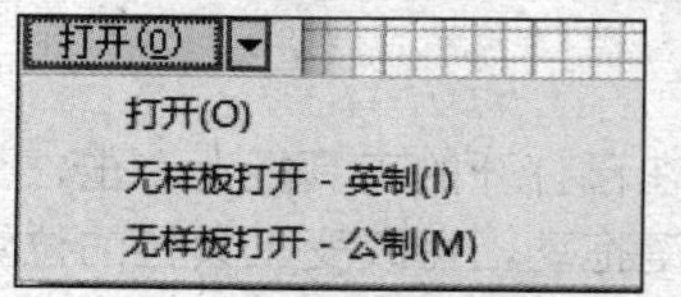

图 2.15 “选择样板”对话框的“打开”选项

（2）打开已有的图形

用户可使用如下四种方式打开已有的图形文件。

①“开始”页面　单击 打开文件... 。

② 快速访问工具栏　单击“打开”命令按钮。

③“应用程序”菜单　单击 打开 。鼠标移到该命令按钮右侧时，显示菜单如图 2.16 所示，用户可以从弹出菜单中选择相应命令。

④ 命令行　open ↙。

使用上述任何一种方式打开文件，系统均会弹出“选择文件”对话框，如图 2.17 所示。

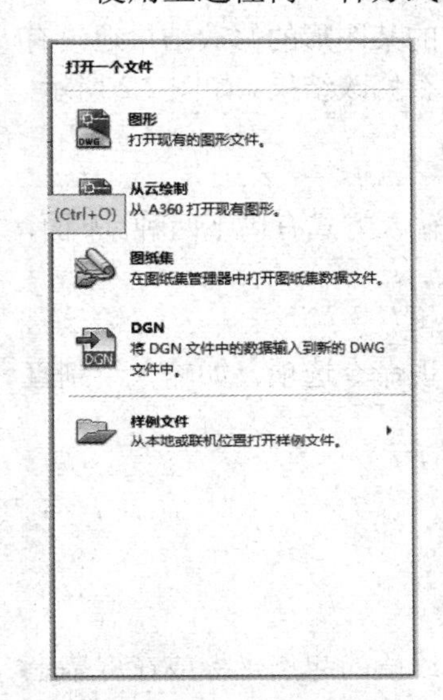

图 2.16 “打开一个文件”菜单

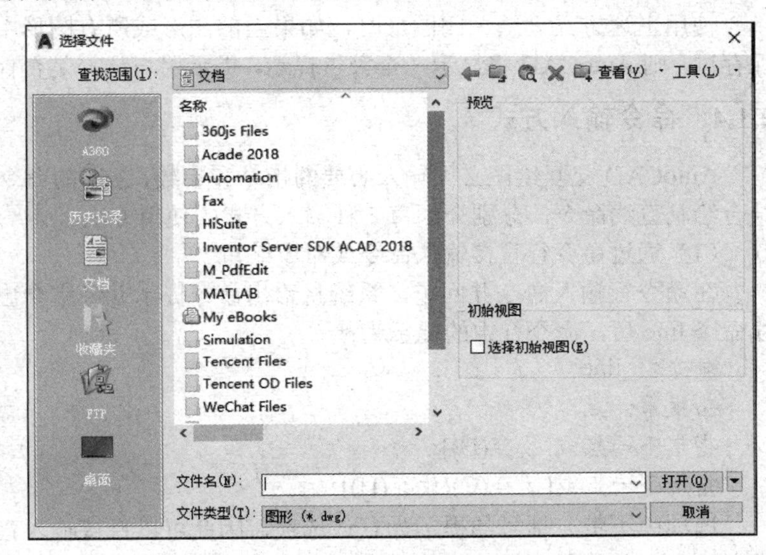

图 2.17 “选择文件”对话框

（3）保存图形

用户可使用如下三种方式保存新建图形或修改后的图形。

① 快速访问工具栏　单击“保存”命令按钮。

②“应用程序”菜单　单击 保存 。

③ 命令行　qsave ↙。

使用上述任一种方式，如果当前图形已经命名，则系统自动将该图形的改变保存在磁盘中。如果当前图形还没有命名，则系统将弹出“另存为”对话框，提示用户指定保存的文件名称、类型和路径，如图 2.18 所示。

用户还可以通过单击“快速访问工具栏”的“另存为”命令按钮或“应用程序”菜单的 另存为 命令，将当前的图形文件保存为一个新的文件。

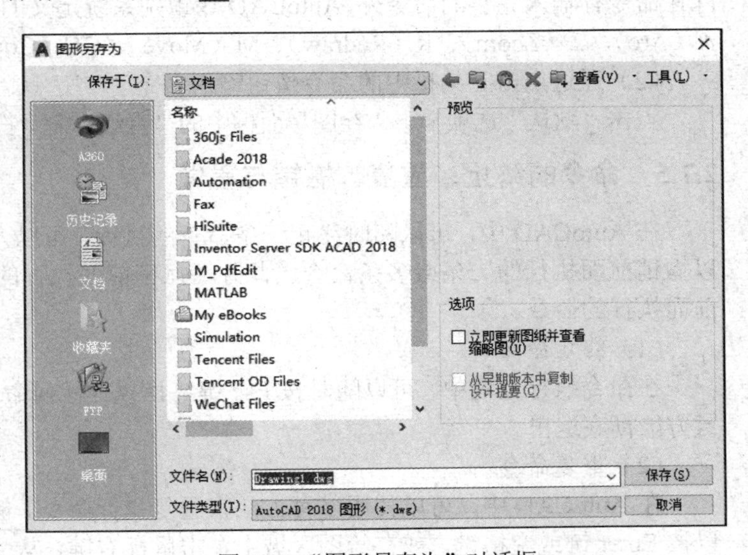

图 2.18 “图形另存为”对话框

AutoCAD 提供了自动保存功能。建议用户每隔 10min 左右保存一次绘制的图形，以防止一些意外情况的发生。自动保存功能的设置方法将在 2.1.9 中具体介绍。

（4）关闭图形

用户可使用如下四种方式关闭图形。

①“应用程序”菜单　单击 关闭 ，可以选择关闭“当前图形”还是“所有图形”。

② 单击工作界面右上角的“关闭”按钮，关闭所有图形。

③ 单击绘图窗口右上角的“关闭”按钮，关闭当前图形。

④ 命令行　close ↙　调用该命令后，AutoCAD 将关闭当前的图形。

使用上述方式之一关闭图形时，如果当前图形或所有图形中的某图形的修改结果还没有保存过，则 AutoCAD 将显示一个警告提示，提示用户选择是否保存修改结果。如图 2.2 所示。

2.1.4　命令输入方式

AutoCAD 交互绘图必须输入必要的指令和参数，常用的命令输入方式有以下两种。下面，结合绘制直线命令，分别介绍每一种输入方式的使用方法。

（1）通过命令行直接输入命令或命令缩写

在命令行输入命令并回车，系统将给出命令提示并经常会出现命令选项。如输入绘制直线命令 line 后，命令行中的提示为：

命令：_line

指定第一点：

指定下一点或[放弃(U)]:

指定下一点或[闭合(C)/放弃(U)]:

选项中不带方括号的提示为默认选项，因此可以直接输入直线段的起点坐标或在屏幕上指定一点，如果要选择其他选项，则应该首先输入该选项的标识字符（如“放弃”选项的标识字符是 U），然后按系统提示输入数据即可。在命令选项的后面有时候还带有尖括号，尖括号内的数值为默认数值。

AutoCAD 中的命令字符不区分大小写，如输入命令“LINE”和“line”的效果是一样的。除在命令行输入完整的命令外，AutoCAD 还识别系统定义的命令缩写，如 L（Line）、C（Circle）、A（Arc）、Z（Zoom）、R（Redraw）、M（Move）、CC（Copy）、PL（Pline）、E（Erase）等。

（2）通过点击工具栏中的命令按钮输入命令

点击“默认”选项卡下“绘图”面板中的“直线”命令按钮，系统将给出相同的命令提示。

2.1.5　命令的终止、重复、撤销与重做

在 AutoCAD 中，可以随时终止一条命令的执行，可以方便地重复执行同一条命令，也可以撤销前面执行的一条或多条命令。此外，撤销前面执行的命令后，还可以通过重做来恢复前面执行的命令。

（1）终止命令

在命令执行过程中，可以随时按 Esc 键终止执行任何命令。当然，有些命令需按两次 Esc 键方能彻底退出。

（2）重复命令

在 AutoCAD 中，可以使用多种方法来重复执行命令。例如，要重复执行上一个命令，可以按 Enter 键或空格键，或在绘图区域中单击鼠标右键，从弹出的快捷菜单中选择“重复”命令。要重复执行最近使用的某一个命令，可以在绘图窗口中单击鼠标右键，从弹出的快捷菜

单中选择“最近的输入”下的相应命令。将鼠标移至命令行最左侧，会弹出提示信息，该位置仅显示最近使用过的 6 个命令，用鼠标左键单击即可重复执行相应命令。要连续多次重复执行同一个命令，可以在命令行输入“MULTIPLE”命令，然后在命令行的“输入要重复的命令名:”提示下输入需要重复执行的命令，这样，AutoCAD 将重复执行该命令，直到按 Esc 键为止。

（3）撤销与重做

在 AutoCAD 2018 中，有多种方法可以放弃最近一个或多个操作，最简单的就是使用 UNDO 命令来放弃单个操作，也可以一次撤销前面进行的多步操作。这时可在命令提示行中输入 UNDO 命令，然后在命令行中输入要放弃的操作数目。例如，要放弃最近的 5 个操作，应输入 5。AutoCAD 将显示放弃的命令或系统变量设置。

如果要重做使用 UNDO 命令放弃的最后一个操作，可以使用 REDO 命令。

此外，在快速访问工具栏中也有相应的“放弃”与“重做”的命令按钮，如图 2.19 框中所示。

图 2.19 快速访问工具栏的“放弃”与“重做”命令按钮

2.1.6 透明命令及常用快捷键、临时替代键

（1）透明命令

在 AutoCAD 2018 中有些命令不仅可以直接在命令行中使用，而且还可以在其他命令的执行过程中插入并执行，待该命令执行完毕后，系统继续执行原命令，这种命令称为透明命令。透明命令一般多为修改图形设置或打开辅助绘图工具的命令，例如 SNAP、GRID、ZOOM 等命令。要以透明方式使用命令，应在输入命令之前输入单引号（'）。命令行中，透明命令的提示前有一个双折号（>>）。如：

命令：ARC ↙

指定圆弧的起点或[圆心(C)]:'ZOOM ↙（透明使用显示缩放命令 ZOOM）

>>（执行 ZOOM 命令）

正在恢复执行 ARC 命令

指定圆弧的起点或[圆心(C)]:（继续执行原命令）

（2）快捷键、临时替代键

用户可以为常用命令指定快捷键（又称加速键），还可以指定临时替代键，以便通过按键来执行命令或更改设置。快捷键是指用于启动命令的键或键组合。例如，可以按 Ctrl+O 来打开文件，按 Ctrl+S 来保存文件，结果与从“文件”菜单中选择“打开”和“保存”相同。

临时替代键用于临时打开或关闭绘图设置。例如，F8 键可切换正交模式的当前设置。如果正交模式当前处于关闭状态，则按下 F8 键将打开正交模式，再次按下 F8 键重新关闭正交模式。系统默认的快捷键如表 2.2 所示，临时替代键如表 2.3 所示。

表 2.2 系统默认的快捷键

快捷键	快捷操作	快捷键	快捷操作
ALT+F4	关闭应用程序窗口	CTRL+W	切换选择循环
ALT+F8	显示“宏”对话框	CTRL+X	将对象从当前图形剪切到 Windows 剪贴板中
ALT+F11	显示“Visual Basic 编辑器”	CTRL+Y	取消前面的“放弃”动作

续表

快捷键	快捷操作	快捷键	快捷操作
CTRL+F2	显示文本窗口	CTRL+Z	撤销上一个操作
CTRL+F4	关闭当前图形	CTRL+[	取消当前命令
CTRL+F6	移动到下一个文件选项卡	CTRL+\	取消当前命令
CTRL+0	切换“全屏显示”	CTRL+HOME	将焦点移动到“开始”选项卡
CTRL+1	切换特性选项板	CTRL+PAGE UP	移动到上一个布局
CTRL+2	切换设计中心	CTRL+PAGE DOWN	移动到下一个布局选项卡
CTRL+3	切换“工具选项板”窗口	CTRL+TAB	移动到下一个文件选项卡
CTRL+4	切换“图纸集管理器”	CTRL+SHIFT+A	切换组
CTRL+6	切换“数据库连接管理器”	CTRL+SHIFT+C	使用基点将对象复制到 Windows 剪贴板
CTRL+7	切换“标记集管理器”	CTRL+SHIFT+E	支持使用隐含面，并允许拉伸选择的面
CTRL+8	切换“快速计算器”选项板	CTRL+SHIFT+H	使用 HIDEPALETTES 和 SHOWPALETTES 切换选项板的显示
CTRL+9	切换“命令行”窗口	CTRL+SHIFT+L	选择以前选定的对象
CTRL+A	选择图形中未锁定或冻结的所有对象	CTRL+SHIFT+P	切换“快捷特性”界面
CTRL+B	切换捕捉	CTRL+SHIFT+S	显示“另存为”对话框
CTRL+C	将对象复制到 Windows 剪贴板	CTRL+SHIFT+V	将 Windows 剪贴板中的数据作为块进行粘贴
CTRL+D	切换动态 UCS	CTRL+SHIFT+Y	切换三维对象捕捉模式
CTRL+E	在等轴测平面之间循环	F1	显示帮助
CTRL+F	切换执行对象捕捉	F2	打开/关闭“文本”窗口
CTRL+G	切换栅格显示模式	F3	切换 OSNAP
CTRL+H	切换 PICKSTYLE	F4	切换 3DOSNAP
CTRL+J	重复上一个命令	F5	切换 ISOPLANE
CTRL+K	插入超链接	F6	切换 UCSDETECT
CTRL+L	切换正交模式	F7	切换 GRIDMODE
CTRL+M	重复上一个命令	F8	切换 ORTHOMODE
CTRL+N	创建新图形	F9	切换 SNAPMODE
CTRL+O	打开现有图形	F10	切换“极轴追踪”
CTRL+P	打印当前图形	F11	切换“对象捕捉追踪”
CTRL+Q	退出应用程序	F12	切换“动态输入”
CTRL+R	在布局视口之间循环	Shift+F1	子对象选择未过滤
CTRL+S	保存当前图形	Shift+F2	子对象选择受限于顶点
CTRL+T	切换数字化仪模式	Shift+F3	子对象选择受限于边
CTRL+U	切换“极轴追踪”	Shift+F4	子对象选择受限于面
CTRL+V	粘贴 Windows 剪贴板中的数据	Shift+F5	子对象选择受限于对象的实体历史记录

表 2.3　系统默认的临时替代键

临时替代键	说明	临时替代键	说明
F3	切换 OSNAP	SHIFT+]	切换对象捕捉追踪
F6	切换 UCSDETECT	SHIFT+A	切换 OSNAP
F8	切换 ORTHOMODE	SHIFT+C	对象捕捉替代：圆心
F9	切换 SNAPMODE	SHIFT+D	禁用所有捕捉和追踪
F10	切换“极轴追踪”	SHIFT+E	对象捕捉替代：端点
F11	切换对象捕捉追踪	SHIFT+L	禁用所有捕捉和追踪
F12	切换“动态输入”	SHIFT+M	对象捕捉替代：中点
SHIFT	切换 ORTHOMODE	SHIFT+P	对象捕捉替代：端点
SHIFT+'	切换 OSNAP	SHIFT+Q	切换对象捕捉追踪
SHIFT+,	对象捕捉替代：圆心	SHIFT+S	启用强制对象捕捉
SHIFT+.	切换“极轴追踪”	SHIFT+V	对象捕捉替代：中点
SHIFT+/	切换 UCSDETECT	SHIFT+X	切换“极轴追踪”
SHIFT+;	启用强制对象捕捉	SHIFT+Z	切换 UCSDETECT

2.1.7　坐标系与点的输入方法

（1）WCS 和 UCS

AutoCAD 系统为用户提供了一个绝对的坐标系，即世界坐标系（WCS）。通常，AutoCAD

构造新图形时将自动使用 WCS。虽然 WCS 不可更改，但可以从任意角度、任意方向来观察或旋转。

相对于世界坐标系 WCS，用户可根据需要创建无限多的坐标系，这些坐标系称为用户坐标系（UCS，User Coordinate System）。WCS 和 UCS 在新图形中最初是重合的。用户可以使用“UCS”命令来对 UCS 进行定义、保存、恢复和移动等一系列操作，本书不再赘述。如果在用户坐标系下想要参照世界坐标系指定点，在坐标值前加“*”作为坐标的前缀。

（2）笛卡尔坐标

笛卡尔坐标系由一个原点（坐标为(0,0)）和两个通过原点的、相互垂直的坐标轴构成，如图 2.20 所示。其中，水平方向的坐标轴为 X 轴，以向右为其正方向；垂直方向的坐标轴为 Y 轴，以向上为其正方向。平面上任何一点 P 都可以由 X 轴和 Y 轴的坐标所定义，即用一对坐标值（x,y）来定义一个点。例如，某点的直角坐标为（3,4）。

（3）极坐标

极坐标系是由一个极点和一个极轴构成，极轴的方向为水平向右，如图 2.21 所示。平面上任何一点 P 都可以由该点到极点的连线长度 L（>0）和连线与极轴的交角 α（极角，逆时针方向为正）所定义，即用一对坐标值（$L<\alpha$）来定义一个点，其中“<”表示角度。例如，某点的极坐标为（5<30）。

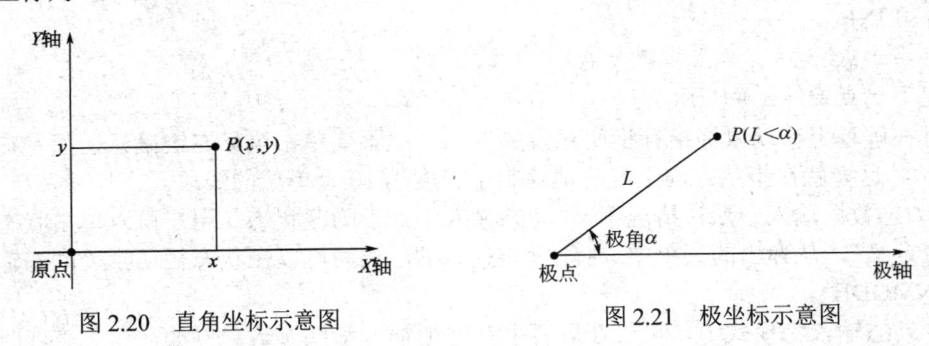

图 2.20　直角坐标示意图　　图 2.21　极坐标示意图

（4）相对坐标

在某些情况下，用户需要直接通过点与点之间的相对位移来绘制图形，而不想指定每个点的绝对坐标。为此，AutoCAD 提供了使用相对坐标的办法。所谓相对坐标，就是某点与相对点的相对位移值，在 AutoCAD 中相对坐标用“@”标识。使用相对坐标时可以使用直角坐标，也可以使用极坐标，可根据具体情况而定。

例如，某一直线的起点坐标为（5,5）、终点坐标为（10,5），则终点相对于起点的相对坐标为（@5,0），用相对极坐标表示应为（@5<0）。

（5）坐标值的显示

默认情况下，坐标处于隐藏状态。用户可以单击状态栏最右侧的“自定义”，从弹出的菜单中选择“坐标”，从而在状态栏显示光标所处的坐标值，如 4104.8331, 290.6299, 0.0000 。

在该按钮上单击鼠标右键以选择要显示的坐标类型。菜单选项如下。

① 相对　显示相对于最近指定的点的坐标。此选项仅在用户要指定多个点、距离或角度时可用。如绘制直线时，已指定第一点，在指定第二点时，“相对”类型变为可选，选中后显示状态为相对极坐标，如 1469.0836<331, 0.0000 。

② 绝对　显示相对于当前 UCS 的坐标，默认为笛卡尔坐标。

③ 地理　显示相对于指定给图形的地理坐标系的坐标。此选项仅在图形文件包含地理位置数据时可用。

④ 特定　仅在指定点时更新坐标。未指定点时坐标为灰色，不随光标移动而改变，如 1306.8164, 1819.0890, 0.0000。

（6）点的输入方式

绘图过程中，常需要输入点的位置，AutoCAD 提供了五种输入点的方式。

① 用键盘直接在命令行中输入点的坐标　在 AutoCAD 2018 中，点的坐标可以用笛卡尔坐标、极坐标、球坐标和柱坐标表示，每一种坐标又可分别具有两种坐标输入方式，即绝对坐标和相对坐标。其中笛卡尔坐标和极坐标最为常用，其表示方法在前面已有介绍，用户可根据实际需要选用。

② 用鼠标等定标设备移动光标，单击左键在绘图区中直接取点。

③ 用目标捕捉方式捕捉屏幕上已有图形的特殊点（如端点、中点、中心点、插入点、交点、切点、垂足点等）。

④ 直接距离输入　在沿光标所指方向指定的距离处定位下一个点，可以相对于输入的最后一点快速指定一点。在任意点位置提示下，首先移动光标以指定方向，然后输入数值距离。此功能通常在正交或捕捉模式打开的状态下使用。

先用光标拖拉出橡筋线确定方向，然后用键盘输入距离。这样有利于准确控制对象的长度等参数，如要绘制一条 10mm 长的线段，方法如下。

命令: LINE ↙

指定第一点:（在屏幕上指定一点）

指定下一点或 [放弃(U)]:

这时在屏幕上移动鼠标指针指明线段的方向，但不要单击鼠标左键确认，而是在命令行中输入 10，这样就在指定方向上准确地绘制了长度为 10 个单位的线段。

⑤ 动态数据输入　默认情况下，“动态输入”处于隐藏状态。用户可以单击状态栏最右侧的“自定义”，从弹出的菜单中选择“动态输入”，从而可以在状态栏切换“动态输入”开关（DYNMODE）。

在“动态输入”模式下，可以在屏幕上动态地输入某些参数。例如，绘制直线时，在光标附近会动态显示“指定第一点”以及后面的坐标框，当前显示的是光标所在位置，可以输入数据，两个数据之间以逗号隔开，如图 2.22 所示。指定第一点后，系统动态显示直线的角度，同时要求输入线段长度值，如图 2.23 所示，其输入效果与“@长度<角度”方式相同。

图 2.22　动态输入坐标值　　图 2.23　动态输入长度值

2.1.8　设置绘图环境

（1）设置绘图界限

绘图界限就是标明用户的工作区域和图纸的边界，以防止用户绘制的图形超出该边界。在 AutoCAD 中，用户可以通过如下两种方式设置绘图界限。

① 下拉菜单　单击“格式”|“图形界限”命令。

② 命令行　LIMITS ↙。

执行该命令后，系统提示：

重新设置模型空间界限:

指定左下角点或 [开(ON)/关(OFF)] <0.0000, 0.0000>:（输入图形边界左下角点的坐标后回车）

指定右上角点 <420.0000, 297.0000>: （输入图形边界右上角点的坐标后回车）

在此提示下输入坐标值以指定图形左下角的 x、y 坐标；或在图形中选择一个点，或按 Enter 键，接受默认的坐标值(0,0)。AutoCAD 将继续提示指定图形右上角的坐标。输入坐标值以指定图形右上角的 x、y 坐标；或在图形中选择一个点，确定图形的右上角坐标。

例如，要设置图形尺寸为 841mm×594mm，应输入右上角坐标(841,594)。

输入的左下角和右上角的坐标，仅仅设置了图形界限，但是仍然可以在绘图窗口内任何位置绘图。若想配置 AutoCAD 以便它能阻止将图形绘制到图形界限以外，可以通过打开图形界限，达到此目的。再次调用 LIMITS 命令，然后键入 ON，按 Enter 键即可。此时用户不能在图形界限之外绘制图形对象，也不能使用“移动”或“复制”命令将图形移到界限之外。

（2）设置图形单位

在 AutoCAD 中，用户可以通过如下两种方式设置图形单位。

① 下拉菜单　单击“格式”|“单位”命令。

② 命令行　UNITS ↙。

执行该命令后，系统将弹出“图形单位”对话框，如图 2.24 所示。该对话框用于定义单位和角度格式。

①“长度”与“角度”选项组　指定测量的长度与角度的当前单位及当前单位的精度。

②“插入比例”选项组　控制使用工具选项板（例如设计中心）拖入当前图形的块的测量单位。如果块或图形创建时使用的单位与该选项指定的单位不同，则在插入这些块或图形时，将对其按比例缩放。插入比例是源块或图形使用的单位与目标图形使用的单位之比。如果插入块时不按指定单位缩放，则选择“无单位”。

③“方向”按钮　单击该按钮，系统显示“方向控制”对话框，如图 2.25 所示。可以在该对话框中进行方向控制设置。

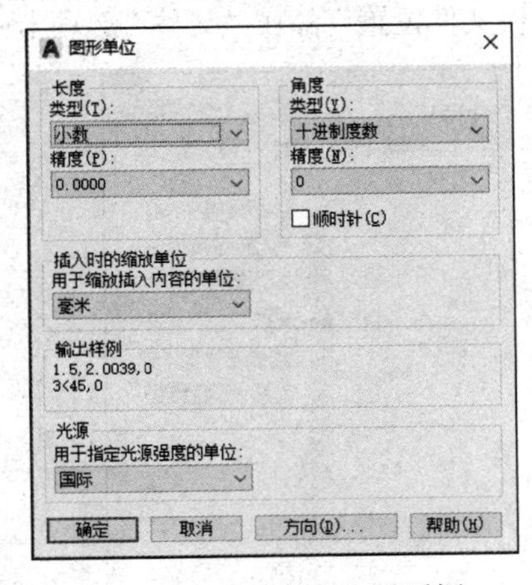

图 2.24 “图形单位”对话框

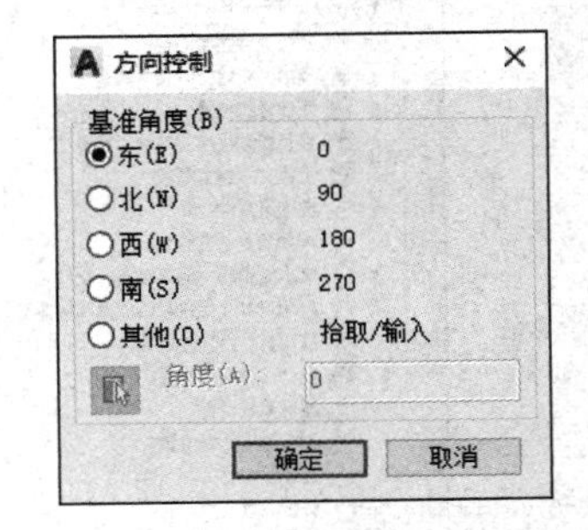

图 2.25 “方向控制”对话框

（3）设置图层

图层是 AutoCAD 提供的一个管理图形对象的工具，使 AutoCAD 图形好像是由多张透明的图纸重叠在一起而组成的，可以根据图层来对图形几何对象、文字、标注等元素进行归类

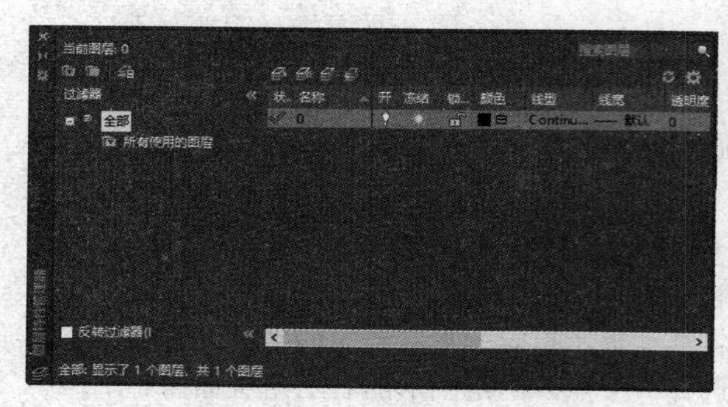

图 2.26 “图层特性管理器”对话框

处理。调用“图层特性管理器”的常用方法有三种。

① 下拉菜单　单击“格式”|“图层”命令。

② 功能区　“默认”选项卡｜“图层”面板｜“图层特性”按钮。

③ 命令行　LAYER ↙ 或 LA ↙。

执行该命令后，系统将弹出“图层特性管理器”对话框，如图 2.26 所示。在“图层特性管理器”对话框中，用户可完成创建图层、删除图层及其他属性的设置操作。

2.1.9　设置系统参数

（1）命令输入方式

① 应用程序菜单　单击右下角“选项”按钮。

② 下拉菜单　单击“工具”|“选项”命令。

③ 快捷菜单　在未执行命令状态下，单击鼠标右键，在弹出的快捷菜单中选择最下面的“选项”。

④ 命令行　OPTIONS↙。

（2）操作说明

执行上述任一命令，系统打开“选项”对话框。该对话框中包括“文件”“显示”“打开和保存”“打印和发布”“系统”“用户系统配置”“绘图”“三维建模”“选择集”“配置”和“联机”等 11 个选项卡，如图 2.27 所示。下面分别介绍 11 个选项卡包含的选项及部分常用选项的设置方法。

①“文件”选项卡　主要用于设置支持文件、设备驱动程序文件、工程文件和其他文件的搜索路径，还列出了用户定义的可选设置，包括自定义文本编辑器、词典和字体等，如图 2.27 所示。系统一般将“文件”选项卡设为默认显示。常用的设置，如“帮助文件的位置”“自动保存文件位置”“图形样板文件位置”和“图纸集样板文件位置”都在“文件”选项卡中进行设置。

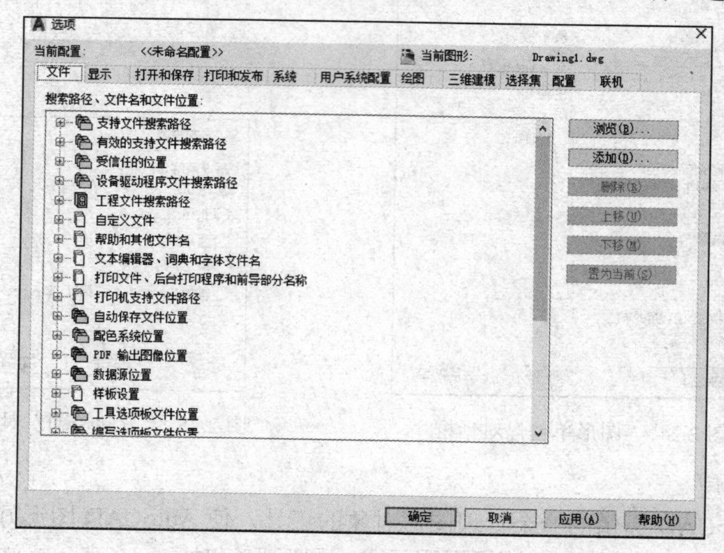

图 2.27 “选项”对话框

②“显示”选项卡　包括“窗口元素”“布局元素”“显示精度”“显示性能”“十字光标大小”“淡入度控制”6个选项组，如图2.28所示，用于设置AutoCAD的各种显示属性。

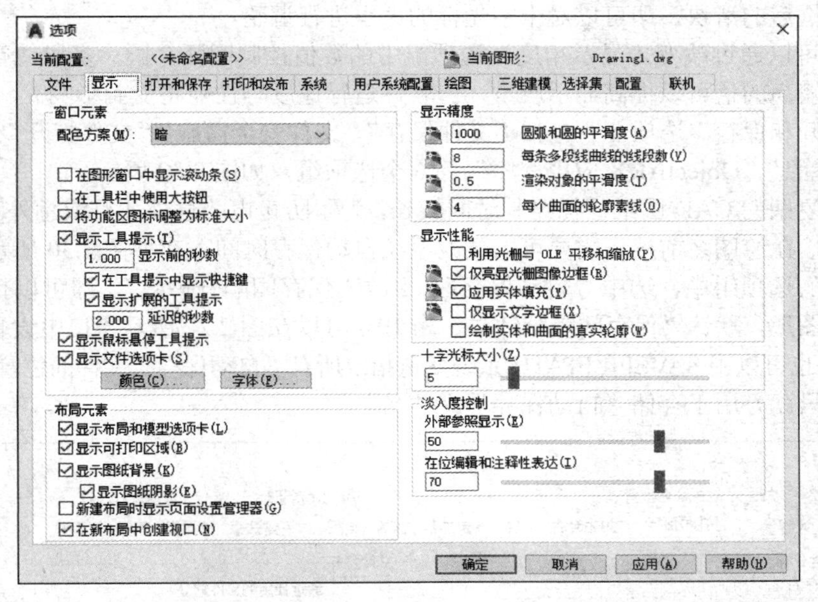

图2.28　“选项”对话框|“显示”选项卡

AutoCAD的默认背景颜色并不是一成不变的。模型空间默认背景颜色在早期版本中是黑色，后来改为灰黑色，在AutoCAD2018中已变成白色。AutoCAD为了适应不同用户的需求，提供了越来越多自定义界面风格、颜色和功能选项。用户可以在“窗口元素”选项组中单击 颜色(C)... 按钮，弹出“图形窗口颜色”对话框如图2.29所示。在“上下文”和“界面元素”中选择要改变颜色的内容，然后单击“颜色”右侧的下拉箭头，在打开的下拉表中选择需要的窗口颜色，然后单击 应用并关闭(A) 按钮。

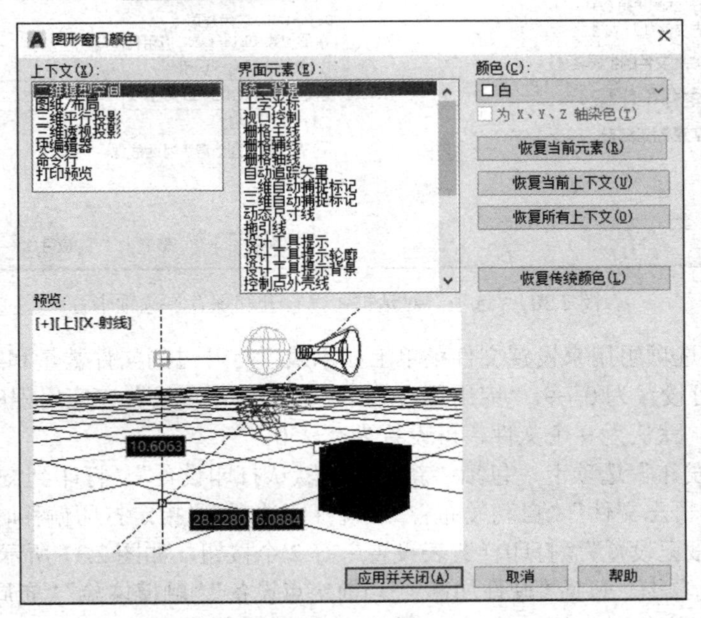

图2.29　“图形窗口颜色”对话框

系统预设十字光标的长度为屏幕大小的 5%，用户可以根据绘图的实际需要更改其大小。在如图 2.28 所示“显示”选项卡的“十字光标大小”选项组中的文本框中直接输入数值，或者拖动文本框后的滑块，即可以对十字光标的大小进行调整。

用户还可以通过改变“显示精度”选项组中的数值控制圆弧、圆、多段线等对象的显示质量。设置较高的值可以提高显示质量，但软件运行速度等性能将受到影响。

③“打开和保存”选项卡　包括“文件保存”“文件安全措施”“文件打开”“应用程序菜单”“外部参照”“ObjectARX 应用程序”等 6 个选项组，如图 2.30 所示。

一张较复杂的 CAD 图纸往往绘制时间较长，为了防止电脑意外死机或意外断电，造成不必要的损失，在绘图之前根据需要可以更改系统自动保存时间。在如图 2.30 所示窗口的“文件安全措施”选项组中，选中“自动保存”，更改“保存间隔分钟数”，即可以指定的时间间隔自动保存图形，默认“保存间隔分钟数”为 10。可以在图 2.27 所示窗口中设置“自动保存文件位置”，也可以用 SAVEFILEPATH 系统变量指定所有“自动保存”文件的位置，SAVEFILE 系统变量（只读）用于存储“自动保存”文件名。

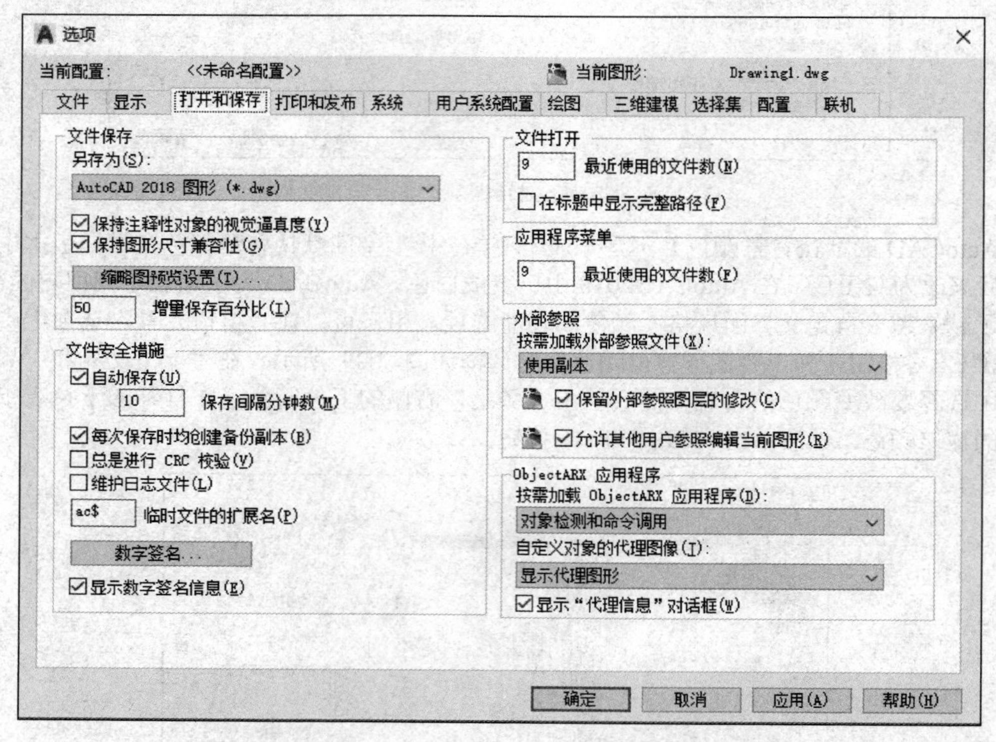

图 2.30 “选项”对话框 | “打开和保存”选项卡

“文件打开”选项组用来设置文件菜单上显示最近打开过的文件数量和显示方式，默认为显示 9 个文件，可设置为 0～9。“应用程序菜单”选项组用于设置在应用程序菜单中显示的最近打开的文件数，默认为 9 个文件，可设置为 0～50。

④“打印和发布”选项卡　包括“新图形的默认打印设置”“打印到文件”“后台处理选项”“打印和发布日志文件”“自动发布”“常规打印选项”“指定打印偏移时相对于”等 7 个选项组和“打印戳记设置”“打印样式表设置”等 2 个按钮，如图 2.31 所示。

⑤“系统”选项卡　包括“硬件加速”“当前定点设备”“触摸体验”“布局重生成选项”“常规选项”“帮助”“信息中心”“安全性”“数据库连接选项”等 9 个选项组，如图 2.32 所示。

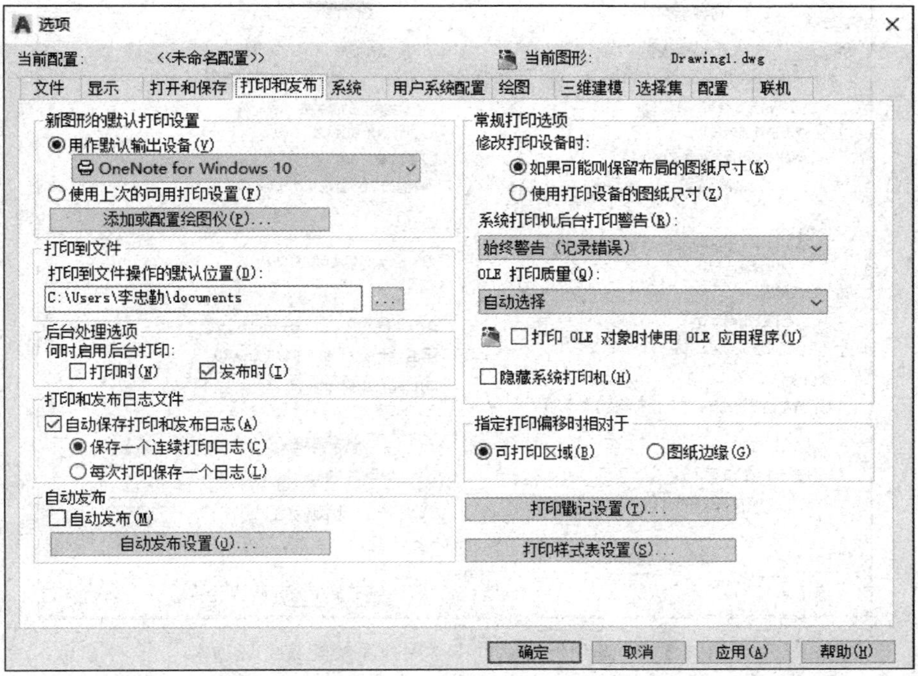

选项

当前配置: <<未命名配置>> 当前图形: Drawing1.dwg

文件 显示 打开和保存 打印和发布 系统 用户系统配置 绘图 三维建模 选择集 配置 联机

新图形的默认打印设置
用作默认输出设备(V)
OneNote for Windows 10
使用上次的可用打印设置(F)
添加或配置绘图仪(P)...

打印到文件
打印到文件操作的默认位置(D):
C:\Users\李忠勤\documents

后台处理选项
何时启用后台打印:
打印时(N) 发布时(I)

打印和发布日志文件
自动保存打印和发布日志(A)
保存一个连续打印日志(C)
每次打印保存一个日志(L)

自动发布
自动发布(M)
自动发布设置(O)...

常规打印选项
修改打印设备时:
如果可能则保留布局的图纸尺寸(K)
使用打印设备的图纸尺寸(Z)
系统打印机后台打印警告(R):
始终警告（记录错误）
OLE 打印质量(Q):
自动选择
打印 OLE 对象时使用 OLE 应用程序(U)
隐藏系统打印机(H)

指定打印偏移时相对于
可打印区域(B) 图纸边缘(G)

打印戳记设置(T)...
打印样式表设置(S)...

确定 取消 应用(A) 帮助(H)

图 2.31 “选项”对话框 |“打印和发布”选项卡

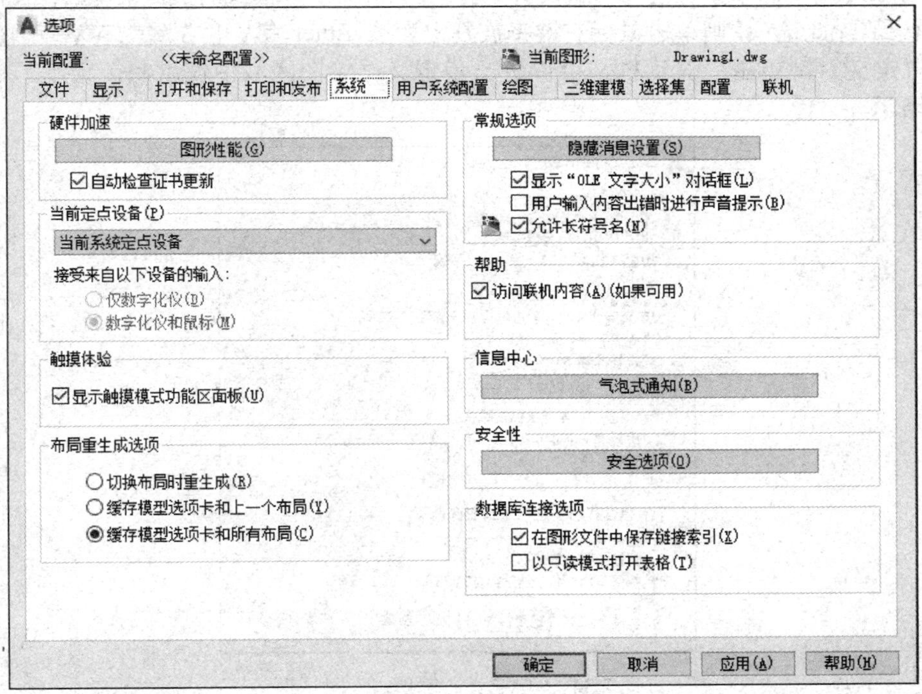

选项

当前配置: <<未命名配置>> 当前图形: Drawing1.dwg

文件 显示 打开和保存 打印和发布 系统 用户系统配置 绘图 三维建模 选择集 配置 联机

硬件加速
图形性能(G)
自动检查证书更新

当前定点设备(P)
当前系统定点设备
接受来自以下设备的输入:
仅数字化仪(D)
数字化仪和鼠标(M)

触摸体验
显示触摸模式功能区面板(U)

布局重生成选项
切换布局时重生成(R)
缓存模型选项卡和上一个布局(Y)
缓存模型选项卡和所有布局(C)

常规选项
隐藏消息设置(S)
显示“OLE 文字大小”对话框(L)
用户输入内容出错时进行声音提示(B)
允许长符号名(N)

帮助
访问联机内容(A)(如果可用)

信息中心
气泡式通知(B)

安全性
安全选项(O)

数据库连接选项
在图形文件中保存链接索引(X)
以只读模式打开表格(T)

确定 取消 应用(A) 帮助(H)

图 2.32 “选项”对话框 |“系统”选项卡

⑥“用户系统配置”选项卡 包括“Windows 标准操作”“插入比例”“超链接”“字段”“坐标数据输入的优先级”“关联标注”“放弃/重做”等 7 个选项组和“块编辑器设置”“线宽设置”“默认比例列表”等 3 个按钮，如图 2.33 所示。

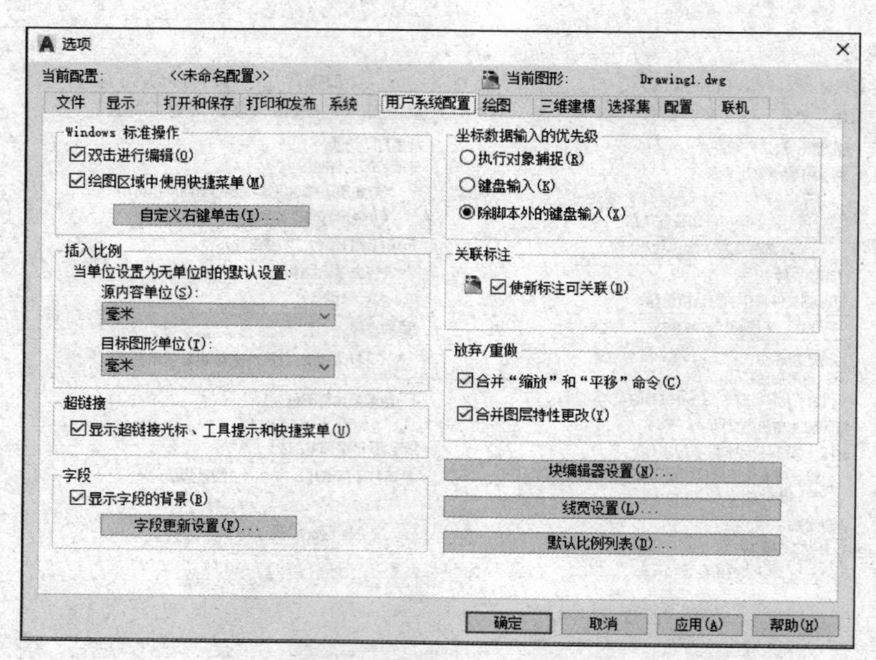

图 2.33 “选项”对话框 | “用户系统配置”选项卡

“Windows 标准操作”选项组用于控制绘图区域中的双击编辑操作和单击鼠标右键的操作。“绘图区域中使用快捷菜单”控制“默认”“编辑”和“命令”模式的快捷菜单在绘图区域是否可用，如果清除此选项，则单击鼠标右键将被判定为按 Enter 键。单击 自定义右键单击(I)... 按钮，弹出“自定义右键单击”对话框，可以进一步定义“绘图区域中使用快捷菜单”选项，如图 2.34 所示。

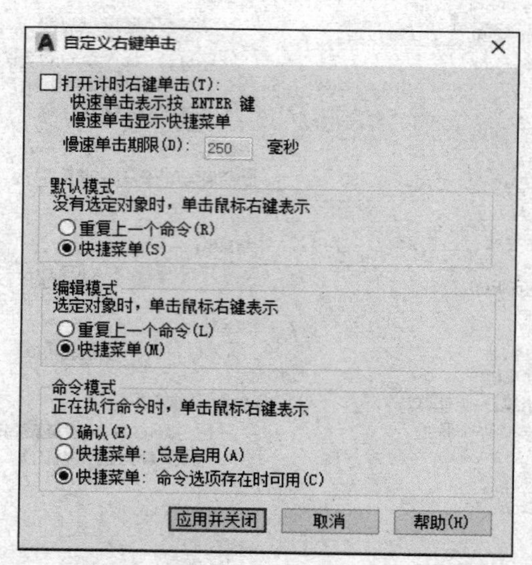

图 2.34 “自定义右键单击”对话框

“插入比例”选项组用于控制在图形中插入块和图形时使用的默认比例。

单击 线宽设置(L)... 按钮，可以根据需要设置“线宽”及其单位等选项，也可以通过拖动滑块来调整显示比例，如图 2.35 所示。

单击 默认比例列表(D)... 按钮，可以根据需要设置“比例列表”，如图 2.36 所示。

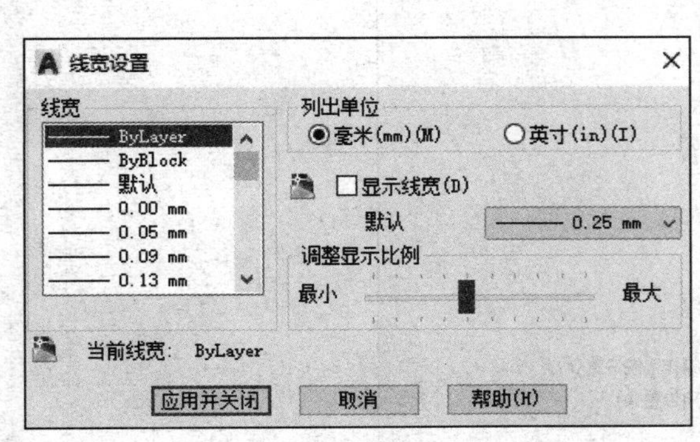

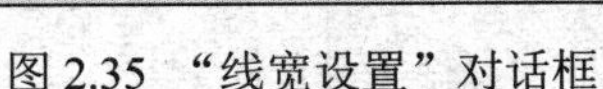
图 2.35 “线宽设置”对话框

图 2.36 “默认比例列表”对话框

⑦“绘图”选项卡　包括“自动捕捉设置”“自动捕捉标记大小”“对象捕捉选项”“AutoTrack 设置”“对齐点获取”“靶框大小”等 6 个选项组和“设计工具提示设置”“光线轮廓设置”“相机轮廓设置”等 3 个按钮，如图 2.37 所示。

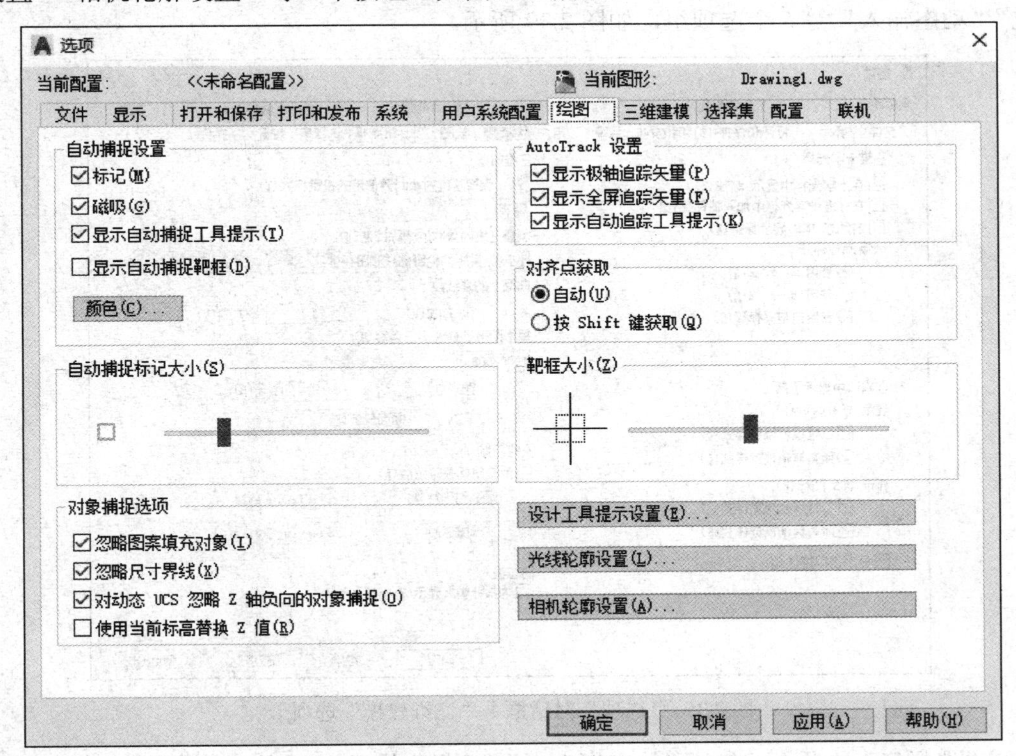

图 2.37 “选项”对话框 | “绘图”选项卡

单击“自动捕捉设置”选项组中的 颜色(C)... 按钮，弹出“图形窗口颜色”对话框如图 2.29 所示，可以按用户的喜好设置二维自动捕捉标记和三维自动捕捉标记的颜色。

单击 设计工具提示设置(E)... 按钮，弹出“工具提示外观”对话框如图 2.38 所示，可以设置用于控制绘图工具提示的颜色、大小和透明度。

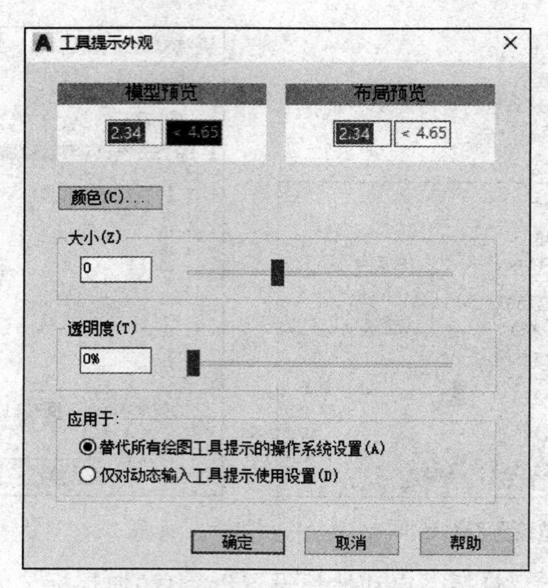

图 2.38 “工具提示外观”对话框

⑧“三维建模”选项卡　包括“三维十字光标”“在视口中显示工具”“三维对象”“三维导航”“动态输入”等 5 个选项组，如图 2.39 所示。

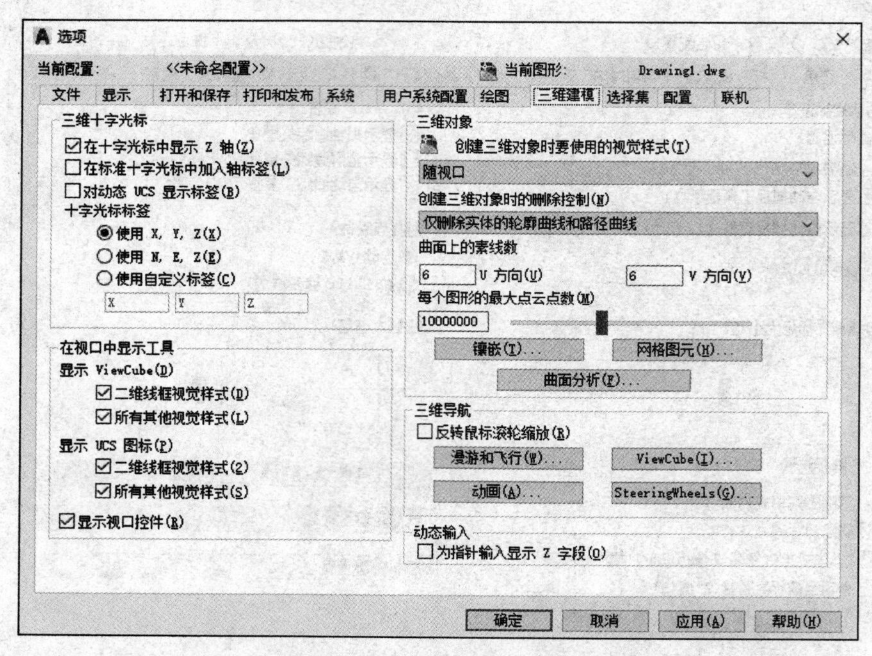

图 2.39 “选项”对话框丨“三维建模”选项卡

⑨“选择集”选项卡　包括“拾取框大小”“选择集模式”“功能区选项”“夹点尺寸”“夹点”“预览”等 6 个选项组，如图 2.40 所示。

“拾取框大小”滑块用于设置拾取框的显示尺寸。拾取框是在编辑命令中出现的对象选择工具。“选择集”选项组用于控制与对象选择方法相关的设置。

“夹点尺寸”滑块用于设置夹点的显示尺寸。夹点是指在对象被选中后，其上显示的一些小方块。如果“夹点”选项组中☐显示夹点(R) 未选中，则不显示夹点，“夹点尺寸”“夹点颜色”等设置也将失去意义。单击 夹点颜色(C)... 按钮，可在打开如图 2.41 所示的“夹点颜色”对话框中定义夹点显示的颜色。

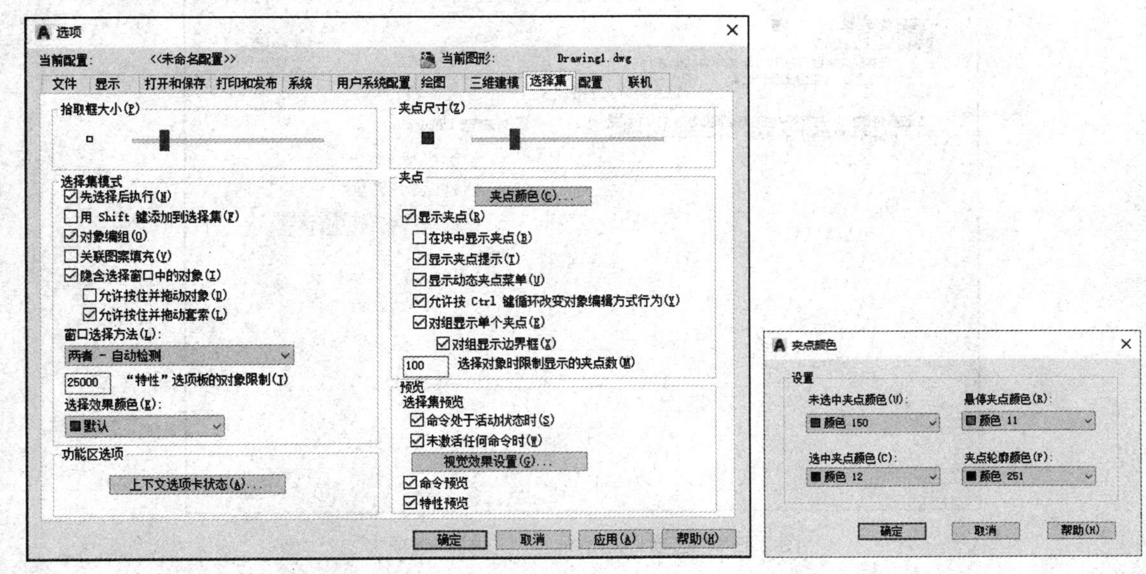

图 2.40 “选项”对话框丨“选择集”选项卡

图 2.41 “夹点颜色”对话框

⑩“配置”选项卡　包括“置为当前”“添加到列表”“重命名”“删除”“输出”“输入”“重置”等 7 个按钮，用于实现新建系统配置文件、重命名系统配置文件以及删除系统配置文件等操作，如图 2.42 所示。

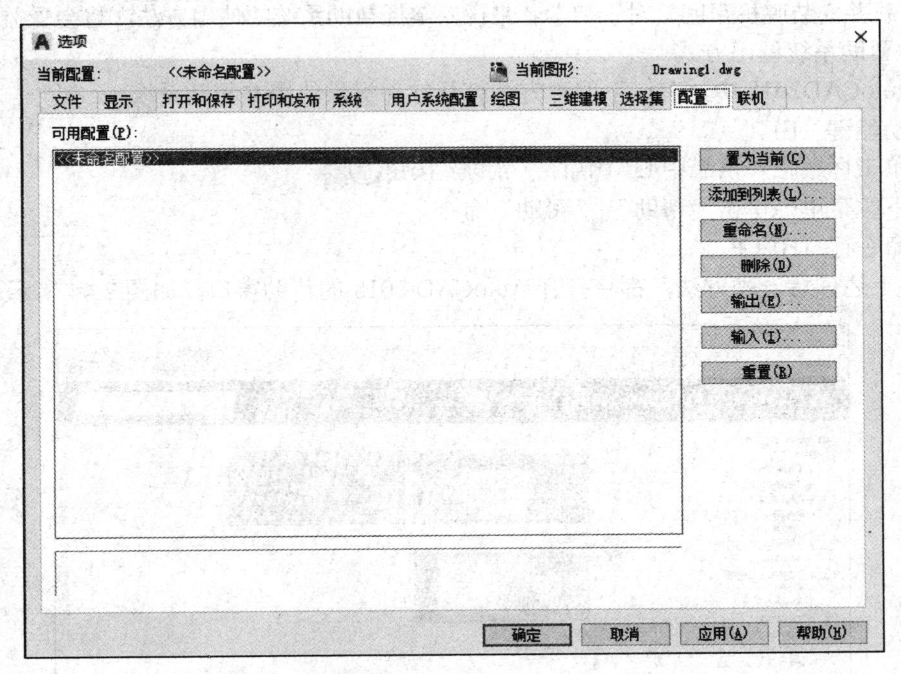

图 2.42 “选项”对话框丨“配置”选项卡

⑪“联机”选项卡　设置用于使用 Autodesk A360 联机工作的选项，并提供对存储在云账户中的设计文档的访问，如图 2.43 所示。

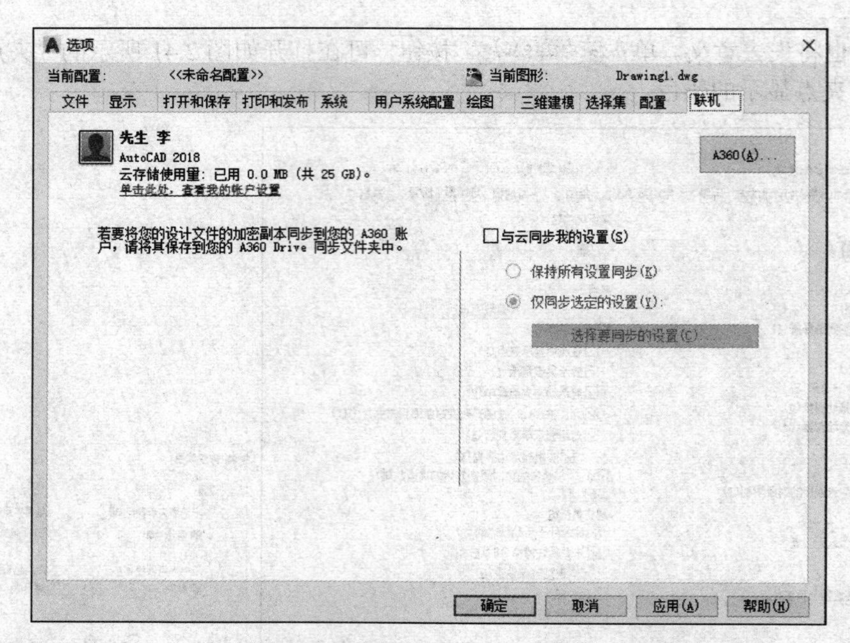

图 2.43 “选项”对话框 | “联机”选项卡

2.1.10 使用帮助系统

在学习和使用 AutoCAD 的过程中，不免会遇到一些问题，AutoCAD 提供了详细的帮助文档，使用这些帮助可以快速地解决设计中遇到的各种问题。AutoCAD 帮助系统既支持在线查询，也可以下载并安装脱机帮助。对于初学者来说，掌握帮助系统的使用方法，将会受益匪浅。

（1）帮助系统调用方式

在 AutoCAD2018 中，有以下四种方法打开软件提供的中文帮助系统。

① 功能键 F1。

② 单击标题栏“信息中心”中的“帮助”按钮 。

③ 下拉菜单 单击“帮助”|“帮助”命令。

④ 命令行 HELP ↙。

使用上述任意一种方法，都将打开 AutoCAD 2018 的帮助窗口，如图 2.44 所示。

图 2.44 AutoCAD 2018 的帮助窗口

（2）即时帮助系统

AutoCAD 加强了即时帮助系统功能，为功能区中的每个按钮都设置了图文并茂的说明。将鼠标指针在功能区按钮上悬停 3s，就会显示该命令的即时帮助信息，如图 2.45 所示。同样，当设置对话框中的选项时，也只需将鼠标指针在所设置选项处悬停 3s，即可显示即时帮助信息，如图 2.46 所示。

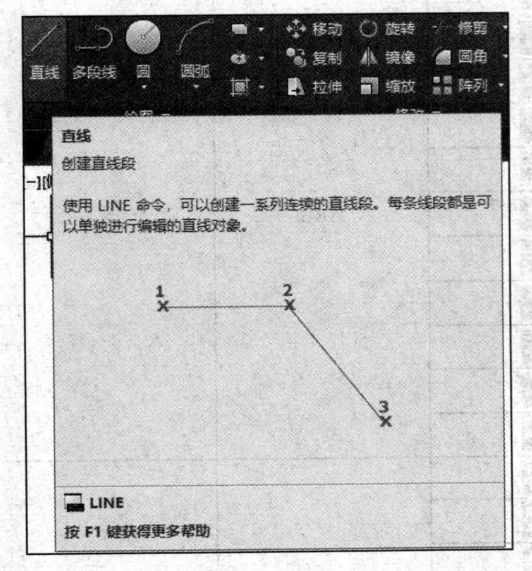

图 2.45　功能区“直线”按钮的即时帮助

图 2.46　“图形单位”对话框的即时帮助

（3）通过关键字搜索主题

在 AutoCAD 中，通过在“搜索”文本框中输入主题关键字，帮助系统会快速搜索到与之相关的主题并罗列出来。用户只要单击对应的项目，即可查看相关内容。

2.2　绘制二维图形

在 AutoCAD 2018 中，使用“绘图”菜单中的命令，不仅可以绘制点、直线、圆、圆弧、多边形和圆环等基本二维图形，还可以绘制多线、多段线和样条曲线等高级图形对象。二维图形的形状都很简单，创建容易，但它们是整个 AutoCAD 的绘图基础，因此，只有熟练地掌握它们的绘制方法和技巧，才能够更好地绘制出复杂的二维图形。绘制二维图形的常用命令输入方式如表 2.4 所示。

表 2.4　绘制二维图形的常用命令输入方式

对象名称	命令输入方式			
	“绘图”菜单	“绘图”面板/“绘图”工具栏	命令	命令缩写
直线	直线		LINE	L
射线	射线		RAY	
构造线	构造线		XLINE	XL
多线	多线		MLINE	ML
多段线	多段线		PLINE	PL
正多边形	多边形		POLYGON	POL

续表

对象名称	命令输入方式			
	“绘图”菜单	“绘图”面板/“绘图”工具栏	命令	命令缩写
矩形	矩形		RECTANG	REC
圆弧	圆弧丨三点		ARC	A
	圆弧丨起点、圆心、端点			
	圆弧丨起点、圆心、角度			
	圆弧丨起点、圆心、长度			
	圆弧丨起点、端点、角度			
	圆弧丨起点、端点、方向			
	圆弧丨起点、端点、半径			
	圆弧丨圆心、起点、端点			
	圆弧丨圆心、起点、角度			
	圆弧丨圆心、起点、长度			
	圆弧丨继续			
圆	圆丨圆心、半径		CIRCLE	C
	圆丨圆心、直径			
	圆丨两点			
	圆丨三点			
	圆丨相切、相切、半径			
	圆丨相切、相切、相切			
圆环	圆环		DONUT	DO
椭圆	椭圆丨圆心		ELLIPSE	EL
	椭圆丨轴、端点			
	椭圆丨圆弧			
块	块丨创建		BLOCK	B.
点	点丨单点		POINT	PO
	点丨多点			
	点丨定数等分		DIVIDE	DIV
	点丨定距等分		MEASURE	ME

2.2.1 绘制直线

（1）功能

创建一条或一系列邻接的直线段。

（2）绘图方法

调用“直线”命令，命令行显示如下提示信息。

命令：_line

指定第一点：

指定下一点或[放弃(U)]:

指定下一点或[放弃(U)]:

指定下一点或[闭合(C)/放弃(U)]:

（3）技巧与说明

① 绘制单独对象时，在发出 LINE 命令后指定第一点，接着指定下一点，然后按 Enter 键或 Esc 键结束当前命令。

② 绘制连续折线时，在发出 LINE 命令后指定第一点，然后连续指定多个点，最后按 Enter 键或 Esc 键结束。

③ 绘制封闭折线时，在最后一个“指定下一点或 [闭合(C)/放弃(U)]:”提示后面输入字母 C，然后回车即可。

④ 在绘制折线时，如果在“指定下一点或 [闭合(C)/放弃(U)]:”提示后面输入字母 U，可删除上一条直线。

2.2.2 绘制射线

射线为一端固定，另一端无限延伸的直线。在 AutoCAD 中，射线主要用于绘制辅助线。调用“射线”命令，命令行显示如下提示信息。

命令：_ray

指定起点：

指定通过点：

指定射线的起点后，可在“指定通过点:”提示下指定多个通过点，来绘制以起点为端点的多条射线，直到按 Esc 键或 Enter 键退出为止。

2.2.3 绘制构造线

（1）功能

构造线为两端可以无限延伸的直线，没有起点和终点，主要用于绘制辅助线。

（2）绘图方法

调用“构造线”命令，命令行显示如下提示信息。

命令：_xline

指定点或[水平(H)/垂直(V)/角度(A)/二等分(B)/偏移(O)]:

可以通过指定两点来定义构造线，第一个点为构造线概念上的中点。该命令提示中其他选项的功能如下。

①“水平(H)”或“垂直(V)”选项　创建经过指定点（中点）且平行于 X 轴或 Y 轴的构造线。

②“角度(A)”选项　创建与 X 轴成指定角度的构造线，可以先选择一条参考线，再指定直线与构造线的角度；也可以先指定构造线的角度，再设置必经的点。

③“二等分(B)”选项　创建二等分指定角的构造线，需要指定等分角的顶点、起点和端点。

④“偏移(O)”选项　创建平行于指定基线的构造线，需要先指定偏移距离，选择基线，然后指明构造线位于基线的哪一侧。

2.2.4 绘制多线

（1）功能

多线是一种由多条平行线组成的组合对象，平行线之间的间距和数目是可以调整的。多线常用于绘制电气原理图或电子线路图中的多条平行导线等对象。

（2）绘图方法

调用“多线”命令，命令行显示如下提示信息。

命令：_mline

当前设置：对正=上，比例=20.00，样式=STANDARD

指定起点或[对正(J)/比例(S)/样式(ST)]:

若以当前的格式绘制多线，其绘制方法与绘制直线相似。该命令提示中其他选项的功能如下。

①“对正(J)”选项　指定多线的对正方式。此时命令行显示“输入对正类型[上(T)/无(Z)/下(B)] <上>：”提示信息。三个选项依次表示当从左向右绘制多线时，多线上最顶端的线、中心线、最底端的线将随着光标移动。

②“比例(S)”选项　指定所绘制的多线的宽度相对于多线的定义宽度的比例因子，该比例不影响多线的线型比例。

③“样式(ST)”选项　指定绘制的多线的样式，默认为标准（STANDARD）型。当命令行显示“输入多线样式名或[?]:”提示信息时，可以直接输入已有的多线样式名，也可以输入“？”显示已定义的多线样式。

（3）使用“多线样式”对话框

单击“格式”菜单的“多线样式”命令（MLSTYLE），打开“多线样式”对话框，如图2.47所示。可以根据需要创建多线样式，设置其线条数目和线的拐角方式。

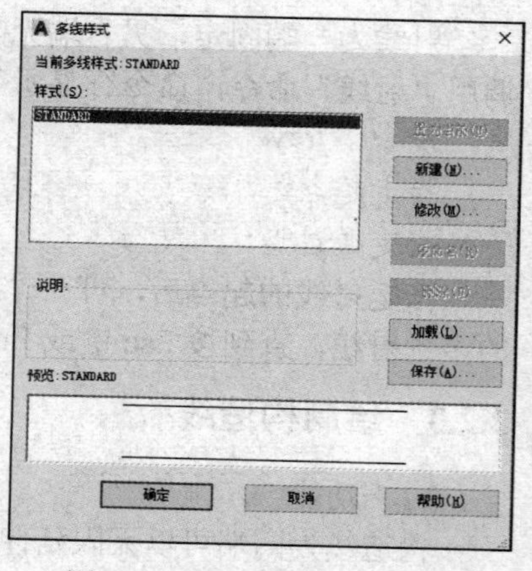

图2.47　“多线样式”对话框

①“样式”列表框　显示已经加载的多线样式。

②“置为当前”按钮　在“样式”列表中选择需要使用的多线样式后，单击该按钮，可以将其设置为当前样式。

③“新建”按钮　单击该按钮，打开“创建新的多线样式”对话框，可以创建新多线样式，如图2.48所示。

④“修改”按钮　单击该按钮，打开“修改多线样式”对话框，可以修改创建的多线样式。

⑤“重命名”按钮　重命名“样式”列表中选中的多线样式名称，但不能重命名标准（STANDARD）样式。

⑥“删除”按钮　删除“样式”列表中选中的多线样式。

⑦“加载”按钮　单击该按钮，打开“加载多线样式”对话框，如图2.49所示。可以从中选取多线样式将其加载到当前图形中，也可以单击“文件”按钮，打开“从文件加载多线样式”对话框，选择多线样式文件。默认情况下，AutoCAD 2018提供的多线样式文件为acad.mln。

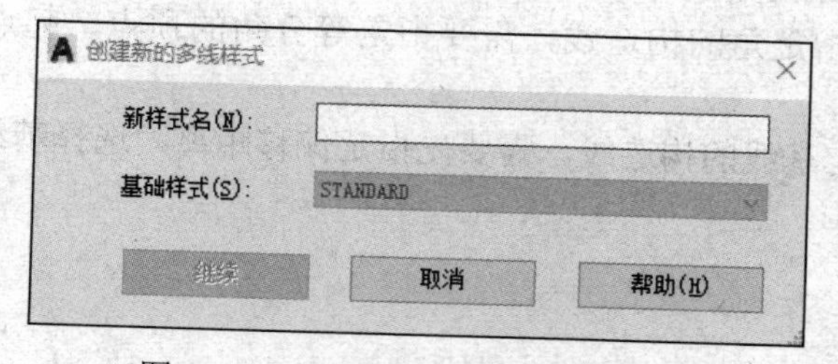

图2.48　“创建新的多线样式”对话框

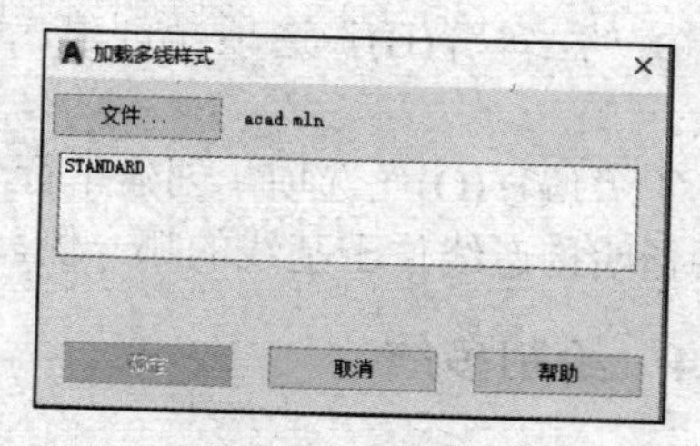

图2.49　“加载多线样式”对话框

⑧“保存”按钮　打开“保存多线样式”对话框，可以将当前的多线样式保存为一个多线文件（*.mln）。

此外，当选中一种多线样式后，在对话框的“说明”和“预览”区中还将显示该多线样式的说明信息和样式预览。

（4）创建多线样式

在“创建新的多线样式”对话框中，单击“继续”按钮，将打开“新建多线样式”对话框，包括“说明”文本框和“封口”“填充”“显示连接”“图元”等 4 个选项组，如图 2.50 所示。

①“说明”文本框　用于输入多线样式的说明信息。当在“多线样式”列表中选中多线时，说明信息将显示在“说明”区域中。

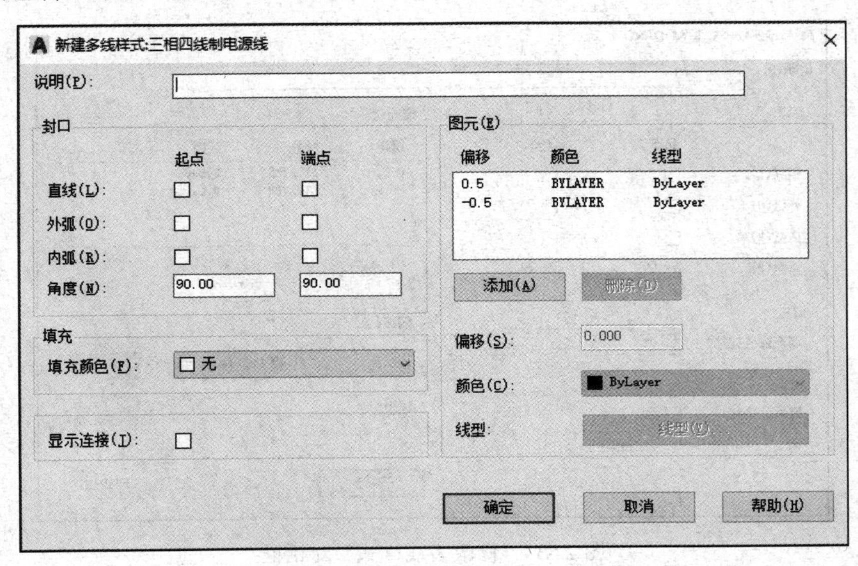

图 2.50　“新建多线样式”对话框

②“封口”选项组　用于控制多线起点和端点处的样式。可以为多线的每个端点选择一条直线或弧线，并输入角度。其中，“直线”穿过整个多线的端点，“外弧”连接最外层元素的端点，“内弧”连接成对元素，如果有奇数个元素，则中心线不相连，如图 2.51 所示。

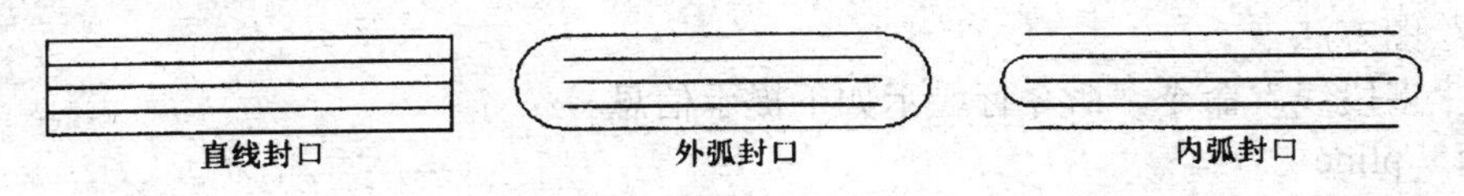

图 2.51　多线的封口样式

③“填充”选项组　用于设置多线的背景填充色。可以从“填充颜色”下拉列表框中选择所需的填充颜色作为多线的背景。如果选择“选择颜色”，将显示“选择颜色”对话框。如果不使用填充色，则在“填充颜色”下拉列表框中选择“无”即可。

④“显示连接”选项组　如果选中“显示连接”前的复选框，可以在多线的拐角处显示连接线，否则不显示，效果如图 2.52 所示。

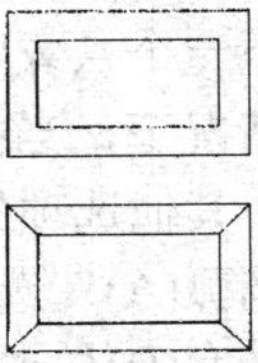

图 2.52　不显示连接与显示连接对比

⑤“图元”选项组　用于设置多线元素的元素特性，包

括多线的线条数目、每条线的颜色和线型等特性。其中，“图元”列表框中列举了当前多线样式中各线条元素及其特性，包括线条元素相对于多线中心线的偏移量、线条颜色和线型。如果要增加多线中线条的数目，可单击“添加”按钮，在“图元”列表中将加入一个偏移量为 0 的新线条元素。如果要删除某一线条，在“图元”列表框中选中该线条元素，然后单击“删除”按钮。通过“偏移”文本框设置当前线条的偏移量；在“颜色”下拉列表框设置当前线条的颜色；单击“线型”按钮，使用打开的“线型”对话框设置当前线条的线型。

（5）修改多线样式

在如图 2.47 所示的“多线样式”对话框中单击“修改”按钮，使用打开的“修改多线样式”对话框可以修改已有的多线样式，它与“新建多线样式”对话框中的内容完全相同，如图 2.53 所示。

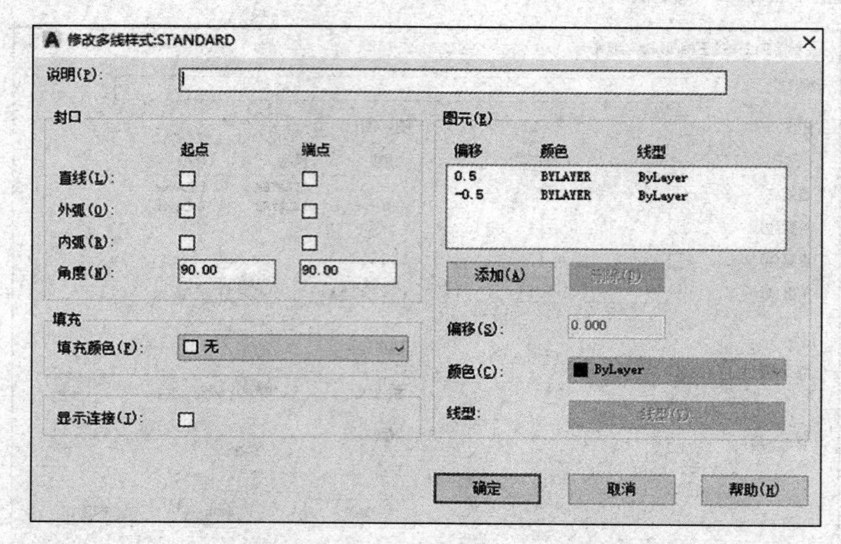

图 2.53 “修改多线样式”对话框

2.2.5 绘制多段线

（1）功能

绘制多段等宽或不等宽的直线段和圆弧。

（2）绘图方法

调用“多段线”命令，命令行显示如下提示信息。

命令：_pline

指定起点：

当前线宽为 0.0000

指定下一个点或[圆弧(A)/半宽(H)/长度(L)/放弃(U)/宽度(W)]:

指定下一个点或[圆弧(A)/闭合(C)/半宽(H)/长度(L)/放弃(U)/宽度(W)]:

默认情况下，当指定了多段线另一端点的位置后，将从起点到该点绘出一段多段线。该命令提示中其他选项的功能如下。

①“圆弧(A)”选项　从绘制直线方式切换到绘制圆弧方式。

②“半宽(H)”选项　设置多段线的半宽度，即多段线的宽度等于输入值的 2 倍，其中，可以分别指定对象的起点半宽和端点半宽。

③“长度(L)”选项　指定绘制的直线段的长度。此时，AutoCAD 将以该长度沿着上一段直线的方向绘制直线段。如果前一段线对象是圆弧，则该段直线的方向为上一圆弧端点的切线方向。

④“放弃(U)”选项　删除多段线上的上一段直线段或者圆弧段，以方便及时修改在绘制多段线过程中出现的错误。

⑤“宽度(W)”选项　设置多段线的宽度，可以分别指定对象的起点宽度和端点宽度。具有宽度的多段线填充与否可以通过 FILL 命令来设置。如果将模式设置为“开(ON)”时，则绘制的多段线是填充的；如果将模式设置成“关(OFF)”时，则所绘制的多段线是不填充的。

⑥“闭合(C)”选项　封闭多段线并结束命令。此时，系统将以当前点为起点，以多段线的起点为端点，以当前宽度和绘图方式（直线方式或者圆弧方式）绘制一段线段，以封闭该多段线，然后结束命令。

在绘制多段线时，如果在“指定下一个点或[圆弧(A)/闭合(C)/半宽(H)/长度(L)/放弃(U)/宽度(W)]:”命令提示下输入 A，可以切换到圆弧绘制方式，命令行显示如下提示信息。

指定圆弧的端点或

角度(A)/圆心(CE)/闭合(CL)/方向(D)/半宽(H)/直线(L)/半径(R)/第二个点(S)/放弃(U)/宽度(W)]:

该命令提示中各选项的功能说明如下。

①“角度(A)”选项　根据圆弧对应的圆心角来绘制圆弧段。选择该选项后需要在命令行提示下输入圆弧的包含角。圆弧的方向与角度的正负有关，同时也与当前角度的测量方向有关。

②“圆心(CE)”选项　根据圆弧的圆心位置来绘制圆弧段。选择该选项，需要在命令行提示下指定圆弧的圆心。当确定了圆弧的圆心位置后，可以再指定圆弧的端点、包含角或对应弦长中的一个条件来绘制圆弧。

③“闭合(CL)”选项　根据最后点和多段线的起点为圆弧的两个端点，绘制一个圆弧，以封闭多段线。闭合后，将结束多段线绘制命令。

④“方向(D)”选项　根据起始点处的切线方向来绘制圆弧。选择该选项，可通过输入起始点方向与水平方向的夹角来确定圆弧的起点切向。也可以在命令行提示下确定一点，系统将把圆弧的起点与该点的连线作为圆弧的起点切向。当确定了起点切向后，再确定圆弧另一个端点即可绘制圆弧。

⑤“半宽(H)”选项　设置圆弧起点的半宽度和终点的半宽度。

⑥“直线(L)”选项　将多段线命令由绘制圆弧方式切换到绘制直线的方式。此时将返回到“指定下一个点或[圆弧(A)/闭合(C)/半宽(H)/长度(L)/放弃(U)/宽度(W)]:”的提示状态。

⑦“半径(R)”选项　可根据半径来绘制圆弧。选择该选项后，需要输入圆弧的半径，并通过指定端点和包含角中的一个条件来绘制圆弧。

⑧“第二个点(S)”选项　可根据 3 点来绘制一个圆弧。

⑨“放弃(U)”选项　取消上一次绘制的圆弧。

⑩“宽度(W)”选项　设置圆弧的起点宽度和终点宽度。

（3）技巧与说明

在 AutoCAD 中，经常使用“多段线”命令绘制箭头等形状。

2.2.6　绘制正多边形

（1）功能

可以绘制边数为 3～1024 的正多边形。

（2）绘图方法

调用“正多边形”命令，命令行显示如下提示信息。

命令：_polygon 输入侧面数 <4>:

指定正多边形的中心点或[边(E)]:

默认情况下，可以使用正多边形的外接圆或内切圆来绘制正多边形。在“指定正多边形的中心点或[边(E)]:”提示下指定多边形的中心点后，命令行将显示“输入选项[内接于圆(I)/外切于圆(C)] <I>:”提示信息，选择“内接于圆(I)”选项，表示绘制的多边形将内接于设想的圆；选择“外切于圆(C)”选项，表示绘制的多边形外切于设想的圆。

此外，如果在“指定正多边形的中心点或[边(E)]:”提示下选择“边(E)”选项，可以以指定的两个点作为多边形一条边的两个端点来绘制多边形。采用“边”选项绘制多边形时，AutoCAD 总是从第 1 个端点到第 2 个端点，沿当前角度方向绘制出多边形。

2.2.7 绘制矩形

（1）功能

可绘制一般矩形、倒角矩形、圆角矩形、有厚度的矩形等多种矩形。

（2）绘图方法

调用“矩形”命令，命令行显示如下提示信息。

命令：_rectang

指定第一个角点或[倒角(C)/标高(E)/圆角(F)/厚度(T)/宽度(W)]:

默认情况下，可以通过指定两个对角点来绘制矩形。指定了矩形的第一个角点后，命令行将显示“指定另一个角点或[面积(A)/尺寸(D)/旋转(R)]”提示信息，可直接指定另一个角点来绘制矩形，也可以选择其他选项绘制矩形。该命令提示中其他选项的功能如下。

①“倒角(C)”选项　绘制一个带倒角的矩形，需要指定矩形的两个倒角距离。当设定了倒角距离后，仍返回“指定第一个角点或[倒角(C)/标高(E)/圆角(F)/厚度(T)/宽度(W)]:”信息，提示完成矩形绘制。

②“标高(E)”选项　指定矩形所在的平面高度，默认矩形在 *XY* 平面内，一般用于绘制三维绘图。

③“圆角(F)”选项　绘制一个带圆角的矩形，需要指定圆角矩形的圆角半径。

④“厚度(T)”选项　按已设定的厚度绘制矩形，一般用于绘制三维图形。

⑤“宽度(W)”选项　按已设定的线宽绘制矩形，需要指定矩形的线宽。

⑥“面积(A)”选项　通过指定矩形的面积绘制矩形。

⑦“尺寸(D)”选项　通过指定矩形的长度、宽度绘制矩形。

⑧“旋转(R)”选项　绘制与 *X* 轴成一定角度的矩形。

2.2.8 绘制圆弧

（1）功能

根据圆弧的圆心、起点、端点、长度、角度等某几个参数绘制圆弧。

（2）绘图方法

单击“绘图”菜单的“圆弧”命令，将弹出下一级子菜单。在“圆弧”的子菜单中提供了 11 种绘制圆弧的方法，相应命令的功能如下。

①“三点”命令　通过指定圆弧的起点、通过的第二个点和端点绘制圆弧。

②“起点、圆心、端点”命令　指定圆弧的起点、圆心和端点绘制圆弧。

③“起点、圆心、角度”命令　指定圆弧的起点、圆心和角度绘制圆弧。此时，需要在“指定包含角:”提示下输入角度值。如果当前环境设置逆时针为角度方向，并输入正的角度值，则所绘制的圆弧是从起始点绕圆心沿逆时针方向绘出；如果输入负角度值，则沿顺时针方向绘制圆弧。

④“起点、圆心、长度”命令　指定圆弧的起点、圆心和弦长绘制圆弧。此时，所给定的弦长不得超过起点到圆心距离的两倍。另外，在命令行的“指定弦长:”提示下，所输入的值如果为负值，则该值的绝对值将作为对应整圆的空缺部分圆弧的弦长。

⑤“起点、端点、角度”命令　指定圆弧的起点、端点和角度绘制圆弧。

⑥“起点、端点、方向”命令　指定圆弧的起点、端点和方向绘制圆弧。当命令行显示“指定圆弧的起点切向”提示时，可以拖动鼠标动态地确定圆弧在起始点处的切线方向与水平方向的夹角。拖动鼠标时 AutoCAD 会在当前光标与圆弧起始点之间形成一条橡皮筋线，此橡皮筋线即为圆弧在起始点处的切线。拖动鼠标确定圆弧在起始点处的切线方向后，单击拾取键即可得到相应的圆弧。

⑦“起点、端点、半径”命令　指定圆弧的起点、端点和半径绘制圆弧。

⑧“圆心、起点、端点”命令　指定圆弧的圆心、起点和端点绘制圆弧。

⑨“圆心、起点、角度”命令　指定圆弧的圆心、起点和角度绘制圆弧。

⑩“圆心、起点、长度”命令　指定圆弧的圆心、起点和长度绘制圆弧。

⑪“继续”命令　选择该命令，在命令行的“指定圆弧的起点或[圆心(C)]”提示下直接按 Enter 键，系统将以最后一次绘制的线段或圆弧过程中确定的最后一点作为新圆弧的起点，以最后所绘线段方向或圆弧终止点处的切线方向为新圆弧在起始点处的切线方向，然后再指定一点，就可以绘制出一个圆弧。

2.2.9　绘制圆

（1）功能

根据圆心、半径、直径、圆上的几点等已知参数绘圆。

（2）绘图方法

单击“绘图”菜单的“圆”命令，将弹出下一级子菜单。在“圆”的子菜单中提供了 6 种绘制圆的方法，相应命令的功能如下。

①“圆心、半径”命令　指定圆的圆心和半径绘制圆。

②“圆心、直径”命令　指定圆的圆心和直径绘制圆。

③“两点”命令　指定两个点，并以两个点之间的距离为直径来绘制圆。

④“三点”命令　指定通过圆周的 3 个点来绘制圆。

⑤“相切、相切、半径”命令　以指定的值为半径，绘制一个与两个对象相切的圆。在绘制时，需要先指定与圆相切的两个对象，然后指定圆的半径。

⑥“相切、相切、相切”命令　依次指定与圆相切的 3 个对象来绘制圆。

（3）技巧与说明

① 如果在命令提示要求后输入半径或者直径时所输入的值无效，如英文字母、负值等，系统将显示“需要数值距离或第二点”、“值必须为正且非零”等信息，并提示重新输入值或者退出该命令。

② 使用“相切、相切、半径”命令时，系统总是在距拾取点最近的部位绘制相切的圆。因此，拾取相切对象时，拾取的位置不同，得到的结果有可能也不相同。

2.2.10 绘制圆环

（1）功能

绘制指定内径、外径和圆心的圆环。

（2）绘图方法

调用“圆环”命令，命令行显示如下提示信息。

命令：_donut

指定圆环的内径<0.5000>:

指定圆环的外径<1.0000>:

指定圆环的中心点或<退出>:

指定圆环的内径和外径后，可在“指定圆环的中心点:”提示下指定多个中心点，来绘制多个大小相同的圆环，直到按 Esc 键或 Enter 键退出为止。

（3）技巧与说明

① 指定内径为 0，则可绘制实心圆环。

② 指定内外径为非零的相同值，可很快地绘制多个大小相同的圆。

③ AutoCAD 用系统变量 FILLMODE 控制图形（包括圆环、多段线、图案填充等）的填充方式。调用“FILL”命令后，输入“1”或“ON”则填充对象，输入“0”或“OFF”则不填充。填充与不填充的圆环效果分别如图 2.54（a）、（b）所示。

2.2.11 绘制椭圆

（1）绘图方法

可以使用两种方法绘制椭圆。

① “绘图”|“椭圆”|“中心点”命令　指定椭圆心、一个轴的端点（主轴）以及另一个轴的半轴长度绘制椭圆。

② “绘图”|“椭圆”|“轴、端点”命令　指定一个轴的两个端点（主轴）和另一个轴的半轴长度绘制椭圆。

（2）技巧与说明

如果在“草图设置”对话框的“捕捉和栅格”选项卡中的“捕捉类型和样式”选项组中选择“等轴测捕捉”单选按钮，则调用 ELLIPSE 命令，并显示“指定椭圆的轴端点或中心点(C)/等轴测圆(I)]”提示，可以使用“等轴测圆”选项绘制等轴测面上的椭圆。

2.2.12 绘制点

（1）绘制单点和多点

在“绘图”菜单中，选择“点”|“单点”命令，可以在绘图窗口中一次指定一个点；选择“点”|“多点”命令，可以在绘图窗口中一次指定多个点。

（2）设置点的样式

在绘制点时，命令提示行显示的 PDMODE=0 与 PDSIZE=0.0000 两个系统变量用于显示当前状态下点的样式。要设置点的样式，可选择“格式”|“点样式”命令，打开“点样式”对话框，如图 2.55 所示。从中选择所需的点样式，单击“确定”按钮。也可以使用 PDMODE 命令来修改点样式。

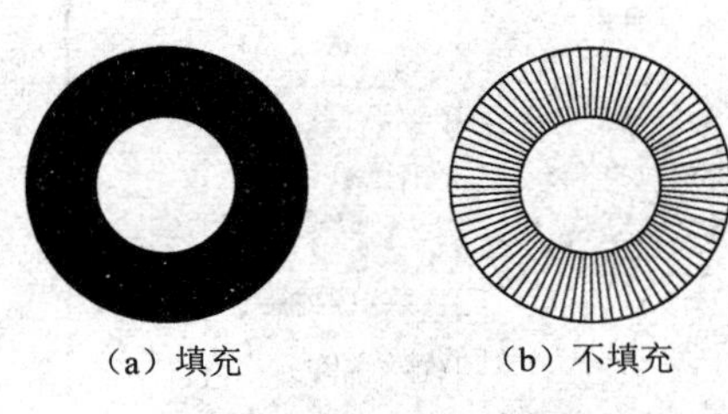

（a）填充　　（b）不填充

图 2.54　填充与不填充的圆环比较

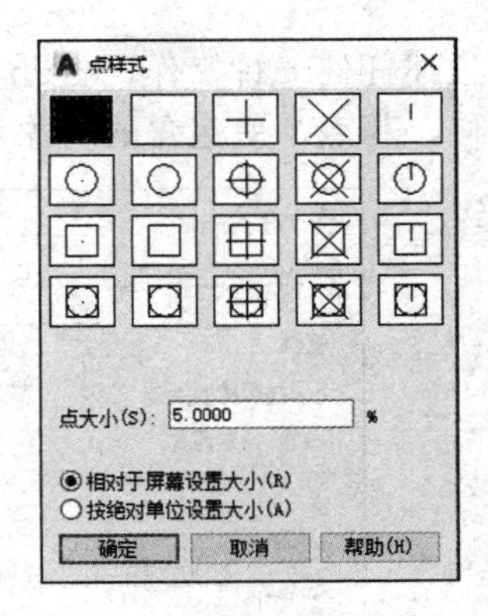

图 2.55　“点样式”对话框

（3）定数等分对象

在“绘图”菜单中选择“点”|“定数等分”命令，可以在指定的对象上绘制等分点或者在等分点处插入块。

在使用该命令时应注意以下几点。

① 因为输入的是等分数，而不是放置点的个数，所以如果将所选对象分成 *N* 份，则实际上只生成 *N*–1 个点。

② 每次只能对一个对象操作，而不能对一组对象操作。

（4）定距等分对象

在“绘图”菜单中选择“点”|“定距等分”命令，可以在指定的对象上按指定长度绘制点或者插入块。

在使用该命令时应注意以下几点。

① 放置点的起始位置从离对象选取点较近的端点开始。

② 如果对象总长不能被所选长度整除，则最后放置点到对象的距离不等于所选长度。

2.2.13　图块

（1）功能

块是一个或多个对象组成的对象集合，常用于绘制复杂、重复的图形。一旦一组对象组合成块，就可以根据作图需要将这组对象插入到图中任意指定位置，而且还可以按不同的比例和旋转角度插入。使用 AutoCAD 绘制电气原理图或电子线路图时，经常会用到块。

使用块之前，首先要创建块。AutoCAD 提供的块有两种类型。

① 内部块　使用 BLOCK 命令通过“块定义”对话框创建，将块存储在当前图形中，只能在本图形文件调用或使用设计中心共享。

② 外部块　使用 WBLOCK 命令通过“写块”对话框创建，将块保存为一个图形文件，在所有的 AutoCAD 图形文件中均可调用。

（2）创建内部块

创建内部块需要在“块定义”对话框完成设置，用户可以通过如下三种方式打开“块定义”对话框。

① 下拉菜单　单击“绘图”|“块”|“创建”命令。

② 功能区　选择“默认”选项卡 | “块”面板 | “创建”按钮 创建，或者选择“插入”选项卡 | “块定义”面板 | “创建块”按钮 创建。

③ 命令行　BLOCK↙。

执行上述任何一种操作，打开“块定义”对话框，如图 2.56 所示。通过该对话框可以定义块的名称、基点、所包含的对象等。对话框中各选项的含义如下。

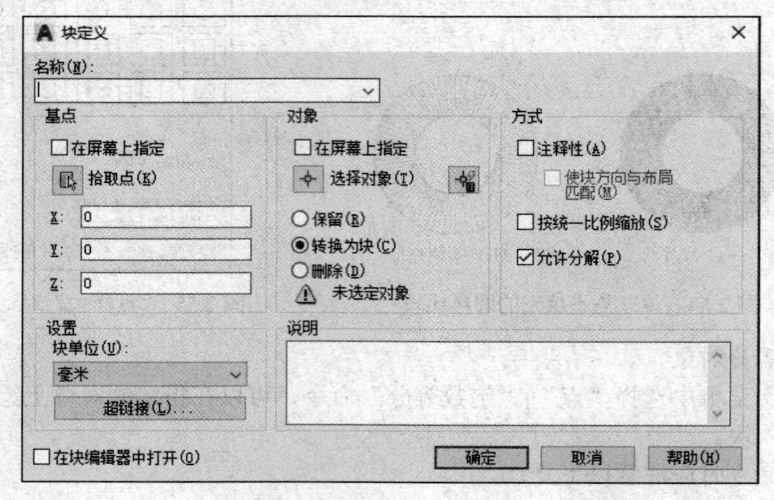

图 2.56 “块定义”对话框

①“名称”文本框　指定块的名称。名称最多可以包含 255 个字符，包括字母、数字、空格，以及操作系统或程序未作他用的任何特殊字符。当前文件中包含多个块时，还可以在下拉列表框中选择已存在的块名称对其进行重定义。

②“基点”选项组　用来指定块的插入基点，默认值是(0，0，0)。用户可以直接在 X、Y、Z 文本框中输入，也可以单击“拾取点”按钮，切换到绘图窗口并选择基点。一般基点选在块的对称中心、左下角或其他有特征的位置。该基点是图形插入过程中进行旋转或调整比例的基准点。

③“对象”选项组　设置组成块的对象，包括以下按钮或选项。

a.“选择对象”按钮。可以切换到绘图窗口选择组成块的各对象。

b.“快速选择”按钮。单击该按钮可以使用弹出的“快速选择”对话框设置所选择对象的过滤条件。

c.“保留”单选按钮。确定创建块后仍在绘图窗口上是否保留组成块的各对象。

d.“转换为块”单选按钮。确定创建块后是否将组成块的各对象保留并把它们转换成块。

e.“删除”单选按钮。确定创建块后是否删除绘图窗口上组成块的原对象。

④“方式”选项组　用于设置块的属性。选中“注释性”复选框，将块设为注释性对象，可自动根据注释比例调整插入的块参照的大小。选中“按统一比例缩放”复选框，可以设置块对象按统一的比例进行缩放。选中“允许分解”复选框，将块对象设置为允许被分解的模式。一般按照默认选择。

⑤“设置”选项组　指定从 AutoCAD 设计中心拖动块时，用于缩放块的单位。例如，这里设置块单位为“毫米”，若被拖放到该图形中的图形单位为“米”（在“图形单位”对话框中设置），则图块将缩小 1000 倍被拖放到该图形中。通常选择“毫米”选项。

设置从 AutoCAD 设计中心中拖动块时的缩放单位。

⑥“说明”文本框　可以在该文本框中填写与块相关的说明文字。

（3）创建外部块

创建外部块实质是建立一个单独的图形文件，保存在磁盘，任何 AutoCAD 图形文件都可以调用。用户可以通过如下三种方式创建外部块。

① 功能区　在“插入”选项卡｜“块定义”面板中点击下面的，选择按钮。

② 命令行　BLOCK↙，或 W↙。

执行上述任何一种操作，打开如图 2.57 所示的“写块”对话框，对话框中各选项的含义如下。

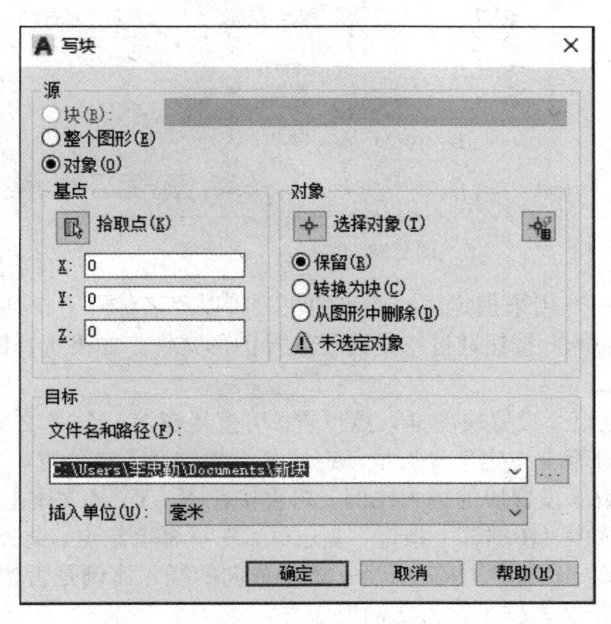

图 2.57 “写块”对话框

①“源”选项组　用于设置组成块的对象来源，即指定需要保存到磁盘中的块或块的组成对象。选项组有 3 个单选按钮，各选项的功能说明如下。

a．块。如果当前图形中已存在块，可在其后的块名称下拉列表框中选择块另存为文件。

b．整个图形。绘图区域的所有图形都将作为块保存为文件。

c．对象。用户可以选择对象来定义成外部块。选择该单选按钮时，用户可根据需要使用“基点”选项组设置块的插入基点位置，使用“对象”选项组设置组成块的对象。

②“目标”选项组　用来设置块的保存名称和位置。使用“文件名和路径”组合框可以指定外部块的保存路径和名称。可以使用系统自动给出的保存路径和文件名，也可以单击其后的...按钮，在弹出的“浏览图形文件”对话框中指定文件名和路径。

“基点”选项组、“对象”选项组、“插入单位”下拉列表框各选项的含义与“块定义”对话框中的完全相同。

（4）插入块

插入块的操作利用“插入”对话框实现，调用“插入”对话框的方法有以下三种。

① 下拉菜单　单击“插入”｜“块”命令。

② 功能区　选择“默认”选项卡｜“块”面板｜“插入”按钮，或者选择“插入”选项卡｜“块”面板｜“插入”按钮。

③ 命令行　INSERT↙，或 I↙。

执行上述任何一种操作，打开“插入”对话框，如图 2.58 所示。对话框中各选项的含义如下。

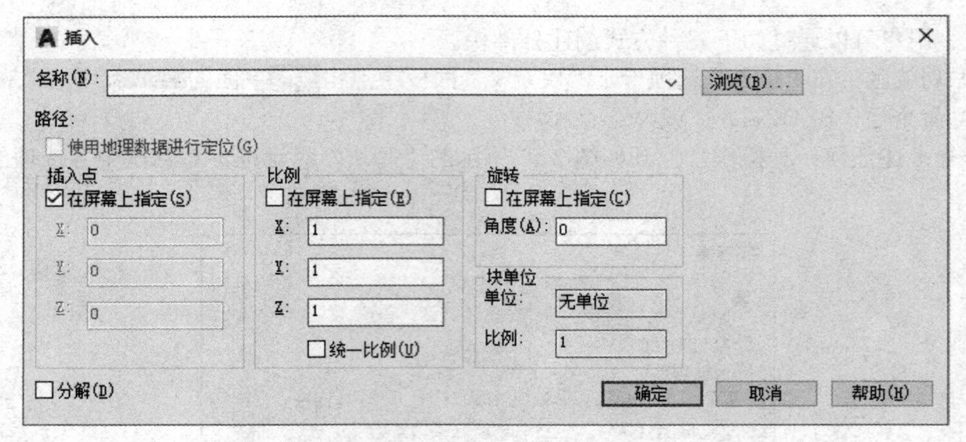

图 2.58 “插入”对话框

①“名称”组合框 用来指定需要插入的块。可以“名称”下拉列表中选择内部的块，也可以单击其后的 浏览(B)... 按钮通过指定路径选择图形文件。如果选择图形文件，在“路径”标签后将显示其路径。

②“插入点”选项组 设置块的插入点位置。可直接在 X、Y、Z 文本框中输入点的坐标，也可以通过选中“在屏幕上指定”复选框，在屏幕上指定插入点位置。

③“比例”选项组 设置块的插入比例。可直接在 X、Y、Z 文本框中输入块在 3 个方向的比例，也可以通过选中“在屏幕上指定”复选框，在屏幕上指定。此外，该选项组中的“统一比例”复选框用于确定所插入块在 X、Y、Z 个方向的插入比例是否相同。选中时表示比例将相同，用户只需在 X 文本框中输入比例值即可。

④“旋转”选项组 设置块插入时的旋转角度。可直接在“角度”文本框中输入角度值，也可以选中“在屏幕上指定”复选框，在屏幕上指定旋转角度。

⑤“块单位”选项组 显示有关块单位的信息，不能改动。

⑥“分解”复选框 选中该复选框，可以将插入的块分解成组成块的各基本对象。

2.3 修改二维图形

在 AutoCAD 中，单纯地使用绘图命令或绘图工具只能创建出一些基本图形对象，要绘制复杂的图形，就必须借助于图形编辑命令。常用的修改二维图形命令的输入方式如表 2.5 所示。

2.3.1 选择对象

在对图形进行编辑操作之前，首先需要选择要编辑的对象。AutoCAD 用虚线亮显所选的对象，这些对象就构成选择集。选择集可以包含单个对象，也可以包含复杂的对象编组。

表 2.5 修改二维图形命令的输入方式

命令名称	命令输入方式			
	“修改”菜单	“修改”面板/“修改”工具栏	命令	命令缩写
删除	删除		ERASE	E
复制	复制		COPY	CO 或 CP
镜像	镜像		MIRROR	MI

续表

命令名称	命令输入方式			
	“修改”菜单	“修改”面板/“修改”工具栏	命令	命令缩写
偏移	偏移		OFFSET	O
阵列	阵列		ARRAY	AR
矩形阵列	阵列丨矩形阵列		ARRAYRECT	
路径阵列	阵列丨路径阵列		ARRAYPATH	
环形阵列	阵列丨环形阵列		ARRAYPOLAR	
移动	移动		MOVE	M
旋转	旋转		ROTATE	RO
缩放	缩放		SCALE	SC
拉伸	拉伸		STRETCH	S
拉长	拉长		LENGTHEN	LEN
修剪	修剪		TRIM	TR
延伸	延伸		EXTEND	EX
打断	打断		BREAK	BR
打断于点			BREAK	BR
倒角	倒角		CHAMFER	CHA
圆角	圆角		FILLET	F
分解	分解		EXPLODE	X

（1）常用的对象选择方法

在 AutoCAD 中，选择对象的方法很多。例如，可以通过单击对象逐个拾取，也可利用矩形窗口或交叉窗口选择；可以选择最近创建的对象、前面的选择集或图形中的所有对象，也可以向选择集中添加对象或从中删除对象。

当选择对象时，在命令行的“选择对象:”提示下输入“？”，将显示如下的提示信息。

命令: select

选择对象: ?

无效选择

需要点或窗口(W)/上一个(L)/窗交(C)/框(BOX)/全部(ALL)/栏选(F)/圈围(WP)/圈交(CP)/编组(G)/添加(A)/删除(R)/多个(M)/前一个(P)/放弃(U)/自动(AU)/单个(SI)

选择对象:

根据提示信息，输入其中的大写字母可以指定对象选择模式。例如，要设置矩形窗口的选择模式，在命令行的“选择对象:”提示下输入 W 即可。

下面介绍几种常用的对象选择方法。

① 用拾取框选择单个实体对象　默认情况下，可以直接选择对象，此时光标变为一个小

方框（即拾取框），利用该方框可逐个拾取所需对象。寻找时系统将寻找落在拾取框内或者与拾取框相交的最近建立的一个对象。利用该方法选择对象方便直观，但精确度不高，尤其在对象排列比较密集的地方选取对象时，往往容易选错或多选对象。此外，利用该方法每次只能选取一个对象，不便于选取大量对象。

② 窗口方式(W)与交叉窗口方式(C)　窗口方式与交叉窗口方式均通过绘制一个矩形区域来选择对象。不同之处有如下两点。

a．操作方法。窗口方式为从左至右确定矩形区域，而交叉窗口方式为从右至左确定矩形区域。

b．选取范围。使用窗口方式时，只有所有部分均位于这个矩形窗口内的对象才被选中；而使用交叉窗口方式时，凡全部位于窗口之内或者与窗口边界相交的对象都被选中。

③ 全部(ALL)方式　在系统提示选择对象时，输入 ALL，则除去冻结及锁定的图层外，其它层包括关闭层上的对象都被选中。

（2）过滤选择

在命令行提示下输入 FILTER 命令，将打开“对象选择过滤器”对话框，如图 2.59 所示。可以以对象的类型（如直线、圆及圆弧等）、图层、颜色、线型或线宽等特性作为条件，来过滤选择符合设定条件的对象。此时，必须考虑图形中对象的这些特性是否设置为随层。

（3）快速选择

在 AutoCAD 中，当需要选择具有某些共同特性的对象时，可利用“快速选择”对话框，根据对象的图层、线型、颜色、图案填充等特性和类型，创建选择集。选择“工具”|“快速选择”命令，可打开“快速选择”对话框，如图 2.60 所示。

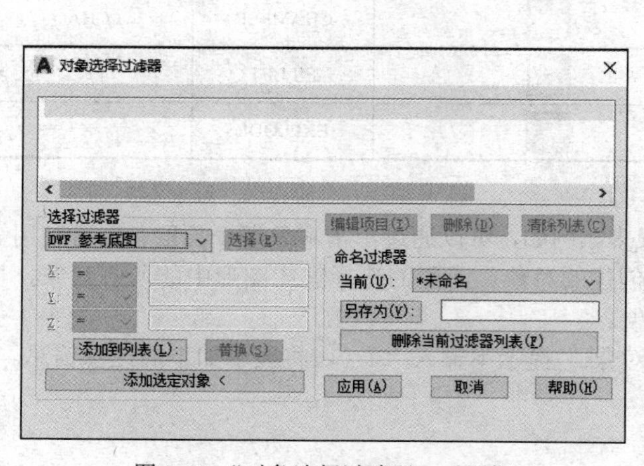

图 2.59 “对象选择过滤器”对话框

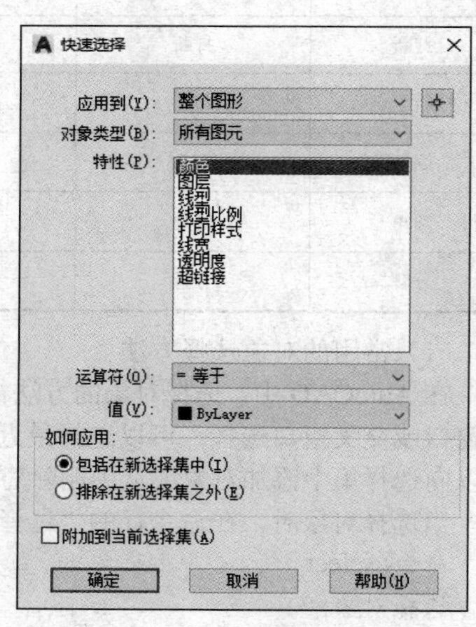

图 2.60 “快速选择”对话框

2.3.2　删除命令

（1）功能

删除命令可以在图形中删除用户所选择的一个或多个对象。在图形文件被关闭之前，用户可利用“undo”或“oops”命令进行恢复。

（2）操作方法

调用该命令后，选择要删除的对象，回车确定即可完成删除操作。

2.3.3 复制命令

（1）功能

复制命令可以将用户所选择的一个或多个对象生成一个副本，并将该副本放置到其他位置。

（2）操作方法

调用“复制”命令，命令行显示如下提示信息。

命令：_copy

选择对象：

指定基点或 [位移(D)] <位移>：指定第二个点 [或使用第一个点作为位移]：

指定第二个点或 [退出(E)/放弃(U)] <退出>：

通过连续指定位移的第二点可以创建该对象的多个副本，直到按 Enter 键结束。

（3）技巧与说明

该命令仅用于本图形内复制对象，而利用“编辑”菜单内的“复制”命令则可把被选图形复制到剪贴板上，用于其它图形或被别的程序（如 Word 等）使用。

2.3.4 镜像命令

（1）功能

“镜像”命令可围绕用两点定义的镜像轴线来创建选择对象的镜像。

（2）操作方法

调用“镜像”命令，命令行显示如下提示信息。

命令：_mirror

选择对象：

指定镜像线的第一点：指定镜像线的第二点：

要删除源对象吗？[是(Y)/否(N)]< N>：

在“要删除源对象吗？[是(Y)/否(N)]< N>：”提示信息下，如果直接接 Enter 键，则镜像复制对象，并保留原来的对象；如果输入 Y，则在镜像复制对象的同时删除源对象。

（3）技巧与说明

使用系统变量 MIRRTEXT 可以控制文字对象的镜像方向。如果 MIRRTEXT 的值为 1，则文字对象完全镜像，镜像出来的文字变得不可读；如果 MIRRTEXT 的值为 0，则文字对象方向不镜像。

2.3.5 偏移命令

（1）功能

“偏移”命令可利用两种方式对选中对象进行偏移操作，从而创建新的对象：一种是按指定的距离进行偏移；另一种则是通过指定点来进行偏移。该命令常用于创建同心圆、平行线和平行曲线等。

（2）操作方法

调用“偏移”命令，命令行显示如下提示信息。

命令：_offset

当前设置：删除源=否 图层=源 OFFSETGATTYPE=0

指定偏移距离或 [通过(T)/删除(E)/图层(L)] <通过>：

选择要偏移的对象，或 [退出(E)/放弃(U)] <退出>:

选择要偏移的那一侧上的点，或 [退出(E)/多个(M)/放弃(U)] <退出>:

选择要偏移的对象，或 [退出(E)/放弃(U)] <退出>:

（3）技巧与说明

① 如果指定偏移距离，则选择要偏移复制的对象，然后指定偏移方向以复制对象。

② 如果在命令行输入“T”，再选择要偏移复制的对象，然后指定一个通过点，这时复制出的对象将经过通过点。

③ 偏移命令是一个单对象编辑命令，只能以直接拾取方式选择对象。

④ 通过指定偏移距离的方式来复制对象时，距离值必须大于0。

⑤ 使用“偏移”命令复制对象时，复制结果不一定与原对象相同。例如，对圆弧作偏移后，新圆弧与旧圆弧同心且具有同样的包含角，但新圆弧的长度要发生改变。对圆或椭圆作偏移后，新圆、新椭圆与旧圆、旧椭圆有同样的圆心，但新圆的半径或新椭圆的轴长要发生变化。对直线段、构造线、射线作偏移，是平行复制。

2.3.6 阵列命令

（1）功能

“阵列”命令用于绘制按规律排列的相同图形，分为矩形阵列、路径阵列、环形阵列。

（2）矩形阵列

矩形阵列是按照行列方阵的方式复制对象。调用“矩形阵列”命令，命令行显示如下提示信息。

命令: _arrayrect

选择对象: 找到 1 个

选择对象:

类型 = 矩形关联 = 是

选择夹点以编辑阵列或 [关联(AS)/基点(B)/计数(COU)/间距(S)/列数(COL)/行数(R)/层数(L)/退出(X)] <退出>:

命令行提示中定义矩形阵列参数的各选项含义如下。

① 关联（AS） 指定是否在阵列中创建项目作为关联阵列对象或独立对象。选择该项中的“是（Y）”，表示创建关联阵列，用户可以通过编辑阵列的特性和源对象，快速传递修改；选择“否（N）”，表示创建阵列项目作为独立对象，更改一个项目不影响其他项目。

② 基点（B） 指定阵列的基点。

③ 计数（COU） 指定阵列中的列数和行数。

④ 间距（S） 指定列间距和行间距。

⑤ 列数（COL） 指定阵列中的列数和列间距，以及它们之间的增量标高。

⑥ 行数（R） 指定阵列中的行数和行间距，以及它们之间的增量标高。

⑦ 层数（L） 指定层数和层间距。

（3）路径阵列

路径阵列是沿着一条指定的路径均匀复制对象，路径可以是直线、多段线、三维多段线、样条曲线、螺旋、圆弧、圆或椭圆。调用“路径阵列”命令，命令行显示如下提示信息。

命令: _arraypath

选择对象: 找到 1 个

选择对象:

类型 = 路径关联 = 是

选择路径曲线:

选择夹点以编辑阵列或 [关联(AS)/方法(M)/基点(B)/切向(T)/项目(I)/行(R)/层(L)/对齐项目(A)/z 方向(Z)/退出(X)] <退出>:

命令行提示中定义路径阵列参数的各选项含义，请读者自行查阅帮助。

（4）环形阵列

环形阵列是将所选实体按圆周等距复制。调用“环形阵列”命令，命令行显示如下提示信息。

命令: _arraypolar

选择对象: 找到 1 个

选择对象:

类型 = 极轴关联 = 是

指定阵列的中心点或 [基点(B)/旋转轴(A)]:

选择夹点以编辑阵列或 [关联(AS)/基点(B)/项目(I)/项目间角度(A)/填充角度(F)/行(ROW)/层(L)/旋转项目(ROT)/退出(X)] <退出>:

命令行提示中定义环形阵列参数的各选项含义，请读者自行查阅帮助。

2.3.7 移动命令

（1）功能

移动命令可以将用户所选择的一个或多个对象平移到其他位置，但不改变对象的方向和大小。

（2）操作方法

调用“移动”命令后，首先选择要移动对象，然后指定位移的基点和位移矢量。在命令行的“指定基点或位移:”提示下，如果单击或以键盘输入形式给出了基点坐标，命令行将显示“指定位移的第二点或<用第一点作位移>:”提示；如果按 Enter 键，那么所给出的基点坐标值就被作为偏移量，即将该点作为原点（0,0），然后将图形相对于该点移动由基点设定偏移量。

2.3.8 旋转命令

（1）功能

旋转命令可以改变用户所选择的一个或多个对象的方向（位置）。用户可通过指定一个基点和一个相对或绝对的旋转角来对选择对象进行旋转。

（2）操作方法

调用“旋转”命令后，从命令行显示的“UCS 当前的正角方问：ANGDIR=逆时针 ANGBASE=0”提示信息中，可以了解到当前的正角度方向（如逆时针方向），零角度方向与 X 轴正方问的夹角（如 0°）。

选择要旋转的对象（可以依次选择多个对象），并指定旋转的基点，命令行将显示“指定旋转角度或[参照(R)]:”提示信息。如果直接输入角度值，则可以将对象绕基点转动该角度，角度为正时逆时针旋转，角度为负时顺时针旋转；如果选择“参照(R)”选项，将以参照方式旋转对象，需要依次指定参照方向的角度值和相对于参照方向的角度值。

2.3.9 缩放命令

（1）功能

缩放命令可以改变用户所选择的一个或多个对象的大小，即在 *X*、*Y* 和 *Z* 方向等比例放大或缩小对象。

（2）操作方法

调用“缩放”命令后，先选择对象，然后指定基点，命令行将显示“指定比例因子或[参照(R)]:”提示信息。如果直接指定缩放的比例因子，对象将根据该比例因子相对于基点缩放，当比例因子大于 0 而小于 1 时缩小对象，当比例因子大于 1 时放大对象；如果选择“参照(R)”选项，对象将按参照的方式缩放，需要依次输入参照长度的值和新的长度值，AutoCAD 根据参照长度与新长度的值自动计算比例因子（比例因子=新长度值/参照长度值），然后进行缩放。

2.3.10 拉伸命令

（1）功能

使用拉伸命令时，必须用交叉多边形或交叉窗口的方式来选择对象。如果将对象全部选中，则该命令相当于“移动”命令。如果选择了部分对象，则“拉伸”命令只移动选择范围内的对象的端点，而其他端点保持不变（如图 2.61 所示）。可用于“拉伸”命令的对象包括圆弧、椭圆弧、直线、多段线线段、射线和样条曲线等。

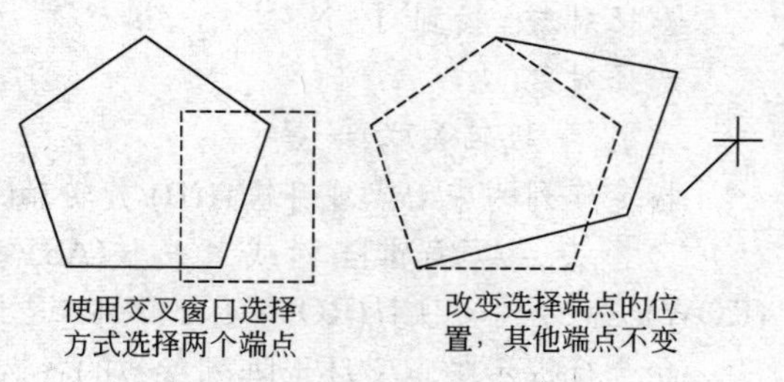

图 2.61 “拉伸”命令示意图

（2）操作方法

调用“拉伸”命令，命令行显示如下提示信息。

命令：_stretch

以交叉窗口或交叉多边形选择要拉伸的对象…

选择对象：

指定基点或 [位移(D)] <位移>:

指定第二个点或 <使用第一点作为位移>:

其操作方法与“移动”命令类似。

（3）技巧与说明

对于由直线、圆弧、区域填充和多段线等对象，若其所有部分均在选择窗口内将被移动，如果只有一部分在选择窗口内，则遵循以下拉伸规则。

① 直线　位于窗口外的端点不动，位于窗口内的端点移动。

② 圆弧　与直线类似，但在圆弧改变的过程中，圆弧的弦高保持不变，同时调整圆心的位置和圆弧起始角、终止角的值。

③ 区域填充　位于窗口外的端点不动，位于窗口内的端点移动。

④ 多段线　与直线和圆弧相似，但多段线两端的宽度、切线方向及曲线拟合信息均不改变。

⑤ 其他对象　如果其定义点位于选择窗口内，对象发生移动，否则不动。其中圆对象的定义点为圆心，形和块对象的定义点为插入点，文字和属性定义的定义点为字符串基线的左端点。

2.3.11 拉长命令

（1）功能

拉长命令用于改变圆弧的角度，或改变非闭合对象的长度，包括直线、圆弧、非闭合多段线、椭圆弧和非闭合样条曲线等。

（2）操作方法

调用“拉长”命令，命令行显示如下提示。

命令：_lengthen

选择对象或 [增量(DE)/百分数(P)/全部(T)/动态(DY)]:

默认情况下，选择对象后，系统会显示出当前选中对象的长度和包含角等信息。其他选项的功能说明如下。

① 增量(DE)”选项　以增量方式修改圆弧的长度。可以直接输入长度增量来拉长直线或者圆弧，长度增量为正值时拉长，长度增量为负值时缩短。也可以输入 A，通过指定圆弧的包含角增量来修改圆弧的长度。

②“百分数(P)”选项　以相对于原长度的百分比来修改直线或者圆弧的长度。

③“全部(T)”选项　以给定直线新的总长度或圆弧的新包含角来改变长度。

④“动态(DY)”选项　允许动态地改变圆弧或者直线的长度。

2.3.12　修剪命令

（1）功能

“修剪”命令用来修剪图形实体。该命令的用法很多，不仅可以修剪相交或不相交的二维对象，还可以修剪三维对象。

（2）操作方法

调用“修剪”命令，命令行显示如下提示。

命令：_trim

当前设置：投影=UCS，边=无

选择剪切边...

选择对象或<全部选择>:

选择要修剪的对象，或按住 Shift 键选择要延伸的对象，或

[栏选(F)/窗交(C)/投影(P)/边(E)/删除(R)/放弃(U)]:

可以作为剪切边的对象有直线、圆弧、圆、椭圆或椭圆弧、多段线、样条曲线、构造线、射线以及文字等。剪切边也可以同时作为被剪边。默认情况下，选择要修剪的对象（即选择被剪边），系统将以剪切边为界，将被剪切对象上位于拾取点一侧的部分剪切掉。如果按下 Shift 键，同时选择与修剪边不相交的对象，修剪边将变为延伸边界，将选择的对象延伸至与修剪边界相交。该命令提示中其他选项的功能如下。

①“投影(P)”选项　可以指定执行修剪的空间，主要应用于三维空间中两个对象的修剪，可将对象投影到某一平面上执行修剪操作。

②“边(E)”选项　选择该选项时，命令行显示“输入隐含边延伸模式[延伸(E)/不延伸(N)]<不延伸>:”提示信息。如果选择“延伸(E)”选项，当剪切边太短而且没有与被修剪对象相交时，可延伸修剪边，然后进行修剪；如果选择“不延伸(N)”选项，只有当剪切边与被修剪对象真正相交时，才能进行修剪。

③“放弃(U)”选项　取消上一次的操作。

2.3.13　延伸命令

（1）功能

“延伸”命令用来延伸图形实体。

（2）操作方法

延伸命令的使用方法和修剪命令的使用方法相似，不同之处在于：使用延伸命令时，如

果在按下 Shift 键的同时选择对象，则执行修剪命令；使用修剪命令时，如果在按下 Shift 键的同时选择对象，则执行延伸命令。

2.3.14 打断命令

（1）功能

打断命令可以把对象上指定两点之间的部分删除，当指定的两点相同时，则对象分解为两个部分（如图 2.62 所示）。这些对象包括直线、圆弧、圆、多段线、椭圆、样条曲线和圆环等。

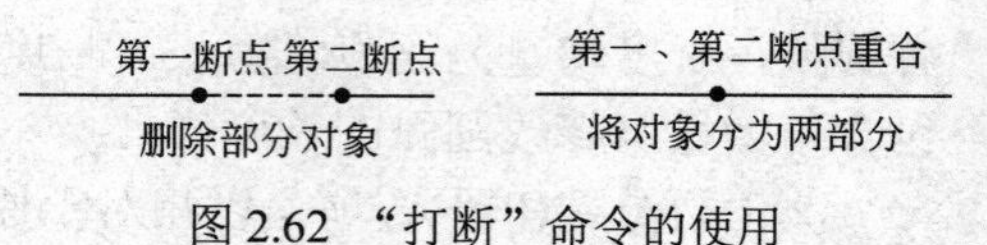

图 2.62 “打断”命令的使用

（2）操作方法

执行“打断”命令并选择需要打断的对象，命令行将显示如下提示信息。

指定第二个打断点或 [第一点(F)]:

默认情况下，以选择对象时的拾取点作为第一个断点，需要指定第二个断点。如果直接选取对象上的另一点或者在对象的一端之外拾取一点，将删除对象上位于两个拾取点之间的部分。如果选择“第一点(F)”选项，可以重新确定第一个断点。

在确定第二个打断点时，如果在命令行输入“@”，可以使第一个、第二个断点重合，从而将对象一分为二，相当于执行了“打断于点”命令。如果对圆、矩形等封闭图形使用打断命令时，AutoCAD 将沿逆时针方向把第一断点到第二断点之间的那段圆弧删除。

2.3.15 倒角命令

（1）功能

“倒角”命令用来创建倒角，即将两个非平行的对象，通过延伸或修剪使它们相交或利用斜线连接。用户可使用两种方法来创建倒角，一种是指定倒角两端的距离；另一种是指定一端的距离和倒角的角度，如图 2.63 所示。

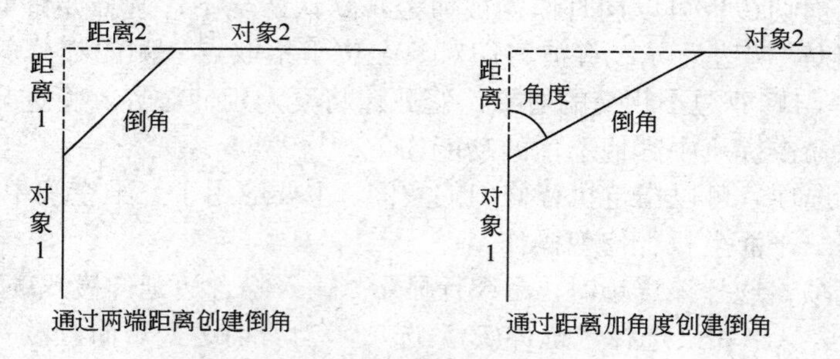

图 2.63 倒角的两种创建方法

（2）操作方法

执行该命令时，命令行显示如下提示信息。

命令：_chamfer

(|修剪|模式）当前倒角距离 1=0.0000 距离 2=0.0000

选择第一条直线或［放弃(U)/多段线(P)/距离(D)/ 角度(A)/修剪(T)/方式(E)/多个(M)]:

选择第二条直线，或按住 Shift 键选择要应用角点的直线：

默认情况下，需要选择进行倒角的两条相邻的直线，然后按当前的倒角大小对这两条直线修倒角。该命令提示中其他选项的功能说明如下。

①“多段线(P)”选项　以当前设置的倒角大小对多段线的各顶点（交角）修倒角。

②“距离(D)”选项　设置倒角距离尺寸。

③“角度(A)”选项　根据第一个倒角距离和角度来设置倒角尺寸。

④“修剪(T)”选项　设置倒角后是否保留原拐角边，命令行将显示“输入修剪模式选项 [修剪(T)/不修剪(N)]　<修剪>:”提示信息。其中，选择“修剪(T)”选项，表示倒角后对倒角边进行修剪；选择“不修剪(N)”选项，表示不进行修剪。

⑤“方法(E)”选项　设置倒角的方法，命令行显示“输入修剪方法　[距离(D)/角度(A)] <距离>:”提示信息。其中，选择“距离(D)”选项，将以两条边的倒角距离来修倒角；选择“角度(A)”选项，将以一条边的距离以及相应的角度来修倒角。

⑥“多个(M)”选项　对多个对象修倒角。

（3）技巧与说明

修倒角时，倒角距离或倒角角度不能太大，否则无效。当两个倒角距离均为 0 时，CHAMFER 命令将延伸两条直线使之相交，不产生倒角。此外，如果两条直线平行或发散，则不能修倒角。

2.3.16　圆角命令

（1）功能

“圆角”命令用来创建圆角，可以通过一个指定半径的圆弧来光滑地连接两个对象。可以进行圆角处理的对象包括直线、多段线的直线段、样条曲线、构造线、射线、圆、圆弧和椭圆等。其中，直线、构造线和射线在相互平行时也可进行圆角。

（2）操作方法

执行该命令时，命令行显示如下提示信息。

选择第一个对象或　[多段线(P)/半径(R)/修剪(T)/多个(U)]:

修圆角的方法与修倒角的方法相似，在命令行提示中，选择“半径(R)”选项，即可设置圆角的半径大小。

（3）技巧与说明

允许对两条平行线倒圆角，圆角半径为两条平行线距离的一半。

2.3.17　分解命令

（1）功能

分解命令用于分解组合对象，组合对象即由多个 AutoCAD 基本对象组合而成的复杂对象，例如多段线、多线、标注、块、面域、多面网格、多边形网格、三维网格以及三维实体等。分解的结果取决于组合对象的类型。

（2）操作方法

调用“分解”命令，选择需要分解的对象后按 Enter 键，即可分解图形并结束该命令。

2.4　文字与表格

2.4.1　文字样式

工程图样中很多地方都需要文字，如标题栏、技术要求和尺寸标注等。国家标准 GB/T 14691-1993《技术制图　字体》对制图的文字样式给出了明确规定，参见 1.1.3 节。文字样式是文字设置的命名集合，可用来控制文字的外观，例如字体、行距、对正和颜色。用户可以创建文字样式，以快速指定文字的格式，并确保文字符合行业或工程标准。

AutoCAD 可以提供两种类型的文字，分别是 AutoCAD 专用的型字体（扩展名为.shx）和 Windows 自带的 TrueType 字体（扩展名为.ttf）。型字体的特点是字形比较简单，占用的计算机资源较少。在 AutoCAD 2000 简体中文版之后的版本中，均提供了中国用户专用的符合国家标准的中西文工程形字体，其中有两种西文字体和一种中文长仿宋工程字，两种西文字体的字体名是 gbeitc.shx（控制英文斜体）和 gbenor.shx（控制英文直体），中文长仿宋体的字体名为 gbcbig.shx。TrueType 字体是 Windows 自带字体。由于 TrueType 字体不完全符合国标对工程图用字的要求，所以一般不推荐使用。

AutoCAD 图形中的所有文字都有与之相关联的文字样式，因此在用 AutoCAD 输入文字之前，应该先定义一个文字样式，然后使用该样式输入文本。AutoCAD 2018 中文字样式的默认设置是 Standard（标准样式）。用户在使用过程中可以通过“文字样式”对话框自定义文字样式，建立自己的样式用起来会比较方便。用户可以定义多个文字样式，不同的文字样式用于输入不同的字体。要修改文本格式时，不需要逐个修改文本，而只要对该文本的样式进行修改，就可以改变使用该样式书写的所有文本的格式。

（1）管理文字样式

管理文字样式可以通过以下三种方式实现。

① 功能区 “默认”选项卡｜“注释”面板｜“文字样式”按钮。

② 下拉菜单 单击“格式”｜“文字样式”命令。

③ 命令行 STYLE↙。

执行上述任何一种操作，打开“文字样式”对话框，如图 2.64 所示。

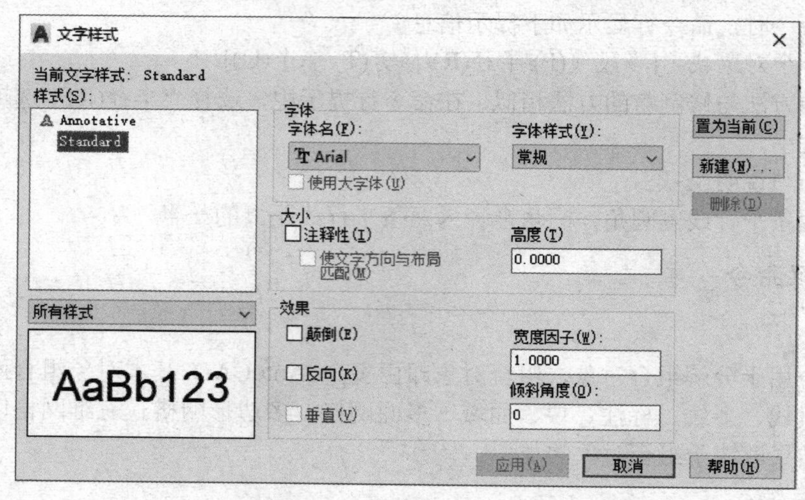

图 2.64 “文字样式”对话框

“当前文字样式”后面显示当前使用的文字样式名称，默认为 Standard。“样式”列表中显示当前图形所包含的文字样式，当前样式被亮显，样式名前的 图标表示样式为注释性。“预览”窗口显示随着字体的更改和效果的修改而动态更改的样例文字。样式列表过滤器（“样式”列表与“预览”窗口之间的下拉列表）指定“所有样式”还是“仅使用中的样式”显示在“样式”列表中。

置为当前(C) 按钮用于将“样式”列表中选定的样式设定为当前文字样式，新建(N)... 按钮用于新建文字样式，应用(A)按钮将对话框中所做的样式更改应用到列表中选中的样式和图形中具有选中样式的文字，删除(D)按钮用于删除“样式”列表中选定的未使用文字样式。

（2）新建或更改文字样式

单击“文字样式”对话框中的新建(N)...按钮，弹出“新建文字样式”对话框，如图 2.65 所示。

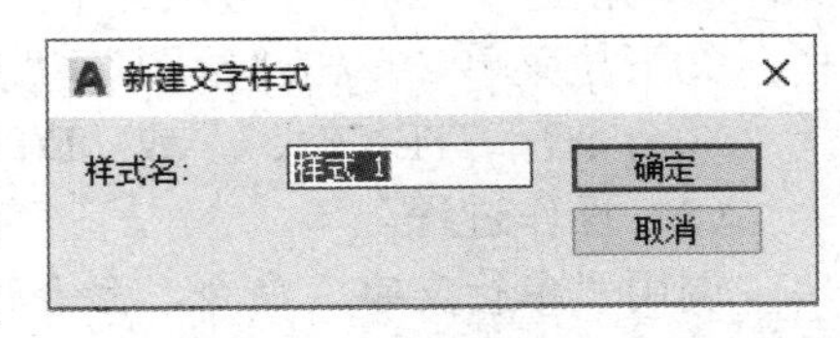

图 2.65 “新建文字样式”对话框

在“样式名”文本框中输入自定义的新建文字样式名称或使用自动提供的默认名称，点击确定按钮将再次打开“文字样式”对话框，新建文字样式将显示在“样式名”下拉列表框中并处于选中状态。样式名最长可达 255 个字符，名称中可包含字母、数字和特殊字符，如美元符号（$）、下划线（_）和连字符（-）。

在“文字样式”对话框中，“字体”“大小”“效果”选项组用于设置选中样式的字体、文字高度和文字效果，设置完成后点击应用(A)按钮使样式更改生效。

①“字体”选项组　更改样式的字体。如果更改现有文字样式的方向或字体文件，当图形重生成时所有具有该样式的文字对象都将使用新值。

a．字体名。列出 Fonts 文件夹中所有注册的 TrueType 字体和所有编译的形（SHX）字体的字体族名。从列表中选择名称后，该程序将读取指定字体的文件。除非文件已经由另一个文字样式使用，否则将自动加载该文件的字符定义。

b．字体样式。指定字体格式，比如斜体、粗体或者常规字体。选定“使用大字体”后，该选项变为“大字体”，用于选择大字体文件。

c．使用大字体。指定亚洲语言的大字体文件。只有 SHX 文件可以创建“大字体”。

②“大小”选项组　更改文字的大小。

a．注释性。指定文字为注释性。注释性对象和样式用于控制注释对象在模型空间或布局中显示的尺寸和比例。

b．使文字方向与布局匹配。指定图纸空间视口中的文字方向与布局方向匹配。如果未选择“注释性”选项，则该选项不可用。

c．高度或图纸文字高度。根据输入的值设置文字高度。输入大于 0.0 的高度将自动为此样式设置文字高度。如果输入 0.0，则文字高度将默认为上次使用的文字高度，或使用存储在图形样板文件中的值。在相同的高度设置下，TrueType 字体显示的高度可能会小于 SHX 字体。如果选择了注释性选项，则输入的值将设置图纸空间中的文字高度。

③“效果”选项组　修改字体的特性，例如高度、宽度因子、倾斜角以及是否颠倒显示、反向或垂直对齐。

a．颠倒。颠倒显示字符。

b．反向。反向显示字符。

c．垂直。显示垂直对齐的字符。只有在选定字体支持双向时“垂直”才可用，TrueType 字体的垂直定位不可用。

d．宽度因子。设置字符间距。输入小于 1.0 的值将压缩文字间距，输入大于 1.0 的值则扩大文字间距。

e．倾斜角度。设置文字向左右倾斜的角度，以 Y 轴正向为 0°，范围为-85°～85°。

2.4.2　单行文字

（1）功能

使用“单行文字”命令可以创建文字内容比较简短的文字对象（如标签），每一行作为一个实体对象。

（2）命令输入方式

①功能区 “默认”选项卡｜“注释”面板｜文字｜A 单行文字。

②下拉菜单 单击“绘图”|“文字”|“单行文字”命令。

③命令行 TEXT ↙ 或 DTEXT ↙ 或 DT ↙。

（3）操作过程

调用“单行文字”命令，命令行显示如下提示信息。

命令: TEXT

当前文字样式:“样式 1” 文字高度:2.5000 注释性:否 对正:左

指定文字的起点或 [对正(J)/样式(S)]:

指定高度<2.5000>:

指定文字的旋转角度<0>:

指定文字样式、起点、高度和旋转角度后输入文字。要创建另一个单行文字，可以按 Enter 键以紧接着文字后面另起一行，或者单击下一文字对象的位置。在空行处按 ENTER 键将结束命令。

2.4.3 输入特殊字符

在实际设计绘图中，往往需要标注一些特殊的字符。例如，在文字上方或下方添加划线、标注度（°）、±、Φ等。用户可以使用单行文字命令，通过以下两种方法输入。

（1）软键盘

目前，Windows 平台下的各种中文输入法基本上都支持软键盘。以搜狗输入法为例，右键单击输入法状态条的软键盘按钮，弹出键盘设置菜单，如图 2.66 所示。

在“希腊字母”“特殊字符”等软键盘中即可找到所需的特殊字符。

（2）控制码

控制码由两个百分号（%%）后紧跟一个字母构成。AutoCAD2018 的常用控制码如表 2.6 所示。

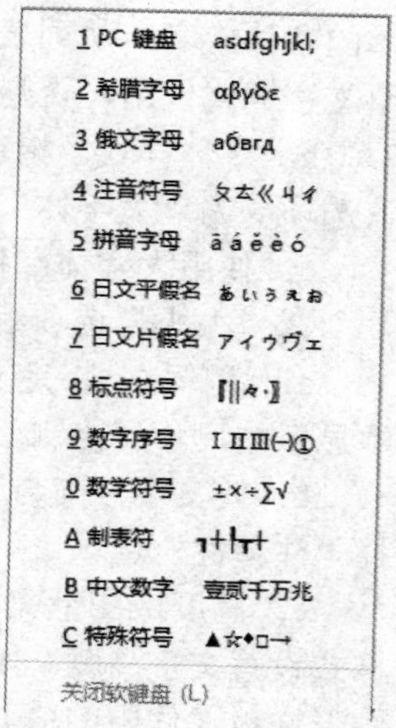

1 PC 键盘 asdfghjkl;
2 希腊字母 αβγδε
3 俄文字母 абвгд
4 注音符号 ㄆㄊㄍㄐㄔ
5 拼音字母 āáěèó
6 日文平假名 あいうえお
7 日文片假名 アイウヴェ
8 标点符号 『‖々·』
9 数字序号 ⅠⅡⅢ㈠①
0 数学符号 ±×÷∑√
A 制表符 ┐┼┝┬┼
B 中文数字 壹贰千万兆
C 特殊符号 ▲☆◆□→
关闭软键盘 (L)

图 2.66 键盘设置菜单

表 2.6 AutoCAD 2018 常用控制码

控制符	功能
%%D	标注度（°）符号
%%P	标注正负公差（±）符号
%%C	标注直径（Φ）符号
%%O	打开或关闭文字上划线
%%U	打开或关闭文字下划线
%%%	百分号（%）

%%O 和%%U 分别是上划线和下划线的开关。第 1 次出现此符号时，可打开上划线或下划线，第 2 次出现该符号时，则会关掉上划线或下划线。

在“输入文字：”提示下，输入控制码时，这些控制码也临时显示在屏幕上，当结束文本创建命令时，这些控制码将从屏幕上消失，转换成相应的特殊符号。

【**例 2-1**】 创建如图 2.67 所示的单行文字。

在AutoCAD2018中使用控制码创建单行文字

图 2.67　使用控制码创建单行文字示例

操作步骤如下。

① 选择下拉菜单“绘图”|“文字”|“单行文字”命令，出现如下提示。

当前文字样式：“Standard”文字高度: 2.5000　注释性：否　对正：左

指定文字的起点或 [对正(J)/样式(S)]:

② 在绘图窗口中适当位置单击，确定文字的起点。

③ 在命令行的“指定高度<2.5000>：”提示下，指定文字高度为 10。

④ 在命令行的“指定文字的旋转角度<0>：”提示下，按 Enter 键，指定文字的旋转角度为 0°。

⑤ 在绘图区的输入框中输入“在%%UAutoCAD2018 中%%U 使用%%O 控制码%%O 创建单行文字”，按 2 次 Enter 键结束“单行文字”命令。

效果如图 2.67 所示。

2.4.4　多行文字

（1）功能

“多行文字”命令用于输入内部格式比较复杂的多行文字。与“单行文字”命令不同的是，输入的多行文字是一个整体，每一单行不再是一个单独的文字对象。

（2）命令输入方式

① 功能区　“默认”选项卡 |　“注释”面板 | 文字 | A。

② 下拉菜单　单击“绘图”|“文字”|“多行文字”命令。

③ 命令行　MTEXT ↙　或　MT↙　或　T ↙。

（3）操作过程

调用“多行文字”命令，命令行显示如下提示信息。

命令: MTEXT

当前文字样式: "Standard"　文字高度：10　注释性：否

指定第一角点:

指定对角点或 [高度(H)/对正(J)/行距(L)/旋转(R)/样式(S)/宽度(W)/栏(C)]:

指定文字样式、起点、高度和旋转角度后输入文字。要创建另一个单行文字，可以按 Enter 键以紧接着文字后面另起一行，或者单击下一文字对象的位置。在空行处按 ENTER 键将结束命令。

① 指定边框的对角点以定义多行文字对象的宽度，如图 2.68 所示。

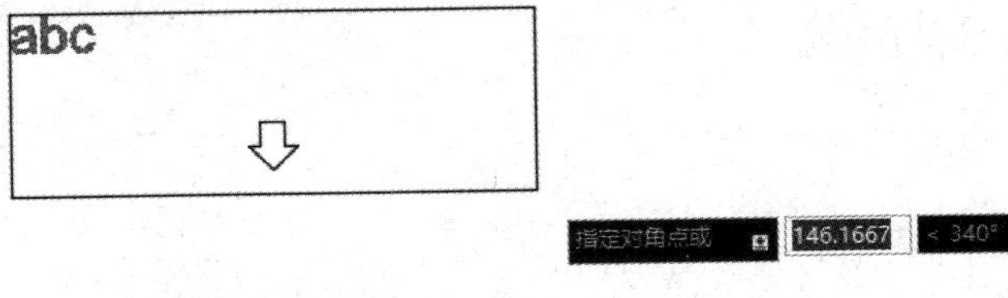

图 2.68　指定多行文字的编辑区域

② 如果功能区处于活动状态，将显示“文字编辑器”上下文选项卡，如图 2.69 所示。

图 2.69 “文字编辑器”上下文选项卡

如果功能区未处于活动状态，将显示“文字格式”工具栏，如图 2.70 所示。注意，由系统变量 MTEXTTOOLBAR 控制“文字格式”工具栏的显示，默认值为 2。值为 0 时从不显示，为 1 时选择 MTEXT 对象后显示，为 2 时则功能区处于打开状态时不显示。

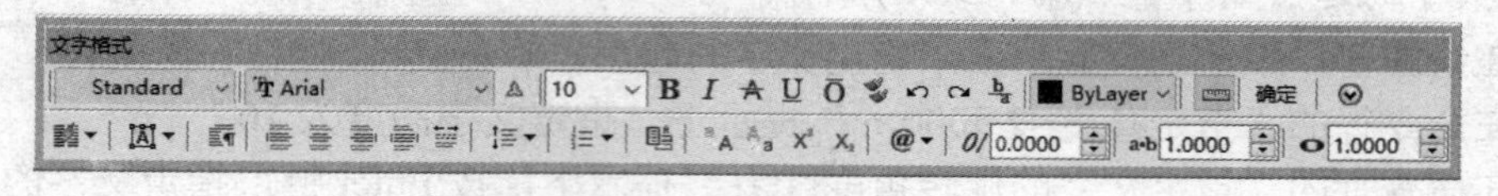

图 2.70 “文字格式”工具栏

③ 在多行文字编辑区指定初始格式，如图 2.71 所示。

要对每个段落的首行缩进，拖动标尺上的第一行缩进滑块。要对每个段落的其他行缩进，请拖动悬挂缩进滑块。要设定制表符，在标尺上单击所需的制表位位置。要更改当前文字样式，从下拉列表中选择所需的文字样式。

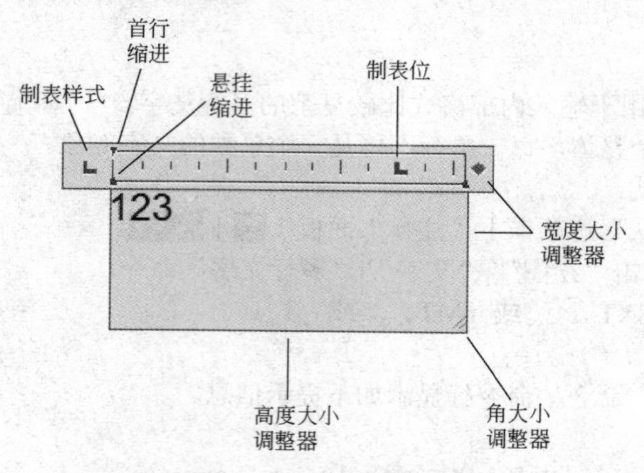

图 2.71 多行文字编辑区

④ 输入文字。键入时，文字可能会以适当的大小沿水平方向显示。

⑤ 要更改单个字符、单词或段落，选中文字并指定格式的更改。注意，SHX 字体不支持粗体或斜体。

⑥ 使用以下方法之一保存更改并退出编辑器。

a. 在“关闭”面板的“文字编辑器”功能区上下文选项卡上，单击“关闭文字编辑器”。

b. 单击“文字格式”工具栏上的“确定”。

c. 单击编辑器外部的图形。

d. 按 Ctrl+Enter 组合键。

2.4.5 表格

（1）功能

表格使用行和列以一种简洁清晰的格式提供信息，常用于具有元器件清单、配线方式说明和许多其他组件的图形中。

在 AutoCAD 2018 中文版中，可以使用创建表格命令创建表格，还可以从 Microsoft Excel 中直接复制表格，并将其作为 AutoCAD 表格对象粘贴到图形中。此外，还可以输出来自 AutoCAD 的表格数据，以供在 Microsoft Excel 或其他应用程序中使用。

（2）管理表格样式

表格样式用于控制一个表格的外观。管理表格样式可以通过以下三种方式实现。

① 功能区　选择“默认”选项卡 | “注释”面板 | 按钮。

② 下拉菜单　单击“格式”|“表格样式”命令。

③ 命令行　TABLESTYLE↙。

执行上述任何一种操作，打开“表格样式”对话框，如图 2.72 所示。

“当前表格样式”后面显示当前使用的表格样式名称（默认为 Standard），“样式”列表中显示当前图形所包含的表格样式（当前样式被亮显），“预览”窗口中显示“样式”列表中选定样式的预览图像。在“列出”下拉列表中，可以选择“样式”列表是显示图形中的“所有样式”，还是“正在使用的样式”。

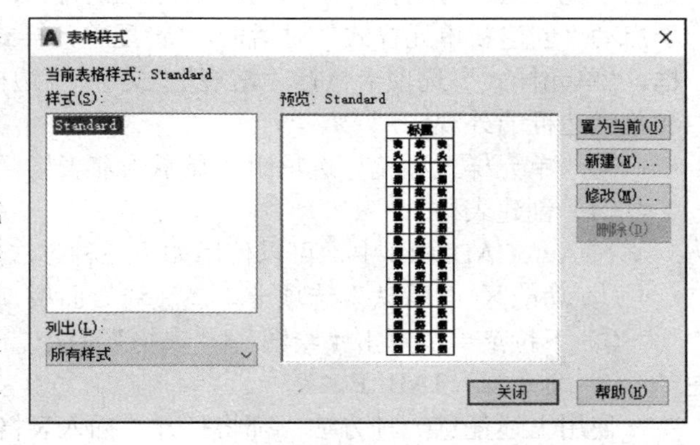

图 2.72 “表格样式”对话框

单击 置为当前(U) 按钮，将“样式”列表中选定的表格样式设定为当前样式，所有新表格都将使用此表格样式创建。单击 新建(N)... 按钮，弹出“创建新的表格样式”对话框，从中可以定义新的表格样式。单击 修改(M)... 按钮，打开“修改表格样式”对话框，从中可以修改选中的表格样式。 删除(D) 按钮用于删除“样式”列表中选定的表格样式，但选定的表格样式为图形中正在使用的样式时， 删除(D) 按钮不可用。

（3）新建表格样式

单击“表格样式”对话框中的 新建(N)... 按钮，打开“创建新的表格样式”对话框，如图 2.73 所示。

在“新样式名”文本框中命名新表格样式。在“基础样式”下拉列表中指定新表格样式要采用其设置作为默认设置的现有表格样式。单击 继续 按钮，将打开“新建表格样式”对话框，从中可以定义新的表格样式，如图 2.74 所示。各选项的功能说明如下。

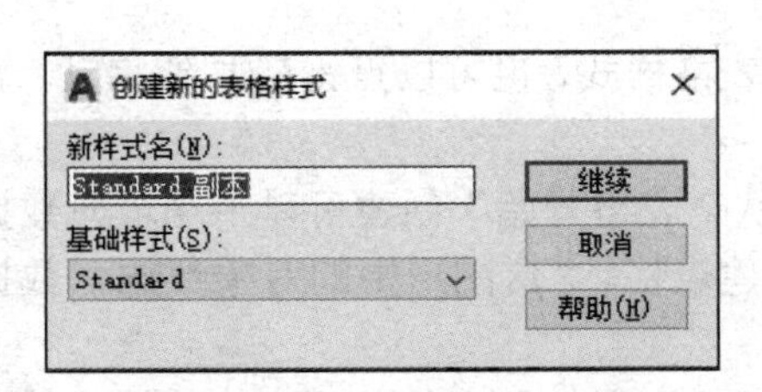

图 2.73 “创建新的表格样式”对话框

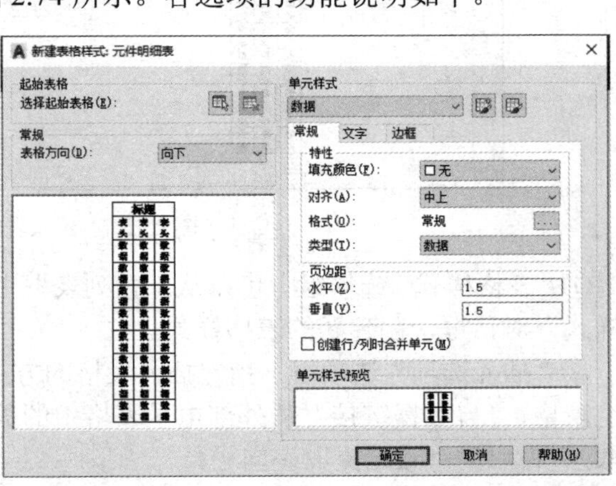

图 2.74 “新建表格样式”对话框

①“起始表格”选项组　使用户可以在图形中指定一个表格用作样例来设置此表格样式的格式。选择表格后，可以指定要从该表格复制到表格样式的结构和内容。

②“常规”选项组　包括“表格方向”下拉列表框和预览窗口。“表格方向”为“向下”时，将创建由上而下读取的表格，标题行和列标题行位于表格的顶部。单击“插入行”并单击“下”时，将在当前行的下面插入新行。“表格方向”为“向上”时，将创建由下而上读取的表格，标题行和列标题行位于表格的底部。单击“插入行”并单击“上”时，将在当前行的上面插入新行。预览窗口显示当前表格样式设置效果的样例。

③“单元样式”选项组　用于定义新的单元样式或修改现有单元样式，可以创建任意数量的单元样式。“单元样式”下拉列表框显示表格中的单元样式，“创建单元样式”按钮用于启动“创建新单元样式”对话框，“管理单元样式”按钮用于启动“管理单元样式”对话框。“单元样式”选项卡包括“常规”“文字”“边框”3 个选项卡，用于设置单元、单元文字和单元边框的外观。

④“单元样式预览”选项组　显示当前表格样式设置效果的样例。

（4）创建表格

在 AutoCAD2018 中，可以使用如下三种方法在图形中插入空白表格。

① 功能区　“默认”选项卡 | “注释”面板 | “表格”按钮。

② 下拉菜单　单击“绘图”|“表格”命令。

③ 命令行　TABLE↙。

使用上述任意一种方法，都将打开“插入表格”对话框，如图 2.75 所示。各选项的功能说明如下。

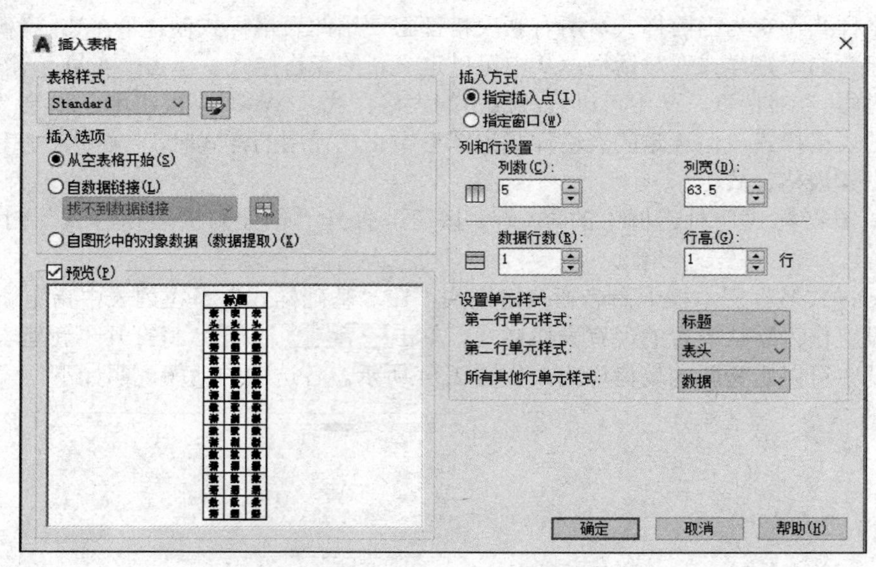

图 2.75 “插入表格”对话框

①“表格样式”选项组　可以从下拉列表框中选择表格样式，也可以点击按钮启动“表格样式”对话框，创建新的表格样式。

②“插入选项”选项组　指定插入表格的方式。“从空表格开始”创建可以手动填充数据的空表格，“自数据链接”从外部电子表格中的数据创建表格，“自图形中的对象数据（数据提取）”将启动“数据提取”向导。

③“预览”选项组　控制是否显示预览。如果从空表格开始，则预览将显示表格样式的样

例。如果创建表格链接，则预览将显示结果表格。处理大型表格时，清除此选项以提高性能。

④“插入方式”选项组　指定表格位置。

a. 指定插入点。指定表格左上角的位置。可以使用定点设备，也可以在命令提示下输入坐标值。如果表格样式将表格的方向设定为由下而上读取，则插入点位于表格的左下角。

b. 指定窗口。指定表格的大小和位置。可以使用定点设备，也可以在命令提示下输入坐标值。选定此选项时，行数、列数、列宽和行高取决于窗口的大小以及列和行设置。

⑤“列和行设置”选项组　设置列数、列宽、行数、行高。

⑥“设置单元样式”选项组　对于那些不包含起始表格的表格样式，用于指定新表格中行的单元格式。一般使用默认设置，即第一行使用标题单元样式，第二行使用表头单元样式，其他使用数据单元样式。

（5）修改表格和表格单元

① 修改表格　创建表格后，可以修改其行和列的大小、更改其外观、合并和取消合并单元以及创建表格打断。用户可以单击该表格上的任意网格线以选中该表格，然后使用“特性”选项板或夹点来修改该表格。如图 2.76 所示。

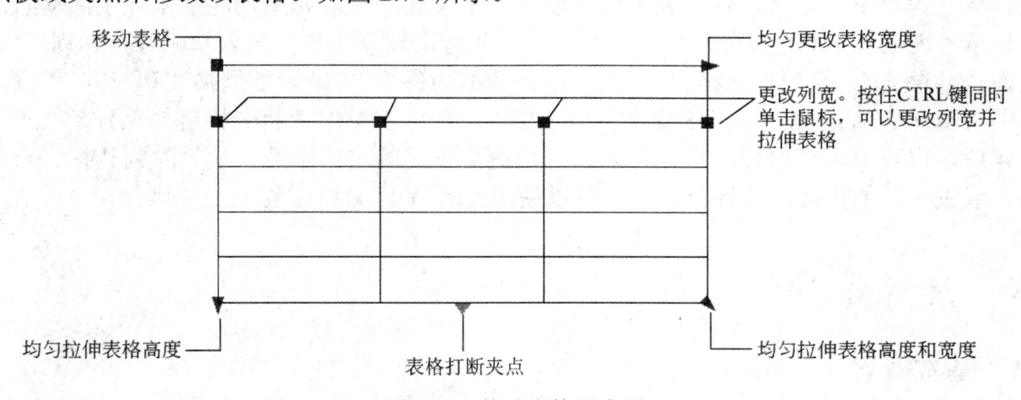

图 2.76　修改表格示意图

更改表格的高度或宽度时，只有与所选夹点相邻的行或列将会更改，表格的高度或宽度保持不变。要根据正在编辑的行或列的大小按比例更改表格的大小，请在使用列夹点时按 Ctrl 键，如图 2.77 所示。

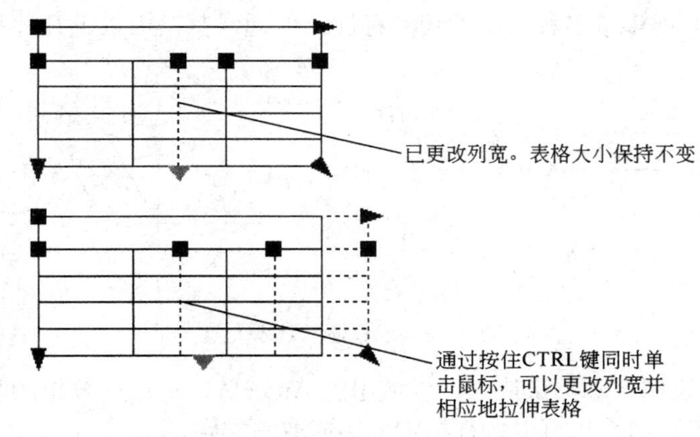

图 2.77　更改表格的高度或宽度示意图

② 修改表格单元　在表格单元内单击以选中单元，单元边框的中央将显示夹点。在另一

个单元内单击可以将选中的内容移到该单元，拖动单元上的夹点可以使单元及其列或行更宽或更小。如图 2.78 所示。

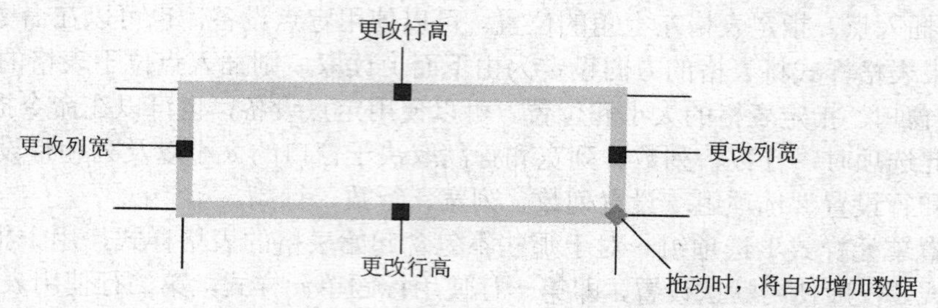

图 2.78　修改表格单元示意图

选择一个单元后，双击可以编辑该单元文字，也可以在单元亮显时开始输入文字来替换其当前内容。要选择多个单元，请单击并在多个单元上拖动。也可以按住 Shift 键并在另一个单元内单击，同时选中这两个单元以及它们之间的所有单元。如果在功能区处于活动状态时在表格单元内单击，则将显示“表格”功能区上下文选项卡。如果功能区未处于活动状态，则将显示“表格”工具栏。使用此工具栏，可以执行的操作包括“插入和删除行和列”“合并和取消合并单元”“匹配单元样式”“改变单元边框的外观”“编辑数据格式和对齐”“锁定和解锁编辑单元”“插入块、字段和公式”“创建和编辑单元样式”“将表格链接至外部数据”选择单元后，也可以单击鼠标右键，然后使用快捷菜单上的选项来插入或删除列和行、合并相邻单元或进行其他更改。选择单元后，可以使用 Ctrl+Y 组合键重复上一个操作。

2.5　尺寸标注

2.5.1　基本概念

尺寸标注是图形的测量注释，可以测量和显示对象的长度、角度等测量值。AutoCAD 提供了多种标注样式和多种设置标注格式的方法，可以满足建筑、机械、电子等大多数应用领域的要求。

（1）尺寸元素

尽管 AutoCAD 提供了多种类型的尺寸标注，但通常都是由以下几种基本元素所构成的（如图 2.79 所示）。

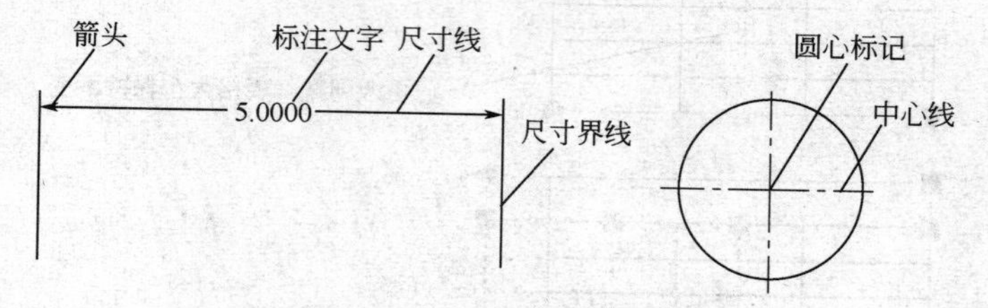

图 2.79　构成标注的基本元素

① 标注文字　表明实际测量值。可以使用由 AutoCAD 自动计算出的测量值，并可附加公差、前缀和后缀等。用户也可以自行指定文字或取消文字。

② 尺寸线　表明标注的范围。通常使用箭头来指出尺寸线的起点和端点。

③ 箭头　表明测量的开始和结束位置。AutoCAD 提供了多种符号可供选择，用户也可

以创建自定义符号。

④ 尺寸界线　从被标注的对象延伸到尺寸线。尺寸界线一般与尺寸线垂直，但在特殊情况下也可以将尺寸界线倾斜。

⑤ 圆心标记和中心线　标记圆或圆弧的圆心。

（2）尺寸标注的类型

AutoCAD 提供了如下 10 余种标注工具用以标注图形对象，可以在下拉菜单（“标注”）、功能区（“默认”选项卡｜“注释”面板或“注释”选项卡｜“标注”面板）或命令行调用标注工具。“标注”菜单和“注释”选项卡下的“标注”面板分别如图 2.80、图 2.81 所示。AutoCAD 2018 的标注命令功能如表 2.7 所示。

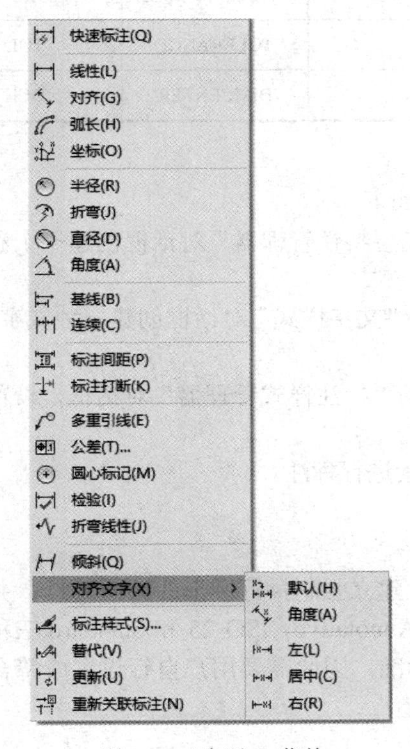

图 2.80　“标注”菜单

图 2.81　“注释”选项卡｜“标注”面板

表 2.7　AutoCAD 2018 标注命令的输入方式

标注命令	命令输入方式			
	“标注”菜单	“注释”选项卡｜“标注”面板/“标注”工具栏	命令	命令缩写
线性标注	线性		DIMLINEAR	DLI 或 DIMLIN
对齐标注	对齐		DIMALIGNED	DAL 或 DIMALI
弧长标注	弧长		DIMARC	DAR
坐标标注	坐标		DIMORDINATE	DOR 或 DIMORD
半径标注	半径		DIMRADIUS	DRA 或 DIMRAD
折弯标注	折弯		DIMJOGGED	JOG 或 DJO
直径标注	直径		DIMDIAMETE	DDI 或 DIMDIA

续表

标注命令	命令输入方式			
	“标注”菜单	“注释”选项卡｜“标注”面板/“标注”工具栏	命令	命令缩写
角度标注	角度		DIMANGULAR	DAN 或 DIMANG
快速标注	快速标注		QDIM	
基线标注	基线		DIMBASELINE	DBA 或 DIMBASE
连续标注	连续		DIMCONTINUE	DCO 或 DIMCONT
快速引线	引线		QLEADER	LE
公差	公差		TOLERANCE	TOL
圆心标记	圆心标记		DIMCENTER	DCE

（3）创建尺寸标注的基本步骤

在 AutoCAD 中对图形进行尺寸标注的基本步骤如下。

① 选择“格式”|“图层”命令，使用打开的“图层特性管理器”对话框创建一个独立的图层，用于尺寸标注。

② 选择“格式”|“文字样式”命令，使用打开的“文字样式”对话框创建一种文字样式，用于尺寸标注。

③ 选择“格式”|“标注样式”命令，使用打开的“标注样式管理器”对话框，设置标注样式。

④ 使用对象捕捉和标注等功能，对图形中的元素进行标注。

2.5.2　标注样式

使用“标注样式”可以控制标注的格式和外观，建立强制执行图形的绘图标准，并有利于对标注格式及用途进行修改。AutoCAD 2018 中有 Annotative、ISO-25 和 Standard 三种标注样式，但这三种标注样式标注的尺寸均不符合国家标准，因此需要用户自行设置成符合国标的标注样式。

（1）新建标注样式

设置或编辑标注样式，需要在“标注样式管理器”对话框中进行。打开“标注样式管理器”对话框的方法有以下三种。

① 功能区　“默认”选项卡｜“注释”面板｜“标注样式”按钮，或“注释”选项卡｜“标注”面板｜“标注样式”按钮。

② 下拉菜单　单击“格式”|“标注样式”命令。

③ 命令行　DIMSTYLE↙。

“标注样式管理器”对话框如图 2.82 所示。各选项的功能与“文字样式”或“表格样式”对话框中各选项的功能类似。下面简要说明新建标注样式（名称为“GB-35”）的过程。

选择 ISO-25 样式或 Standard 样式（Annotative 是注释性标注样式），单击 新建(N)... 按钮，在弹出的“创建新标注样式”对话框中的“新样式名”文本框输入样式名称“GB-35”，其余项保留默认设置，如图 2.83 所示。单击 继续 按钮，进入“新建标注样式：GB-35”对话框，如图 2.84 所示。设置“线”“符号和箭头”“文字”“调整”“主单位”“换算单位”“公差”等 7 个选项卡中的相关选项，单击 确定 按钮，即完成新建标注样式。

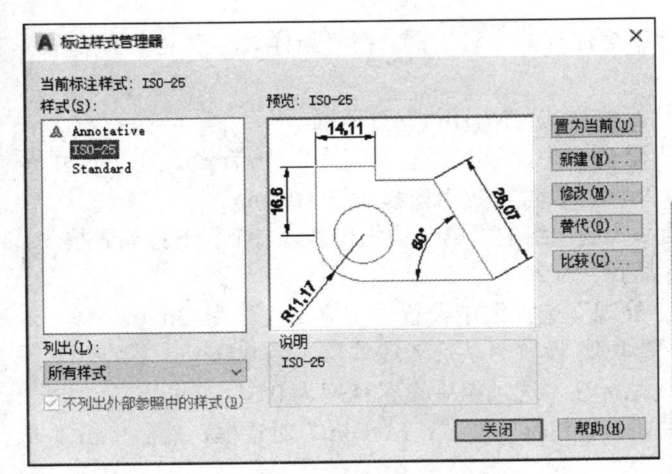

图 2.82 “标注样式管理器”对话框

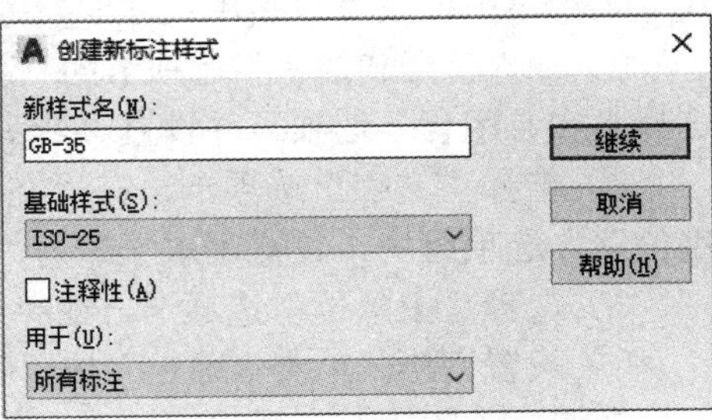

图 2.83 “创建新标注样式”对话框

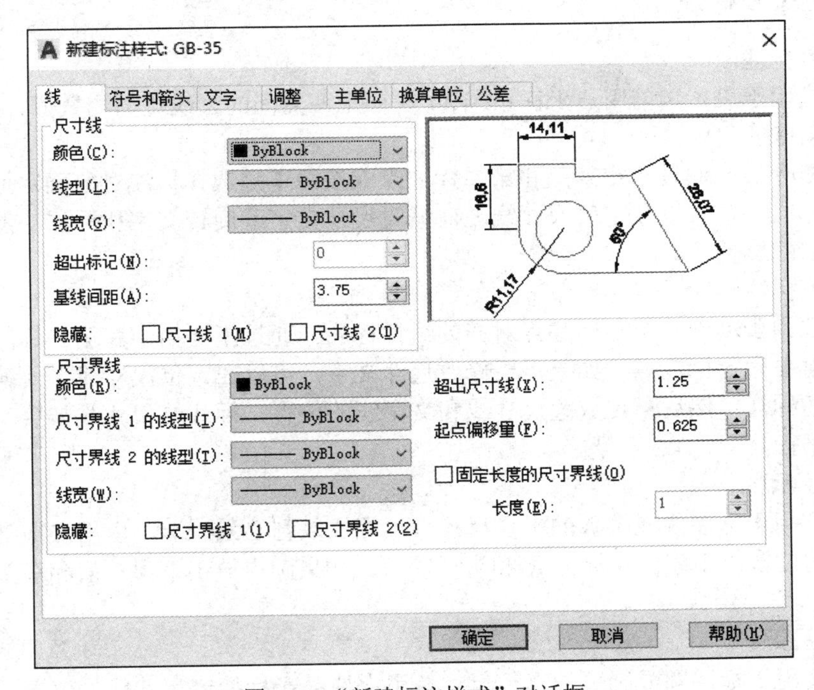

图 2.84 “新建标注样式”对话框

（2）创建标注样式实例

下面以实例的形式简要介绍创建标注样式的方法。

【例 2-2】 根据下列要求，创建机械制图标注样式 MyDim。

① 基线标注尺寸线间距为 7mm。

② 尺寸界限的起点偏移量为 1mm，超出尺寸线的距离为 2mm。

③ 箭头使用“实心闭合”形状，大小为 2.0。

④ 标注文字的高度为 3mm，位于尺寸线的中间，文字从尺寸线偏移距离为 0.5mm。

⑤ 标注单位的精度为 0.0。

操作步骤如下。

① 选择“格式”|“标注样式”命令，打开“标注样式管理器”对话框。

② 单击“新建”按钮，打开“创建新标注样式”对话框。在“新样式名”文本框中输入新建样式的名称 MyDim。

③ 单击“继续”按钮，打开“新建标注样式：MyDim”对话框。

④ 在“直线”选项卡的“尺寸线”选项组中，设置“基线间距”为 7mm。在“尺寸界线”选项组中，设置“超出尺寸线”为 2mm，设置“起点偏移量”为 1mm。

⑤ 在“符号和箭头”选项卡的“箭头”选项组的“第一项”和“第二个”下拉列表框中，选择“实心闭合”选项，并设置“箭头大小”为 2。

⑥ 选择“文字”选项卡，在“文字外观”选项组中设置“文字高度”为 3mm。在“文字位置”选项组中，设置“水平”为“置中”，设置“从尺寸线偏移”为 0.5mm。

⑦ 选择“主单位”选项卡，在“线性标注”选项组中设置精度为 0.0。

⑧ 设置完毕，单击“确定”按钮关闭“新建标注样式：MyDim”对话框，然后单击“关闭”按钮，关闭“标注样式管理器”对话框。

2.5.3 常用尺寸标注

（1）线性标注

线性标注用于表示当前用户坐标系统 *XY* 平面上两点间的直线距离测量值，它标注水平、垂直和指定角度的尺寸。

调用该命令后，通过指定第一和第二标注点或按回车键选择标注对象确定标注点。如果需要修改尺寸文字，可以在定位尺寸线之前编辑尺寸文字或旋转文字和标注。然后指定放置尺寸线和文字的位置。

（2）对齐标注

对齐标注用于创建一个与标注点对齐的线性标注。通过指定第一和第二标注点或按回车键选择标注对象确定标注点。如果需要修改尺寸文字，可以在定位尺寸线之前编辑尺寸文字或旋转文字和标注。然后指定放置尺寸线和文字线的位置，标注的尺寸线与第一和第二标注点的连线相平行。

（3）半径标注

半径标注用于标注圆或圆弧的半径尺寸。尺寸线以圆心为一端，由用户拖动光标指定圆弧的尺寸线的位置，系统自动标上 *R* 和半径的值。如果圆内放不下尺寸值和箭头，箭头自动移至圆外。

（4）直径标注

直径标注用于标注圆或圆弧的直径尺寸。用户拖动光标指定尺寸线的位置，尺寸值前面自动带有直径标识 ϕ。如果圆内放不下尺寸值和箭头，箭头自动移至圆外。

（5）角度标注

角度标注用于标注圆、圆弧或直线的角度。

（6）基线标注

基线标注用于创建基于上一个标注或选择的标注进行线性或角度标注。一个基线标注具有相同标注原点（即第一条尺寸界线的原点）。创建或选择一个线性或角度标注作为基线标注的原点中。选择基线标注命令，以基线标注的第一条尺寸界线作为原点，再指定第二条尺寸界线的位置，然后继续选择尺寸界线的位置直到完成了基线序列。

（7）连续标注

连续标注用于创建一系列对端放置的标注，每个标注都从前一个标注的第二条尺寸界线开始。创建或选择一个线性或角度标注作为连续标注的原点。选择“连续标注”命令，以基准标注的第二条尺寸界线作为原点，再指定第二条尺寸界线的位置，然后继续选择尺寸界线的位置，直到完成了连续标注序列。

（8）引线标注

引线是连接注释和图形的线，注释出现在线的端点。单行或多行文字和几何公差都是注释的内容。执行引线命令后，如果需要设置引线格式，则输入 S 后按回车键，弹出如图 2.85 所示的“引线设置”对话框，在对话框中可以作引线的各种设置。

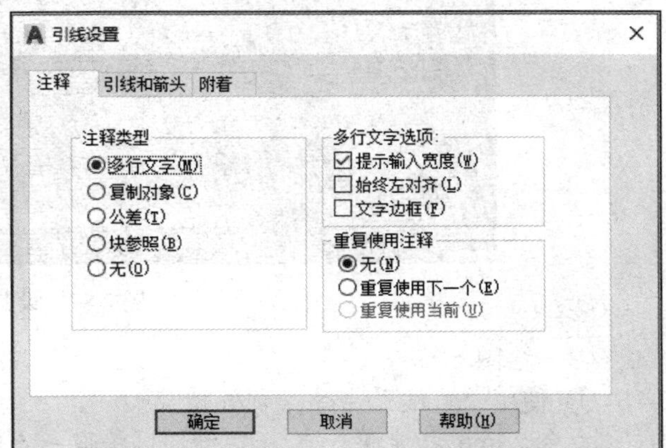

图 2.85 “引线设置”对话框

（9）圆心标注

圆心标记用于创建圆和圆弧的圆心标记或中心线。

（10）坐标标注

坐标标注用于测量并标记当前 UCS 中的坐标点。

（11）快速标注

快速标注命令用于同时标注多个对象。可以快速建立成组的基线、连续标注，也可以标注多个圆和圆弧。

2.5.4 综合实例

【例 2-3】 绘制如图 2.86 所示图形，注意图层、文字样式、标注样式等的设置。

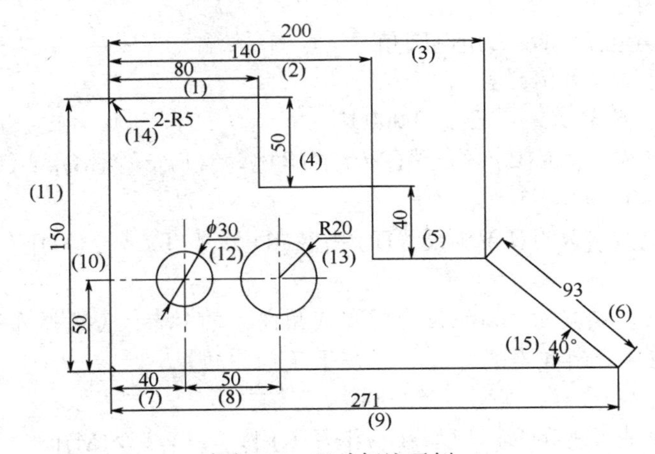

图 2.86 尺寸标注示例

操作步骤如下。

（1）设置绘图界限和图形单位

参见 2.1.8 节，此处不再赘述。

（2）设置图层

① 单击“格式”|“图层”命令，打开“图层特性管理器”对话框。

② 设置图层特性，如图 2.87 所示。

③ 将“实体”层置为当前图层。

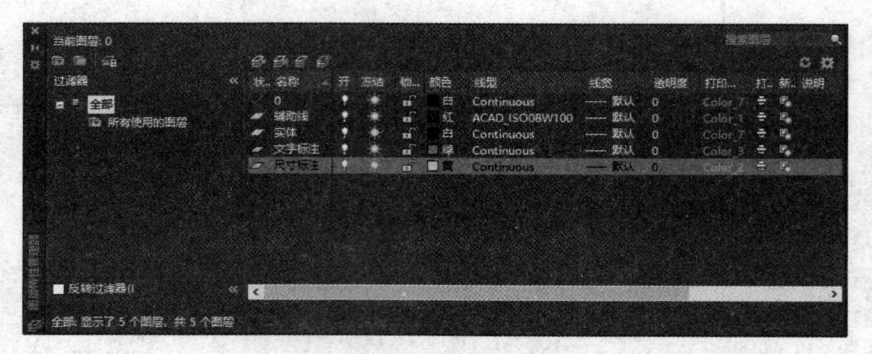

图 2.87　设置图层

（3）绘图

① 使用“直线”命令绘制外轮廓

命令: _line 指定第一点:（在绘图区拾取一点做为此图右下角的顶点）

指定下一点或 [放弃(U)]: @–271,0（用相对直角坐标确定左下角顶点）

指定下一点或 [放弃(U)]: 150（鼠标向上移动，输入直线段距离）

指定下一点或 [闭合(C)/放弃(U)]: 80（鼠标向右移动，输入直线段距离）

指定下一点或 [闭合(C)/放弃(U)]: 50（鼠标向下移动，输入直线段距离）

指定下一点或 [闭合(C)/放弃(U)]: 60（鼠标向右移动，输入直线段距离）

指定下一点或 [闭合(C)/放弃(U)]: 40（鼠标向下移动，输入直线段距离）

指定下一点或 [闭合(C)/放弃(U)]: 60（鼠标向右移动，输入直线段距离）

指定下一点或 [闭合(C)/放弃(U)]: c（闭合）

效果如图 2.88 所示。

② 对外轮廓的左上角和左下角倒圆角

命令: _fillet（对左上角倒圆角）

当前设置: 模式 = 修剪，半径 = 0.0000

选择第一个对象或 [放弃(U)/多段线(P)/半径(R)/修剪(T)/多个(M)]: r（设定圆角半径）

指定圆角半径 <0.0000>: 5

选择第一个对象或 [放弃(U)/多段线(P)/半径(R)/修剪(T)/多个(M)]:（选择外轮廓最上端直线段）

选择第二个对象，或按住 Shift 键选择要应用角点的对象:（选择外轮廓最左端直线段）

命令: _fillet（重复执行倒圆角命令，对左下角倒圆角）

当前设置: 模式 = 修剪，半径 = 5.0000

选择第一个对象或 [放弃(U)/多段线(P)/半径(R)/修剪(T)/多个(M)]:

选择第二个对象，或按住 Shift 键选择要应用角点的对象:

效果如图 2.89 所示。

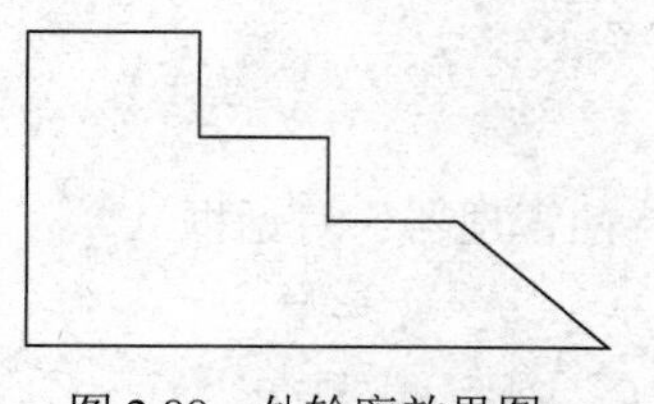

图 2.88　外轮廓效果图

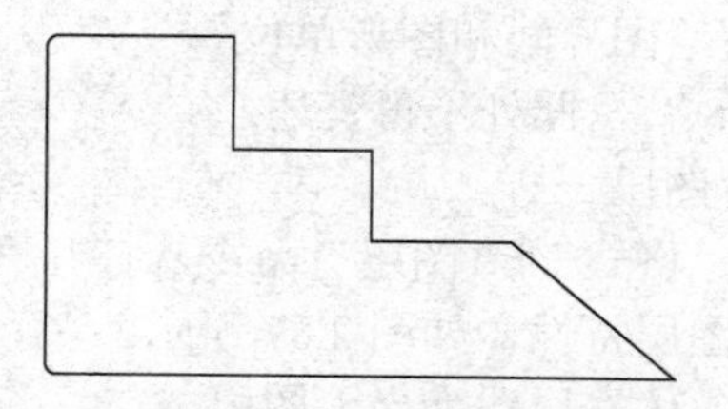

图 2.89　外轮廓倒圆角后的效果图

③ 绘制辅助线　首先，应将“辅助线”图层置为当前图层。然后，开始绘制辅助线，这里尤其应该注意对象捕捉与追踪的综合应用。

效果如图 2.90 所示。

④ 绘制圆

命令: _circle 指定圆的圆心或 [三点(3P)/两点(2P)/相切、相切、半径(T)]:（捕捉左边圆的圆心）

指定圆的半径或 [直径(D)]: d（用圆心、直径的方式绘圆）

指定圆的直径: 30

命令: _circle 指定圆的圆心或 [三点(3P)/两点(2P)/相切、相切、半径(T)]:（捕捉右边圆的圆心）

指定圆的半径或 [直径(D)] <15.0000>: 20（用圆心、半径的方式绘圆）

效果如图 2.91 所示。

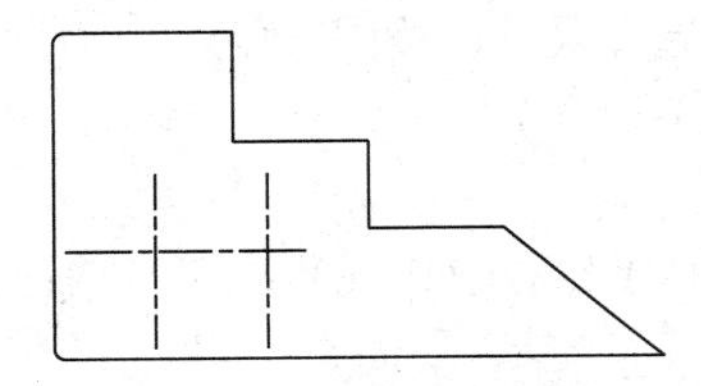

图 2.90　绘制辅助线后的效果图

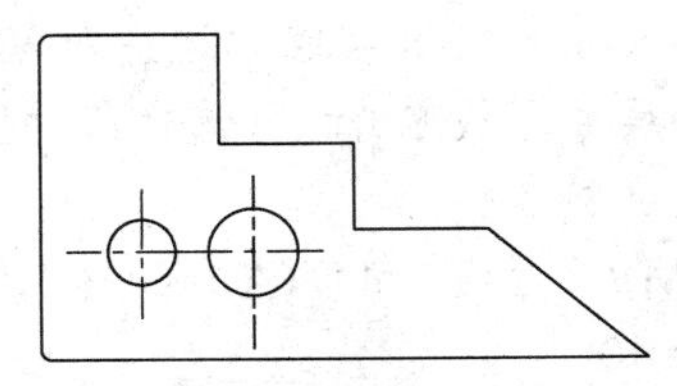

图 2.91　绘制圆后的效果图

（4）设置文字标注样式、尺寸标注样式

① 设置文字标注样式　新建一文字样式“样式 1”，字体设为“Times New Roman”，高度设为“0.0000”，其余不变。将“样式 1”置为当前文本样式。

② 设置尺寸标注样式　以 ISO-25 为基准样式，新建一标注样式“副本 ISO-25”，设置内容如下（括号中内容为此选项在“修改标注样式”对话框中的位置）。

a．基线间距（“直线”|“尺寸线”）为 10。

b．箭头大小（“符号和箭头”|“箭头”）为 5。

c．文字样式选用（“文字”|“文字外观”）“样式 1”。

d．文字高度（“文字”|“文字外观”）为 5。

e．字对齐方式（“文字”|“文字对齐”）为“水平”。

f．线性标注精度（“主单位”|“线性标注”）为“0”。

g．将“副本 ISO-25”置为当前标注样式。

（5）尺寸标注

① 用线性标注和基线标注分别标注尺寸(1)、(2)、(3)

命令: _dimlinear

指定第一条尺寸界线原点或 <选择对象>:（选择尺寸(1)的左边界）

指定第二条尺寸界线原点:（选择尺寸(1)的右边界）

指定尺寸线位置或

[多行文字(M)/文字(T)/角度(A)/水平(H)/垂直(V)/旋转(R)]:（指定尺寸线(1)的位置）

标注文字 ＝80

命令: _dimbaseline

指定第二条尺寸界线原点或 [放弃(U)/选择(S)] <选择>:（选择尺寸(2)的右边界）

标注文字 ＝140

指定第二条尺寸界线原点或 [放弃(U)/选择(S)] <选择>:（选择尺寸(3)的右边界）
标注文字 =200
指定第二条尺寸界线原点或 [放弃(U)/选择(S)] <选择>:（回车结束当前操作）
选择基准标注: *取消*
② 用线性标注标注尺寸(4)、(5)
命令: _dimlinear
指定第一条尺寸界线原点或 <选择对象>:（选择尺寸(4)的上边界）
指定第二条尺寸界线原点: （选择尺寸(4)的下边界）
指定尺寸线位置或
[多行文字(M)/文字(T)/角度(A)/水平(H)/垂直(V)/旋转(R)]:（指定尺寸线(4)的位置）
标注文字 =50
命令: _dimlinear
指定第一条尺寸界线原点或 <选择对象>:（选择尺寸(5)的上边界）
指定第二条尺寸界线原点: （选择尺寸(5)的下边界）
指定尺寸线位置或
[多行文字(M)/文字(T)/角度(A)/水平(H)/垂直(V)/旋转(R)]:（指定尺寸线(5)的位置）
标注文字 =40
③ 用对齐标注标注尺寸(6)
命令: _dimaligned
指定第一条尺寸界线原点或 <选择对象>:（选择尺寸(6)的上边界）
指定第二条尺寸界线原点:（选择尺寸(6)的下边界）
指定尺寸线位置或
[多行文字(M)/文字(T)/角度(A)]:（指定尺寸线(6)的位置）
标注文字 =93
④ 用线性标注和连续标注分别标注尺寸(7)、(8)
命令: _dimlinear
指定第一条尺寸界线原点或 <选择对象>:（选择尺寸(7)的左边界）
指定第二条尺寸界线原点:（选择尺寸(7)的右边界）
指定尺寸线位置或
[多行文字(M)/文字(T)/角度(A)/水平(H)/垂直(V)/旋转(R)]:（指定尺寸线(7)的位置）
标注文字 =40
命令: _dimcontinue
指定第二条尺寸界线原点或 [放弃(U)/选择(S)] <选择>:（选择尺寸(8)的右边界）
标注文字 =50
指定第二条尺寸界线原点或 [放弃(U)/选择(S)] <选择>:（回车结束当前操作）
⑤ 用线性标注标注尺寸(9)
命令: _dimlinear
指定第一条尺寸界线原点或 <选择对象>:（选择尺寸(9)的左边界）
指定第二条尺寸界线原点:（选择尺寸(9)的右边界）
指定尺寸线位置或
[多行文字(M)/文字(T)/角度(A)/水平(H)/垂直(V)/旋转(R)]:（指定尺寸线(9)的位置）

标注文字 ＝271
⑥ 用线性标注和基线标注分别标注尺寸(10)、(11)
命令: _dimlinear
指定第一条尺寸界线原点或 <选择对象>:（选择尺寸(10)的左边界）
指定第二条尺寸界线原点:（选择尺寸(10)的右边界）
指定尺寸线位置或
[多行文字(M)/文字(T)/角度(A)/水平(H)/垂直(V)/旋转(R)]:（指定尺寸线(10)的位置）
标注文字 ＝50
命令: _dimbaseline
指定第二条尺寸界线原点或 [放弃(U)/选择(S)] <选择>:（选择尺寸(11)的右边界）
标注文字 ＝150
指定第二条尺寸界线原点或 [放弃(U)/选择(S)] <选择>:（回车结束当前操作）
选择基准标注:
⑦ 用直径标注和半径标注分别标注尺寸(12)、(13)
命令: _dimdiameter
选择圆弧或圆:（选择图形左边的圆）
标注文字 ＝30
指定尺寸线位置或 [多行文字(M)/文字(T)/角度(A)]:（指定尺寸线(12)的位置）
命令: _dimradius
选择圆弧或圆:（选择图形右边的圆）
标注文字 ＝20
指定尺寸线位置或 [多行文字(M)/文字(T)/角度(A)]:（指定尺寸线(13)的位置）
⑧ 用引线标注标注尺寸(14)
命令: _qleader
指定第一个引线点或 [设置(S)] <设置>: _nea 到（捕捉左上角圆弧上的一点）
指定下一点: <正交 关>
指定下一点: <正交 开>
指定文字宽度 <0>:（直接回车）
输入注释文字的第一行 <多行文字(M)>: 2-R5
输入注释文字的下一行:（回车结束当前操作）
⑨ 用角度标注标注尺寸(15)
命令: _dimangular
选择圆弧、圆、直线或 <指定顶点>:（选择第一条直线）
选择第二条直线:
指定标注弧线位置或 [多行文字(M)/文字(T)/角度(A)]:（指定标注弧线位置）
标注文字 ＝40
尺寸标注完成后的效果图如图 2.92 所示。
（6）文本标注
步骤略。
最终效果图如图 2.86 所示。

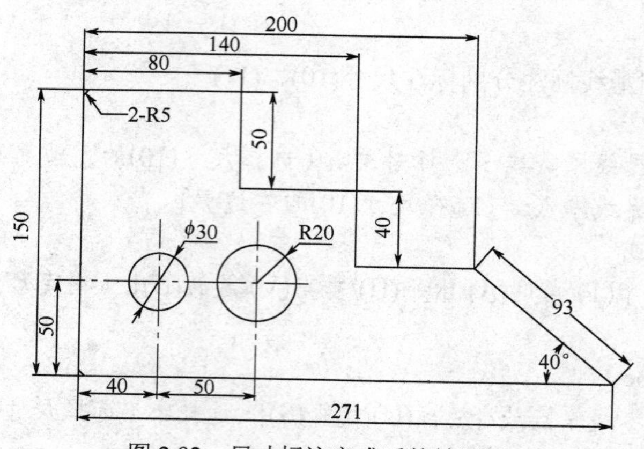

图 2.92　尺寸标注完成后的效果图

2.6　图形输出

2.6.1　模型空间与图纸空间

模型空间是完成绘图和设计工作的工作空间。使用在模型空间中建立的模型可以完成二维或三维物体的造型，并且可以根据需求用多个二维或三维视图来表示物体，同时配有必要的尺寸标注和注释等完成所需要的全部绘图工作。在模型空间中，用户可以创建多个不重叠的（平铺）视口以展示图形的不同视图。

图纸空间用于图形排列、绘制局部放入图及绘制视图。通过移动或改变视图的尺寸，可在图纸空间中排列视图。在图纸空间中，视口被作为对象来看待并且可用 AutoCAD 的标准编辑命令对其进行编辑。这样就可以在同一绘图页进行不同视图的放置和绘制（在模型空间中，只能在当前活动的视口中绘制）。每个视口能展现模型不同部分的视图或不同视点的视图。每个视口中的视图可以独立编辑、画成不同的比例、冻结和解冻特定的图层、给出不同的标注或注释。在图纸空间中，还可以用 MSPACE 命令和 PSPACE 命令在模型空间与图形空间之间切换。这样，在图纸空间就可以更灵活更方便地编辑、安排及标注视图，以得到一幅内容详尽的图。

AutoCAD 既可以工作在模型空间和图纸空间中，也可以在模型空间和图纸空间之间切换，这由系统变量 TILEMODE 来控制。当系统变量 TILEMODE 设置为 1 时，将切换到“模型”标签，用户工作在模型空间中（平铺视口）。当系统变量 TILEMODE 设置为 0 时，将打开“布局”标签，工作在图纸空间中。

当在图形中第一次改变 TILEMODE 的值为 0 时，AutoCAD 将从“模型”标签切换到“布局”标签。而在“布局”标签中，既可以工作在图纸空间中，又可以工作在模型空间中（在浮动视口中）。如果在图纸空间中，AutoCAD 将显示图纸空间图标。同时，在图形窗口中，有一个矩形的轮廓框表示在当前配置的打印设备下的图纸大小。图形内的边界表示了图纸的可打印区域。

在打开“布局”标签后，可以按以下方式在图纸空间和模型空间之间切换。

① 通过使一个视口成为当前视口而工作在模型空间中。要使一个视口成为当前视口，双击该视口即可。要使图纸空间成为当前状态，可双击浮动视口外布局内的任何地方。

② 通过状态栏上的“模型”按钮或“图纸”按钮来切换在“布局”标签中的模型空间和图纸空间。当通过此方法由图纸空间切换到模型空间时，最后活动的视口成为当前视口。

③ 使用 MSPACE 命令从图纸空间切换到模型空间，使用 PSPACE 命令从模型空间切换到图纸空间。

2.6.2 创建和管理布局

在 AutoCAD 2018 中，可以创建多种布局，每个布局都代表一张单独的打印输出图纸。创建新布局后就可以在布局中创建浮动视口。视口中的各个视图可以使用不同的打印比例，并能够控制视口中图层的可见性。

（1）使用布局向导创建布局

选择“工具”|“向导”|“创建布局”命令，就可以打开“创建布局”向导，指定打印设备、确定相应的图纸尺寸和图形的打印方向、选择布局中使用的标题栏或确定视口设置。

也可以使用 LAYOUT 命令，以多种方式创建新布局。例如，可以从已有的模板开始创建，也可以从已有的布局创建或直接从头开始创建。这些方式分别对应 LAYOUT 命令的相应选项。另外，用户还可用 LAYOUT 命令来管理已创建的布局，如删除、改名、保存以及设置等。

（2）管理布局

右击布局标签，使用弹出的快捷菜单中的命令，可以删除、新建、重命名、移动或复制布局。默认情况下，单击某个布局选项卡时，系统将自动显示“页面设置”对话框，供设置页面布局。如果以后要修改页面布局，可从快捷菜单中选择“页面设置管理器”命令。通过修改布局的页面设置，将图形按不同比例打印到不同尺寸的图纸中。

2.6.3 布局的页面设置

在模型空间中完成图形的设计和绘图工作后，就要准备打印图形。此时，可使用布局功能来创建图形多个视图的布局，以完成图形的输出。当第一次从“模型”标签切换到“布局”标签时，将显示一个默认的单个视口并显示在当前打印配置下的图纸尺寸和可打印区域。也可以使用“页面设置”对话框对打印设备和打印布局进行详细的设置，还可以保存页面设置，然后应用到当前布局或其他布局中。

（1）页面设置

在 AutoCAD 2018 中，可以使用“页面设置”对话框来设置打印环境。选择“文件”|“页面设置管理器”命令，打开“页面设置管理器”对话框，如图 2.93 所示，各选项的功能如下。

①“页面设置”列表框　列举当前可以选择的布局。

②“置为当前”按钮　将选中的布局设置当前布局。

③“新建”按钮　单击该按钮，可打开“新建页面设置”对话框，如图 2.94 所示，可从中创建新的布局。

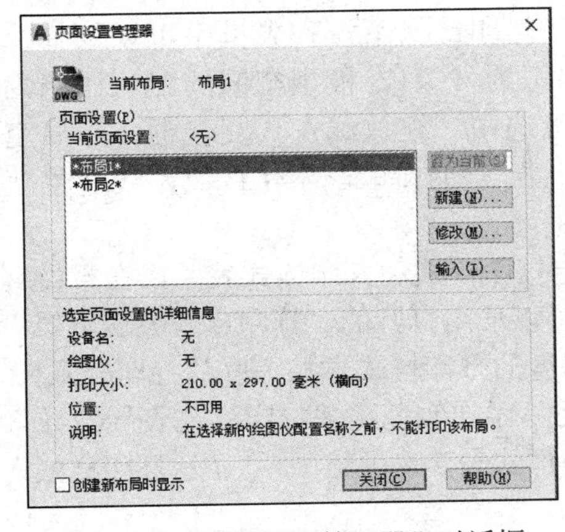

图 2.93 “页面设置管理器”对话框

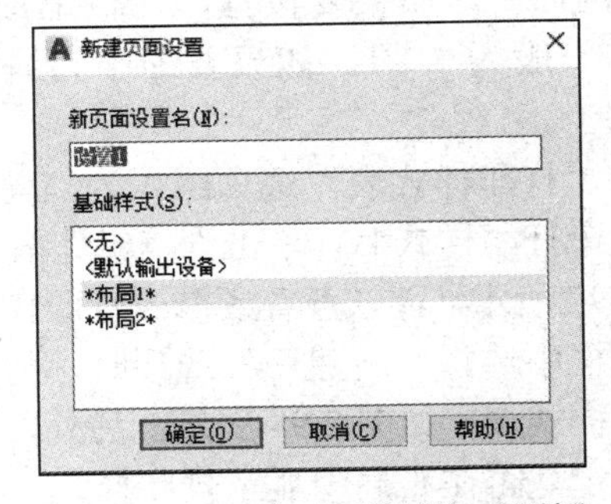

图 2.94 “新建页面设置”对话框

④“修改”按钮　修改选中的布局。

⑤“输入”按钮　打开“从文件选择页面设置”对话框，可以选择已经设置好的布局设置。

当在“页面设置管理器”对话框中选择一个布局后，单击“修改”按钮将打开“页面设置”对话框，如图 2.95 所示。其中主要各选项的功能如下。

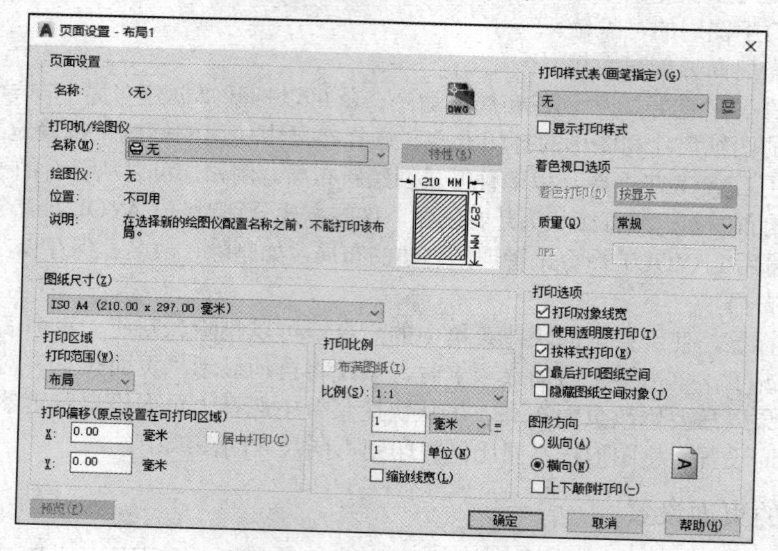

图 2.95 “页面设置”对话框

①“打印机/绘图仪”选项组　指定打印机的名称、位置和说明。在“名称”下拉列表框中，可以选择当前配置的打印机。如果要查看或修改打印机的配置信息，可单击“特性(R)”按钮，在打开“绘图仪配置编辑器”对话框中进行设置，如图 2.96 所示。

②“图纸尺寸”选项组　指定图纸的尺寸大小。

③“打印区域”选项组　设置布局的打印区域。在“打印范围”下拉列表框中，可以选择要打印的区域，包括布局、视图、显示和窗口。默认设置为布局，表示针对“布局”选项卡，打印图纸尺寸边界内的所有图形，或表示针对“模型”选项卡，打印绘图区中所有显示的几何图形。

④“打印偏移”选项组　显示相对于介质源左下角的打印偏移值的设置。在布局中可打印区域的上下角点由图纸的左下边距决定，用户可以在 X 和 Y 文本框中输入偏移量。如果选中“居中打印”复选框，则可以自动计算输入的偏移值以便居中打印。

⑤“打印比例”选项组　设置打印比例。在打印比例下拉列表框中可以选择标准缩放比例，或者输入自定义值。布局空间的默认比例为 1∶1，模型空间的默认比例为“按图纸空间缩放”。如果要按打印比例缩放线宽，可选中“缩放线宽”复选框。布局空间的打印比例一般为 1∶1。如果要缩小为原尺寸的一半，则打印比例为 1∶2，线宽也随之比例缩放。

⑥“打印样式表”选项组。为当前布局指定打印样式和打印样式表。当在下拉列表框中选择一个打印样式后，单击“编辑”按钮，可以使用打开的“打印样式表编辑器”对话框如图 2.97 所示，可以查看或修改打印样式（与附着的打印样式表相关联的打印样式）。当在下拉列表框中选择“新建…”选项时，将打开使用“添加颜色相关打印样式表”向导来创建新的打印样式表，如图 2.98 所示。另外，在“打印样式表”选项组中，“显示打印样式”复选框用于确定是否在布局中显示打印样式。

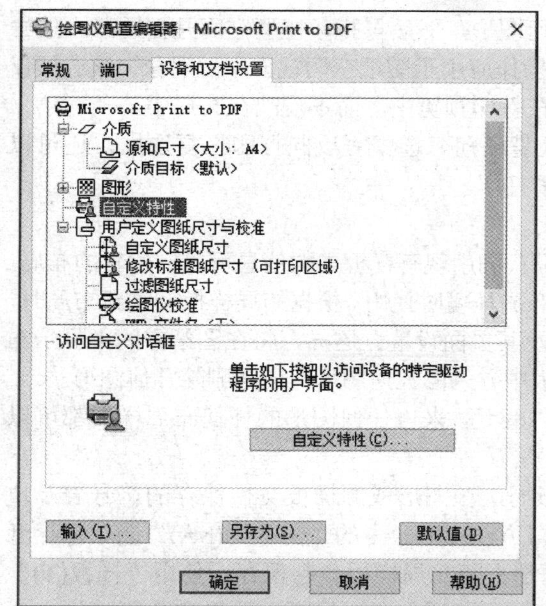

图 2.96 “绘图仪配置编辑器”对话框

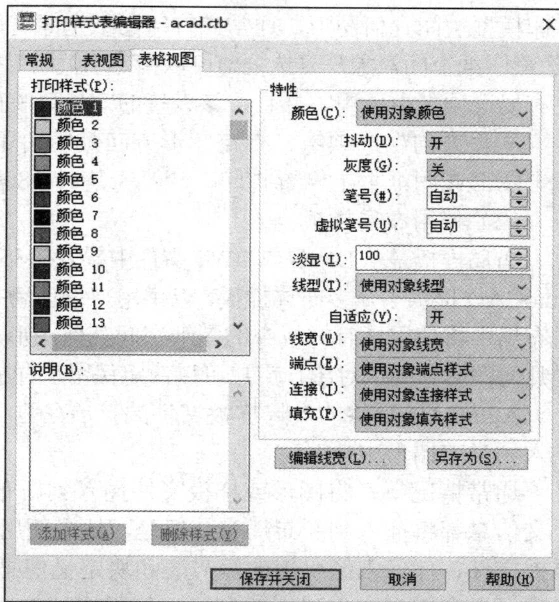

图 2.97 “打印样式表编辑器”对话框

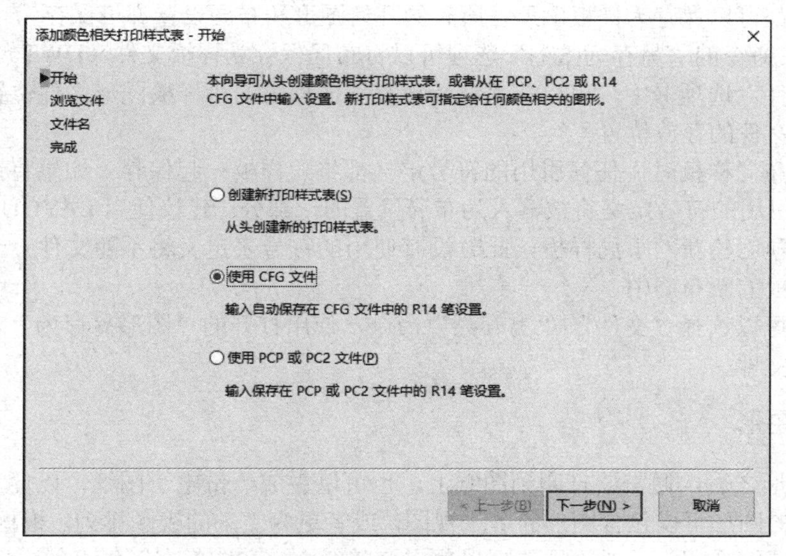

图 2.98 “添加颜色相关打印样式表”向导

⑦“着色视口选项”选项组　指定着色和渲染视口的打印方式，并确定它们的分辨率大小和 DPI 值。其中，在“着色打印”下拉列表框中，可以指定视图的打印方式。要将布局选项卡上的视口指定为此设置，应在选择视口后选择“工具” | “特性”命令；在“质量”下拉列表框中，可以指定着色和渲染视口的打印分辨率；在 DPI 文本框中，可以指定渲染和着色视图每英寸的点数，最大可为当前打印设备分辨率的最大值，该选项只有在“质量”下拉列表框中选择“自定义”后才可用。

⑧“打印选项”选项组　设置打印选项。例如打印线宽、显示打印样式和打印几何图形的次序等。如果选中“打印对象线宽”复选框，可以打印对象和图层的线宽；选中“打印样式”复选框，可以打印应用于对象和图层的打印样式；选中“最后打印图纸空间”复选框，可以先

打印模型空间几何图形，通常先打印图纸空间几何图形，然后再打印模型空间几何图形；选中“隐藏图纸空间对象”复选框，可以指定“消隐”操作应用于图纸空间视口中的对象，该选项仅在布局选项卡中可用，并且，该设置的效果反映在打印预览中，而不反映在布局中。

⑨“方向”选项组　指定图形方向是横向还是纵向。选中“反向打印”复选框，还可以指定图形在图纸页上倒置打印，相当于旋转 180° 打印。

（2）使用布局样板

布局样板是从DWG或DWT文件中导入的布局，利用现有样板中的信息可以创建新的布局。AutoCAD 提供了众多布局样板，以供用户设计新布局环境时使用。根据布局样板创建新布局时，新布局中将使用现有样板中的图纸空间几何图形及其页面设置。这样，将在图纸空间中显示布局几何图形和视口对象，用户可以决定保留从样板中导入的几何图形，还是删除几何图形。

AutoCAD 提供的布局样板文件的扩展名为“.dwt”，来自任何图形的任何布局样板都可以导入到当前图形中。

通常情况下，将图形或样板文件插入到新布局，源图形或源样板文件保存的符号表及块定义信息都将插入到新布局中。但是，如果使用 LAYOUT 命令的“另存为(SA)”选项保存源样板文件，任何未经引用的符号表和块定义信息都不随布局样板一起保存。使用“样板(T)”选项可以在图形中创建新的布局。使用这种方法保存和插入布局样板，可以避免删除不必要的符号表信息。

任何图形都可以保存为样板图形，所有的几何图形和布局设置都可保存为 DWT 文件。选择 LAYOUT 命令的“另存为(SA)”选项可以将布局保存为样板文件（DWT)。在“选项”对话框的“文件”选项卡中，可以在“样板设置”选项组的“样板图形文件位置”下拉列表框中设置样板文件的存放位置。

创建新的布局样板时，任何引用的符号定义都将随样板一起保存。如果将这个样板输入到新的布局，引用的符号定义将被输入为布局设置的一部分。建议使用 LAYOUT 命令的“另存为(SA)”选项创建新的小局样板，此时没有使用的符号表定义将不随文件一起保存，也不添加到输入样板的新布局中。

当然，也可以选择“文件”|“另存为”命令，使用打开的“图形另存为”对话框，将图形保存为样板文件。

2.6.4 打印图形

创建完图形之后，通常要打印到图纸上，也可以生成一份电子图纸，以便从互联网上进行访问。打印的图形可以包含图形的单一视图，或者更为复杂的视图排列。根据不同的需要，可以打印一个或多个视口，或设置选项以决定打印的内容和图像在图纸上的布置。

（1）打印预览

在打印输出图形之前可以预览输出结果，以检查设置是否正确。例如，图形是否都在有效输出区域内等。预览输出结果的方法有以下四种。

① 功能区　“输出”选项卡 | “打印”面板 | 。

② 应用程序菜单　“打印” | “打印预览”。

③ 下拉菜单　单击“文件”|“打印预览”命令。

④ 命令行　PREVIEW↙。

AutoCAD 将按照当前的页面设置、绘图设备设置及绘图样式表等在屏幕上绘制最终要输出的图纸。在预览窗口中，光标变成了带有加号和减号的放大镜状，向上拖动光标可以放大图像，向下拖动光标可以缩小图像。要结束全部的预览操作，可直接按 Esc 键。

（2）输出图形

在 AutoCAD 2018 中，可以使用“打印”对话框打印图形。当在绘图窗口中选择一个布局选项卡后，选择“文件”|“打印”命令打开“打印”对话框，如图 2.99 所示。

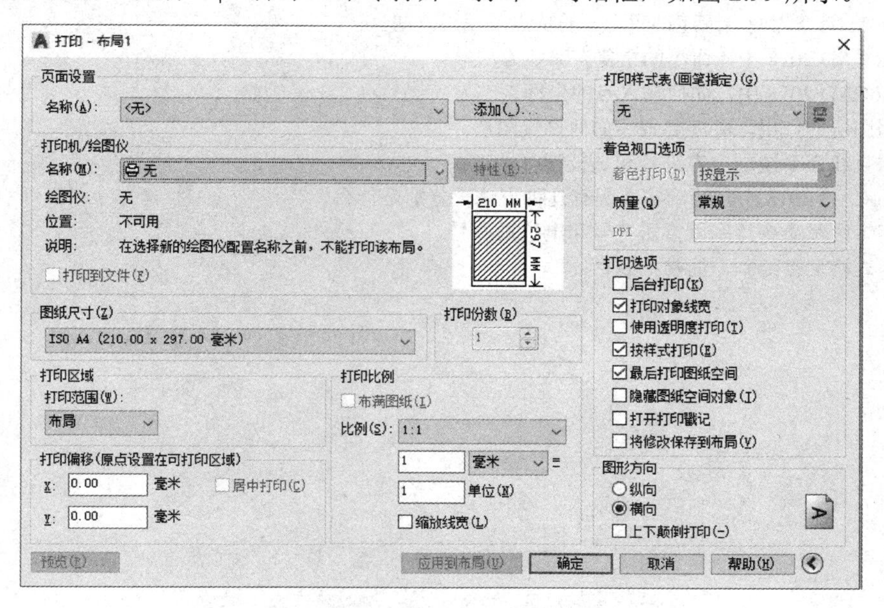

图 2.99 “打印”对话框

“打印”对话框中的内容与“页面设置”对话框中的内容基本相同，还可以设置其他选项。

①“页面设置”选项组的名称下拉列表框可以选择打印设置，并能够随时保存、命名和恢复“打印”和“页面设置”对话框中的所有设置。单击 添加(.)... 按钮，打开“添加页面设置”对话框，可以从中添加新的页面设置，如图 2.100 所示。

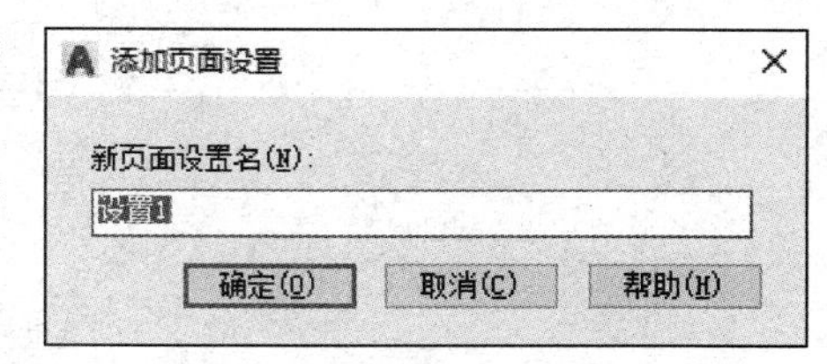

图 2.100 “添加页面设置”对话框

②“打印机/绘图仪”选项组中的“打印到文件”复选框　选中的可以指示将选定的布局发送到打印文件，而不是发送到打印机。

③“打印份数”文本框　可以设置每次打印图纸的份数。

④“打印选项”选项组中，选中“后台打印”复选框，可以在后台打印图形；选中“将修改保存到布局”复选框，可以将打印对话框中改变的设置保存到布局中；选中“打开打印戳记”复选框，可以在每个输出图形的某个角落上显示绘图标记，以及生成日志文件。

各部分都设置完成之后，在“打印”对话框中单击 确定 按钮，AutoCAD 将开始输出图形并动态显示绘图进度。如果图形输出时出现错误或要中断绘图，可按 Esc 键，AutoCAD 将结束图形输出。

本 章 小 结

本章结合大量实例，从 AutoCAD 2018 的基本操作、绘制二维图形、修改二维图形、文本和表格、尺寸标注、图形输出等六个方面阐述了 AutoCAD 2018 的基础知识，为后续章节的学习奠定了基础。

思考题与习题

2-1　在 AutoCAD 2018 中，如何设置图形单位和绘图界限？

2-2　以 ZOOM 命令为例，阐述透明命令的特点及使用方法。

2-3　在 AutoCAD 2018 中，命令的重复有哪些方法？

2-4　在 AutoCAD 2018 中，如何输入点的坐标？

2-5　试说明图层的作用，并简要叙述如何设置图层。

2-6　试使用直线命令绘制电容符号和二极管符号。

2-7　在 AutoCAD 2018 中，绘制实心圆有几种方法？分别是什么？

2-8　试使用多段线命令绘制避雷器符号和电抗器符号。

2-9　试使用表格命令绘制一简易标题栏。

3 工厂电气控制识图与绘图

由各种电气控制元件和电路构成，对电动机或生产机械的供电和运行方式进行控制的装置，称为电动机或生产机械的电气控制装置。以电动机或生产机械的电气控制装置为主要描述对象，表示其工作原理、电气接线、安装方法等的图样，称为电气控制图。由于电气设备种类繁多，其电气控制图也多种多样，本章主要通过对工厂典型电气控制线路实例进行分析和绘制，阐述电气控制图的阅读及绘制方法。

3.1 电气控制图阅读及绘制基础

要做到正确地阅读和绘制电气控制图，首先应掌握相关的基础知识，即应该了解电气控制图的组成、分类，常用的电气图形符号以及阅读和绘图的基本方法和步骤等。

3.1.1 电气控制图的阅读分析

（1）电气控制图的分类

常用的电气控制图有电气控制电路图（也称为电气控制原理图）、电气安装接线图以及电器元件布置图，电器元件布置图和电气安装接线图又总称为电气设备安装图。电气设备安装图是按电器元件的实际安装位置和接线绘制的，根据电器元件布置最合理、连接导线最经济等原则来安排。它为电气设备、电器元件之间的配线及检修电气故障等提供了必要的依据。其中电气控制电路图是控制线路分析设计的中心内容。

① 电气控制电路图　电气控制电路图主要表示电气设备的工作原理，并不考虑电器元件的实际安装位置和实际连线情况，它是将电气控制装置的各种电器元件用图形符号表示并按其工作顺序排列，描述控制装置、电路的基本构成和连接关系的图。

电气控制电路图一般分为主电路和辅助电路（主要为控制电路）两个部分。主电路是电气控制电路中强电流通过的部分，是负载电路部分，一般是由电动机以及与它相连接的电器元件如组合开关、接触器的主触点和熔断器等所组成。辅助电路是小电流通过的部分，由控制电路、照明电路、信号电路及保护电路等组成。一般来说，信号电路是附加的，如果将它从辅助电路中分开，并不影响辅助电路的完整性。

在电气控制电路图中，主电路图与辅助电路图是相辅相成的，其控制功能实际上是由辅助电路控制主电路。主电路一般比较简单，电器元件数量较少；而辅助电路比主电路要复杂，电器元件也较多。一些电器元件的不同组成部分，按照电路连接顺序分开布置，如接触器的线圈和触点、热继电器的发热元件及触点等。

② 电器元件布置图　电器元件布置图是用来表明各种电气设备在机械设备和电气控制柜中实际安装位置的图纸，它为电气控制设备的制造、安装、维修提供必要的资料，在图中往往留有10%以上的备用面积及导线管（槽）的位置，以供改进设计时用。它一般包括生产设备上的操纵台、操纵箱、电气柜、电动机的位置图，电气柜内电器元件的布置图，操纵台、操纵箱上各元件的布置图等。

③ 电气安装接线图　电气安装接线图是按照电器元件的实际位置和实际接线绘制的，用

来表示电器元器件、部件、组件或成套装置之间连接关系的图纸，根据电器元件布置最合理、连接导线最经济的原则来安排。电气安装接线图一般不包括单元内部的连接，着重表明电气设备外部元件的相对位置及它们之间的电气连接。

（2）电气控制图的阅读分析

阅读分析电气控制图主要包括以下几个方面。

① 设备说明书。设备说明书由机械（包括液压部分）与电气两部分组成。在分析时首先阅读这两部分说明书，了解以下内容。

a．设备的构造，主要技术指标，机械、液压启动部分的工作原理。

b．电气传动方式，电机、执行电器的数目、规格型号、安装位置、用途及控制要求。

c．设备的使用方法，各操作手柄、开关、旋钮、指示装置的布置以及在控制线路中的作用。

d．与机械、液压部分直接关联的电器（行程开关、电磁阀、电磁离合器、传感器）的位置、工作状态及与机械、液压部分的关系、在控制中的作用等。

② 电气控制原理图，这是控制线路分析的中心内容。

③ 电气设备的总装接线图。电气设备的总装接线图是用来了解系统的组成分布状况、各部分的连接方式、主要电器部件的布置、安装要求、导线和穿线管的规格型号等。

④ 电器元件布置图与接线图。

（3）电气控制电路图的阅读方法

阅读分析电气控制电路图一般是先看主电路，再看辅助电路，并用辅助电路的各支路去研究主电路的控制程序。常用的方法主要有：查线读图法（直接读图法或寻线法）、逻辑代数法（间接读图法）及图示分析法等，这里重点介绍查线读图法。

① 查线读图法的要点。

a．分析主电路。从主电路入手，根据每台电动机和执行电器的控制要求去分析各电动机和执行电器的控制内容。

b．分析控制电路。根据主电路中各电动机和执行电器的控制要求，逐一找出控制电路中的控制环节，将控制电路“化整为零”，按功能不同划分成若干个局部控制电路来进行分析。查线读图法是分析控制电路最基本的方法。

c．分析信号、显示与照明电路等。这部分电路多是由控制电路中的元件来控制的，因此应对照控制电路对这部分电路进行分析。

d．分析联锁与保护环节。在电气控制电路图的分析过程中，电气联锁与电气保护环节是一个重要内容，是为了保证生产机械的安全性、可靠性而设置的，不能遗漏。

e．分析特殊控制环节。在某些控制电路中，还设置了一些特殊环节，如产品计数、自动检测、晶闸管触发电路等，这些部分往往自成一个小系统，需逐一分析。

f．总体检查。从整体角度去进一步检查和理解各控制环节之间的联系，以达到清楚地理解电路图中每一个电器元件的作用、工作过程及主要参数。

② 查线读图法的步骤　阅读主电路的方法步骤如下。

a．看用电器。用电器是指消耗电能的用电设备或用电器具，如电动机、电弧炉、电阻炉等。看图时首先要看清楚有几个用电器以及它们的类别、用途、接线方式、特殊要求等。以电动机为例，从类别上讲，有交流电动机和直流电动机之分；而交流电动机又有异步电动机和同步电动机之分；异步电动机又分鼠笼式和绕线式。从用途来讲，有的电动机带动机械主轴，有的电动机带动冷却液泵。从接线形式上来讲，有的电动机是Y（星）形接线或YY（双星）形接线；有的电动机是△（三角形）接线；有的电动机是Y-△（星-三角）形，即Y形启动，△形运行等。

b．看用电器是什么电器元件控制的。控制用电器的方法很多，有的直接用开关控制，有的用接触器或继电器控制，有的用各种启动器控制。

c．看主电路中其他元器件的作用。通常主电路中除了用电器和控制用电器的接触器或继电器外，还常接有电源开关、熔断器以及保护器件。

d．看电源。主电路电源电压是380V还是220V；主电路电源是由母线汇流排或配电柜供电的（一般为交流电），还是由发电机供电的（一般为直流电）。

阅读辅助电路的方法步骤如下。

a．看电源。要搞清楚辅助电源的种类是交流电还是直流电，电源是从什么地方接来的以及电压等级。通常辅助电路的电源是从主电路的两根相线上接来的，其电压为单相380V。如果是从主电路的一根相线和一根中性线上接来的，电压就是单相220V。如果是从控制变压器上接来的，常用电压为127V、36V等。当辅助电源为直流电时，其电压一般为24V、12V、6V等。

b．看辅助电路是如何控制主电路的。在电路图中，整个辅助电路可以看成是一个大回路，习惯上我们称为二次回路。在这个大回路中又可分成几个具有独立性的小回路。每个小回路控制一个用电器或用电器的一个动作。当某个小回路形成闭合回路并有电流流过时，控制主电路的电器元件（如接触器或继电器）就得电动作，把用电器（如电动机）接入电源或从电源切除。

c．研究电器元件之间的相互关系。电路中一切电器元件都不是孤立的，而是互相联系，互相制约的。在电路中有时A电器元件控制B电器元件，甚至又用B电器元件去控制C电器元件。这种互相制约的关系有时表现在同一个回路，有时表现在不同的几个回路中，这就是控制电路中的电气联锁。

d．研究其他电气设备和电器元件，如整流设备、照明灯等，要了解它们的线路走向和作用。

（4）看图时设定的助记符

在叙述电路工作原理时，除采用文字叙述外，有时还将采用助记符表示电器元件的动作顺序。也就是除采用电器元件的文字符号外，还将接触器、继电器、电磁铁等的电磁线圈和触头，以及按钮、行程开关、转换开关触头的工作状态，用相应的助记符来代表。

在“自然状态”下，只用文字符号表示动合触头，如KM可用来表示接触器KM的动合触头，动断触头在其文字符号上方加上一横杠表示，如接触器KM的动断触头可表示为$\overline{KM}$。所谓“自然状态”，是指电器元件和设备的可动部分表示为非激励（未通电、未受外力作用）或不工作的状态或位置。

接触器、继电器、电磁铁线圈得电吸合，触头动作，按钮行程开关受压（受外力作用），电子元器件导通等，均在其文字符号的右上方用“+”号表示，如KM_1^+可表示接触器KM_1得电吸合，主触头闭合；接触器、继电器、电磁铁线圈失电释放，触头复位，按钮行程开关受压撤销（受外力作用撤销）复位，电子元器件截止等，均在其文字符号的右上方用“-”号表示，如，“KM_1^-”可表示接触器KM_1失电释放，主触头断开。

当一个电器元件动作后引起另一个电器元件动作时，用符号“→”表示；当一个电器元件动作由另一个电器元件动作而引起时，用符号“←”表示。

3.1.2 电气控制图的绘制

电气控制图的绘制应遵循相应电气制图的国家标准。下面就工厂典型电气控制原理图绘制时的方法和规律进行简单的介绍。

（1）电气控制图的基本表示方法

① 线路的表示方法　线路的表示方法通常有多线表示法、单线表示法和混合表示法三种。

在电路图中，电气设备的每根连接线或导线各用一条图线表示的方法，称为多线表示法，其中大多数是三线。多线表示法能比较清楚地看出电路工作原理，但图线太多，一般用于表示各相或各线内容不对称和要详细表示各相或各线具体连接方法的场合。电气设备的两根或两根以上（大多数是表示三相系统的 3 根线）的连接线或导线，只用一根线表示的方法，称为单线表示法，这种表示法主要用于三相电路或各线基本对称的电路图中，对于不对称的部分应在图中注释。在同一个图中，一部分用单线表示法，一部分用多线表示法，称为混合表示法，这种表示法具有单线表示法简洁精练的优点，又有多线表示法描述精确、充分的优点。

② 电器元件表示方法　电器元件在电气图中通常采用图形符号来表示，要绘出其电气连接，在符号旁标注项目代号（文字符号），必要时还标注有关的技术数据。一个元件在电气图中完整图形符号的表示方法有：集中表示法、分开表示法和半集中表示法。

把设备或成套装置中的一个项目各组成部分的图形符号，在简图上绘制在一起的方法，称为集中表示法。在集中表示法中，各组成部分用机械连接线（虚线）互相连接起来，连接线必须是一条直线，这种表示法只适用于简单的电路图。把一个项目中某些部分的图形符号在简图中分开布置，并用机械连接符号把它们连接起来，称为半集中表示法，在半集中表示中，机械连接线可以弯折、分支和交叉。把一个项目中某些部分的图形符号在简图中分开布置，并使用项目代号（文字符号）表示它们之间关系的方法，称为分开表示法，分开表示法也称为展开法，这种方法图面简洁，但是在看图时必须综观全局，避免遗漏。

③ 电器元件项目代号及有关技术数据的表示方法　采用集中表示法和半集中表示法绘制的元件，其项目代号只在图形符号旁标出并与机械连接线对齐；采用分开表示法绘制的元件，其项目代号应在项目的每一部分自身符号旁标注，必要时，对同一项目的同类部件（如各辅助开关，各触点）可加注序号。标注时应注意以下几点。

a. 项目代号及有关技术数据的标注位置尽量靠近图形符号。

b. 图线水平布局的图，项目代号应标注在符号上方，技术数据尽可能标在符号下方；图线垂直布局的图，项目代号一般标注在符号的左方，而技术数据则标在其右方。

c. 项目代号中的端子代号应标注在端子或端子位置的旁边。

d. 对围框的项目代号应标注在其上方或右方。

e. 对于像继电器、仪表、集成块等方框符号或简化外形符号，则可标在方框内。

f. 当电器元件的某些内容不便于用图示形式表达清楚时，可采用注释方法，一般放在需要说明对象的附近。

④ 元器件触头和工作状态表示方法　电器触头的位置在同一电路中，当它们加电和受力作用后，各触点符号的动作方向应取向一致，对于分开表示法绘制的图，触头位置可以灵活运用，对于继电器、接触器、开关等的触头，通常规定为“左开右闭，下开上闭”。

元器件工作状态均按自然状态表示，即在电气图中，元器件和设备的可动部分通常应表示在非激励或不工作的状态或位置，例如：

a. 继电器和接触器在非激励的状态，触头处在尚未动作的位置；

b. 断路器、负荷开关和隔离开关处在断开位置；

c. 带零位的手动控制开关在零位置，不带零位的手动控制开关在图中规定位置；

d. 机械操作开关（如行程开关、按钮等）工作在非工作时的状态或不受力时的位置；

e．温度继电器、压力继电器都处于常温和常压状态；

f．事故、备用、报警等开关应该表示在设备正常使用的位置，如有特定位置，应在图中另加说明；

g．多重开闭器件的各组成部分必须表示在相互一致的位置上，而不管电路的工作状态。

（2）电气控制电路图的绘制规则和特点

电气控制电路图是根据电气控制电路的工作原理来绘制的，图中包括所有电器元件的导电部分和接线端子，但并不按照电器元件的实际布置来绘制。对于不太复杂的电气控制电路，主电路和辅助电路可以绘制在同一幅图上。

下面简述电气控制电路图的绘制规则和特点。

① 在电气控制电路图中，主电路和辅助电路应分开绘制，可水平或垂直布置。一般主电路绘制在图的左侧或上方，辅助电路绘制在图的右侧或下方。

当电路垂直（或水平）布置时，电源电路一般画成水平（或垂直）线，三相交流电源相序 L_1、L_2、L_3 由上到下（或由左到右）依次排列画出，中线 N 和保护地线 PE 画在相线之下（或之右）。直流电源则按正端在上（或在左）、负端在下（或在右）画出。电源开关要水平（或垂直）画出。

主电路中每个受电的装置（如电动机）及保护电器应垂直电源线画出。

控制电路和信号电路应垂直（或水平）画在两条或几条水平（或垂直）电源线之间。电器的线圈、信号灯等耗电元件直接与下方（或右方）PE 水平（或垂直）线连接，而控制触点连接在上方（或左方）水平（或垂直）电源线与耗电元件之间。

② 电气控制电路图所有电器元件均不画出其实际外形，而采用统一的图形符号和文字符号来表示，在完整的电路图中还应包括标明主要电器元件的有关技术数据和用途。

③ 对于几个同类电器元件，在表示名称的文字符号后或下标处加上一个数字序号，以示区别，如 KM_1、KM_2 等。

④ 所有电器的可动部分均以自然状态画出。转换开关、行程开关等应绘出动作程序及触头工作状态表。由若干元件组成的具有特定功能的环节，可用虚线框括起来，并标注出环节的主要作用，如速度调节器、电流继电器等。

对于电路和电器元件完全相同并重复出现的环节，可以只绘出其中一个环节的完整电路，其余相同环节可用虚线方框表示，并标明该环节的文字符号或环节的名称。该环节与其他环节之间的连线可在虚线方框外面绘出。

⑤ 可将图分成若干图区，以便于确定图上的内容和组成部分的位置。图区编号一般用阿拉伯数字写在图的下部，用途栏一般放在图的上部，用文字说明；图面垂直分区用英文字母标注；图区分区数应该是偶数。

每个接触器线圈的文字符号 KM 的下面画两条竖直线，分成左、中、右（或上、中、下）3 栏，把受其控制而动作的触头所处的图区号数字，按表 3.1 规定的内容填上。对备用的触头，在相应的栏中用记号“X”标出。

在每个继电器线圈的文字符号（如 KT）下面画一条竖直线，分成左、右（或上、下）两栏，把受其控制而动作的触头所处的图区号数字，按表 3.2 规定的内容填上，同样，对备用的触头在相应的栏中用记号“X”标出。

表 3.1　接触器线圈符号下的数字标志

左（上）栏	中栏	右（下）栏
主触头所处的图区号	常开触头所处的图区号	常闭触头所处的图区号

表 3.2　继电器线圈符号下的数字标志

左（上）栏	右（下）栏
常开触头所处的图区号	常闭触头所处的图区号

⑥ 电路图中应尽可能减少线条和避免线条交叉，有直接电联系的交叉导线连接点要用黑圆点或小圆圈表示。根据图面布置的需要，可以将图形符号旋转 90°、180° 或 45° 绘制。

⑦ 电气控制电路的回路标号中，三相交流电源引入线用 L_1、L_2、L_3 来标记，中性线用 N 表示，电源开关之后的三相交流电源主电路分别按 U、V、W 顺序标志，若主回路是直流回路，则按数字标号个位数的奇偶性来区分回路极性，正电源侧用奇数，负电源侧用偶数。

辅助电路采用阿拉伯数字编号，一般由 3 位或 3 位以下的数字组成。标注方法按“等电位”原则进行，在垂直绘制的电路中，标号顺序一般由上而下编号。凡是被线圈、绕组、触点、电阻或电容等元件所隔离的线段，都应标以不同的电路标号。

（3）图形符号的使用规则

电气制图在选用图形符号时，应遵守以下使用规则。

① 图形符号的大小和方位可根据图面布置确定，但不应改变其含义，而且符号中的文字和指示方向应符合读图要求，一般应按特定的模数 $M = 2.5$mm 的网格设计，这可使符号的构成、尺寸一目了然，方便人们正确掌握符号各部分的比例。

② 在绝大多数情况下，符号的含义由其形式决定，而符号大小和图线的宽度一般不影响符号的含义。有时为了强调某些方面，或者为了便于补充信息，允许采用不同大小的符号，改变彼此有关的符号尺寸，但符号间及符号本身的比例应保持不变。

③ 符号方位不是强制的。在不改变符号含义的前提下，符号可根据图面布置的需要旋转或成镜像放置。

④ 在同一张电气图中只能选用一种图形形式，图形符号的大小和线条粗细应基本一致。

⑤ 导线符号可以用不同宽度的线条表示，以突出或区分某些电路、连接线等。

⑥ 图形符号中一般没有端子符号，如果端子符号是符号的一部分，则端子符号必须画出。

⑦ 图形符号中的文字符号、物理量符号，应视为图形符号的组成部分。当这些符号不能满足时，可再按有关标准加以充实。

⑧ 图形符号一般都画有引线。在不改变符号含义的原则下，引线可取不同方向。在某些情况下，引线符号的位置不加限制；当引线符号的位置影响符号的含义时，必须按规定绘制。

⑨ 图形符号均是按无电压、无外力作用的正常状态表示的。

3.2　电气控制图常用图形符号及绘制方法

3.2.1　电气控制图常用图形符号

本章所使用的电气控制图图形符号如表 3.3 所示。这些图形符号均按照国家标准 GB/T 4728《电气简图用图形符号》最新版的相关要求绘制。表 3.3 中图形符号以栅格为背景，栅格间距为 2.5mm，方便读者掌握图形符号的尺寸。

表 3.3　电气控制图的常用的图形符号

序号	设备名称	图形符号	序号	设备名称	图形符号
1	三相绕线式转子感应电动机	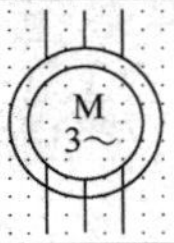 M 3～	2	动合触点	
3	动断触点		4	接触器的主动合触点	
5	接触器的主动断触点	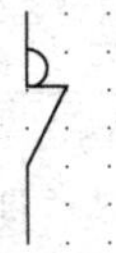	6	高压隔离开关	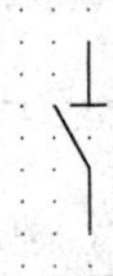
7	高压断路器		8	具有动合触点且自动复位的按钮开关	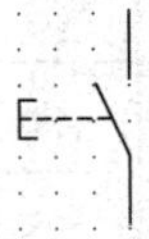
9	具有动断触点且自动复位的按钮开关	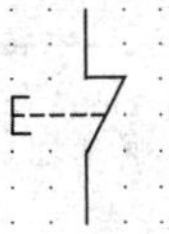	10	旋钮开关	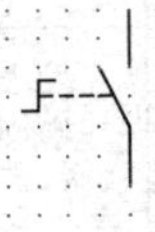
11	电机绕组		12	双绕组变压器	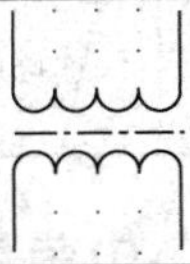
13	在一个绕组上有中心点抽头的变压器	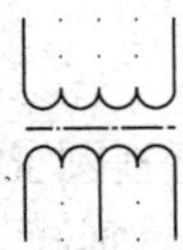	14	三相鼠笼式感应电动机	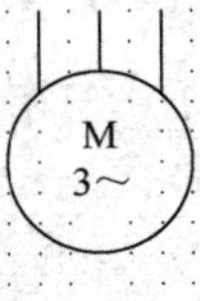 M 3～
15	双速感应电动机	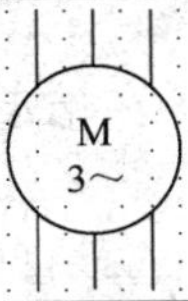 M 3～	16	继电器线圈一般符号	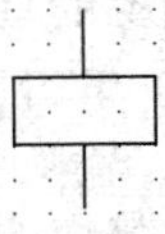
17	熔断器	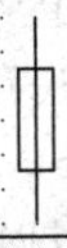	18	转换开关	
19	灯，信号灯		20	桥式全波整流器	
21	缓慢吸合继电器的线圈	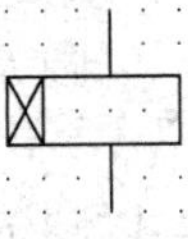	22	缓慢释放继电器的线圈	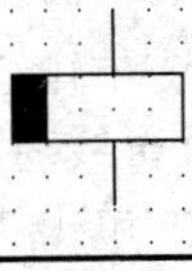

续表

序号	设备名称	图形符号	序号	设备名称	图形符号
23	位置开关、动断触点		24	位置开关、动合触点	
25	当操作器件被吸合时延时断开的动断触点		26	当操作器件被吸合时延时闭合的动合触点	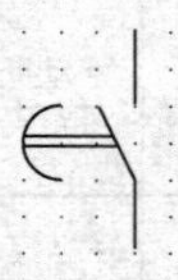
27	插头和插座	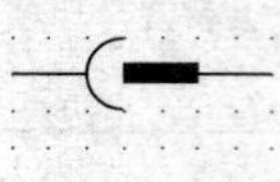	28	热敏自动开关的动断触点	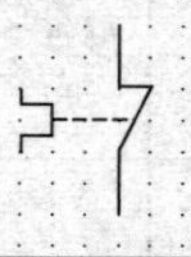
29	端子		30	连接、连接点	
31	电阻器		32	带滑动触头的电位器	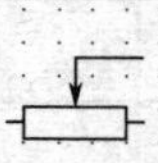
33	热效应		34	电容器	
35	连接片		36	接机壳或接底板	

3.2.2 电气控制图常用图形符号的绘制

（1）三相绕线式转子感应电动机的绘制

① 单击“绘图”工具栏中“圆”命令按钮，绘制圆 *R*7.5，如图 3.1（a）所示。

② 单击“绘图”工具栏中“直线”命令按钮，绘制起点在圆的上象限点，长度为 7.5，垂直向上的直线，如图 3.1（b）所示。

③ 单击“修改”工具栏中“偏移”命令按钮，在指定偏移距离或[通过(T)/删除(E)/图层(L)]：输入偏移距离 5。

选择要偏移的对象，或[退出(E)/放弃(U)]<退出>：选垂直向上的直线，在指定要偏移的那一侧上的点，或[退出[E]/多个(M)/(放弃 U)]< 退出>：选直线左侧。

指定要偏移的那一侧上的点，或[退出[E]/多个(M)/(放弃 U)]< 退出>：选直线右侧。如图 3.1（c）所示。

④ 单击“修改”工具栏中“延伸”命令按钮，以圆 *R*7.5 为延伸边界线，延伸偏移复制得到的垂直直线。如图 3.1（d）所示。

⑤ 单击“绘图”工具栏中的“圆”命令按钮，以圆 *R*7.5 的圆心为圆心，绘制大圆 *R*10。如图 3.1（e）所示。

⑥ 单击“修改”工具栏中“镜像”命令按钮，以圆 *R*7.5 的水平直径为对称轴，把三条垂直直线对称复制一份，如图 3.1（f）所示。

⑦ 单击“修改”工具栏中“修剪”命令按钮，以圆 *R*10 为修剪边，修剪掉它内部上

边的线头，如图 3.1（g）所示。

⑧ 单击“文字”工具栏中的“多行文字”命令按钮 A，出现如图 3.2 所示的“文字编辑器”对话框，文字样式设为“Standard”，在出现的文本框中输入“M”，字高为 4，然后回车，再输入 3～，字高为 2.5，调整位置，得到绕线电机如图 3.1（h）所示。

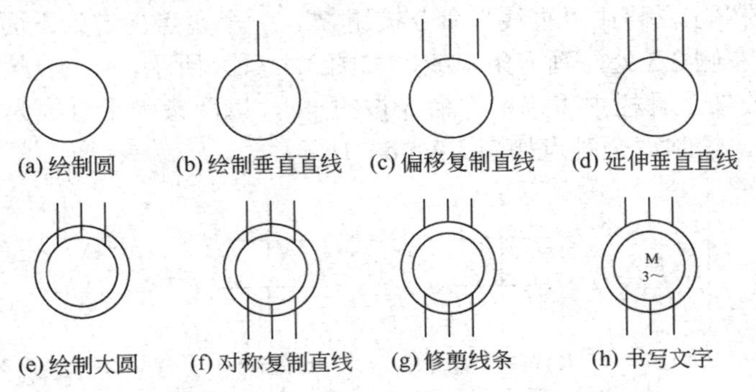

图 3.1　三相绕线式转子感应电动机的绘图步骤

图 3.2 “文字编辑器”对话框

⑨ 定义块。

a. 在命令行输入 WBLOCK 命令，出现如图 3.3 所示“写块”对话框。

b. 在“源”栏中选中⊙对象(O)单选项，以选择对象的方式指定外部图块。

c. 在“对象”栏中单击“选择对象”按钮，系统返回绘图区中，以窗选方式选择需要的图形，按<Enter>键返回“写块”对话框。

d. 在“基点”栏中单击“拾取点”按钮，返回绘图区中，拾取一个点（选择圆的圆心），返回“写块”对话框。

e. 在“目标”栏中的“文件名”文本框中输入“三相绕线式转子感应电动机图元”，作为外部图块的名称。

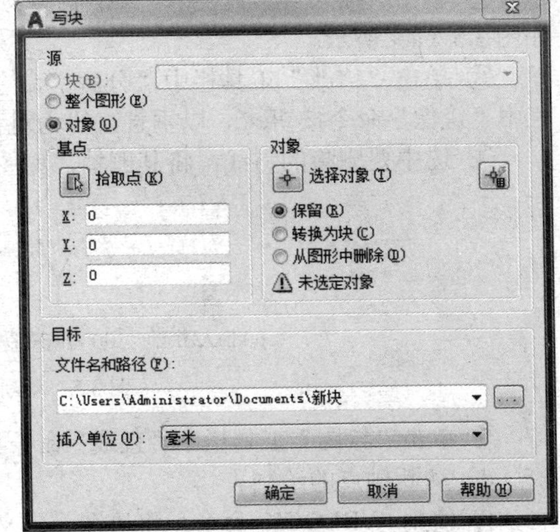

图 3.3 “写块”对话框

f. 在“文件名和路径”下拉列表框右侧，单击 ... 按钮，在打开的“浏览文件夹”对话框指定图块保存的位置。

g. 在“插入单位”下拉列表框中选择“毫米”选项，指定图块的插入单位。

h. 单击 确定 按钮。

（2）动合触点的绘制

① 单击图层特性管理器图标，新建各图层并为其命名，分别设置线型，令图元为当前层。

② 进行栅格的设置，点选启用捕捉和启用栅格，间距均设为 2.5。

③ 单击“绘图”工具栏中“直线”命令按钮，画一条长度为15的垂线，如图3.4（a）所示。

④ 单击“绘图”工具栏中“直线”命令按钮，在距上下端点各5处画两条水平直线，如图3.4（b）所示。

⑤ 单击“绘图”工具栏中“直线”命令按钮，一个端点指定为下面的垂直交点，另一个端点指定为垂线左侧2.5处，画一条斜线，如图3.4（c）所示。

⑥ 单击“修改”工具栏中“修剪”命令按钮，以两条水平直线为修剪边，修剪掉它们之间的垂直线段，绘制动合触点如图3.4（d）所示。

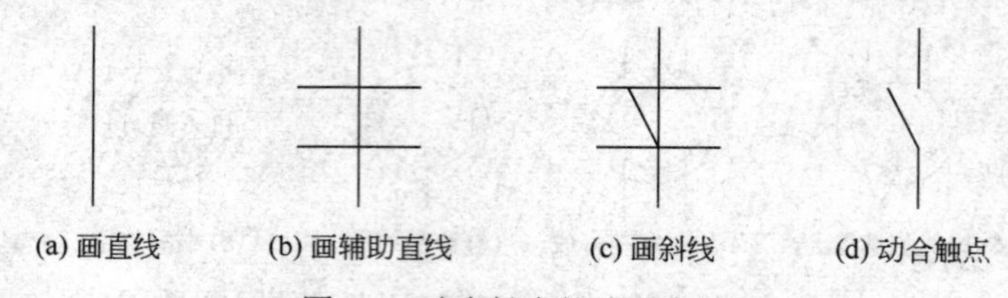

图3.4　动合触点的绘图步骤

⑦ 使用WBLOCK命令，将该图元定义为块文件，块名为“动合触点图元”，保存在所建立的元件库中。

（3）动断触点的绘制

① 单击图层特性管理器图标，新建各图层并为其命名，分别设置线型，令图元为当前层。

② 单击“插入”工具栏中“块”命令按钮，将“动合触点图元”插入到绘图区域中，如图3.5（a）所示。

③ 单击“修改”工具栏中“分解”命令按钮，将图元块分解，再单击“修改”工具栏中“镜像”命令按钮，以垂直直线为对称轴，把斜线对称复制一份，如图3.5（b）所示。

④ 选中要删除的斜线，将其删掉，如图3.5（c）所示。

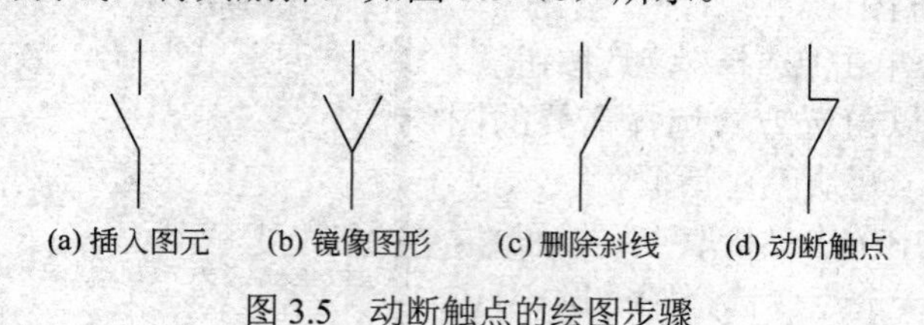

图3.5　动断触点的绘图步骤

⑤ 单击“绘图”工具栏中“直线”命令按钮，通过捕捉端点将两点连接起来，完成图3.5（d）动断触点的绘制。

⑥ 使用WBLOCK命令，将该图元定义为块文件，块名为“动合触点图元”，保存在所建立的元件库中。

（4）接触器的主动合触点的绘制

① 单击图层特性管理器图标，新建各图层并为其命名，分别设置线型，令图元为当前层。

② 单击“插入”工具栏中“块”命令按钮，将“隔离开关”插入到绘图区域中，如图3.6（a）所示。

③ 单击“绘图”工具栏中“圆弧”下拉菜单下的命令按钮 **起点、端点、半径(R)**，用捕捉指定起点和端点，输入半径为1.25，完成主动合触点的绘制，如图3.6（b）所示。

④ 使用 WBLOCK 命令，将该图元定义为块文件，块名为“接触器的主动合触点图元”，保存在所建立的元件库中。

（5）接触器的主动断触点的绘制

① 单击图层特性管理器图标，新建各图层并为其命名，分别设置线型，令图元为当前层。

② 单击“插入”工具栏中“块”命令按钮，将“动断触点图元”插入到绘图区域中，如图 3.7（a）所示。

③ 单击“绘图”工具栏中“圆弧”下拉菜单下的命令按钮 起点、端点、半径(R)，用捕捉指定起点和端点，输入半径为 1.25，完成主动断触点的绘制，如图 3.7（b）所示。

④ 使用 WBLOCK 命令，将该图元定义为块文件，块名为“接触器的主动断触点图元”，保存在所建立的元件库中。

(a) 插入图元 (b) 主动合触点

图 3.6 接触器的主动合触点的绘图步骤

(a) 插入图元 (b) 主动断触点

图 3.7 接触器的主动断触点的绘图步骤

（6）接触器三相主动合触点图元的绘制

① 单击图层特性管理器图标，新建各图层并为其命名，分别设置线型，令图元为当前层。

② 单击“插入”工具栏中“块”命令按钮，将“动断触点图元”插入到绘图区域中，如图 3.8（a）所示。

③ 单击“修改”工具栏中“复制”命令按钮，分别向左右各复制一份，且每两个图元间距为 5，如图 3.8（b）所示。

④ 使用 WBLOCK 命令，将该图元定义为块文件，块名为“接触器的主动合触点图元”，保存在所建立的元件库中。

（7）高压隔离开关的绘制

① 单击图层特性管理器图标，新建各图层并为其命名，分别设置线型，令图元为当前层。

② 单击“插入”工具栏中“块”命令按钮，将“动合触点图元”插入到绘图区域中，如图 3.9（a）所示。

③ 单击“绘图”工具栏中“直线”命令按钮，将上垂线的下端点指定为第一点，输入水平直线的长度为 1.25，如图 3.9（b）所示。

④ 单击“修改”工具栏中“镜像”命令按钮，以垂直直线为对称轴，把长度为 1.25 的水平直线对称复制一份，再用“合并”命令按钮，将镜像后得到的两条水平直线合并成一条直线，如图 3.9（c）所示。

(a) 插入图元 (b) 三相主动合触点

图 3.8 接触器三相主动合触点的绘图步骤

(a) 插入图元 (b) 绘制直线 (c) 隔离开关

图 3.9 高压隔离开关的绘图步骤

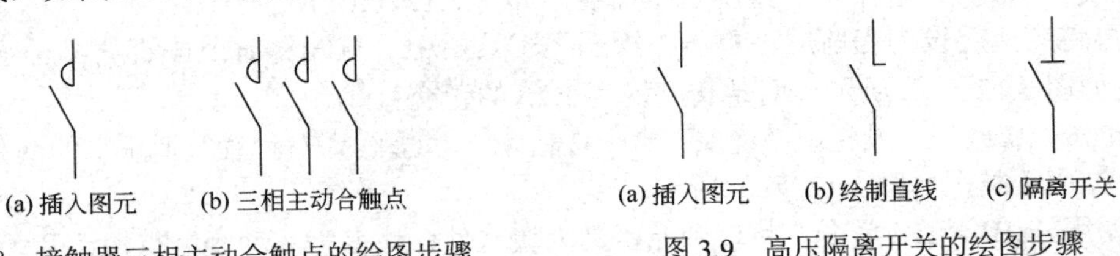

⑤ 使用 WBLOCK 命令，将该图元定义为块文件，块名为“高压隔离开关图元”，保存在所建立的元件库中。

（8）高压断路器的绘制

① 单击图层特性管理器图标，新建各图层并为其命名，分别设置线型，令图元为当前层。

② 单击“插入”工具栏中“块”命令按钮，将“动合触点图元”插入到绘图区域中，如图 3.10（a）所示。

③ 单击“修改”工具栏中“分解”命令按钮，将图元块分解，再单击“修改”工具栏中“旋转”命令按钮，将水平直线旋转 45 度，如图 3.10（b）所示。

④ 单击“修改”工具栏中“镜像”命令按钮，以垂直直线为对称轴，把旋转后的直线复制一份，完成断路器的绘制，如图 3.10（c）所示。

⑤ 使用 WBLOCK 命令，将该图元定义为块文件，块名为“高压断路器图元”，保存在所建立的元件库中。

（9）三相高压断路器图元的绘制

① 单击图层特性管理器图标，新建各图层并为其命名，分别设置线型，令图元为当前层。

② 单击“插入”工具栏中“块”命令按钮，将“高压断路器图元”插入到绘图区域中，如图 3.11（a）所示。

③ 单击“修改”工具栏中“复制”命令按钮，分别向左右各复制一份，且每两个图元间距为 5，完成绘制，如图 3.11（b）所示。

④ 使用 WBLOCK 命令，将该图元定义为块文件，块名为“三相高压断路器图元块”，保存在所建立的元件库中。

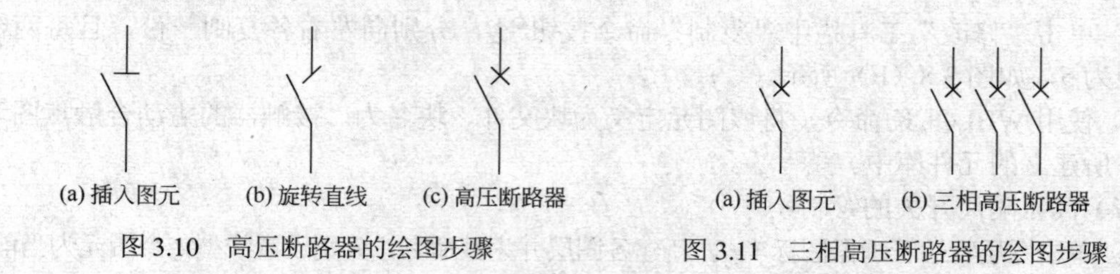

图 3.10　高压断路器的绘图步骤　　图 3.11　三相高压断路器的绘图步骤

（10）动合触点按钮开关的绘制

① 单击图层特性管理器图标，新建各图层并为其命名，分别设置线型，令图元为当前层。

② 单击“插入”工具栏中“块”命令按钮，将“动合触点图元”插入到绘图区域中，如图 3.12（a）所示。

③ 将虚线层设为当前层，鼠标放在“对象捕捉”处，单击右键进入设置，点选“中点”项，单击“绘图”工具栏中“直线”命令按钮，一点指定为斜线的中点，另一点指定为距离垂直直线为 7.5 处的水平点，绘制一条虚线，如图 3.12（b）所示。

④ 再将图元层设为当前层，单击“绘图”工具栏中“直线”命令按钮，在虚线的左端点绘制如图 3.12（c）所示的两条长度均为 1.25 的正交直线。

⑤ 单击“修改”工具栏中“镜像”命令按钮，以虚线为对称轴，把正交的两条直线复制一份，完成绘制，如图 3.12（d）所示。

⑥ 使用 WBLOCK 命令，将该图元定义为块文件，块名为“动合触点按钮开关图元”，保存在所建立的元件库中。

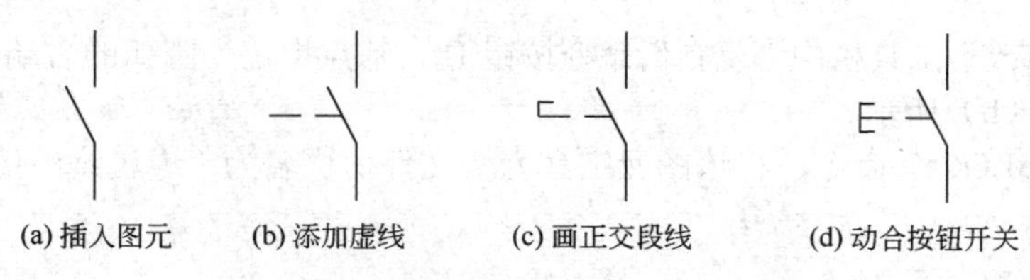

图 3.12　动合触点按钮开关的绘图步骤

（11）动断触点按钮开关的绘制

① 单击图层特性管理器图标，新建各图层并为其命名，分别设置线型，令图元为当前层。

② 单击“插入”工具栏中“块”命令按钮，将“动断触点图元”插入到绘图区域中，如图 3.13（a）所示。

③ 将虚线层设为当前层，将鼠标放在“对象捕捉”处，点击右键进入设置，点选“中点”项，单击“绘图”工具栏中“直线”命令按钮，一点指定为斜线的中点，另一点指定为距离垂直直线为 5 处的水平点，绘制一条虚线，如图 3.13（b）所示。

④ 再将图元层设为当前层，单击“绘图”工具栏中“直线”命令按钮，在虚线的左端点绘制两条长度均为 1.25 的正交直线，如图 3.13（c）所示。

⑤ 单击“修改”工具栏中“镜像”命令按钮，以虚线为对称轴，把正交的两条直线复制一份，完成绘制，如图 3.13（d）所示。

⑥ 使用 WBLOCK 命令，将该图元定义为块文件，块名为“动断触点按钮开关图元”，保存在所建立的元件库中。

（12）旋钮开关的绘制

① 单击图层特性管理器图标，新建各图层并为其命名，分别设置线型，令图元为当前层。

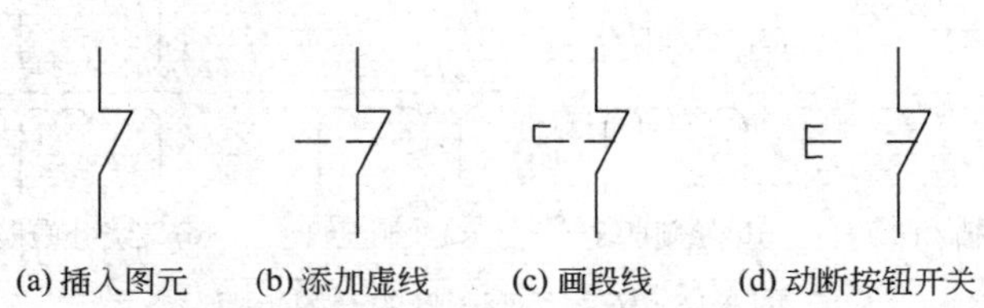

图 3.13　动断触点按钮开关的绘图步骤

② 单击“插入”工具栏中“块”命令按钮，将“动断触点按钮开关图元”插入到绘图区域中，如图 3.14（a）所示。

③ 单击“修改”工具栏中“分解”命令按钮，将图元块分解，单击“修改”工具栏中“镜像”命令按钮，以虚线为对称轴，把水平直线复制一份。在命令行“要删除源对象吗？[是(Y)/否(N)] <N>: ”中输入“Y”，将源对象删除，如图 3.14（b）所示。

④ 使用 WBLOCK 命令，将该图元定义为块文件，块名为“旋钮开关图元”，保存在所建立的元件库中。

（13）电机绕组的绘制

① 单击图层特性管理器图标，新建各图层并为其命名，分别设置线型，令图元为当前层。

② 单击“绘图”工具栏中“圆弧”下拉菜单下的命令按钮 起点、端点、半径(R)，用捕捉指定起点和端点，输入半径为 1.25，完成圆弧的绘制，如图 3.15（a）所示。

③ 单击“修改”工具栏中“复制”命令按钮，基点指定为圆弧的右端点，将圆弧复制三份，如图3.15（b）所示。

④ 使用 WBLOCK 命令，将该图元定义为块文件，块名为“电机绕组图元”，保存在所建立的元件库中。

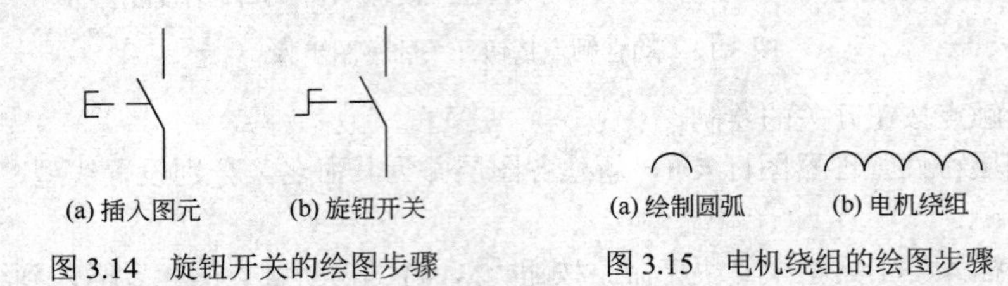

图 3.14　旋钮开关的绘图步骤　　图 3.15　电机绕组的绘图步骤

（14）双绕组变压器的绘制

① 单击图层特性管理器图标，新建各图层并为其命名，分别设置线型，令图元为当前层。

② 单击“插入”工具栏中“块”命令按钮，将“电机绕组图元”插入到绘图区域中，如图3.16（a）所示。

③ 单击“绘图”工具栏中“直线”命令按钮，绘制绕组两端长度为5的垂直直线，如图3.16（b）所示。

④ 将虚线层设为当前层，用“直线”命令绘制如图3.16（c）所示的水平虚线。

⑤ 再将图元层设置为当前层，单击“修改”工具栏中“镜像”命令按钮，以虚线为对称轴，将绕组向上复制一份，完成绘制，如图3.16（d）所示。

⑥ 使用 WBLOCK 命令，将该图元定义为块文件，块名为“双绕组变压器图元”，保存在所建立的元件库中。

图 3.16　双绕组变压器的绘图步骤

（15）在一个绕组上有中心点抽头的变压器的绘制

① 单击图层特性管理器图标，新建各图层并为其命名，分别设置线型。

② 单击“插入”工具栏中“块”命令按钮，将“双绕组变压器图元”插入到绘图区域中，如图3.17（a）所示。

③ 单击“绘图”工具栏中“直线”命令按钮，在“对象捕捉”的设置中点选“中点”项，在下侧绕组的中点绘制一条长度为5的垂直直线，如图3.17（b）所示。

④ 使用 WBLOCK 命令，将该图元定义为块文件，块名为“在一个绕组上有中心点抽头的变压器图元”，保存在所建立的元件库中。

（16）三相鼠笼式感应电动机的绘制

① 单击图层特性管理器图标，新建各图层并为其命名，分别设置线型，令图元为当前层。

② 单击“插入”工具栏中“块”命令按钮，将“三相绕线式转子感应电动机图元”插入到绘图区域中，如图3.18（a）所示。

③ 单击“修改”工具栏中“分解”命令按钮，将图元块分解，删除外圆及上边的三条直线，如图3.18（b）所示。

④ 单击“修改”工具栏中“镜像”命令按钮，以过圆心的水平直线为对称轴，将三条垂直直线向上复制，在命令行“要删除源对象吗？[是(Y)/否(N)] <N>: ”中输入“Y”，将源对象删除，完成绘制，如图3.18（c）所示。

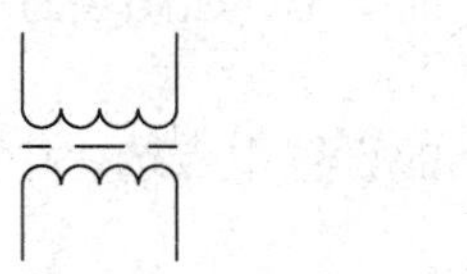

(a) 插入图元

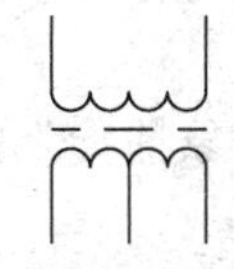

(b) 有中心点抽头的变压器

图3.17　有中心点抽头变压器的绘图步骤

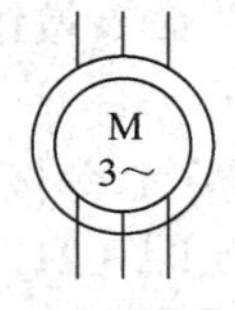

(a) 插入图元

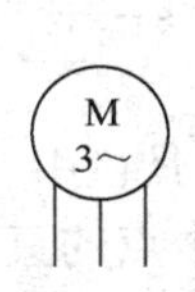

(b) 删除圆及直线

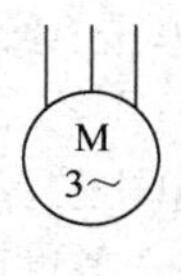

(c) 鼠笼式感应电动机

图3.18　三相鼠笼式感应电动机的绘图步骤

⑤ 使用WBLOCK命令，将该图元定义为块文件，块名为“三相鼠笼式感应电动机图元”，保存在所建立的元件库中。

（17）双速感应电动机的绘制

① 单击图层特性管理器图标，新建各图层并为其命名，分别设置线型，令图元为当前层。

② 单击“插入”工具栏中“块”命令按钮，将“三相绕线式转子感应电动机图元”插入到绘图区域中，如图3.19（a）所示。

③ 单击“修改”工具栏中“分解”命令按钮，将图元块分解，删除外圆及上边的三条直线，如图3.19（b）所示。

④ 单击“修改”工具栏中“镜像”命令按钮，以过圆心的水平直线为对称轴，将三条垂直直线向上复制，在命令行“要删除源对象吗？[是(Y)/否(N)] <N>: ”中输入“N”，保留源对象，完成绘制，如图3.19（c）所示。

⑤ 使用WBLOCK命令，将该图元定义为块文件，块名为“双速感应电动机图元”，保存在所建立的元件库中。

（18）继电器线圈一般符号的绘制

① 单击图层特性管理器图标，新建各图层并为其命名，分别设置线型。

② 单击“绘图”工具栏中“矩形”命令按钮，绘制一个10×5的矩形，如图3.20（a）所示。

③ 单击“绘图”工具栏中“直线”命令按钮，将鼠标放在“对象捕捉”上点击右键进行设置，点选“中点”项，指定矩形上边的中点为第一点，向上画一条长度为5的垂直直线，如图3.20（b）所示。

④ 单击“修改”工具栏中“镜像”命令按钮，以过矩形垂直边中点的水平直线为对称轴，将刚画的垂直直线向下复制，保留源对象，如图3.20（c）所示。

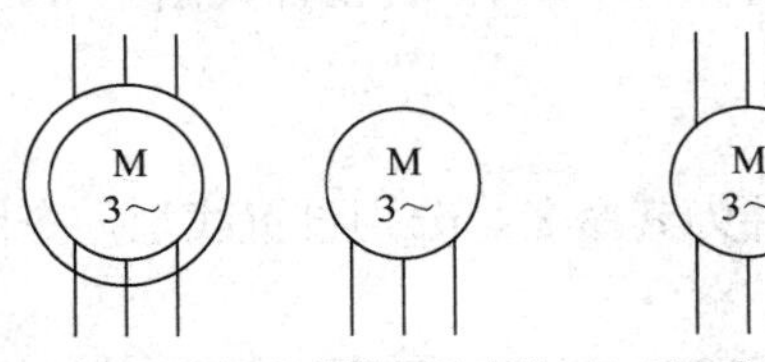

(a) 插入图元　(b) 删除圆及直线　(c) 双速感应电动机

图3.19　双速感应电动机的绘图步骤

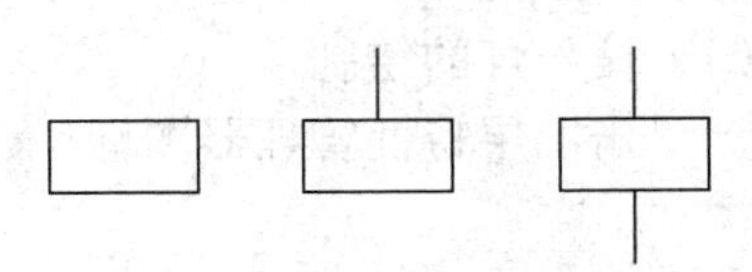

(a) 绘制矩形　(b) 绘制直线　(c) 继电器线圈

图3.20　继电器线圈的绘图步骤

⑤ 使用 WBLOCK 命令，将该图元定义为块文件，块名为“继电器线圈一般符号图元”，保存在所建立的元件库中。

（19）熔断器的绘制

① 单击图层特性管理器图标，新建各图层并为其命名，分别设置线型，令图元为当前层。

② 单击“绘图”工具栏中“矩形”命令按钮，绘制一个 2.5×7.5 的矩形，如图 3.21（a）所示。

③ 单击“绘图”工具栏中“直线”命令按钮，将“对象捕捉”的设置中点选“中点”项，绘制一条过两垂线中点的直线，如图 3.21（b）所示。

④ 重复“直线”命令，捕捉中点作为指定直线的第一点，画一条长度为 7.5 的向上垂直直线，如图 3.21（c）所示。

⑤ 单击“修改”工具栏中“镜像”命令按钮，以过矩形垂直边中点的水平直线为对称轴，将垂直直线向下复制，保留源对象，如图 3.21（d）所示。

⑥ 将鼠标放在过两垂线中点的直线上，点击选中该直线，将其删除，完成绘制，如图 3.21（e）所示。

⑦ 使用 WBLOCK 命令，将该图元定义为块文件，块名为“熔断器图元”，保存在所建立的元件库中。

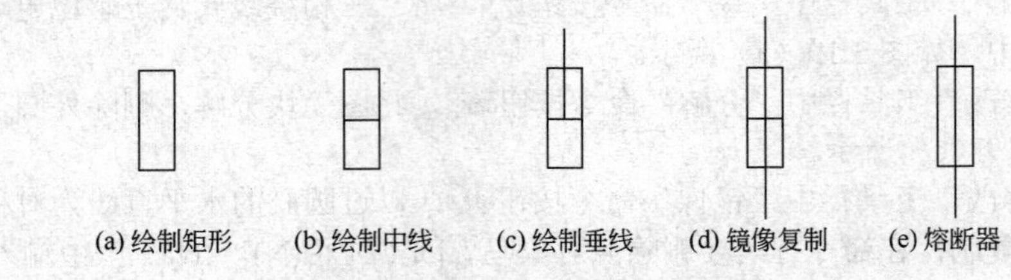

图 3.21　熔断器的绘图步骤

（20）转换开关的绘制

① 单击图层特性管理器图标，新建各图层并为其命名，分别设置线型，令图元为当前层。

② 单击“绘图”工具栏中“圆”命令按钮，绘制直径为 2.5 的圆，如图 3.22（a）所示。

③ 单击“绘图”工具栏中“直线”命令按钮，捕捉圆心，绘制一条过圆心长度为 5 的垂直直线，如图 3.22（b）所示。

④ 单击“修改”工具栏中“镜像”命令按钮，以过圆心的水平直线为对称轴，将垂直直线向下复制，保留源对象，如图 3.22（c）所示。

⑤ 单击“修改”工具栏中“修剪”命令按钮，将圆内直线剪掉，如图 3.22（d）所示。

⑥ 单击“绘图”工具栏中“直线”命令按钮，打开“捕捉”，绘制两条长度为 5 的垂直直线，且距圆心的水平距离均为 2.5 ，完成绘制，如图 3.22（e）所示。

⑦ 使用 WBLOCK 命令，将该图元定义为块文件，块名为“转换开关图元”，保存在所建立的元件库中。

（21）信号灯的绘制

① 单击图层特性管理器图标，新建各图层并为其命名，分别设置线型，令图元为当前层。

② 单击“绘图”工具栏中“圆”命令按钮，绘制直径为 10 的圆，如图 3.23（a）所示。

③ 单击“绘图”工具栏中“直线”命令按钮，绘制两条过圆心的水平直线和垂直直线，

如图 3.23（b）所示。

④ 单击“修改”工具栏中“旋转”命令按钮，将水平和垂直直线旋转 45 度，完成绘制，如图 3.23（c）所示。

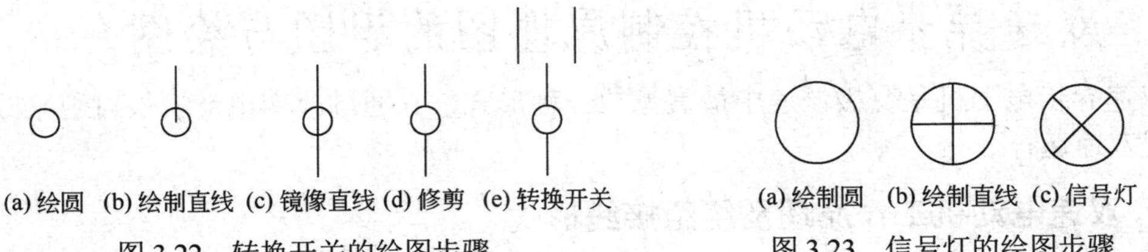

图 3.22 转换开关的绘图步骤　　图 3.23 信号灯的绘图步骤

⑤ 使用 WBLOCK 命令，将该图元定义为块文件，块名为“信号灯图元”，保存在所建立的元件库中。

（22）插头和插座的绘制

① 单击图层特性管理器图标，新建各图层并为其命名，分别设置线型，令图元为当前层。

② 单击“绘图”工具栏中“圆弧”命令按钮，绘制直径为 5 的半圆，如图 3.24（a）所示。

③ 单击“绘图”工具栏中“多段线”命令按钮，设线宽为 1.4，画一条过圆心的直线，如图 3.24（b）所示。

④ 单击“绘图”工具栏中“直线”命令按钮，启用“捕捉”及“对象捕捉”，绘制两条长度均为 5 的水平直线，完成绘制，如图 3.24（c）所示。

⑤ 使用 WBLOCK 命令，将该图元定义为块文件，块名为“插头和插座图元”，保存在所建立的元件库中。

图 3.24 插头和插座的绘图步骤

（23）桥式全波整流器的绘制

① 单击图层特性管理器图标，新建各图层并为其命名，分别设置线型，令图元为当前层。

② 单击“绘图”工具栏中“正多边形”命令按钮，输入边的数目为 4，选内切于圆，指定圆的半径为 5，绘制正四边形，如图 3.25（a）所示。

③ 单击“绘图”工具栏中“直线”命令按钮，按尺寸要求绘制正交直线，如图 3.25（b）所示。

④ 单击“修改”工具栏中“镜像”命令按钮，以过正四边形中心的水平直线为对称轴，向上镜像复制一条水平直线，启用“对象捕捉”，点击“直线”命令按钮，连接直线，完成绘制，如图 3.25（c）所示。

图 3.25 桥式全波整流器的绘图步骤

⑤ 使用 WBLOCK 命令，将该图元定义为块文件，块名为“桥式全波整流器图元”，保存在所建立的元件库中。

3.3 双速异步电动机控制原理图的识图与绘图

双速异步电动机是变极调速中最常见的一种形式，它通过改变电动机极对数来改变转速以实现双速运行。

3.3.1 双速电动机工作原理及绕组接线形式

（1）工作原理

电网频率固定以后，电动机同步转速与它的极对数成反比。变换电动机绕组的接线方式，使其在不同的极对数情况下运行，其同步转速便会随之改变。绕线转子异步电动机的定子绕组极对数改变后，它的转子绕组必须相应地重新组合，这一点就生产现场来说往往是难以实现的。而笼型异步电动机转子绕组的极对数能够随着定子绕组的极对数变化而变化，所以变换极对数的调速方法一般仅适用于笼型异步电动机。

笼型异步电动机往往采用下列两种方法来变换绕组的极对数：第一种，改变定子绕组的连接；第二种，在定子上设置具有不同极对数的两套或多套互相独立的绕组，上述两种方法往往同时采用。

（2）绕组的接线

双速异步电动机定子绕组接线图如图 3.26 所示。

定子绕组的形式如图 3.26（a）所示，每相由两个线圈连接而成，线圈之间有导线引出，6 个引出端分别为 U_1（W_2）、V_1（U_2）、W_1（V_2）、U_3、V_3、W_3。

三相绕组△形接法如图 3.26（b）所示，U_1、V_1、W_1 接电源 L_1、L_2、L_3，而接线端 U_3、V_3、W_3 悬空，此时每相绕组中的线圈串联，电流方向如图中的虚线箭头所示，电动机以 4 极低速运行。

三相绕组双星（YY）形接法如图 3.26（c）所示，U_3、V_3、W_3 接电源 L_1、L_2、L_3，而接线端 U_1、V_1、W_1 连在一起，此时每相绕组中的线圈并联，电流方向如图中的实线箭头所示，这种接线使磁极对数减少一半，电动机以 2 极高速运行。

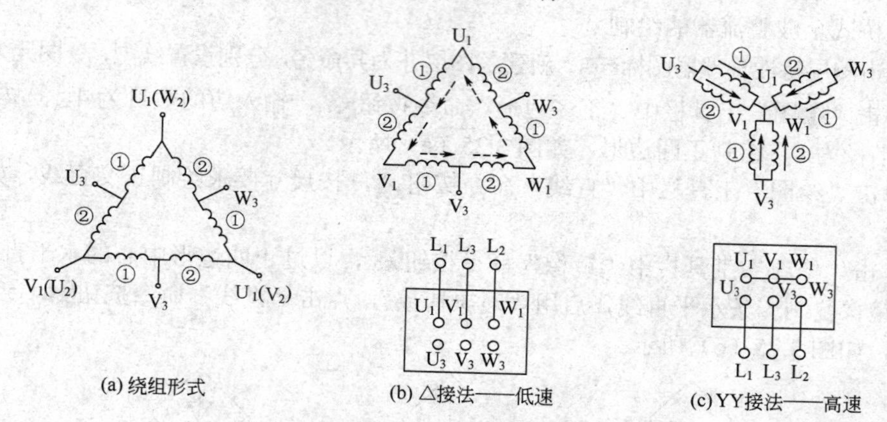

图 3.26 双速异步电动机定子绕组接线图

必须注意，当接线从△形接法变为 YY 形接法时，由于一半绕组中的电流方向发生改变，为了保证旋转方向不变，应把电源相序反过来。

3.3.2 双速电动机电气控制原理图分析

按时间原则组成的双速电动机控制线路如图 3.27 所示。

（1）主回路

主回路接线图如图 3.27（a）所示。该回路利用交流接触器来连接绕组的出线端，以改变电动机转速。

（2）低速到高速自动切换的控制回路

低速到高速自动切换的控制回路如图 3.27（b）所示。该回路可实现低速启动，然后再自动切换到高速运转。

① 电动机低速启动　SB_2 为启动按钮，当按下 SB_2 时，KM_1 接触器通电，将电动机定子绕组接成三角形，电动机以低速运转。辅助动断触头 KM_1（13-15）断开，实现 KM_1 与 KM_2、KM3 之间的互锁，使得 KM_2、KM_3 不能得电；同时时间继电器 KT 得电并通过其辅助触头 KT（7-9）闭合自锁。

② 高速运行　KT 延时时间到，其动断触头 KT（9-11）断开，使 KM_1 失电释放，低速运行停止；同时动断触头 KM_1（13-15）闭合，而动合触头 KT（3-13）也闭合，使得 KM_2、KM_3 得电吸合并通过其动合触头 KM_3（17-13）、KM_2（3-17）闭合而自锁，其主触头闭合，电动机自动转换为高速运转，动断触头 KM_3（3-5）、KM_2（5-7）断开，使得 KT、KM_1 都不能得电，实现互锁。

③ 停车　按下停车按钮 SB_1，电动机断电停车。

④ 保护　热继电器 FR_1 和 FR_2 用来作过载保护用。

（3）转换开关控制的双速运行控制回路

转换开关控制的双速运行控制回路如图 3.27（c）所示。该回路通过转换开关 SA 来实现电动机双速运行。

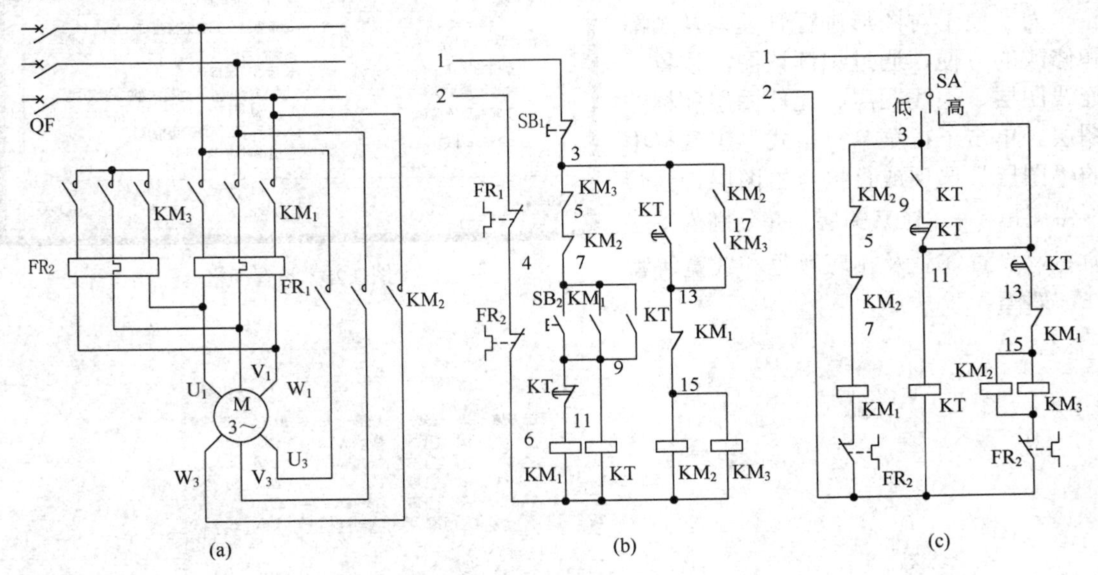

图 3.27　双速电动机控制线路图

① 低速运行　转换开关 SA 置于“低”位置时，KM_1 接触器通电，将电动机定子绕组接成三角形，电动机以低速运转。

② 低速到高速的自动切换　转换开关 SA 置于“高”位置时，延时继电器 KT 得电，瞬

动动合触头 KT（3-9）闭合，KM_1 接触器通电，将电动机定子绕组接成三角形，电动机以低速启动。当 KT 延时时间到，其动断触头 KT（9-11）断开，使 KM_1 失电释放，低速运行停止；同时动断触头 KM_1（13-15）闭合，而 KT 的动合触头 KT（11-13）也闭合，使得 KM_2、KM_3 得电吸合，电动机自动转换为高速运转。

3.3.3 双速电动机电气控制原理图的绘制

电气控制图一般不严格要求比例尺寸，画出的图美观、整齐即可。双速电机电气控制线路的绘图步骤如下。

（1）设置绘图环境

为了画图方便，可对绘图环境作以下设置。

① 设置图形界限。单击下拉菜单“格式”工具栏中的“图形界限”选项，依据命令行的提示进行相应操作。

命令: limits

重新设置模型空间界限:

指定左下角点或 [开(ON)/关(OFF)] <0.0000,0.0000>:（直接回车）

指定右上角点 <420.0000,297.0000>: 297,210

② 单击下拉菜单“视图”→“缩放”→“全部”，把鼠标移至状态行中的“栅格”按钮，单击右键，依次点击“网格设置”→“确定”按钮。为绘制图形时方便布局，设置栅格间距，具体设置参数如图 3.28 所示。

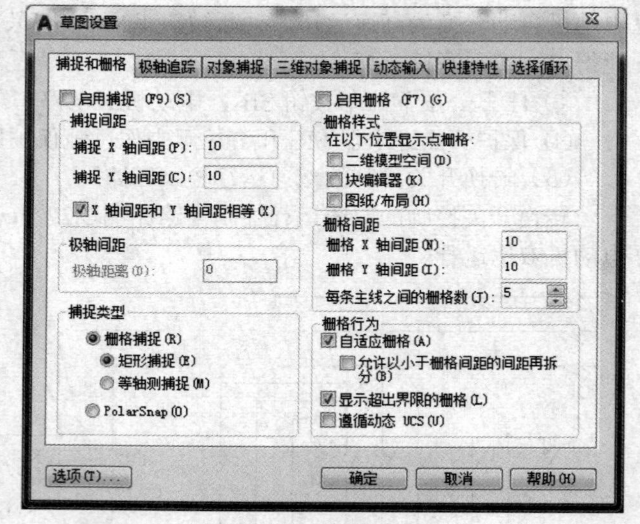

图 3.28 设置栅格

（2）设定图层

为了便于对图形进行管理以及画图和修改的方便，通过识读该图，设置了连线图层、虚线图层、元件图层和标注图层。单击下拉菜单“格式”工具栏中的“图层”选项或直接点击图层特性管理器图标，建立图层，并分别为图层命名，设置线型及相应颜色和线宽等特性，如图 3.29 所示。

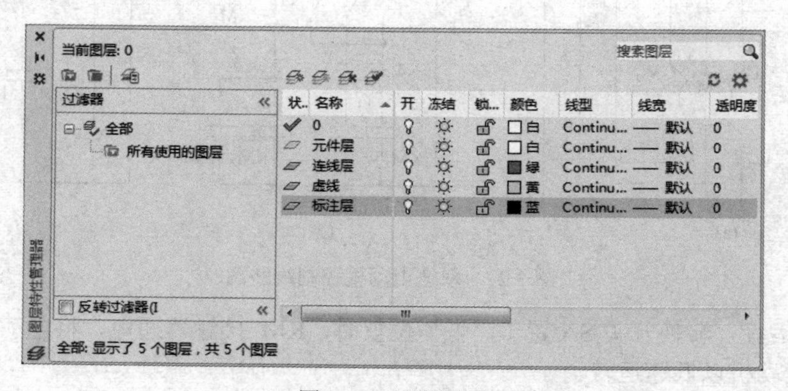

图 3.29 设置图层

（3）主回路图形的绘制

① 单击“插入”工具栏中的“块”，如图 3.30 所示。单击 浏览(B)... 按钮，找到所需的图元或块，设定“缩放比例”和“旋转”中的参数，单击“确定”按钮，将光标拖到适当位置，单击鼠标左键，完成插入图元动作。

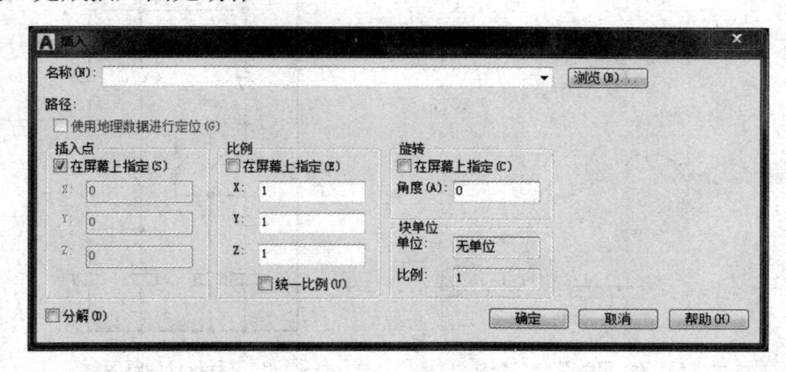

图 3.30　插入块

② 按照图中要求依次将所选取的基本图元件、图块插入到绘图区域中，将图元的位置初步摆放好，如图 3.31（a）所示。

③ 连线　单击“绘图”工具栏中的“直线”选项或直接点击图标，将图中的图元按要求用连接线连接起来。

④ 插入连接点　连线完成后，再从图元库中选取“连接点”图元，在节点处插入连接点。

⑤ 单击“修改”工具栏中“修剪”选项或直接点击图标，将图中多余的线修剪掉，效果如图 3.31（b）所示。

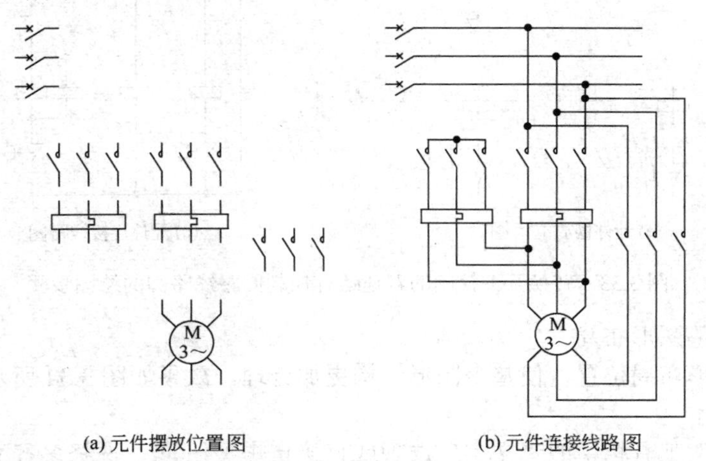

(a) 元件摆放位置图　　(b) 元件连接线路图

图 3.31　双速电动机控制主回路线路图的绘图步骤

（4）低速到高速自动切换的控制回路线路图的绘制

与主回路线路图的绘制方法相同，依次从图元库中选取所需元件，根据布局要求，将它们拖放到图 3.32（a）右侧适当的位置，进行位置调整。然后进行连线，插入连接点并进行修剪。图元摆放位置及其连线效果如图 3.32（a）、（b）所示。

（5）转换开关控制的双速运行控制回路线路图的绘制

绘制方法同上，图元摆放位置及其连线效果图如图 3.33（a）、（b）所示。

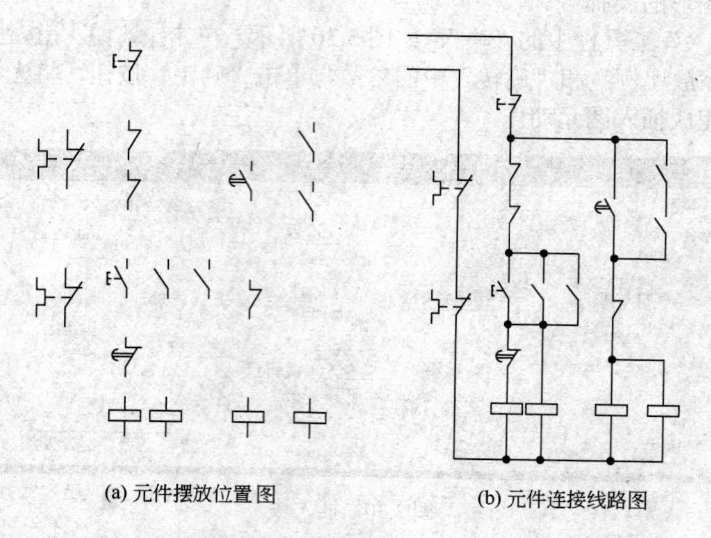

(a) 元件摆放位置图　　(b) 元件连接线路图

图 3.32　低速到高速自动切换的控制回路线路图的绘图步骤

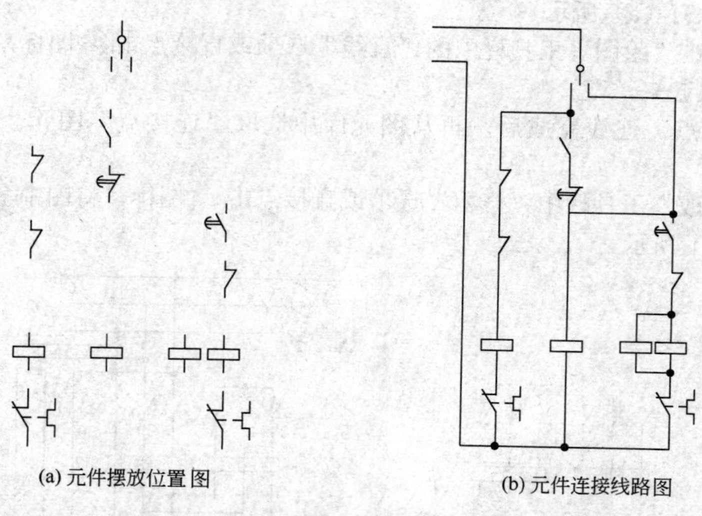

(a) 元件摆放位置图　　(b) 元件连接线路图

图 3.33　转换开关控制的双速运行控制回路线路图的绘图步骤

（6）总体调整图形布局

总体调整图形布局位置，使整个图形结构更加合理，效果如图 3.34 所示。

（7）标注文字

单击“绘图”工具栏中的“文字”选项或直接点击按钮 A，选择多行文字命令，设定字体为新宋体，选择字号大小，在输入框中输入字符即可标注，如图 3.35 所示。

输入任意一个图元的标注，然后用复制命令，在对应图元位置复制文字，双击文字进行修改。标注完成后点击“栅格”按钮，将绘图区域中的栅格去掉。绘制结果如图 3.27 所示。

（8）插入图框、调整布局、图形输出

① 选择“布局1”页面，删除系统默认生成的视口，鼠标右键点击“布局1”，在弹出菜单中选择“页面设置管理器”，对打印设备、纸张及可打印区域进行相应设置。

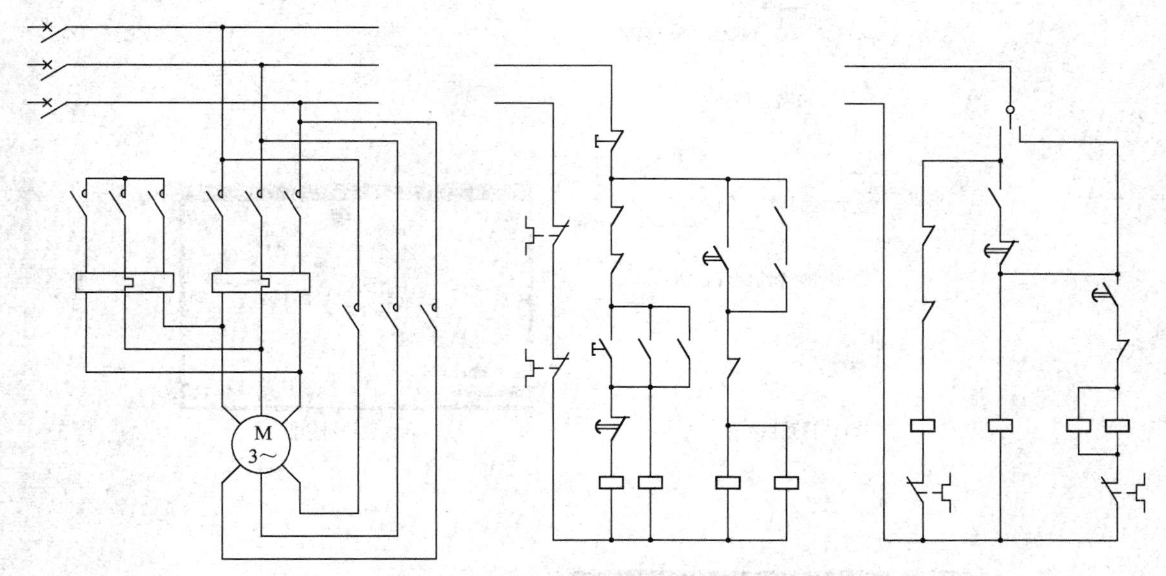

图 3.34　双速电动机控制线路总体布局

图 3.35　标注文字

② 插入事先定义好的 A4 图框，并修改其属性。

③ 单击“视口”工具栏“多边形视口”按钮，建立多边视口，切换状态行中的空间类型为“模型”，调整图形的大小，最后打印出图。

3.3.4　双速电动机定子绕组的绘制

绘制图 3.26 所示双速电动机定子绕组接线图。

（1）绕组形式的绘制

① 单击“插入”工具栏中的“块”，选择电机绕组块，再对其进行复制，连接两个绕组，如图 3.36（a）、（b）所示。

② 单击“创建块”图标，在“拾取点”处选择端点为基点，点击“选择对象”，选取连接好的绕组，单击鼠标右键确定，单击对话框中的“确定”按钮，完成内部块的定义，如图 3.36（c）、（d）所示。

③ 单击“插入”工具栏中的“块”，点击浏览(B)...，选择刚创建的电机绕组块，在“旋转”项中角度输入“60”，单击“确定”按钮，如图 3.36（e）、（f）所示。

④ 单击“修改”工具栏中的“镜像”选择新插入的块作为镜像对象，如图 3.36（g）所示。

⑤ 同上述方法依次插入六个端子块，并按图中要求相应的位置对齐，连接端子与绕组，完成绕组形式的绘制，如图 3.36（h）所示。

（2）△接法——低速图的绘制

① 复制图 3.36（h）按照图形要求进行修改，如图 3.37（a）所示。

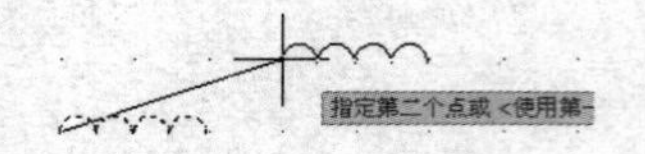

(a) 复制图形

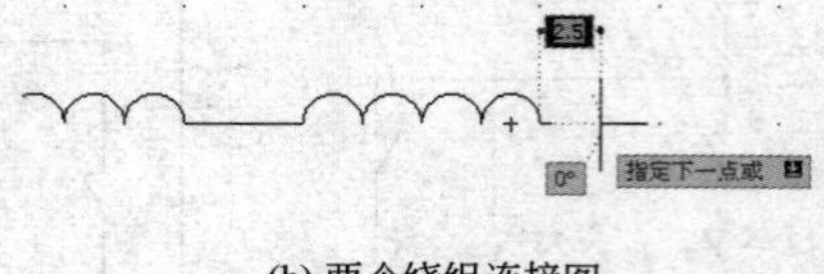

(b) 两个绕组连接图

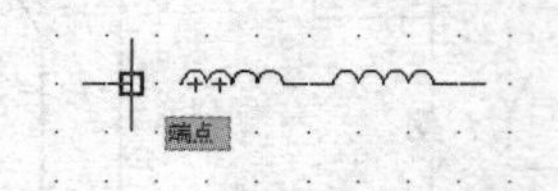

(c) 选择基点

(d) 创建块对话框

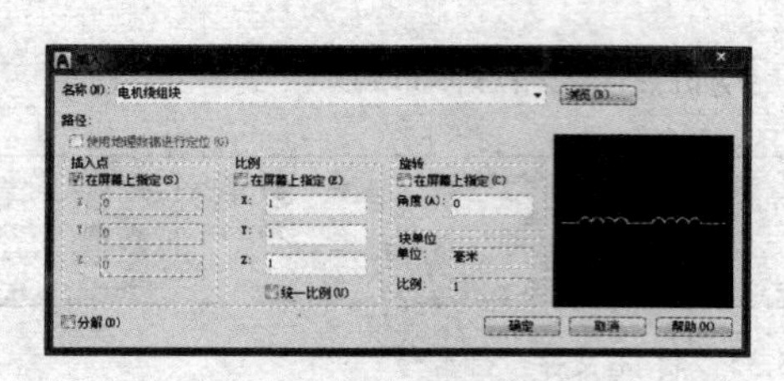

(e) 插入电机绕组块对话框

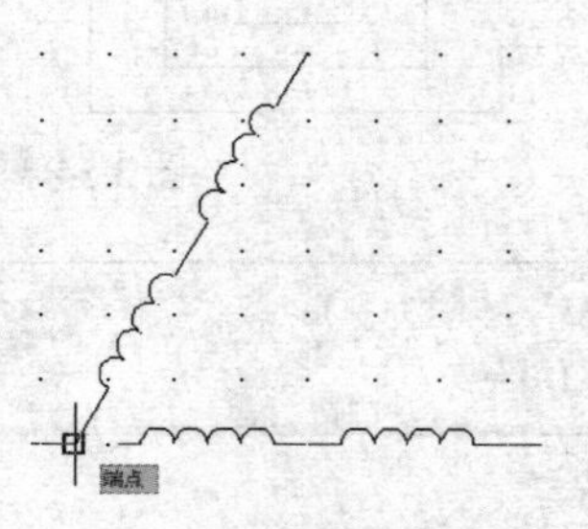

(f) 插入块操作

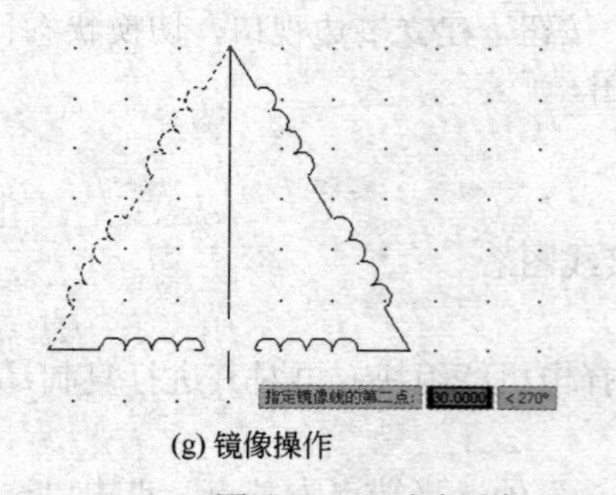

(g) 镜像操作

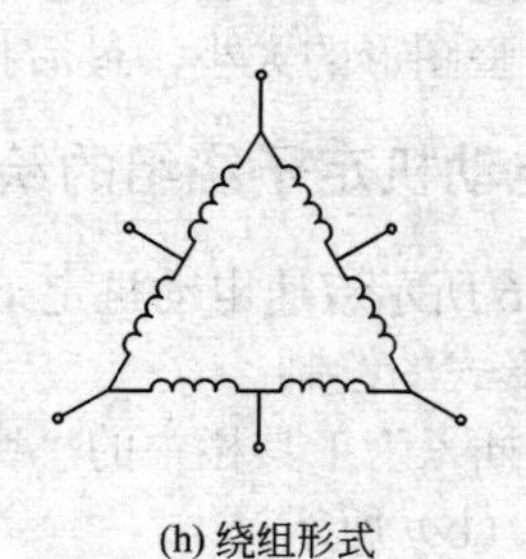

(h) 绕组形式

图 3.36　双速电动机定子绕组形式的绘图步骤

(a) △绕组连接图

(b) △接线图

图 3.37　双速电动机定子绕组△接法——低速图的绘图步骤

② 使用“直线”|“矩形”|“圆”命令绘制△接法接线图，如图 3.37（b）所示。

（3）YY 接法——高速图的绘制

① 单击“插入”工具栏中的“块”，在图块层插入电机绕组图元，如图 3.38（a）所示。

② 单击“绘图”工具栏中“直线”画出绕组两端接线，如图 3.38（b）

所示。

③ 点击“镜像”命令以图中所示中点为镜像线，完成镜像，如图 3.38（c）所示。

④ 单击“修改”工具栏中的“阵列”，在出现的对话框中，选取环形阵列，再点击“拾取中心点”按钮，在图形中选取阵列中心点。

⑤ 选取中心点单击鼠标右键确定后，返回到阵列对话框，在“项目总数和填充角度”栏中分别填上“3”和“360”，如图 3.38（d）所示。

⑥ 单击对话框中“选择对象”按钮，选择阵列对象，如图 3.38（e）所示。框选阵列对象后，单击鼠标右键确定，返回阵列对话框，勾选复制旋转项目，单击预览，若需修改，就单击“修改”按钮，返回阵列对话框；若符合要求，则单击鼠标右键或单击“接收”，完成阵列。效果如图 3.38（f）所示。

⑦ 单击“绘图”工具栏中的“多段线”命令，在图中加入箭头，如图 3.38（g）所示。

⑧ 用“直线”|“矩形”|“圆”命令绘制 Y 接法的接线图，如图 3.38（h）所示。

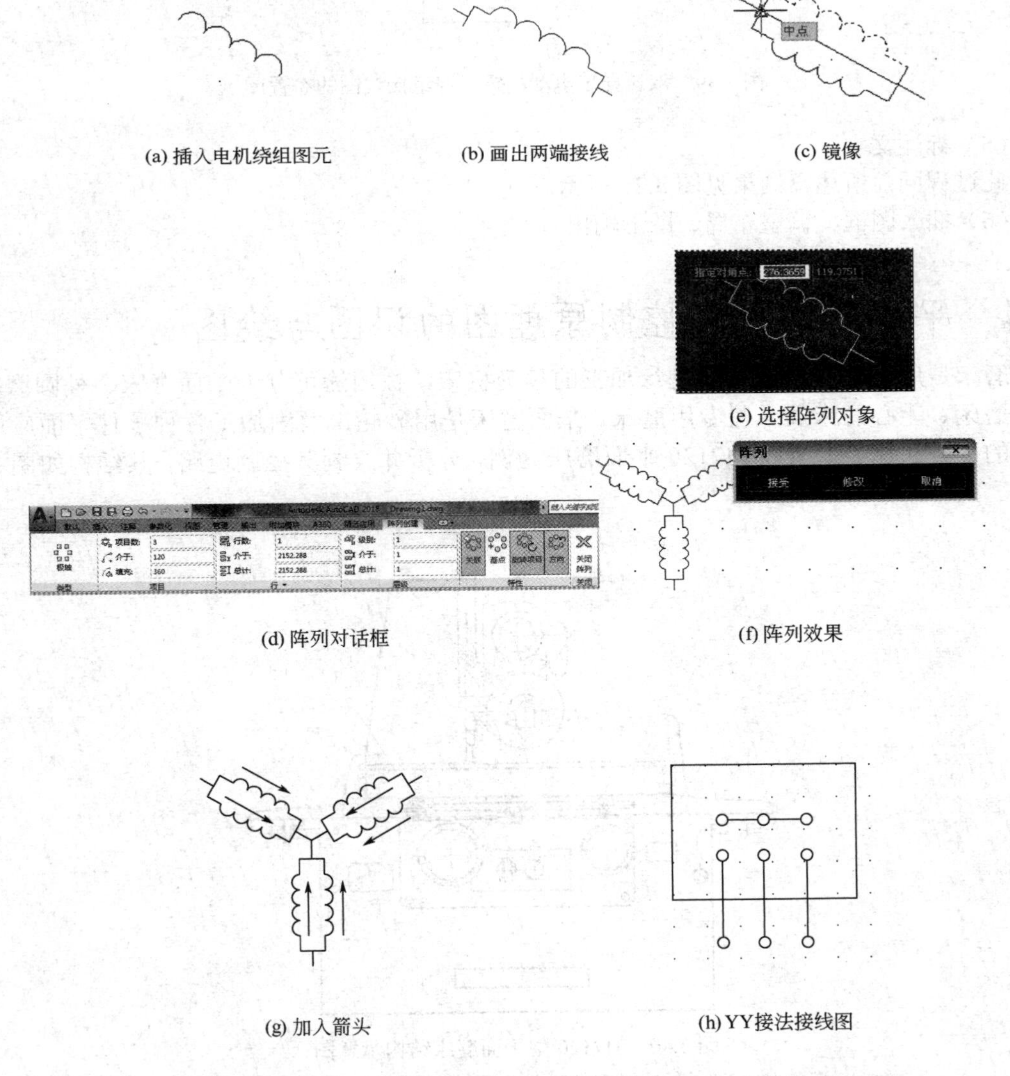

(a) 插入电机绕组图元　(b) 画出两端接线　(c) 镜像

(e) 选择阵列对象

(d) 阵列对话框　(f) 阵列效果

(g) 加入箭头　(h) YY接法接线图

图 3.38　双速电动机定子绕组 YY 接法——高速图的绘图步骤

（4）总体图形位置调整

将图 3.36、图 3.37 和图 3.38 放置在一起，对总体图形位置进行调整，使其布局合理，得到双速异步电动机定子绕组接线图的布置图，如图 3.39 所示。

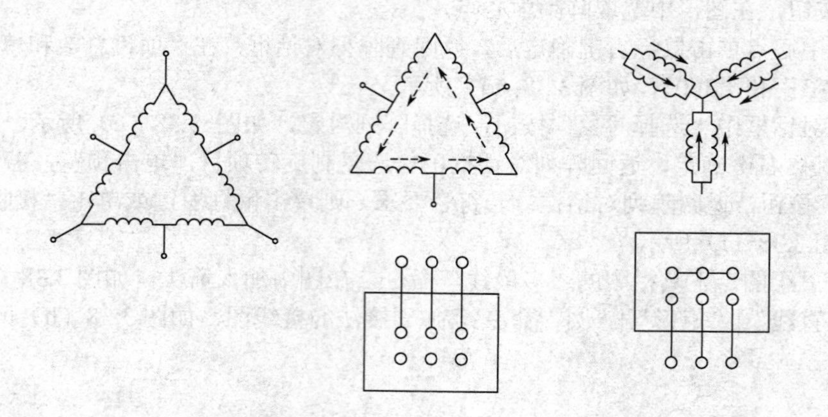

图 3.39　双速异步电动机定子绕组接线图的布置图

（5）标注文字

此过程同前所述，结果见图 3.26 所示。

（6）插入图框、调整布局、图形输出

3.4　平面磨床电气控制原理图的识图与绘图

磨床是用砂轮周边或端面进行加工的精密机床，按用途可分为平面磨床、外圆磨床、内圆磨床、无心磨床及一些专用磨床。平面磨床是用砂轮来磨削加工各种零件平面应用最普遍的一种机床。本节以 M7120 平面磨床为例，分析并绘制其控制电路，其结构如图 3.40 所示。

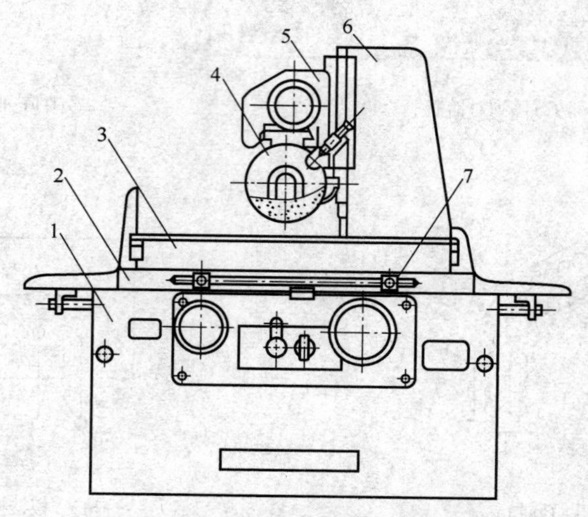

图 3.40　M7120 型平面磨床结构示意图

1—床身；2—工作台；3—电磁吸盘；4—砂轮箱；5—滑座；6—立柱；7—撞块

3.4.1 平面磨床的电力拖动特点与工作原理

（1）电力拖动特点

M7120 型平面磨床共有四台电动机，全部采用普通笼型交流电动机。磨床的砂轮、砂轮箱升降和冷却泵不要求调速，工作台往返运动是靠液压传动装置进行的，采用液压无级调速，运行较平稳。换向是通过工作台上的撞块碰撞床身上的液压换向开关来实现的。

（2）控制要求

① 砂轮电动机、液压泵电动机和冷却泵电动机只要求单向旋转，容量不大，采用直接启动。

② 砂轮箱升降电动机要求能正反转。

③ 冷却泵电动机要求在砂轮电动机运转后才能启动。

④ 电磁吸盘需要有去磁控制环节。

⑤ 应具有完善的保护环节，如电动机的短路保护、过载保护、电磁吸盘的欠压保护等。

⑥ 有必要的信号指示和局部照明。

（3）工作原理

平面磨床有主运动、进给运动和辅助运动三种运动形式。工作台的表面是 T 型槽，用来安装电磁吸盘以吸持工件或直接安装大型工件。

① 主运动　是指砂轮的旋转运动，由砂轮电动机拖动，完成磨削加工。

② 进给运动　可分为横向进给、纵向进给和垂直进给三种。横向进给指砂轮箱在滑座上的水平运动；纵向进给指工作台在液压传动机构的作用下，沿床身的往复运动；垂直进给是指滑座在立柱上的上下运动。工作台带着工件完成一次往复运动时，砂轮箱便做一次横向进给；当加工完整个平面后，砂轮箱做一次垂直进给。

③ 各种运动形式的速度调整，属于辅助运动。

3.4.2 平面磨床电气控制原理图分析

M7120 型平面磨床电气控制原理图如图 3.41 所示，该线路由主电路、控制电路、电磁吸盘控制电路及照明和指示电路四部分组成，其工作原理分析如下。

（1）主电路分析

主电路中有四台电动机。其中 M_1 为液压泵电动机，拖动高压液压泵，通过液压系统传动实现工作台的往复运动，由 KM_1 主触点控制；M_2 为砂轮电动机，M_3 为冷却泵电动机，为砂轮磨削工件时输送冷却液，M_2、M_3 一同由 KM_2 的主触点控制；M_4 为砂轮箱升降电动机，用于调整砂轮与工作台的相对位置，由 KM_3、KM_4 的主触点分别控制双向运转。

FU_1 对四台电动机进行短路保护，FR_1、FR_2、FR_3 分别对 M_1、M_2、M_3 进行过载保护。砂轮升降电动机因运转时间很短，所以不设置过载保护。冷却泵电动机要求在砂轮电动机运转后才能启动，由插头插座 XS_2 和电源接通。

（2）控制电路分析

电源电压正常时，合上电源总开关 QS_1，16、17 区的整流变压器 T 的副边绕组输出交流电压，经桥式整流器 UR 整流，输出直流电压，使得位于 16、17 区的欠电压继电器 KUD 得电吸合，其位于 7 区的动合触点闭合，便可进行操作。

① 液压泵电动机 M_1 的控制。

a. M_1 的启动。按下启动按钮 SB_2，接触器 KM_1 的线圈得电，位于 7 区的 KM_1 自锁触点闭合自保，位于 2 区的 KM_1 主触点接通，电动机 M_1 旋转。同时位于 21 区的动合触头 KM_1 闭合，指示灯 HL_2 亮，表示液压泵电动机 M_1 在旋转。也可用助记符描述为：

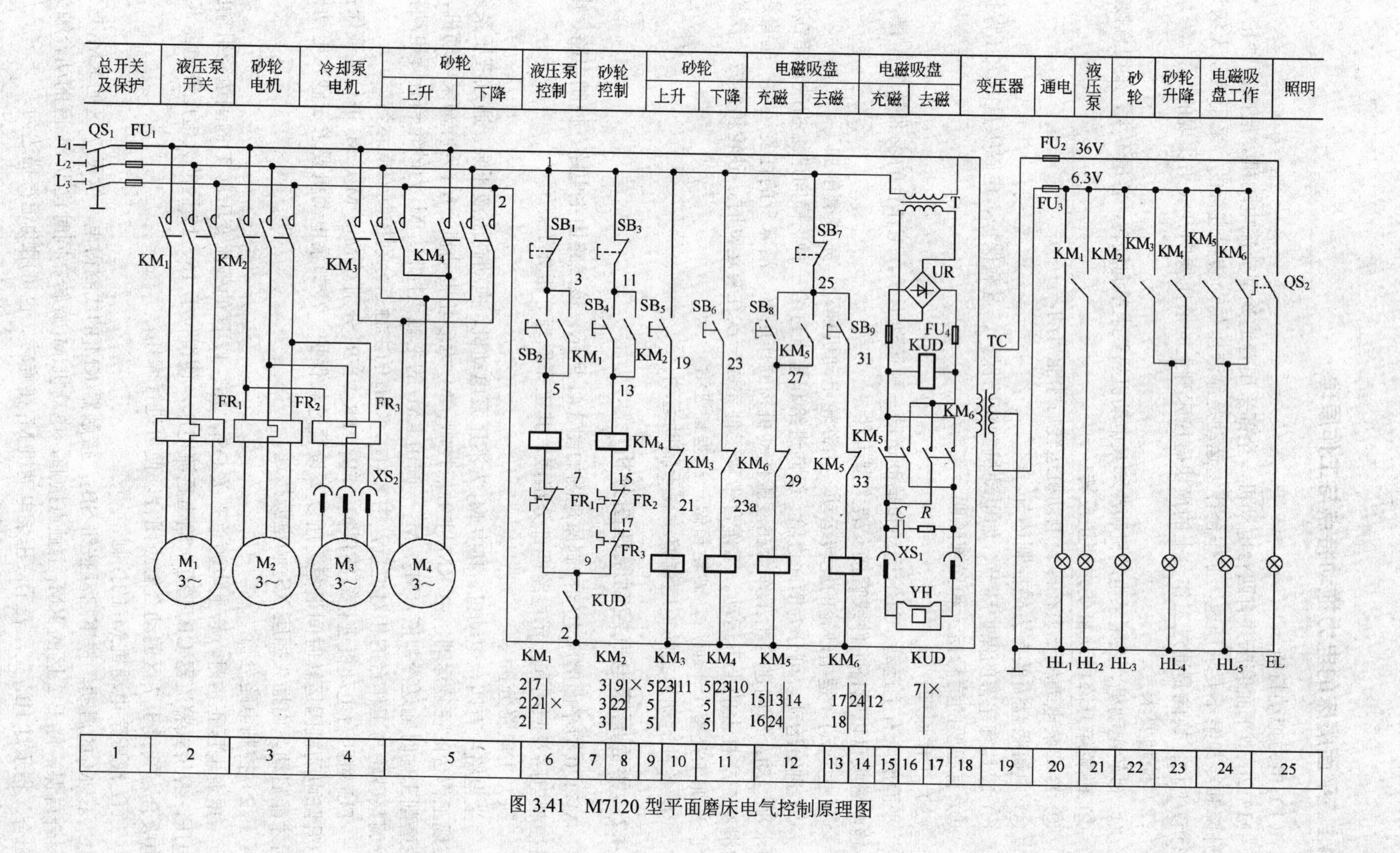

图 3.41　M7120 型平面磨床电气控制原理图

$$SB_2^+ \rightarrow KM_1^+ \rightarrow \begin{cases} KM_1^+(7区) \rightarrow 自锁 \\ KM_1^+(21区) \rightarrow 指示灯HL_2亮 \\ KM_1^+(2区) \rightarrow M_1启动 \end{cases}$$

b．M_1的停止。按下SB_1，接触器KM_1的线圈失电，位于2区的KM_1常开触点断开，电动机M_1停转。

在M_1的运转过程中，如发生过载，则串在M_1电源回路中的过载元件FR_1动作，使其位于6区的常闭触点FR_1断开，同样也使KM_1的线圈失电，电动机M_1停转。

② 砂轮电动机M_2的控制　启动过程为：按下SB_4，KM_2得电，M_2启动。停止过程为：按下SB_3，KM_2失电，M_2停转。

③ 冷却泵电动机M_3控制　M_3是与砂轮电动机M_2联动控制，按下SB_4时M_3与M_2同时启动，按下SB_3时M_3与M_2同时停止，若不需要冷却拔下XS_2即可。

FR_2与FR_3的常闭触点串联在KM_2线圈回路中，M_2、M_3中任一台过载时，相应的热继电器动作，都将使KM_2线圈失电，M_2、M_3同时停止。

④ 砂轮升降电动机M_4控制　其控制电路位于10区、11区，只有在调整工件和砂轮之间位置时才用，采用点动控制。

砂轮上升控制过程为：按下SB_5，KM_3得电，M_4启动正转；当砂轮上升到预定位置时，松开SB_5，KM_3失电，M_4停转。

砂轮下降控制过程为：按下SB_6，KM_4得电，M_4启动反转；当砂轮下降到预定位置时，松开SB_6，KM_4失电，M_4停转。

为防止电动机M_4的正、反转电路同时被接通，在接触器KM_3、KM_4的线圈电路中串KM_4、KM_3的动断触头进行联锁控制。

（3）电磁吸盘控制电路分析

电磁吸盘（YH）是固定加工工件的一种夹具，它的内部装有凸起的磁极，磁极上绕有线圈。吸盘的面板用钢板制成，在面板和磁极之间填有绝磁材料，当吸盘内的磁极线圈通以直流电时，磁极和面板之间形成两个磁极即N极和S极，当工件放在两个磁极中间时，使磁路构成闭合回路，因此就将工件牢固地吸住。

① 电磁吸盘充磁的控制过程　按下充磁按钮SB_8，12区的KM_5得电并自锁，16区的主触头KM_5闭合，电磁吸盘YH线圈得电，工作台充磁吸住工件；同时14区的动断触头KM_5断开，与KM_6实现互锁。

② 电磁吸盘的退磁控制过程　工件加工完毕需取下时，先按下SB_7，切断电磁吸盘的电源，但由于吸盘和工件都有剩磁，所以必须对吸盘和工件退磁。退磁控制过程为：按SB_9，KM_6得电，此时电磁吸盘线圈YH通入反方向的电流，以消除剩磁。由于去磁时间太长会使工件和吸盘反向磁化，因此去磁采用点动控制，松开SB_9则去磁结束。

③ 电磁吸盘的保护环节　电磁吸盘是一个较大的电感，当线圈断电瞬间，将会在线圈中产生较大的自感电动势。为防止自感电动势太高而破坏线圈的绝缘，在线圈两端接有R、C组成的放电回路，用来吸收线圈断电瞬间释放的磁场能量。

当电源电压不足或整流变压器发生故障时，吸盘的吸力不足，这样在加工过程中，会使工件高速飞离而造成事故。为防止这种情况，在线路中设置了欠电压继电器KUD，其线圈并联在电磁吸盘电路中，其常开触点串联在KM_1、KM_2线圈回路中。当电源电压不足或为零时，KUD常开触点断开，使KM_1、KM_2断电，液压泵电动机M_1和砂轮电动机M_2停转。

（4）照明和指示电路分析

照明和信号指示电路，位于图中19～25区，FU_2、FU_3对其进行短路保护。其中EL为照明灯，由变压器TC供电，由手动开关QS_2控制。其余信号灯也由TC供电，HL_1为电源指示灯；HL_2为M_1运转指示灯；HL_3为M_2、M_3运转指示灯；HL_4为M_4运转指示灯；HL_5为电磁吸盘工作指示灯。

3.4.3 平面磨床电气控制原理图的绘制

图3.41所示的M7120型平面磨床电气控制原理图绘制过程如下。

（1）设置绘图环境

① 设置图形界限，按A4的纸型设置图形界限，指定右上角点为：297，210。

② 为绘制图形时布局方便，设置栅格间距为10×10。

（2）设定图层

直接点击图层特性管理器图标，建立不同的图层，并分别为图层命名，设置线型、线宽及相应颜色。

（3）主回路图形的绘制

① 单击下拉菜单“插入”工具栏中“块”，从以前绘制的元件库中找到“断路器”块，单击“确定”按钮，将插入的块移动到图形左上方适当位置。

② 重复①的过程，从元件库中找到“熔断器”块，单击“确定”按钮，将插入的块移动至隔离开关右侧适当位置，以端点为基点将二者连接一起，如图3.42（a）所示。

③ 重复①的过程，依次插入“接触器主动合触点”块、“热继电器”块及“三相电机”块，并移动到相应的位置，使用“直线”和“修剪”命令将所插入的标准元器件连接在一起，并将连接点插入到相应的位置，如图3.42（b）所示。

④ 单击“修改”工具栏中的“复制”命令按钮，以图3.42（c）所示交点为复制基准点，向右平移6个栅格为复制目标点，把虚线所示图形复制一份，并将三相连接起来，再插入连接点，如图3.42（d）所示。

⑤ 过程同④，以图3.42（e）所示交点为复制基准点，向右平移6个栅格为复制目标点，把虚线所示图形复制一份，如图3.42（f）所示。

⑥ 单击“插入”工具栏中“块”，从以前绘制的元件库中找到“插头和插座”块，单击“确定”按钮，将插入的块移动到图形适当位置，并使用“复制”命令进行复制，使用“直线”命令连线，然后使用“修剪”命令进行修剪，并插入连接点，如图3.42（g）所示。

⑦ 绘图方法同上，绘制第四台电机及接触器主动合触点，得到主回路图形如图3.42（h）所示。

（4）控制回路的绘制

① 首先绘制控制回路最左侧支路。单击“插入”工具栏中的“块”，依次从以前绘制的元件库中找到“具有动断触点的按钮开关”块、“具有动合触点的按钮开关”“继电器线圈”“线圈的动合触点”以及“热敏自动开关动断触点”，将插入的块依次移动到主回路右侧适当位置，如图3.43（a）所示。

② 对图3.43（b）中所示的虚线部分进行复制，再点击“插入”工具栏中“块”，依次插入“热敏自动开关动断触点”及“线圈的动合触点”图元，进行连接，然后插入连接点，进行控制回路的绘制，如图3.43（c）所示。

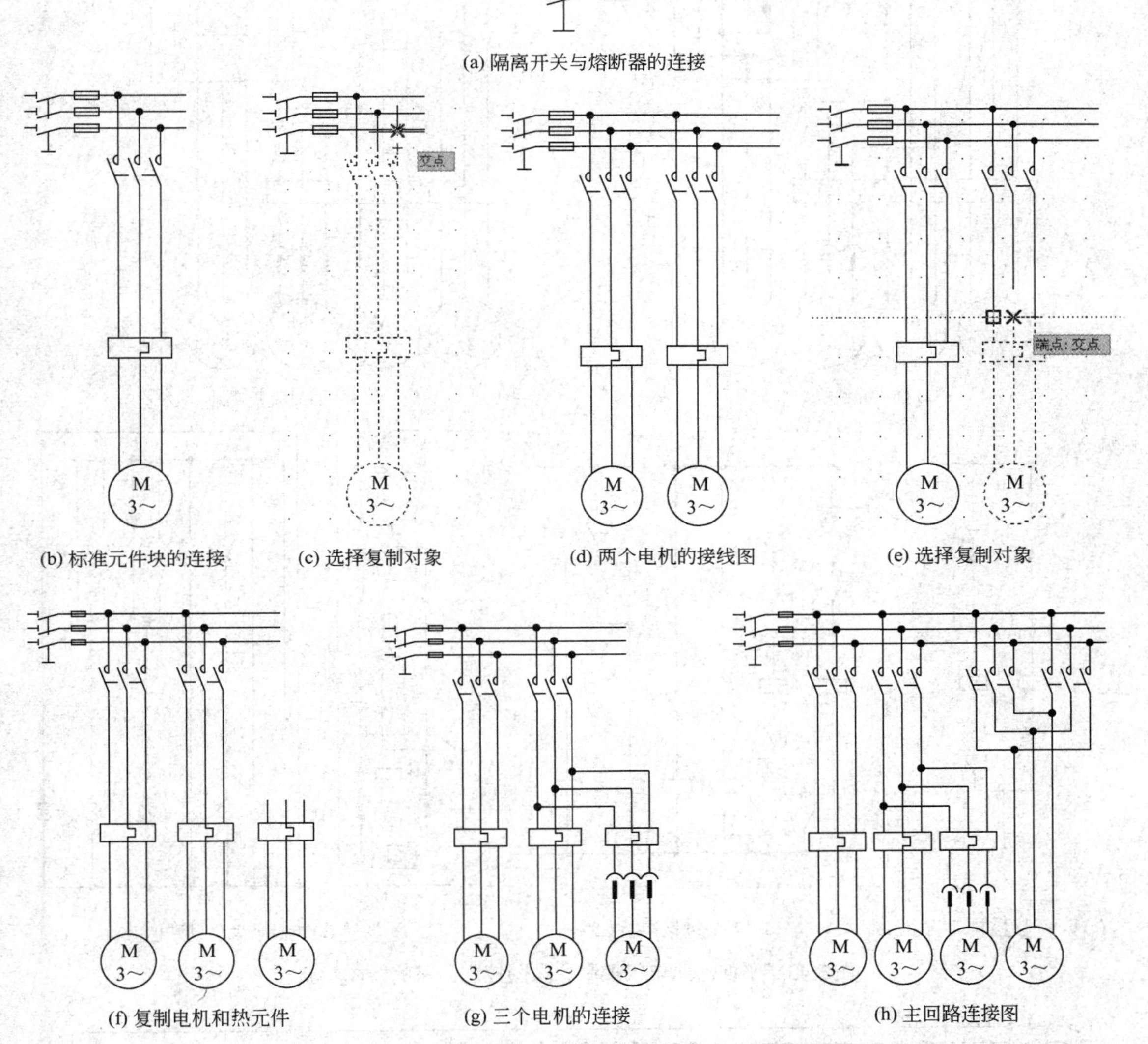

(a) 隔离开关与熔断器的连接

(b) 标准元件块的连接　(c) 选择复制对象　(d) 两个电机的接线图　(e) 选择复制对象

(f) 复制电机和热元件　(g) 三个电机的连接　(h) 主回路连接图

图 3.42　平面磨床电气控制原理图主回路的绘图步骤

③ 单击“插入”工具栏中的“块”，依次插入“具有动合触点的按钮开关”“动断触点”及“继电器线圈”图元，将其按图中位置摆放，然后进行复制三份，再依次插入“具有动合触点的按钮开关”及“动合触点”图元，进行位置调整及连线，最后插入连接点，得到 10～14 区控制支路的绘制，如图 3.43（d）所示。

④ 使用同样的方法，依次插入控制回路中其余支路中的图元，将各图元位置摆放好，再进行位置调整，然后连线，并在节点处插入连接点，得到电磁吸盘及照明电路，如图 3.43（e）所示。

（5）连接主回路与控制回路

将所绘制的主回路与控制回路位置调整好，按图中要求进行连线，完成磨床电气控制电路连线图的绘制，如图 3.44 所示。

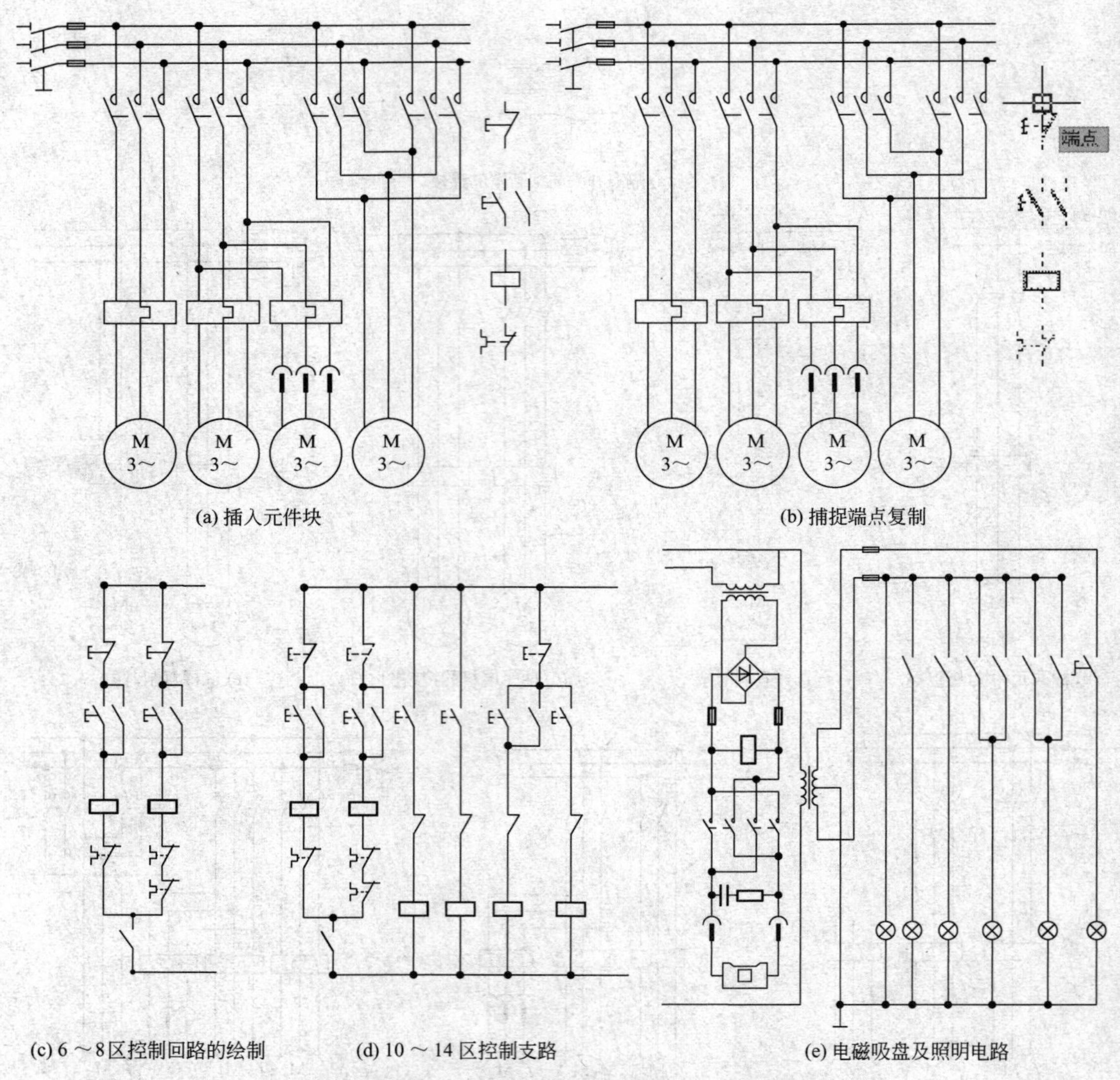

(a) 插入元件块

(b) 捕捉端点复制

(c) 6 ～ 8区控制回路的绘制

(d) 10 ～ 14 区控制支路

(e) 电磁吸盘及照明电路

图 3.43 平面磨床电气控制原理图控制回路的绘图步骤

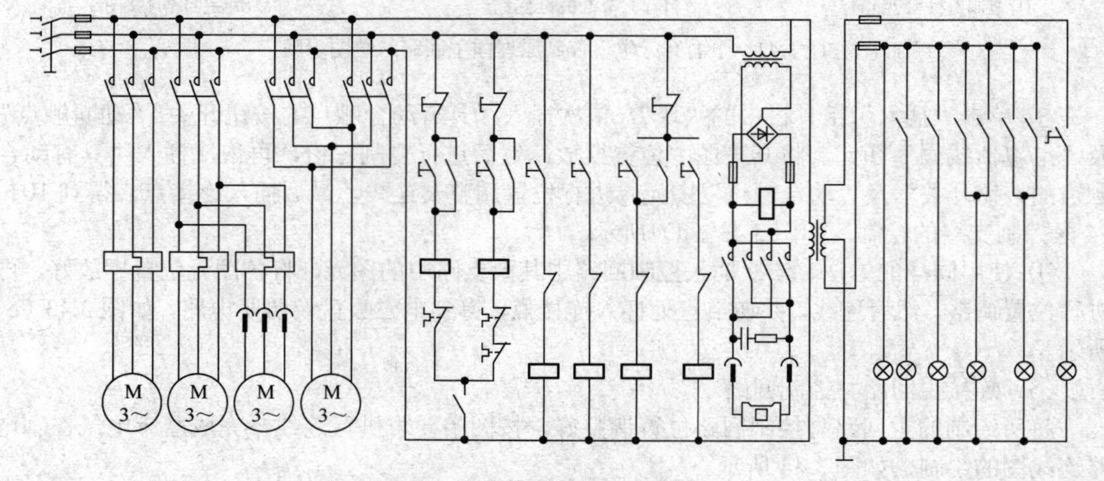

图 3.44 磨床电气控制电路的连线图

(6) 注释文字

单击“绘图”工具栏中的“多行文字”按钮 A，输入一个图元的注释文字，然后用复制命令，在其他图元的对应位置复制文字，双击文字进行修改。最后绘制文字框线，图形完成标注后，点击“栅格”按钮，将绘图区域中的栅格去掉。绘制效果如图 3.41 所示。

(7) 插入图框、调整布局、图形输出

① 选择“布局1”页面，删除系统默认生成的视口，鼠标右键点击“布局1”，在弹出菜单中选择“页面设置管理器”，对打印设备、纸张及可打印区域进行相应设置。

② 插入事先定义好的 A4 图框，并修改其属性。

③ 单击“视口”工具栏“多边形视口”按钮，建立多边视口，切换状态行中的空间类型为“模型”，调整图形的大小，最后打印出图。

3.5 摇臂钻床电气控制原理图的识图与绘图

钻床是一种用途广泛的机床，可分为：立式钻床、台式钻床和摇臂钻床等。本节以 Z3040 摇臂钻床为例，分析并绘制其控制电路，结构如图 3.45 所示，其主轴可以在水平面上调整位置，使刀具对准被加工孔的中心，而工件则固定不动，被广泛用来加工大中型工件。

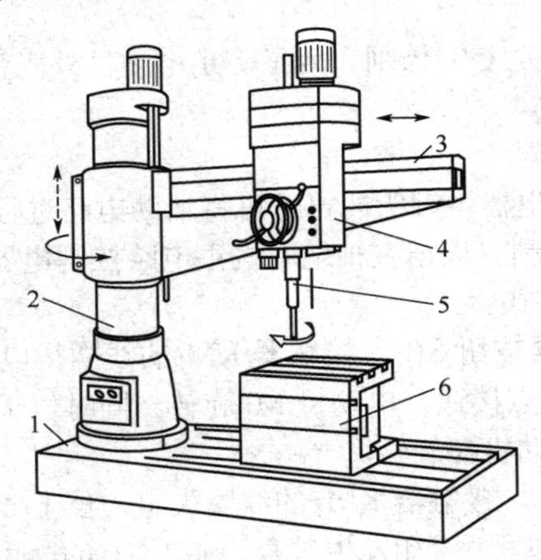

图 3.45 摇臂钻床结构图

1—底座；2—立柱；3—摇臂；4—主轴箱；5—主轴；6—工件

3.5.1 摇臂钻床的电力拖动特点与工作原理

(1) 电力拖动特点与控制要求

整台钻床由四台异步电动机驱动，有以下的控制要求。

① 四台电动机的容量均较小，故采用直接启动方式。

② 摇臂升降电机和液压泵电机均能实现正反转。当摇臂上升或下降到预定的位置时，摇臂能在电气或机械夹紧装置的控制下，自动夹紧在外立柱上。

③ 摇臂的移动严格按照松开→移动→夹紧的程序进行。

④ 电路中应设有必要的辅助环节和保护环节。

(2) 工作原理

Z3040 摇臂钻床的动作通过机、电、液联合控制来实现。摇臂可以沿立柱上下移动，也可以绕立柱做回转运动。主轴箱安装在摇臂的水平导轨上，由电动机、主轴及其传动机构、进给和变速机构等部分组成，可以在水平导轨上沿摇臂移动。

主轴的变速利用变速箱来实现，其正反转运动利用机械的方法实现，主轴电动机只需单方向旋转。摇臂的升降由一台交流异步电动机来拖动。内外立柱、主轴箱与摇臂的夹紧与放松是电动机带动液压泵，通过夹紧机构来实现的。

当进行加工时，由特殊的夹紧装置将主轴箱紧固在摇臂导轨上，摇臂紧固在立柱上，然后进行钻削加工；这时钻头进行旋转切削，主轴进行纵向进给。

3.5.2 摇臂钻床电气控制原理图分析

Z3040 型摇臂钻床的电气控制原理图如图 3.46 所示，其中，SQ_1 为摇臂升降极限保护开关；SQ_2 和 SQ_3 是分别反映摇臂是否完全松开和夹紧并发出相应信号的位置开关；SQ_4 是用来反映主轴箱与立柱的夹紧与放松状态的信号控制开关。YV 为 2 位六通电磁阀。

（1）主电路分析

主电路中有四台电动机。M_1 是主轴电动机，带动主轴旋转和使主轴作轴向进给运动，主轴的正反转由机床液压系统操纵机构配合正反转摩擦离合器实现。M_2 是摇臂升降电动机，可作正反向运行。M_3 是液压泵电动机，其作用是供给夹紧装置压力油，实现摇臂和立柱的夹紧和松开，可作正反向运行。M_4 是冷却泵电动机，供给钻削时所需的冷却液，只作单方向旋转，由转换开关 SA_1 控制。

机床的总电源由组合开关 QS 控制。为了防止电动机外壳带电发生人身事故，电动机外壳均与地线连接。

（2）辅助电路分析

根据电动机主电路控制电器主触头的符号可将辅助电路进行分解分析。

① 主轴电动机 M_1 的控制　根据主轴电动机主电路控制电器主触头的符号 KM_1，在图区 8、9 中找到电动机 M_1 的控制电路。

a．M_1 的启动。按下启动按钮 SB_2，接触器 KM_1 的线圈得电，位于 9 区的 KM_1 自锁触点闭合，位于 2 区的 KM_1 主触点接通，电动机 M_1 旋转。同时位于 8 区的动合触头 KM_1 闭合，指示灯 HL_3 亮，表示主轴电动机在旋转。

b．M_1 的停止。按下 SB_1，接触器 KM_1 的线圈失电，位于 2 区的 KM_1 常开触点断开，电动机 M_1 停转。在 M_1 的运转过程中，如发生过载，则串在 M_1 电源回路中的过载元件 FR_1 动作，使其位于 9 区的常闭触点 FR_1 断开，同样也使 KM_1 的线圈失电，电动机 M_1 停转。

② 摇臂升降电动机 M_2 的控制　根据摇臂升降电动机 M_2 主电路控制元件主触头的符号 KM_2、KM_3，在图区 10、11 中找到电动机 M_2 的控制电路。摇臂严格按照松开→上升或下降→夹紧的程序进行动作，所以摇臂的升降控制必须与夹紧机构的液压系统紧密结合，与液压泵电动机的控制有着密切的关系。根据液压泵电动机 M_3 主电路控制元件主触头符号 KM_4、KM_5，在图区 13、14 中找到电动机 M_3 的控制电路。在图区 15 中找到电磁阀 YV 控制电路。这几部分通过图区 12 中的时间继电器 KT 和行程开关 SQ_2、SQ_3 联系在一起。

a．摇臂升降中各器件的作用。限位开关 SQ_2 及 SQ_3 用来检查摇臂是否松开或夹紧，如果摇臂没有松开，位于图区 10 中的 SQ_2 常开触点就不能闭合，因而控制摇臂上升或下降的 KM_2 或 KM_3 就不能吸合，摇臂就不会上升或下降。SQ_3 应调整到保证夹紧后能够动作，否则会使液压泵电动机 M_3 处于长时间过载运行状态。时间继电器 KT 的作用是保证升降电动机断开并完全停止旋转（摇臂完全停止升降）后，才能夹紧。限位开关 SQ_1 是摇臂上升或下降至极限位置的保护开关，它与一般限位开关不同，其两组常闭触点不同时动作。当摇臂升至上限位时，位于图区 10 中的 SQ_1 动作，接触器 KM_2 失电，升降电机 M_2 停转，上升运动停止；但是位于图区 12 中的 SQ_1 另一组触点仍保持闭合，所以当按下降按钮 SB_4，接触器 KM_3 动作，控制摇臂升降电机 M_2 反向旋转，摇臂下降。反之，当摇臂在下极限位置时，控制过程类似。

b．摇臂升降的启动控制过程。按下上升（或下降）按钮 SB_3（或 SB_4），时间继电器 KT 得电吸合，位于图区 13 中的 KT 动合触点和位于图区 15 中的延时断开动合触点闭合，电磁铁 YV 得电，接通摇臂放松油路；接触器 KM_4 得电，液压泵电动机 M_3 旋转，拖动液压泵送出液压油，推动活塞和菱形块，使摇臂松开。

当摇臂完全松开到限位开关 SQ_2 位置时，位于图区 13 中的 SQ_2 的动断触点断开，接触器 KM_4 断电释放，电动机 M_3 停转。同时位于图区 10 中的 SQ_2 动合触点闭合，接触器 KM_2（或 KM_3）得电吸合，摇臂升降电动机 M_2 启动运转，带动摇臂上升（或下降）。

c．摇臂升降的停止控制过程。当摇臂上升（或下降）到所需位置时，松开按钮 SB_3（或 SB_4），接触器 KM_2（或 KM_3）和时间继电器 KT 失电，M_2 停转，摇臂停止升降。位于图区 14 中的 KT 动断触点经 1～3s 延时后闭合，保证摇臂完全停止升降，使接触器 KM_5 得电吸合，电动机 M_3 反转，拖动液压泵供出液压油，进入夹紧液压腔，将摇臂夹紧。摇臂夹紧后，位于图区 15 中的限位开关 SQ_3 常闭触点断开，这时位于图区 15 中的 KT 动合触点 KT（1-17）已经延时断开，使得接触器 KM_5 和电磁铁 YV 失电，YV 复位，液压泵电机 M_3 停转。摇臂升降结束。

③ 主轴箱与立柱的夹紧与放松　立柱与主轴箱均采用液压夹紧与松开，且两者同时动作。当进行夹紧或松开时，要求电磁铁 YV 处于释放状态。

按松开按钮 SB_5（或夹紧按钮 SB_6），接触器 KM_4（或 KM_5）得电吸合，液压泵电动机 M_3 正转或反转，供给液压油。液压油经两位 6 通阀（此时电磁铁 YA 处于释放状态）进入立柱夹紧液压缸的松开（或夹紧）油腔和主轴箱夹紧液压缸的松开（或夹紧）油腔，推动活塞和菱形块，使立柱和主轴箱分别松开（或夹紧）。松开后行程开关 SQ_4 复位（或夹紧后动作），松开指示灯 HL_1（或夹紧指示灯 HL_2）亮。

④ 冷却泵电动机 M_4 的控制　冷却泵电动机 M_4 的容量较小，由主令开关 SA_1 控制其单方向运转。

⑤ 保护与照明指示电路。

a．保护环节。在主电路中，利用熔断器 FU_1 作为总电路和电动机 M_1、M_4 的短路保护，利用熔断器 FU_2 作为电动机 M_2、M_3 和控制变压器 T 原边的短路保护；在辅助电路中，利用熔断器 FU_3 作为照明回路的短路保护。在主电路中，利用热继电器 FR_1、FR_2 作为电动机 M_1、M_3 的过载保护。控制回路中，利用限位开关作为摇臂升降的限位保护。

b．照明指示电路。机床的局部照明由变压器 T 供给 36V 的安全电压，由开关 SA_2 控制照明灯 EL；还设有摇臂的松开、夹紧指示灯和主轴工作指示灯。

3.5.3 摇臂钻床电气控制原理图的绘制

绘制图 3.46 所示 Z3040 型摇臂钻床的电气控制原理图。

（1）设置绘图环境

① 按 A4 的纸型设置图形界限。

命令: limits

重新设置模型空间界限:

指定左下角点或 [开(ON)/关(OFF)] <0.0000,0.0000>:（直接回车）

指定右上角点 <420.0000,297.0000>: 297，210

电源冷却泵电动机	主轴电动机	摇臂升降电动机	液压泵电动机	变压器照明	松开指示	夹紧指示	主轴工作	主轴	摇臂		延时	松开	夹紧	摇臂松紧
									上升	下降				

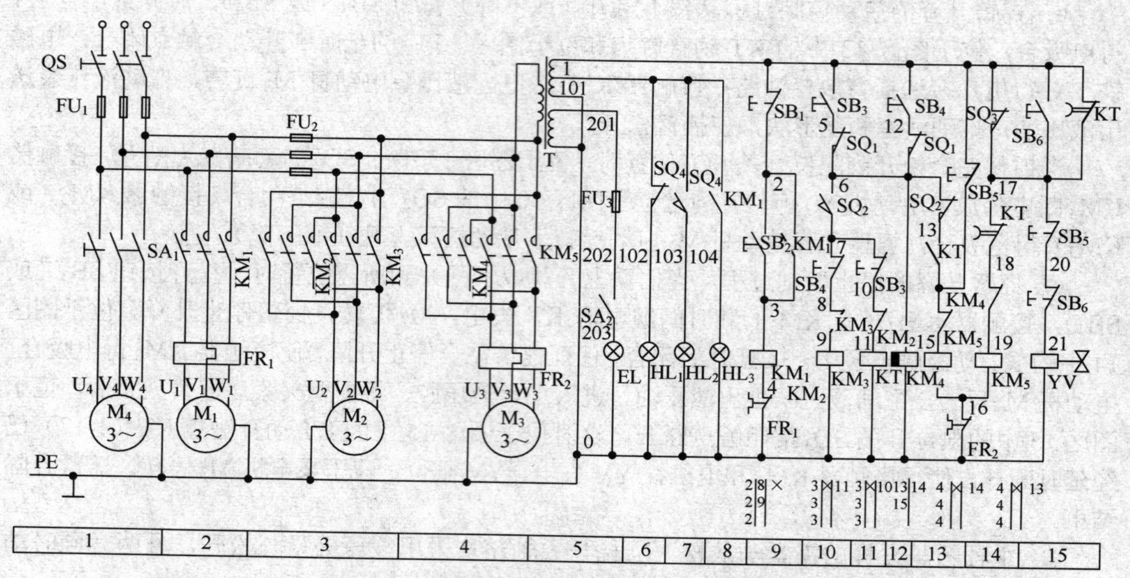

图 3.46　Z3040 型摇臂钻床的电气控制原理图

② 为了绘制图形时布局方便，在视图的全部范围内设置栅格间距为 10×10，作为绘图时摆放图元的辅助线。

（2）设定图层

直接点击图层特性管理器图标，建立“元件层”、“连线层”、“标注层”及“虚线层”四个图层，设置线型、线宽及相应颜色。

（3）图形的绘制

① 图元的选取　从先前所绘制的图元库中按图形要求选取所需的基本图元及块，通过“插入块”命令依次将所需的基本图元、图块插入到绘图区域中，并将图元的位置摆放好，如图 3.47（a）所示。

② 连线　使用“直线”命令，将图中的图元按要求用连接线连接起来。在连线过程中要不断地使用“移动”命令，对图元的进行位置调整，从而使整体布局合理。

③ 插入连接点及端子　连线完成后，再从图元库中选取“连接点”和“上端子”图元，分别在对应的位置插入。

④ 图形的修剪　使用“修剪”命令，将图中多余的部分修剪掉，电气控制图的连线如图 3.47（b）所示。

（4）标注文字

单击“绘图”工具栏中的“文字”下拉菜单中的“多行文字”，在绘制好的连线图中对各图元在相应的位置标注文字。然后绘制文字框线，图形完成标注后，点击“栅格”按钮，将绘图区域中的栅格去掉，如图 3.46 所示。

（5）插入图框、调整布局、图形输出

具体过程同前所述。

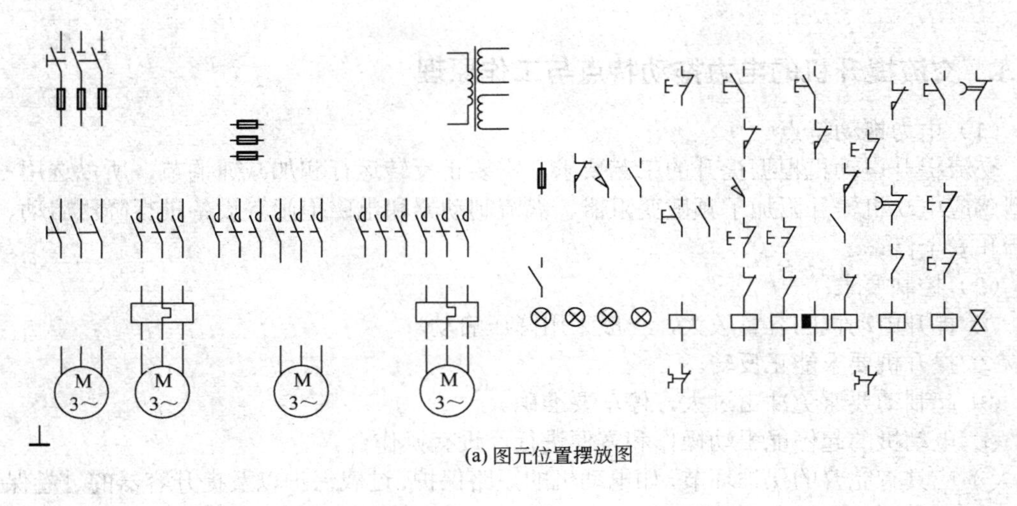

(a) 图元位置摆放图

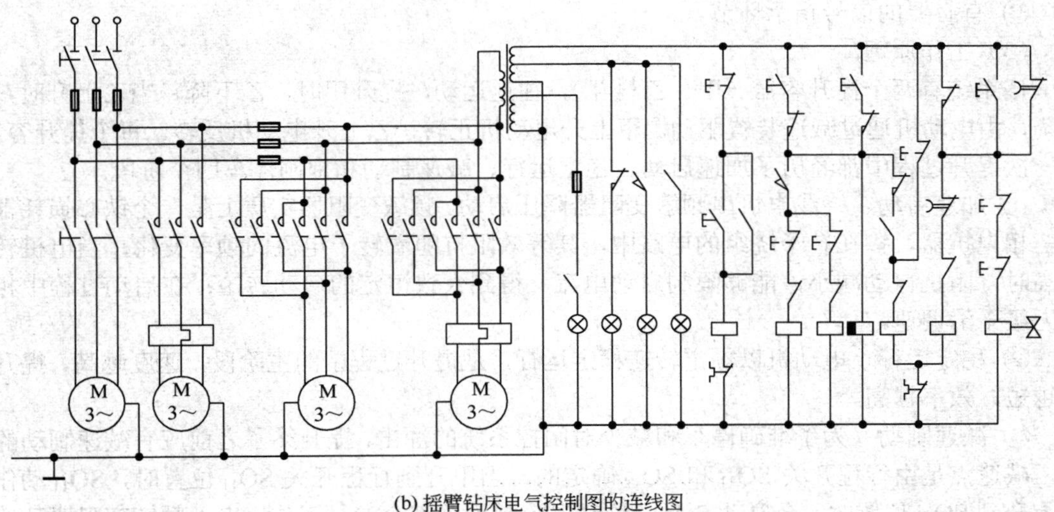

(b) 摇臂钻床电气控制图的连线图

图 3.47 摇臂钻床电气控制原理图的绘制步骤

3.6 交流提升机电气控制原理图的识图与绘图

电力驱动的提升机是工矿企业、交通运输中广泛用来起吊和下放物料以及货物等的主要设备。按照所用拖动电机的不同可分为交流提升机和直流直升机两种，本节以交流提升机为例，分析并绘制其控制电路。具有简单功能的交流提升机结构简图如图 3.48 所示，由提升容器（料斗）、提升钢丝绳、限位开关、拖动电机、涡流制动及电磁制动等部分组成。

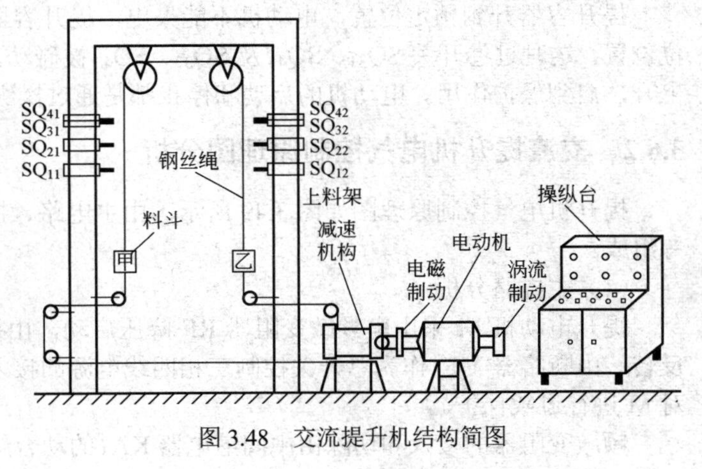

图 3.48 交流提升机结构简图

3.6.1 交流提升机的电力拖动特点与工作原理

（1）电力拖动特点

交流提升电动机根据提升的工艺要求，需要正反转运行和加减速调节，所以选用三相绕线型感应电动机，并附加了频敏变阻器、涡流制动器和电磁抱闸等设备进行降压启动、减速运行和安全停车。

（2）控制要求

① 提升电动机因容量较大，一般采用降压启动。

② 提升机要求能正反转。

③ 起制动要避免冲击过大，停车要准确。

④ 电动机的起停能手动操作和方便进行，设有操作台。

⑤ 应具有完善的保护环节，如电动机的短路保护、过载保护以及提升容器的过卷保护等。

⑥ 有必要的信号指示环节。

（3）工作原理

该系统有两个提升容器（甲、乙料斗），往返运动，提升甲时，乙下降，当乙上升时，甲下降，由电动机通过减速装置驱动。甲上升电动机正转，乙上升电动机反转。每个提升容器，在一次提升过程中都经历了加速启动、稳定运行、减速制动和抱闸停车四个阶段。

① 加速启动　绕线电机串频敏变阻器降压启动。频敏变阻器实质上是一个铁心损耗很大的三相电抗器，接在转子绕组的电路中，其等效阻抗随着转子电流的频率变化，当电机转速升高时，阻抗自动减小，能够限制启动电流，得到大致恒定的启动转矩；在启动过程中相当于无级平滑调速。

② 稳定运行　电动机以额定转速稳定运行，是提升过程中的主阶段，速度越高，提升周期越短，效率越高。

③ 减速制动　为了准确停车和减少对闸控系统的冲击，提升终了之前应有减速制动的过程。减速点是由行程开关 SQ_{11} 和 SQ_{12} 确定的，当甲升到行程开关 SQ_{11} 位置时，SQ_{11} 动作；乙上升到 SQ_{12} 位置时，会碰动 SQ_{12}，这时涡流制动器都会参与工作，串入频敏变阻器开始减速制动运行。

④ 抱闸停车　提升终点位置由终点行程开关 SQ_{21} 和 SQ_{22} 确定，当甲升到行程开关 SQ_{21} 位置时，SQ_{21} 动作；当乙上升到 SQ_{22} 位置时，会碰动 SQ_{22}，这都表示提升到达预定位置，电动机失电，抱闸停车。

提升容器升到预定位置，电动机不能失电，提升容器会继续上升，上升到最高位置即限位位置，这时过卷开关 SQ_{31}、SQ_{41} 及 SQ_{32}、SQ_{42} 被碰动，电动机会立即失电，停止提升容器上升，启到保护作用。电动机的启动和停止都是通过操纵台上设置按钮控制的。

3.6.2 交流提升机电气控制原理图分析

提升机电气控制原理图如图 3.49 所示，由主电路、控制电路、制动电路和信号显示电路等组成。

（1）主电路分析

提升电动机 M 采用串频敏变阻器 RF 降压启动，由接触器 KM_1 和 KM_2 的主触头控制正反转。由断路器 QF 作为总开关控制三相四线电源的接入，FU_1 对电动机进行短路保护，FR 对 M 进行过载保护。

频敏变阻器的接入和切除由中间继电器 KA_3 的动合触点控制。

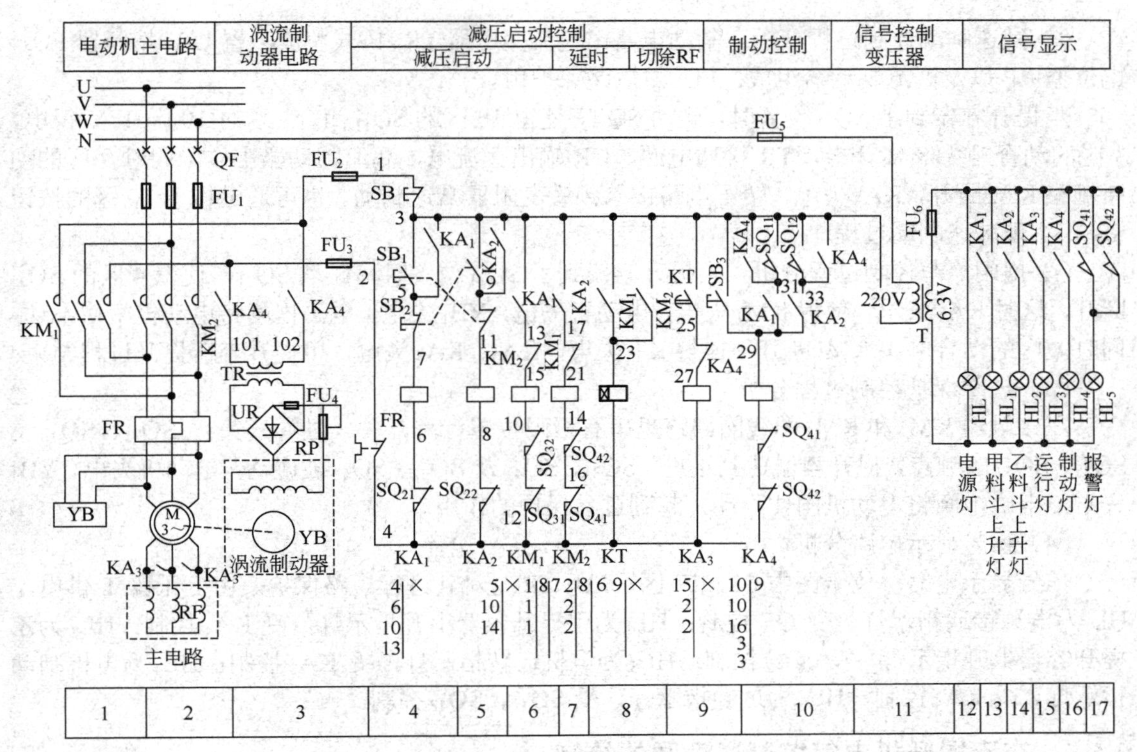

图 3.49　提升机电气控制原理图

减速制动由涡流制动器 YB 来完成，YB 由中间继电器 KA_4 的动合触点控制。涡流制动器由跟随电动机同轴转动的电枢和感应器两部分组成，感应器由磁极和励磁绕组等构成，磁极与电枢之间有一定气隙，若在励磁绕组中通入直流励磁电流，则磁极将产生磁通。当电动机转动时，制动器的电枢也同轴转动，切割感应器的磁通，在电枢的表面产生涡流，该涡流又与磁极的磁通相互耦合，产生阻止电动机旋转的制动转矩，调节感应器励磁电流的大小或控制制动器的介入时间，就可调节制动转矩的大小，使电动机获得一定范围的速度调节。

YB_1 为电磁抱闸，由接触器 KM_1 和 KM_2 的主触头控制，和提升电动机同时得电、失电。YB_1 得电，电磁抱闸吸合衔铁，使抱闸松开，电机轴可自由转动；YB_1 失电，电磁抱闸将电动机闸住不动。

（2）控制电路分析

控制电路主要完成两个提升容器的四阶段控制。甲提升容器的工作原理分析如下（电动机正转运行），乙提升容器的控制过程相同只是电动机反转运行，不同的接触器和继电器起作用。FU_2、FU_3 作为短路保护。

① 加速启动控制过程分析　在 4 区和 6 区分别找到控制甲提升容器的中间继电器 KA_1 和接触器 KM_1。按下启动按钮 SB_1，继电器 KA_1 的线圈得电，位于 4 区的 KA_1 自锁触点闭合自保，位于 6 区的 KA_1 触点接通，使得 KM_1 线圈得电，1 区的 KM_1 主触头闭合，电动机转子绕组串入频敏变阻器正转启动，并且位于 8 区的 KM_1 动合触点闭合，使得时间继电器 KT 得电并开始延时，位于 7 区的动断触头断开，实现与 KM_2 的互锁。

② 稳速运行控制过程分析　KT 延时时间到，位于 9 区的动合触头 KT 才闭合，使得继电器 KA_3 得电，位于 2 区的动合触点 KA_3 闭合，频敏变阻器被切除，电动机以最大速度稳速运行，进入提升的主阶段。

③ 减速制动控制过程分析　制动电路由整流变压器 TR、桥式整流装置 UR、熔断器 FU_4、电位器 RP 以及涡流制动器组成。FU_4 做短路保护用。

当提升容器到了 SQ_{11} 位置时，碰动 SQ_{11}，使得 10 区的 SQ_{11} 闭合，这时 10 区 KA_4 得电，3 区的动合触头 KA_4 闭合，TR 接通电源，UR 输出直流电，涡流制动器工作，同时 9 区的动断触头 KA_4 断开，KA_3 失电，转子电路接入频敏变阻器减速制动。也可通过按下 10 区的按钮 SB_3，实现减速制动过程。

④ 抱闸停车控制过程分析　当提升容器到了 SQ_{21} 位置时，碰动 SQ_{21}，使得 4 区的 SQ_{21} 断开，这时 KA_1 失电，使得 KM_1 失电，电动机失电，YB_1 失电，电磁抱闸将电动机闸住不动；同时 8 区的动合触头 KM_1 断开，使得 KT 失电，KA_3、KA_4 失电，甲提升容器提升过程结束。

（3）过卷保护控制过程分析

在接触器 KM_1 和 KM_2 的线圈回路里串有极限位置行程开关（过卷开关） SQ_{31}、SQ_{41} 及 SQ_{32}、SQ_{42} 的触点，提升容器达到这里，SQ_{31}、SQ_{41} 及 SQ_{32}、SQ_{42} 被碰动，电动机失电，YB_1 失电，电磁抱闸将电动机闸住不动，起到过卷保护的作用。

（4）信号显示电路分析

信号显示电路，位于图中 11～17 区，FU_5、FU_6 对其进行短路保护。由变压器 T 供电，HL 为电源接通指示灯，受 QF 控制；HL_1 为甲提升容器上升指示灯，受 KA_1 控制；HL_2 为乙提升容器上升指示灯，受 KA_2 控制；HL_3 为电机运转指示灯，受 KA_3 控制；HL_4 为电机制动指示灯，受 KA_4 控制；HL_5 为过卷指示灯，受 SQ_{41}、SQ_{42} 控制。

3.6.3　交流提升机电气控制原理图的绘制

（1）设置绘图环境

① 按 A4 的纸型设置图形界限。

命令: limits

重新设置模型空间界限:

指定左下角点或 [开(ON)/关(OFF)] <0.0000,0.0000>:

指定右上角点 <420.0000,297.0000>: 297,210

命令: zoom

指定窗口的角点，输入比例因子 (nX 或 nXP)，或者

[全部(A)/中心(C)/动态(D)/范围(E)/上一个(P)/比例(S)/窗口(W)/对象(O)] <实时>: all

正在重生成模型

② 单击“工具”菜单栏中的“草图设置”，或将鼠标移至状态栏中的“栅格”按钮，单击右键，点击“网格设置”按钮，弹出“草图设置”对话框，点击“捕捉和栅格”选项卡，启用捕捉和栅格，具体设置如图 3.50 所示，单击“确定”按钮。为绘制图形时布局方便，在视图的全部范围内设置栅格间距为 10×10，作为绘图时摆放图元的辅助线。

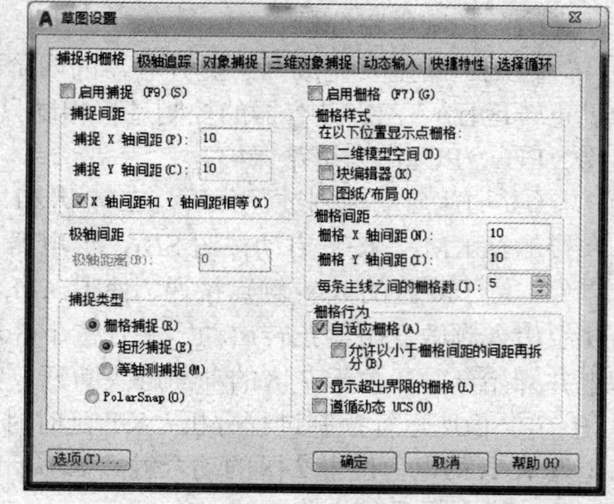

图 3.50　草图设置

（2）设定图层

单击图层特性管理器图标，打开“图层特性管理器”对话框，在空白处单击鼠标右键，

选择“新建图层”，建立“元件层”、“连线层”、“标注层”及“虚线层”四个图层，分别设置线型及相应颜色，如图 3.51 所示，并将元件层设为当前层。

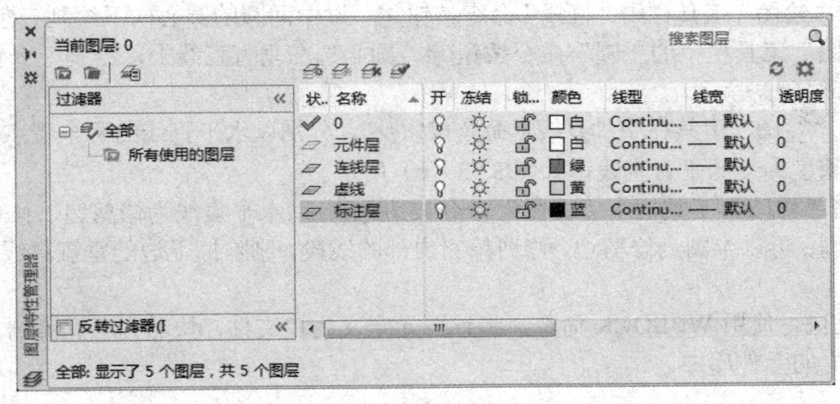

图 3.51　设置图层

（3）所用图元的绘制及选取

绘制图 3.49 所示提升机电气控制原理图中“电磁抱闸”、“涡流制动器”及“频敏变阻器”图元，并将其存入所建立的图元库中，方便使用。

① 电磁抱闸的绘制。

a．单击图层特性管理器图标，新建各图层并为其命名，分别设置线型，令图元为当前层。进行栅格的设置，点选启用捕捉和启用栅格，间距均设为 2.5mm。

b．单击“绘图”工具栏中“矩形”命令按钮，绘制一个 10×5 的矩形，如图 3.52（a）所示。

c．用鼠标右键点击“对象捕捉”，单击“设置”，选中“中点”项，点击确定，捕捉矩形上边的中点。

d．单击“绘图”工具栏中“直线”命令按钮，以上边的中点为直线的第一点，垂直向上绘制一条长度为 5 的直线，如图 3.52（b）所示。

e．单击“修改”工具栏中“偏移”命令按钮，在指定偏移距离或[通过（T）/删除（e）/图层（L）]：输入偏移距离 3。

选择要偏移的对象，或[退出（e）/放弃（U）]<退出>:（选垂直向上的直线）

在指定要偏移的那一侧上的点，或[退出[E]/多个(M)/(放弃 U)]< 退出>:（点击直线左侧区域）

指定要偏移的那一侧上的点，或[退出[E]/多个(M)/(放弃 U)]< 退出>:（点击直线右侧区域）如图 3.52（c）所示。

f．定义块。

使用 WBLOCK 命令，将该图元定义为块文件，块名为“电磁抱闸图元”，保存在所建立的元件库中。

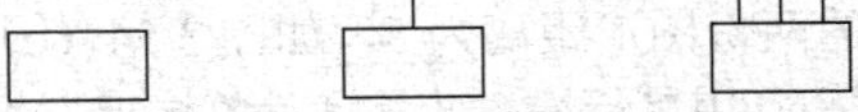

(a) 绘制矩形　(b) 绘制过中点的垂线　(c) 电磁抱闸图元

图 3.52　电磁抱闸的绘图步骤

② 涡流制动器的绘制。

a．单击图层特性管理器图标，新建各图层并为其命名，分别设置线型，令图元为当前层。进行栅格的设置，点选启用捕捉和启用栅格，间距均设为 2.5mm。

b．单击“绘图”工具栏中的“圆”命令按钮，绘制小圆 $R2.5$，如图 3.53（a）所示。

c．单击“修改”工具栏中“复制”命令按钮，分别复制四份，且每两个相邻的圆为相切关系，即保证五个圆的圆心在同一水平直线上，如图 3.53（b）所示。

d．单击“绘图”工具栏中“直线”命令按钮，绘制一条通过圆心的水平直线，如图3.53（c）所示。

e．单击“绘图”工具栏中“直线”命令按钮，过中间圆的圆心向下绘制一条垂直直线。再单击“绘图”工具栏中的“圆”命令按钮，圆心选在垂直直线上，绘制一个直径为6的圆，如图3.53（d）所示。

f．单击“绘图”工具栏中“直线”命令按钮，分别以水平直线的两个端点为起点，向上绘制两条长度为5的垂直直线，如图3.53（e）所示。

g．单击“修改”工具栏中“修剪”命令按钮，以水平直线为修剪边，修剪掉直线下边的5个半圆；再以半圆为修剪边，修剪掉它内部的线段，删除掉下边的垂直直线，如图3.53（f）所示。

h．定义块。使用WBLOCK命令，将该图元定义为块文件，块名为“涡流制动器图元”，保存在所建立的元件库中。

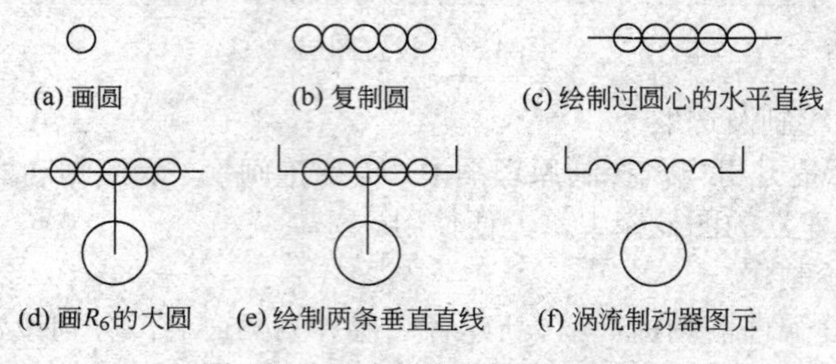

图3.53　涡流制动器的绘图步骤

③ 频敏变阻器的绘制。

a．单击图层特性管理器图标，新建各图层并为其命名，分别设置线型，令图元为当前层。进行栅格的设置，点选启用捕捉和启用栅格，间距均设为2.5mm。

b．单击“绘图”工具栏中的“圆”命令按钮，绘制小圆$R2.5$，如图3.54（a）所示。

c．单击“修改”工具栏中“复制”命令按钮，分别向下复制两份，且每两个相邻的圆为相切关系，即保证三个圆的圆心在同一垂直直线上，如图3.54（b）所示。

d．单击“绘图”工具栏中“直线”命令按钮，绘制一条过三个圆圆心的垂直直线，如图3.54（c）所示。

e．单击“修改”工具栏中“修剪”命令按钮，以垂直直线为修剪边，修剪掉直线左侧的3个半圆；再以半圆为修剪边，修剪掉它内部的线段，如图3.54（d）所示。

f．单击“修改”工具栏中“复制”命令按钮，将所绘制的图形分别复制两份，且每相邻的两份图形距离为5，如图3.54（e）所示。

g. 用鼠标右键点击“对象捕捉”，单击“设置”，选中“端点”项，点击确定。

h．单击“绘图”工具栏中“直线”命令按钮，将复制后的图形下边端点用直线连接起来，如图3.54（f）所示。

i．定义块。使用WBLOCK命令，将该图元定义为块文件，块名为“频敏变阻器图元”，保存在所建立的元件库中。

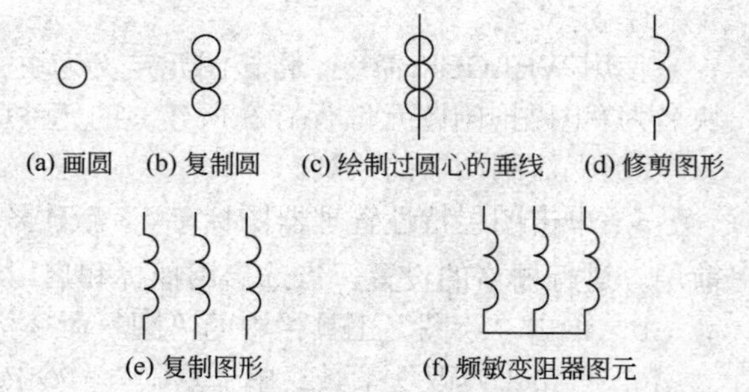

图3.54　频敏变阻器的绘图步骤

④ 图元的选取　从先前所绘制的图元库

中按图形要求选取所需的基本图元及块，包括新插入的“电磁抱闸”、“涡流制动器”及“频敏变阻器”图元。通过“插入块”命令依次将其插入到绘图区域中，并将图元的位置摆放好，如图 3.55（a）图元位置摆放图所示。

（4）连线

使用“直线”命令，将图中的图元按要求用连接线连接起来。在连线过程中要不断地使用“移动”命令，对图元进行位置调整，从而使整体布局合理，如图 3.55（b）所示。

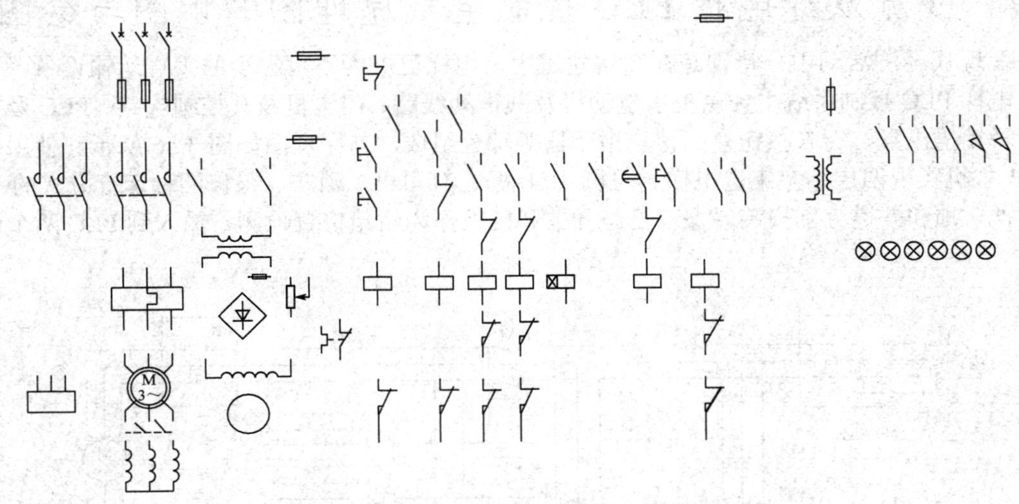

(a) 提升机电气控制图的图元位置摆放图

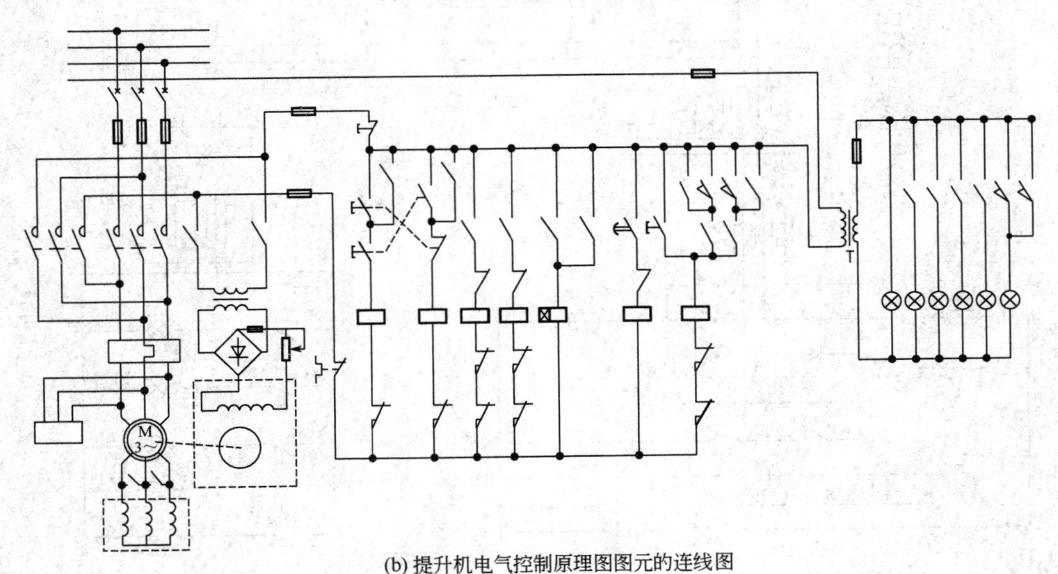

(b) 提升机电气控制原理图图元的连线图

图 3.55　提升机电气原理图绘图步骤

（5）插入连接点及进行图形的修剪

连线完成后，再从图元库中选取“连接点”图元，分别在对应的位置插入。

使用“修剪”命令，将图中多余的线修剪掉。

（6）标注文字

单击“绘图”工具栏中“文字”下拉菜单中的“多行文字”，在绘制好的连线图中对各图元在相应的位置标注文字。然后绘制文字框线，图形完成标注后，点击“栅格”按钮，将绘图区域中的栅格去掉。绘制结果如图 3.49 所示。

（7）插入图框、调整布局、图形输出

具体过程同前。

3.7 交流双速电梯 PLC 控制电气原理图的识图与绘图

在现代经济活动中，特别是在高层建筑中，电梯已成为不可缺少的垂直运输设备。交流双速电梯 PLC 控制系统主要由曳引电动机及其拖动线路、门电机及其控制电路、PLC 及控制柜、轿箱操纵盘、召唤按钮盒、楼层指示器等部分组成，其原理图如图 3.56 所示。使用一个 C60P 主机实现四层站全集选电梯无司机（自动）、有司机、消防、检修四种运行方式的 PLC 控制；轿顶和井道分别安装磁保双稳态开关和磁铁作为轿箱位置检测，输入到 PLC 两个信号 SA、SB。

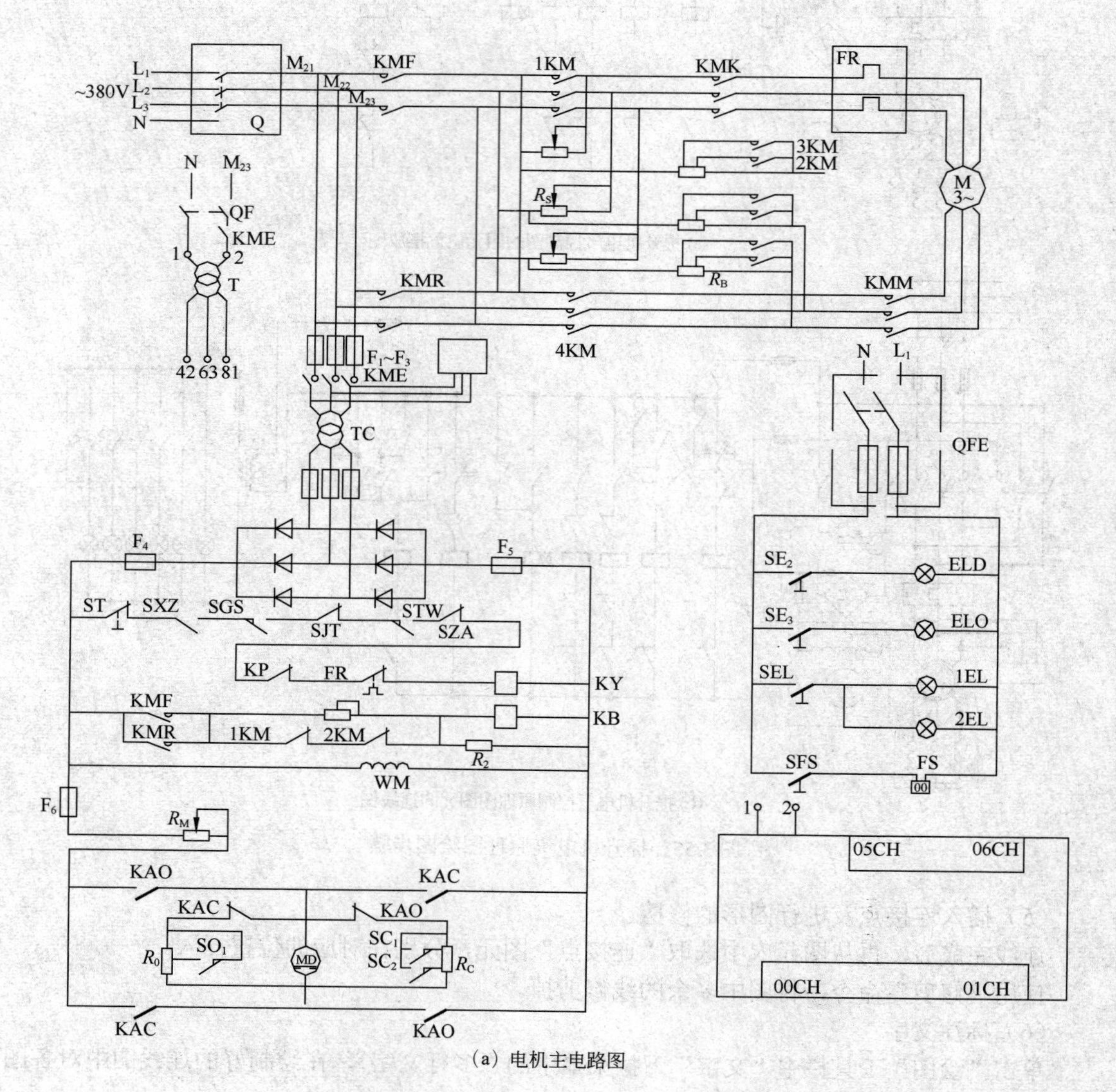

（a）电机主电路图

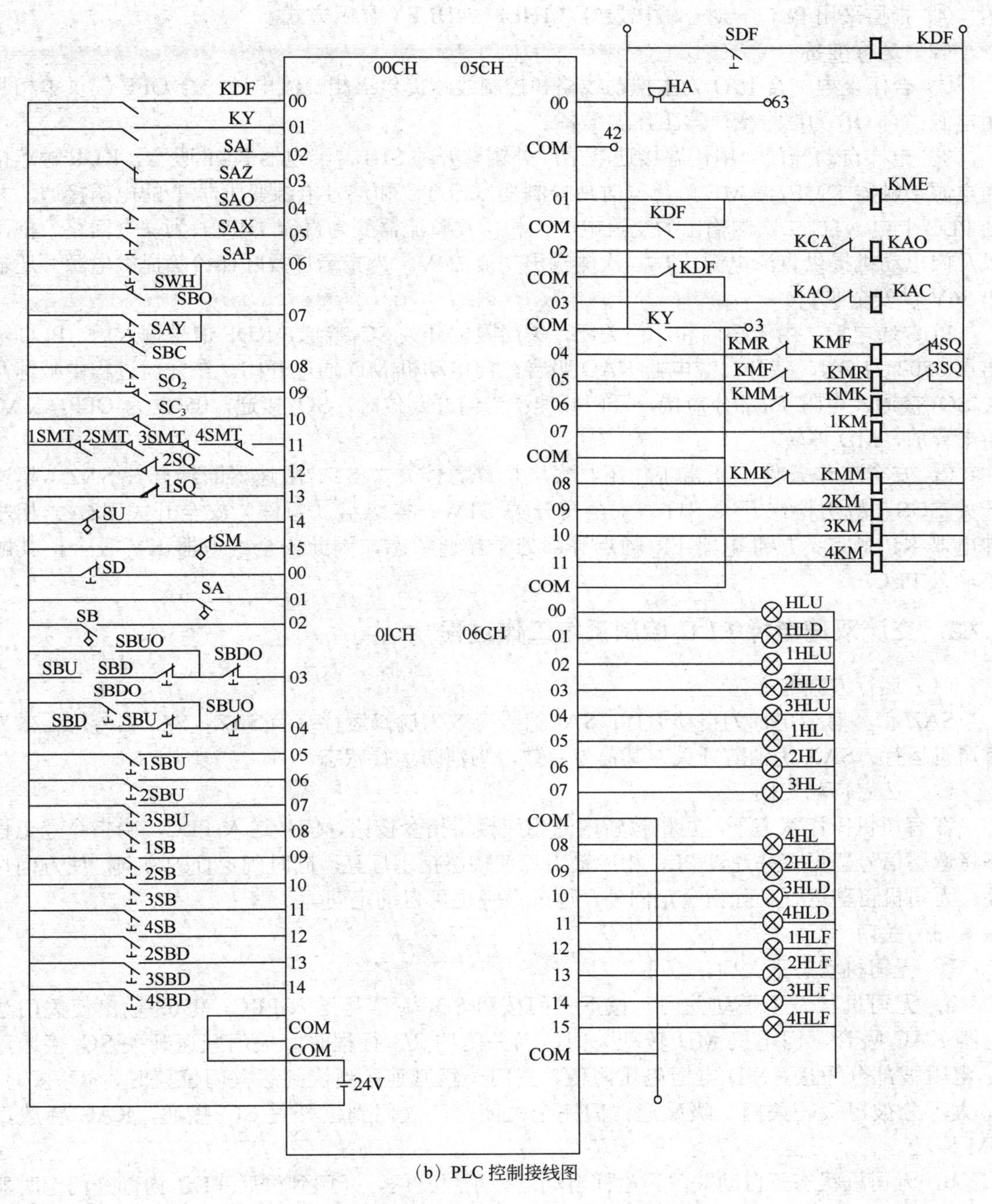

（b）PLC 控制接线图

图 3.56　交流双速电梯电气控制原理图

3.7.1　交流双速电梯 PLC 控制系统的特点及运行准备

（1）系统特点

① 控制电路里具有包括相序继电器在内的 14 个负载电流较大的接触器和继电器。

② 门锁信号直接输入 PLC。

③ 开门按钮信号 SBO 与安全触板信号 SAY 并联输入到 PLC。

④ 指层采用 PLC 一对一输出层灯（1HLF～4HLF）显示方式。

（2）运行准备

① 合闸上电　合上 Q 为主拖动线路和控制线路提供三相交流电源；合 QFE 提供单相照明电源；合 QF 为信号变压器工作做准备。

② 电梯自动开门　用钥匙接通基站厅外钥匙开关 SDF，继电器 KDF 吸合，KDF 触点接通电源接触器 KME，KME 触点同时使控制变压器 TC 和信号电源变压器 T 的电源接通，并使 PLC 上电。TC 二次侧输出的交流电经三相桥式整流器变为直流 110V，为安全回路、抱闸以及门电动机提供直流电源；T 二次侧输出交流 24V，为指示灯及呼梯铃等提供电源，还输出 36V 供安全照明。

PLC 通电后，由于轿门和厅门关闭，关门限位开关 SC_3 接通，KDF 信号输入后，PLC 输出点 0502 为 ON，使开门继电器 KAO 吸合，门电动机 MD 通电开门。在开门过程中减速开关 SO_1 接通，电阻 R_0 部分短接，开门减速；当门开到位时，SO_2 接通，0502 为 OFF，KAO 断电释放，MD 停转。

③ 安全工作条件　正常工作下，底坑检修急停开关 ST、限速器断绳开关 SXZ、超速开关 SGS、机房检修开关 SJT、安全窗开关 STW、操纵盘（急停）安全开关 SZA、相序继电器 KP 触点、热继电器 FR 触点等都处于接通状态，因此安全继电器 KY 吸合，其触点输入 PLC。

3.7.2　交流双速电梯 PLC 控制系统工作过程

（1）运行方式选择

SAZ 信号有效电梯为自动运行；SAI 信号有效为检修运行；当 SAZ、SAI 信号均无效为有司机运行；SAX 为消防开关，其信号有效，为消防运行状态。

（2）选层自动定向

在有司机操作状态下，司机按轿内的相应楼层指令按钮，信号送入 PLC，由指令登记程序将选层信号登记；并通过 PLC 相应输出点使楼层指示灯亮，同时确定行驶方向，使方向灯亮。无司机自动运行，除指令定向外，厅外召唤也可自动定向。

（3）关门

① 无司机状态下关门。

a. 无司机状态下手动关门。按下关门按钮 SBC，信号送入 PLC，0503 输出使关门继电器 KAC 吸合，门电机 MD 转动关门，当关门约 2/3 行程时，关门减速开关 SC_1 接通，R_C 电阻被部分短接，MD 电枢电压降低，关门一级减速；当快到达关门位置时，SC_2 接通，R_C 大部分被短接，关门二级减速；门完全关闭时，关门到位开关 SC_3 接通，KAC 释放，DM 停转。

b. 无司机状态下自动关门。电梯自动运行平层开门，开门到位后 PLC 内部开门定时器开始计时，到设定值，0503 使 KAC 吸合，MD 通电关门。

② 有司机状态下手动关门　关门按钮 SBC 无效，司机按住上行（或下行）方向启动按钮 SBU（或 SBD），信号送入 PLC，0503 输出使关门继电器 KAC 吸合，门电机 MD 转动关门，待关门到电梯启动后，方可松开 SBU（或 SBD），否则，门又会重新打开。

（4）启动运行

自动定向后（如上行至 4 层），当电梯轿门与各层厅门均已关好，SC_3、1SMT—4SMT 全部闭合，PLC 输出信号使上行接触器 KMF 和快车接触器 KMK 吸合。上行缓速开关 2SQ 闭合，上行限位开关 4SQ 闭合，曳引电机 M 串电阻 R_S 启动。电磁制动线圈 KB 通过 KMF 触点、

1KM、2KM 常闭触点接通电源，制动器松闸，M 正转，轿箱上行；同时内部启动定时器计时，0507 延时输出，1KM 吸合，电阻 R_S 短接，M 加速到额定转速下运行。

（5）换速

上行时，当轿顶的双稳开关经过井道磁铁时，状态翻转，由程序经位置编码信号译为楼层信号。当楼层计时为四楼时，PLC 开始计时直到换速点时，发出换速信号，KMK、1KM 释放，慢车接触器 KMM 吸合，M 串电阻 R_B 制动减速。PLC 发出换速信号的同时，减速定时器开始计时，一、二、三级减速定时器依次计时到，制动减速接触器 2KM、3KM、4KM 先后吸合，R_B 电阻先部分被短接再大部分被短接、最后全部短接，M 减速至平层速度运行。

（6）提前开门

电梯换速后，轿箱慢速进入平层区，井道四楼遮磁板先插入安装在轿顶的上平层感应器 SU，然后插入开门区磁感应器 SM 时，其触点接通并输入 PLC，PLC 发出提前开门信号，KAO 线圈通电吸合，MD 转动开门。此时，轿箱继续上行。

（7）平层停车

轿箱上行到达平层位置，遮磁板插入下平层感应器 SD 时，其触点接通并输入 PLC，使 KMF 释放，切断 M 电源。同时制动器线圈 KB 断电抱闸，使轿箱平层停车；此外 KMM、2KM、3KM、4KM 线圈释放，该层的内选与同向召唤信号消号。

（8）直驶

无司机轿箱内已满员（满载开关 SWH 闭合）或有司机状态司机按直驶按钮 SAP，信号通过 0006 送入 PLC，PLC 对所有外召唤信号屏蔽，并保持所有外召唤登记信号，直驶到内选最近层换速停车。

（9）最远反向截车

无司机自动运行时，当无内选外呼信号，PLC 对厅外反向呼梯信号具有最远反向截车控制功能，全部由程序判断处理。

（10）保护功能

① 强迫换速停车。当层楼位置判断为顶层或底层时，不管有无内选外呼信号，电梯处于快车运行状态，PLC 均发出换速信号；在顶层或底层安装缓速开关，当轿箱行至顶层或底层时，2SQ 或 1SQ 断开，PLC 立即发出换速信号。

② 上下行限位。当轿箱行过平层位置后继续运行时，轿箱上撞板触动上限位开关 4SQ 或下限位开关 3SQ，其触点断开，使 KMF 或 KMR 释放，KB 断电抱闸，立即停车。

③ 关门防夹保护。关门过程中如有人碰及轿门安全触板，其开关 SAY 动作，该信号与开门按钮 SBO 并联输入 PLC，由 PLC 控制门电机停止关门，重新开门，防夹人。

（11）检修运行

当轿内开关 SAI 置在检修运行状态，或轿顶检修开关 SAO 打在检修位置，则 PLC 取消所有内选、外呼信号登记，并通过联锁指令不执行内选和外呼程序模块，不执行快车运行程序，电梯只能慢速运行。

（12）消防运行

将基站厅外消防开关 SAX 接通，控制程序将消除所有呼梯登记信号，直接返回基站后进入消防员专用状态，实行开门待机，恢复轿内指令功能，此时关门按钮点动有效，而每次停站开门时所有指令信号都被消除，不应答外召唤信号。

（13）停梯断电

在上电开梯时，KDF 吸合，使 0501 闭合，并使 KME 吸合；运行结束后，将轿箱停在基站，用钥匙将厅外钥匙开关 SDF 转到关门位置，KDF 释放，PLC 发出关门信号，当门关好后，0501 断开，KME 释放切断控制电源和信号电源。

3.7.3 交流双速电梯 PLC 控制系统电气原理图的绘制

绘制图 3.56（a）交流双速电梯电气控制原理图（电机主电路图）。

（1）设置绘图环境

① 按 A4 的纸型设置图形界限。

命令: limits

重新设置模型空间界限:

指定左下角点或 [开(ON)/关(OFF)] <0.0000,0.0000>:（直接回车）

指定右上角点 <420.0000,297.0000>: 297,210

② 为了绘制图形时布局方便，在视图的全部范围内设置栅格间距为 10×10，作为绘图时摆放图元的辅助线。

（2）设定图层

直接点击图层特性管理器图标，建立“元件层”“连线层”“标注层”及“虚线层”四个图层，设置线型、线宽及相应颜色。

（3）图形的绘制

① 图元的选取　根据控制原理，将 PLC 控制原理图分成三大部分，即曳引电机控制主回路、门机控制主回路及信号指示电路。

从先前所绘制的图元库中按图形要求选取所需的基本图元及块，通过“插入块”命令依次将所需的基本图元、图块插入到绘图区域中，并将三大部分图元的位置摆放好，如图 3.57 所示。

② 连线　将控制原理图的三大部分图元位置布置好后，使用“直线”命令，将图中的图元按要求用连接线连接起来。在连线过程中要不断地使用“移动”命令，对图元的进行位置调整，从而使整体布局合理。

③ 插入连接点及端子　连线完成后，再从图元库中选取“连接点”和“上端子”图元，分别在对应的位置插入。

④ 图形的修剪　使用“修剪”命令，将图中多余的部分修剪掉，交流双速电梯电气控制原理图的连线如图 3.58 所示。

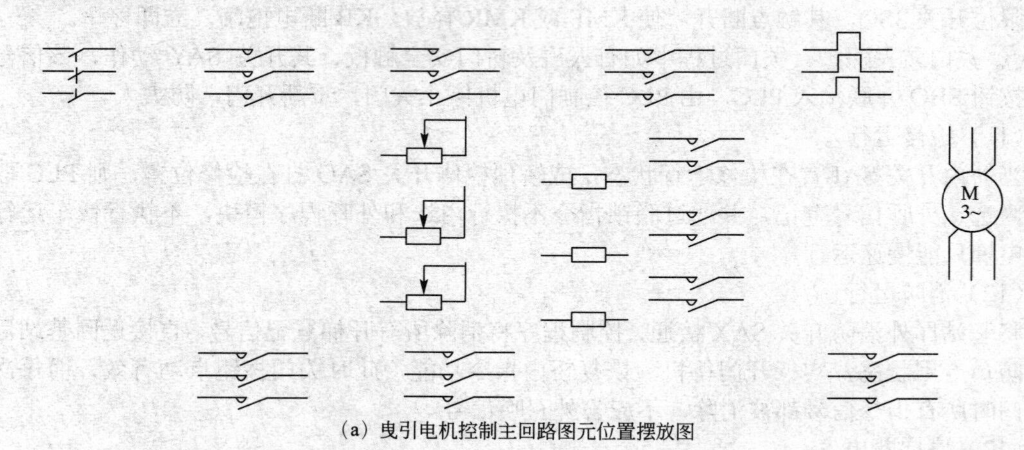

（a）曳引电机控制主回路图元位置摆放图

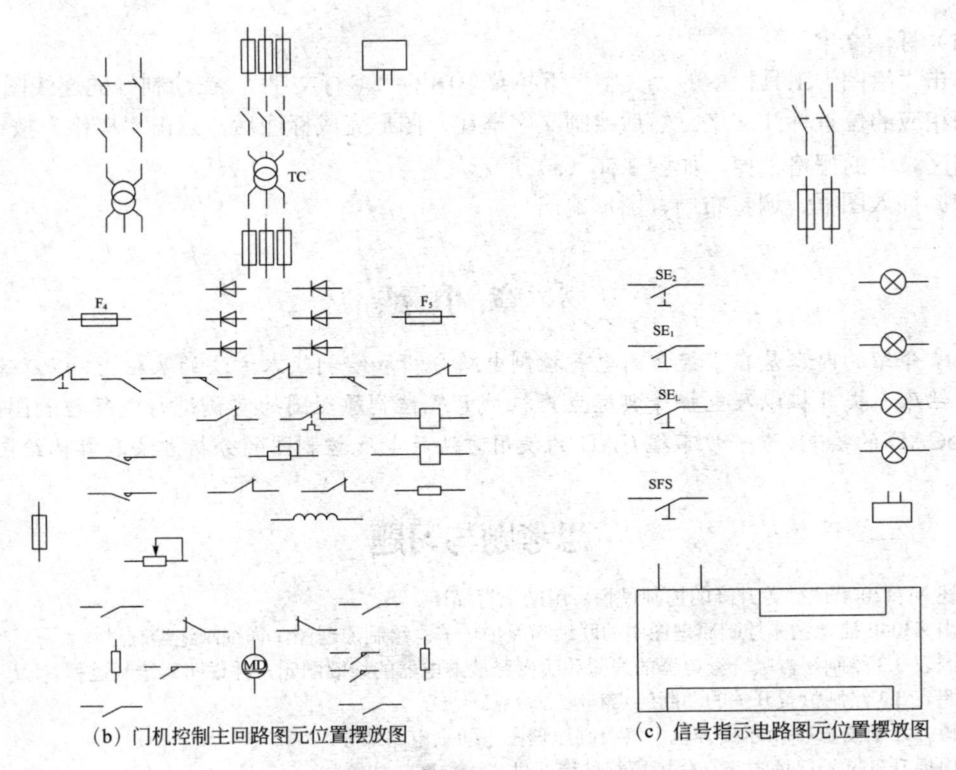

（b）门机控制主回路图元位置摆放图　　（c）信号指示电路图元位置摆放图

图 3.57　交流双速电梯电气控制原理图的绘图步骤

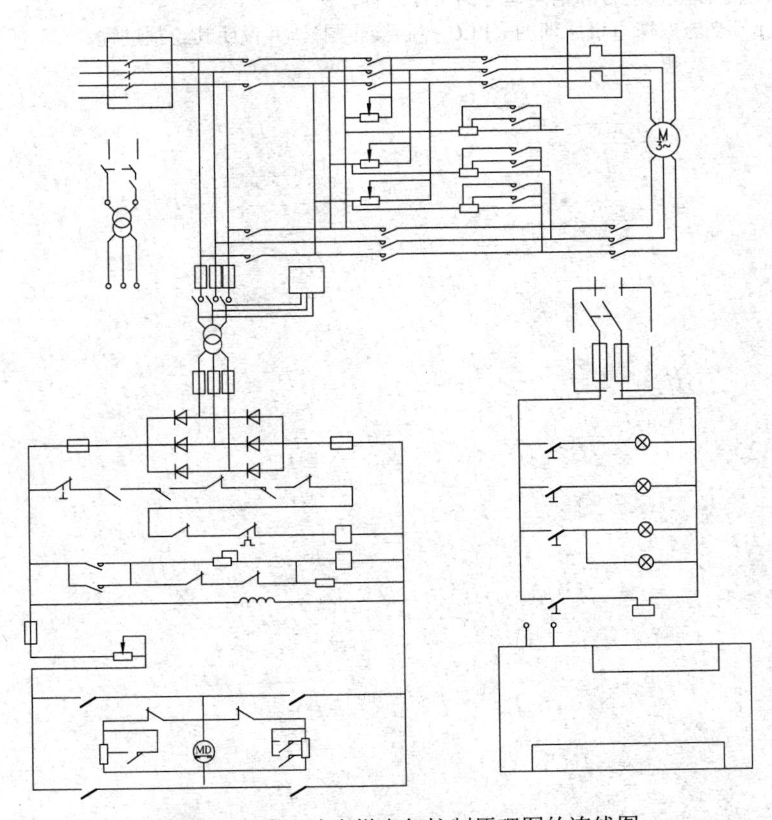

图 3.58　交流双速电梯电气控制原理图的连线图

（4）标注文字

单击“绘图”工具栏中的“文字”下拉菜单中的“多行文字”，在绘制好的连线图中对各图元在相应的位置标注文字。然后绘制文字框线，图形完成标注后，点击“栅格”按钮▦，将绘图区域中的栅格去掉，如图 3.56（a）所示。

（5）插入图框、调整布局、图形输出

本章小结

本章介绍的内容是在掌握常用电气控制电路分析和绘制基本方法的基础上，以双速电机、磨床、钻床、提升机以及电梯等典型生产机械电气控制原理图为实例进行电气控制图的分析及 AutoCAD 的绘制，进一步掌握 CAD 的使用方法及电气控制图的分析方法和具体绘图步骤。

思考题与习题

3-1 简述 M7120 磨床砂轮升降的控制过程，用助记符描述。
3-2 找出 Z3040 摇臂钻床控制原理图中的联锁和保护环节。绘制原理图，详细阐述绘制过程。
3-3 参照表 3.3 绘制缓慢吸合继电器的线圈和缓慢释放继电器的线圈图元，并说明其绘制过程。
3-4 参照表 3.3 绘制位置开关的动断触点和动合触点。
3-5 分析并绘制图 3.49 所示提升机电气控制原理图中的主电路部分。
3-6 找出提升机过卷保护支路，分析控制过程并进行相应图元的绘制。
3-7 分析交流双速电梯检修运行和消防运行的工作过程。
3-8 绘制 3.56（b）交流双速电机原理图（PLC 控制接线图），并说明其绘制过程。

4 发变电一次工程图识图与绘图

发电厂或变电所电气部分包括一次部分及二次部分。与一次部分相关的工程图主要包括电气主接线图、厂用电接线图及配电装置图等，与二次部分相关的工程图主要包括二次原理图、二次展开图、安装接线图等。本章将主要阐述发变电工程图中的主接线图、配电装置图的阅读方法及其图形的绘制。

4.1 电气主接线图常用的图形符号及绘制方法

4.1.1 常用的图形符号

电气一次主接线图中常用的图形符号如表4.1所示。这些图形符号均按照国家标准GB/T 4728《电气简图用图形符号》最新版的相关要求绘制。表4.1中图形符号以栅格为背景，栅格间距为2.5mm，方便读者掌握图形符号的尺寸。

表4.1 电气主接线常用电气设备的符号

序号	设备名称	新标准	序号	设备名称	新标准
1	有铁芯的单相双绕组变压器	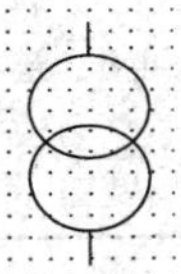	6	双二次绕组的电流互感器（有两个铁芯）	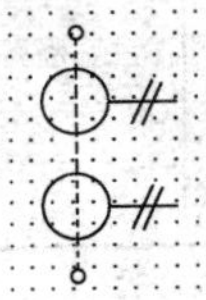
2	YN/d连接的有铁芯三相双绕组变压器	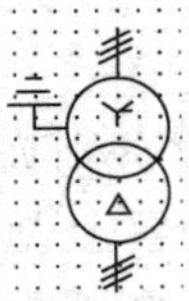	7	双二次绕组的电流互感器（有共同铁芯）	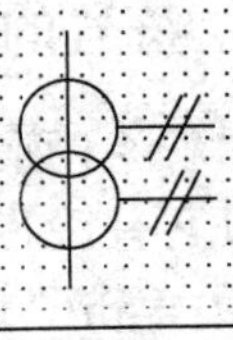
3	YN/y/d 连接有铁芯的三相三绕组变压器	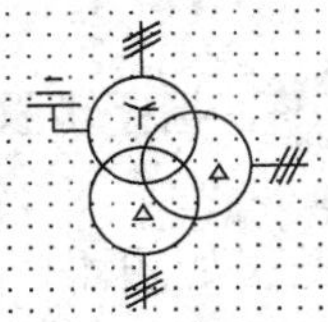	8	三极高压断路器	
4	Y 形连接的有铁芯的三相自耦变压器	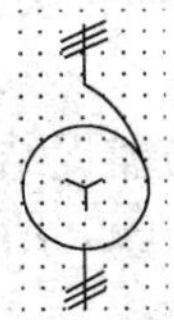	9	Y/d 连接的具有有载分接开关的三相变压器	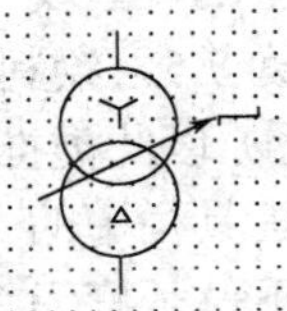
5	单二次绕组的电流互感器	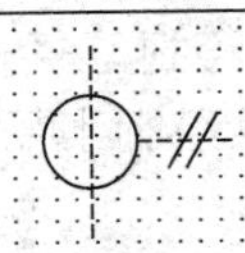	10	接地消弧线圈	

续表

序号	设备名称	新标准	序号	设备名称	新标准
11	负荷开关	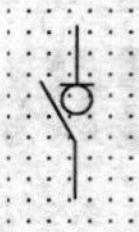	16	熔断器	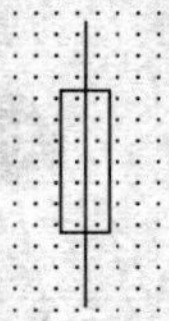
12	电抗器	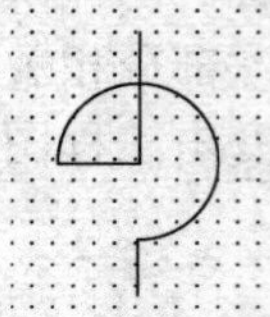	17	跌开式熔断器	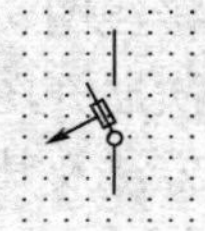
13	熔断器式隔离开关	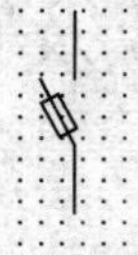	18	阀型避雷器	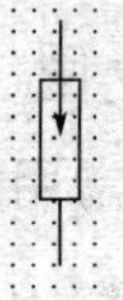
14	站用变压器符号	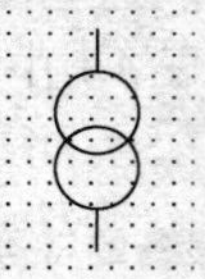	19	交流发电机	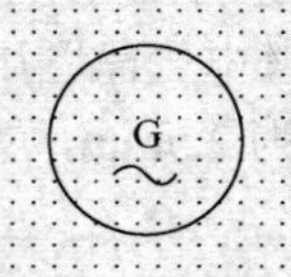 G
15	三极高压隔离开关		20	电压互感器	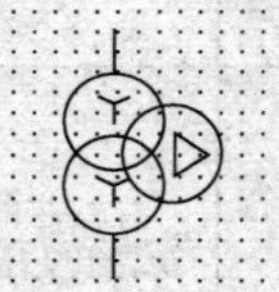

4.1.2 符号的绘制方法

如表 4.1 所示，列出了 20 种图形符号，接下来本文分别列举 20 种符号的具体绘图步骤。

（1）有铁芯的单相双绕组变压器符号的绘制

① 单击“绘图”工具栏中的“圆”命令按钮，绘制半径为 7.5 的圆。绘制效果如图 4.1（a）所示。

② 选择“修改”工具栏中的“复制”命令按钮，指定步骤 1 中圆的圆心为复制基点，复制位移为垂直方向 10。复制效果如图 4.1（b）所示。

③ 设置对象捕捉模式为象限点，象限点的捕捉结果如图 4.1（c）所示。选择“绘图”工具栏中的“直线”命令按钮，起点为如图 4.1（c）所示的象限点，直线的方向为垂直向上，长度为 7.5，绘制结果如图 4.1（d）所示。

④ 以此类推设置对象捕捉模式为象限点，象限点的捕捉结果如图 4.1（e）所示。选择“绘图”工具栏中的“直线”命令按钮，起点为如图 4.1（e）所示的象限点，直线的方向为垂直向下，长度为 7.5，绘制结果如图 4.1（f）所示。

（2）YN/d 连接的有铁芯三相双绕组变压器符号的绘制

① 单击“绘图”工具栏中的“圆”命令按钮，绘制半径为 7.5 的圆。绘制效果如图 4.2（a）所示。

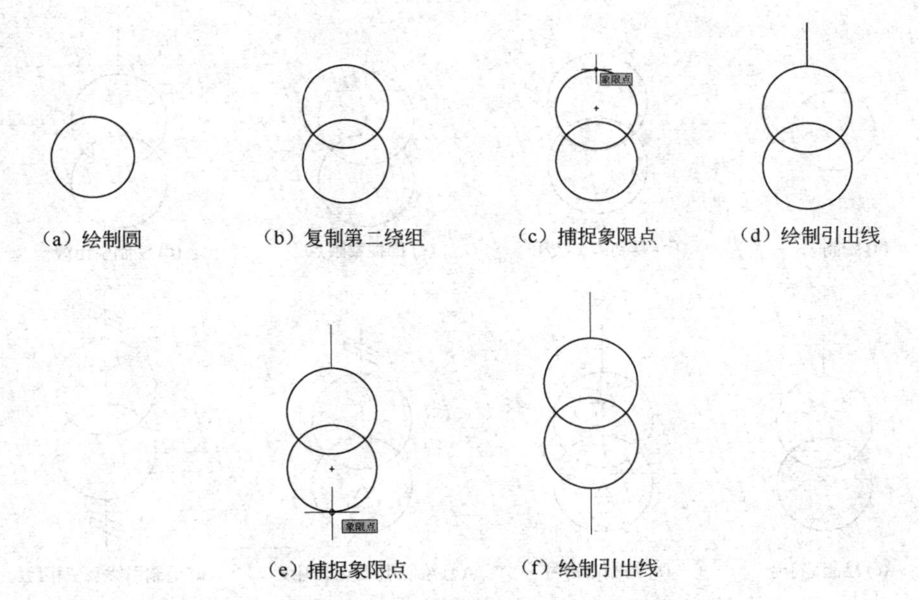

（a）绘制圆　（b）复制第二绕组　（c）捕捉象限点　（d）绘制引出线

（e）捕捉象限点　（f）绘制引出线

图 4.1　有铁芯的单相双绕组变压器符号的绘图步骤

② 选择“修改”工具栏中的“复制”命令按钮，指定步骤 1 中圆的圆心为复制基点，复制位移为垂直方向 10。复制效果如图 4.2（b）所示。

③ 设置对象捕捉模式为象限点，象限点的捕捉结果如图 4.2（c）所示。选择“绘图”工具栏中的“直线”命令按钮，起点为如图 4.2（c）所示的象限点，直线的方向为垂直向上，长度为 7.5，绘制结果如图 4.2（d）所示。

④ 绘制星形符号。设置对象捕捉模式为“圆心”，以第一绕组的圆心为起始点垂直向上绘制长度为 2.5 的直线，单击“修改”工具栏中的“阵列”按钮，选择阵列类型为“环形阵列”，阵列中心点为刚刚绘制的直线的上端点，“选择对象”为刚刚绘制的直线，上侧工具栏出现设置界面，在该界面中设置：“项目总数”为 3，“填充角度”为“360”，然后按下“确定”按钮。以星形符号的中性点为起始点，绘制长度为 2.5 的水平直线，绘制的结果如图 4.2（e）所示。

⑤ 绘制第二绕组的三角符号。单击“绘图”工具栏中“多边形”按钮，按照命令行的提示进行相应操作。绘制的结果如图 4.2（f）所示。

命令: _polygon　输入边的数目 <3>:3

指定正多边形的中心点或 [边(E)]: E

指定边的第一个端点:（选择变压器符号第二绕组的圆心为第一点）

指定边的第二个端点: @−1.25,−2.2

⑥ 绘制三相线。单击“绘图”工具栏中的“直线”按钮，设置对象捕捉方式为“端点”方式，单击“对象捕捉”工具栏中的“捕捉自”按钮，以第一绕组引出线的下端点为参照点，偏移@−2.5,2.5，确定三相线中最下面一根线的起点，并以该起点为参照点，偏移@5,2.5 确定该线的终点。以此方法绘制三相线的另外两根线。绘制结果如图 4.2（g）所示。

⑦ 参照第三绕组的引线及三相线的绘制方法，绘制第二绕组的引线及三相线。绘制结果如图 4.2（h）所示。

⑧ 绘制接地符号。单击“绘图”工具栏中的“直线”按钮，绘制接地符号。绘制结果如图 4.2（i）所示。

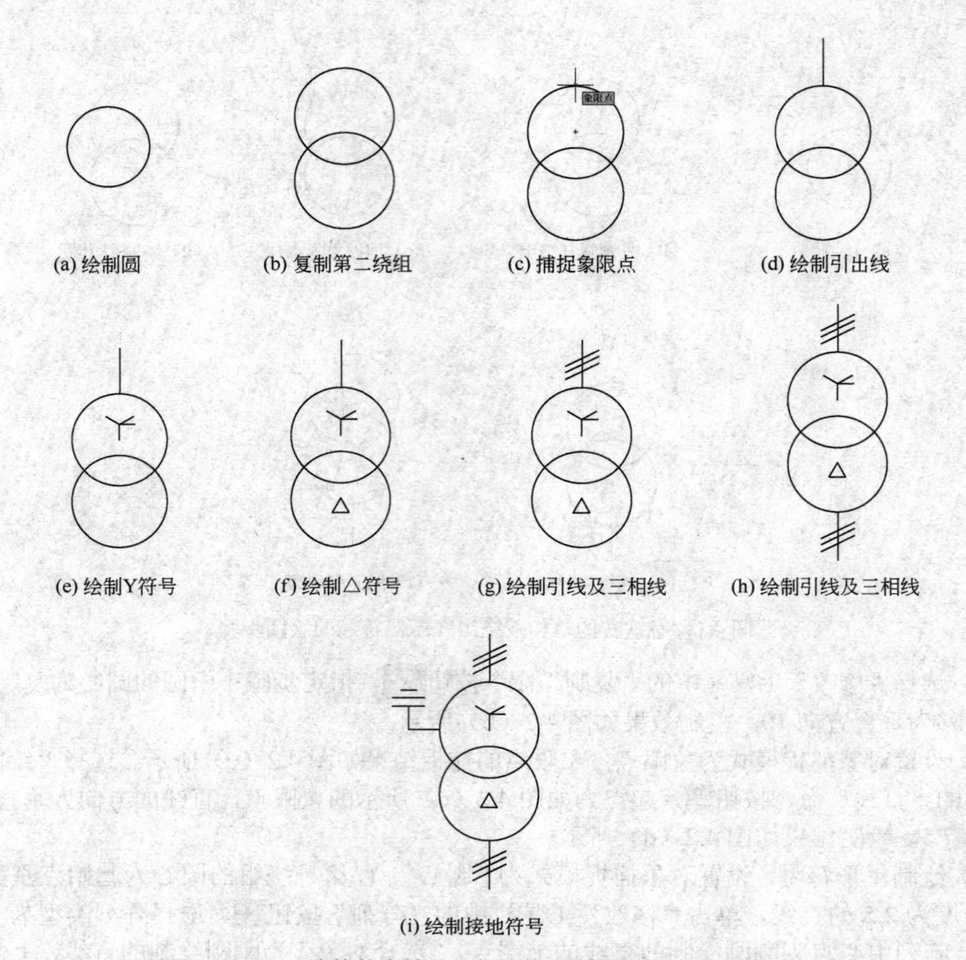

图 4.2　YN/d 连接的有铁芯三相双绕组变压器符号的绘图步骤

（3）YN/y/d 连接有铁芯的三相三绕组变压器符号的绘制

① 单击“绘图”工具栏中的“圆”命令按钮，绘制半径为 7.5 的圆。绘制效果如图 4.3（a）所示。

② 选择“修改”工具栏中的“复制”命令按钮，指定步骤 1 中圆的圆心为复制基点，复制位移为垂直方向 10。复制效果如图 4.3（b）所示。

③ 以此类推复制第三绕组的圆。需要注意的是第三绕组的圆心坐标相对于第一绕组的圆心坐标偏移为@7.5,−5。复制效果如图 4.3（c）所示。

④ 设置对象捕捉模式为象限点，象限点的捕捉结果如图 4.3（d）所示。选择“绘图”工具栏中的“直线”命令按钮，起点为如图 4.3（d）所示的象限点，直线的方向为垂直向上，长度为 7.5，绘制结果如图 4.3（e）所示。

⑤ 绘制星形符号。设置对象捕捉模式为“圆心”，以第一绕组的圆心为起始点垂直向上绘制长度为 2.5 的直线，单击“修改”工具栏中的“阵列”按钮，选择阵列类型为“环形阵列”，阵列中心点为刚刚绘制的直线的上端点，“选择对象”为刚刚绘制的直线，上侧工具栏出现设置界面，在该界面中设置：“项目总数”为 3，“填充角度”为“360”，然后按下“确定”按钮。以星形符号的中性点为起始点，绘制长度为 2.5 的水平直线，绘制的结果如图 4.3（f）所示。

⑥ 绘制第二绕组的三角符号。单击“绘图”工具栏中“多边形”按钮，按照命令行

的提示进行相应操作。

命令: _polygon 输入边的数目 <3>:3

指定正多边形的中心点或 [边(E)]: E

指定边的第一个端点: (选择变压器符号第二绕组的圆心为第一点)

指定边的第二个端点: @-1.25,-2.2

⑦ 以此方法或采用复制方法绘制第三绕组的三角形符号。绘制结果如图 4.3（g）所示。

⑧ 绘制三相线。单击“绘图”工具栏中的“直线”按钮，设置对象捕捉方式为“端点”方式，单击“对象捕捉”工具栏中的“捕捉自”按钮，以第一绕组引出线的下端点为参照点，偏移@-2.5,2.5，确定三相线中最下面一根线的起点，并以该起点为参照点，偏移@5,2.5 确定该线的终点。以此方法绘制三相线的另外两根线。绘制结果如图 4.3（h）所示。以第一绕组引出线的下端点为基点，复制第一绕组的引出线及三相线，并将其粘贴到如图 4.3（i）所示的第三绕组的“象限点”处，复制结果如图 4.3（j）所示。单击“修改”工具栏中的“旋转”按钮，选择刚刚复制的三相线及引出线，以圆的“象限点”为旋转基点，进行-90° 的旋转，最终绘制的结果如图 4.3（k）所示。单击“修改”工具栏中的“镜像”按钮，按下面命令行的提示进行操作，绘制结果如图 4.3（l）所示。

命令: _mirror

选择对象: 指定对角点: 找到 3 个 (选择第三绕组的三相线)

选择对象: (鼠标右键确定或回车)

指定镜像线的第一点: (选择第三绕组引出线的左端点为镜像线的第一点)

指定镜像线的第二点: (选择第三绕组引出线的右端点为镜像线的第二点)

要删除源对象吗? [是(Y)/否(N)] <N>: Y

参照第三绕组的引线及三相线的绘制方法，绘制第二绕组的引线及三相线。绘制结果如图 4.3（m）所示。

⑨ 绘制接地符号。单击“绘图”工具栏中的“直线”按钮，绘制接地符号。绘制结果如图 4.3（n）所示。

（4）星形连接的有铁芯的三相自耦变压器符号的绘制

① 复制 YN/y/d 连接的有铁芯的三相三绕组变压器符号。

② 删除接地符号、第一绕组线圈符号、第一绕组星形中性点引出线、第二绕组角形符号、第三绕组线圈符号、第三绕组角形符号、第三绕组引出线符号、第三绕组三相线符号，并将星形符号移至第二绕组圆心处，绘制结果如图 4.4（a）所示。

③ 移动自耦变上边的引出线及三相线。单击“修改”工具栏中的“移动”按钮，以图 4.4（b）端点为移动基点，向下移动 5，操作步骤如下：

命令: _move

选择对象: 指定对角点: 找到 4 个 (如图 4.4(b)虚线部分)

选择对象: (点击鼠标右键或回车)

指定基点或 [位移(D)] (如图 4.4(b)) <位移>: 指定第二个点或 <使用第一个点作为位移>: @0,-5

④ 单击下拉菜单命令“绘图” | “圆弧” | “起点、端点、方向”命令，选择图 4.4（c）所示的“象限点”为圆弧起点，如图 4.4（b）所示的端点为圆弧的端点，适当调整圆弧的方向，绘制如图 4.4（d）所示的自耦变符号。

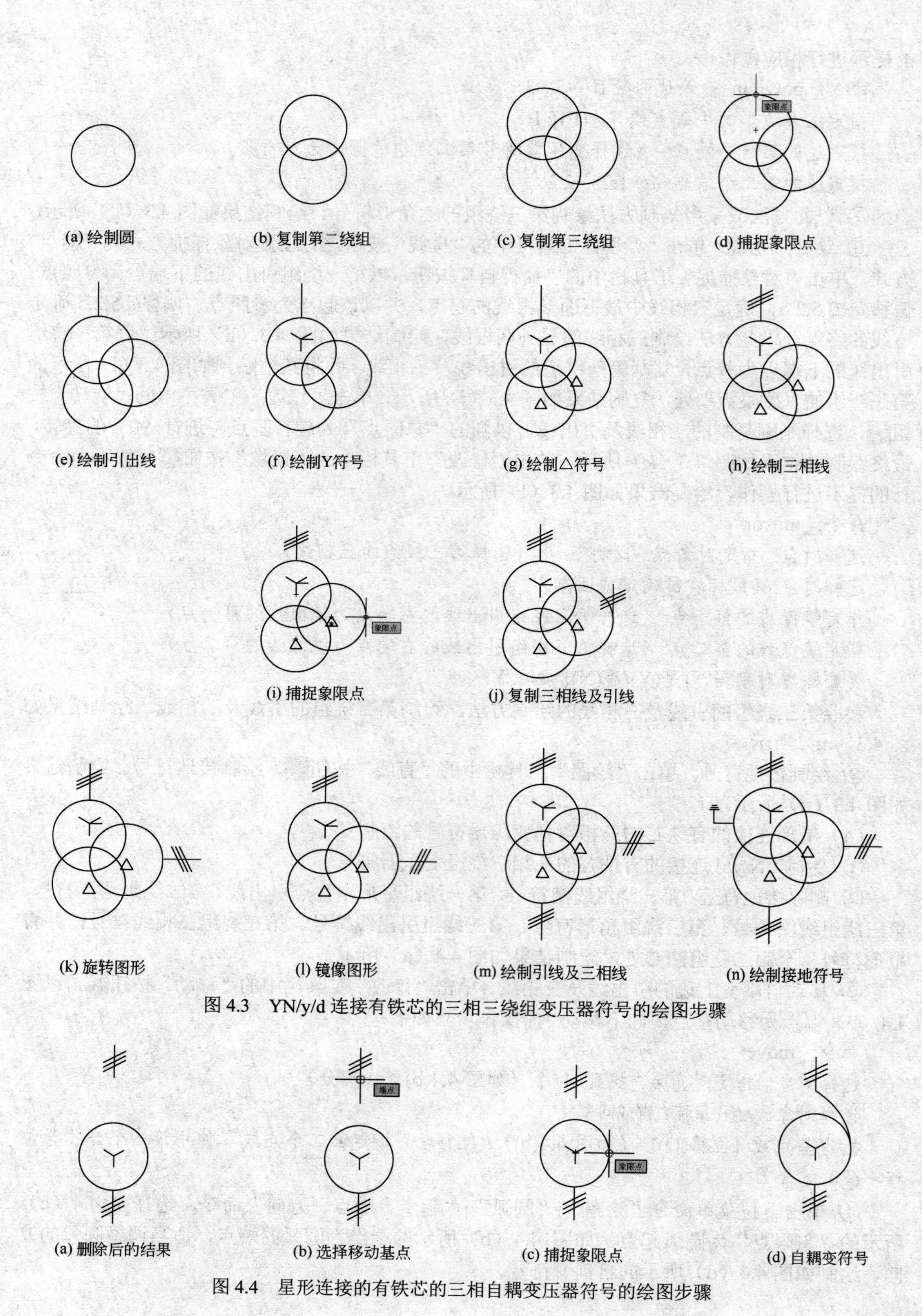

图 4.3 YN/y/d 连接有铁芯的三相三绕组变压器符号的绘图步骤

图 4.4 星形连接的有铁芯的三相自耦变压器符号的绘图步骤

（5）单二次绕组的电流互感器符号的绘制

① 单击“绘图”工具栏中的“圆”命令按钮，绘制半径为3.75的圆。绘制效果如图4.5（a）所示。

② 设置对象捕捉模式为象限点，象限点的捕捉结果如图4.5（b）所示（圆心）。选择“绘图”工具栏中的“直线”命令按钮，起点为如图4.5（b）所示（圆心）的象限点，直线的方向为垂直向上，长度为8.75，绘制结果如图4.5（c）所示。

③ 以此类推设置对象捕捉模式为象限点，象限点的捕捉结果如图4.5（d）所示（圆心）。选择“绘图”工具栏中的“直线”命令按钮，起点为如图4.5（d）所示（圆心）的象限点，直线的方向为垂直向下，长度为8.75，绘制结果如图4.5（e）所示。

④ 设置对象捕捉模式为象限点，象限点的捕捉结果如图4.5（e）所示。选择“绘图”工具栏中的“直线”命令按钮，起点为如图4.5（e）所示的象限点，直线的方向为垂直向右，长度为7.5，绘制结果如图4.5（f）所示。

⑤ 绘制三相线。单击“绘图”工具栏中的“直线”按钮，设置对象捕捉方式为“端点”方式，单击“对象捕捉”工具栏中的“捕捉自”按钮，以绕组引出线的右端点为参照点，偏移@-2.5,2.5，确定三相线中最下面一根线的起点，并以该起点为参照点，偏移@5,2.5确定该线的终点。以此方法绘制三相线的另外两根线。绘制结果如图4.5（g）所示。

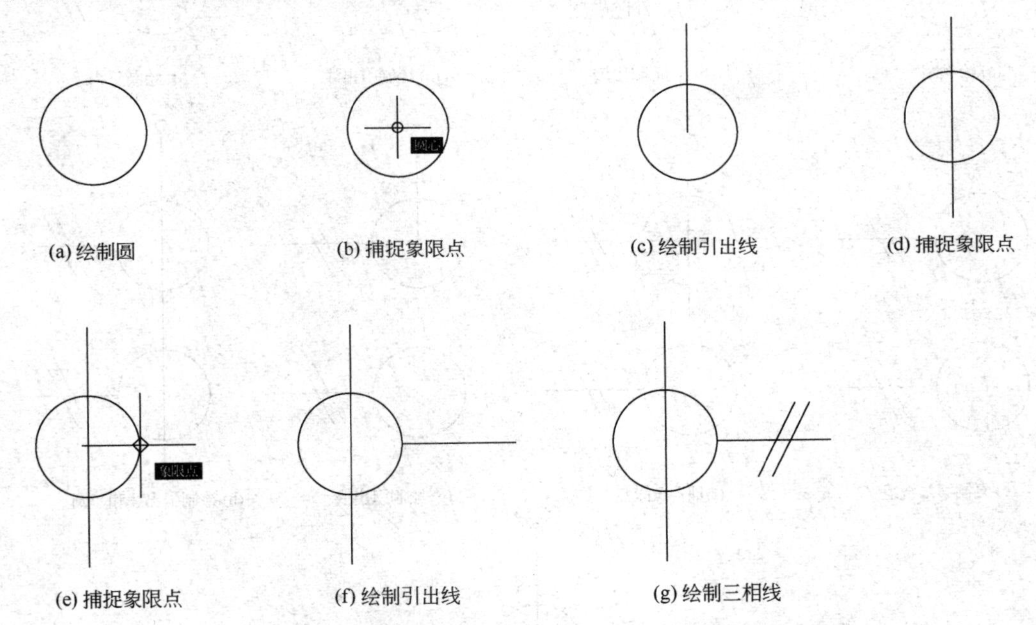

图4.5　单二次绕组的电流互感器符号的绘图步骤

（6）双二次绕组的电流互感器（有两个铁芯）符号的绘制

① 单击“绘图”工具栏中的“圆”命令按钮，绘制半径为3.75的圆。绘制效果如图4.6（a）所示。

② 设置对象捕捉模式为象限点，象限点的捕捉结果如图4.6（b）所示。选择“绘图”工具栏中的“直线”命令按钮，起点为如图4.6（b）所示的象限点，直线的方向为垂直向右，长度为7.5，绘制结果如图4.6（c）所示。

③ 绘制三相线。单击“绘图”工具栏中的“直线”按钮，设置对象捕捉方式为“端点”方式，单击“对象捕捉”工具栏中的“捕捉自”按钮，以绕组引出线的右端点为参照点，偏

移@-2.5,2.5，确定三相线中最下面一根线的起点，并以该起点为参照点，偏移@5,2.5 确定该线的终点。以此方法绘制三相线的另外两根线。绘制结果如图 4.6（d）所示。

④ 选择“修改”工具栏中的“复制”命令按钮，选中全部图形，指定步骤 1 中圆的圆心为复制基点，复制位移为垂直方向 12.5。复制效果如图 4.6（e）所示。

⑤ 设置对象捕捉模式为象限点，象限点的捕捉结果如图 4.6（f）所示（圆心）。选择“绘图”工具栏中的“直线”命令按钮，起点为如图 4.6（f）所示（圆心）的象限点，直线的方向为垂直向上，长度为 8.75，绘制结果如图 4.6（g）所示。

⑥ 以此类推设置对象捕捉模式为象限点，象限点的捕捉结果如图 4.6（f）所示（圆心）。选择“绘图”工具栏中的“直线”命令按钮，起点为如图 4.6（f）所示（圆心）的象限点，直线的方向为垂直向下，长度为 21.25，绘制结果如图 4.6（h）所示。

⑦ 单击“绘图”工具栏中的“圆”命令按钮，选取步骤 1 中圆的圆心正上方 8.75 远处为圆心，绘制半径为 0.5 的圆。绘制效果如图 4.6（h）所示。

⑧ 以此类推单击“绘图”工具栏中的“圆”命令按钮，选取步骤 4 中复制出的圆的圆心正下方 8.75 远处为圆心，绘制半径为 0.5 的圆。绘制效果如图 4.6（i）所示。

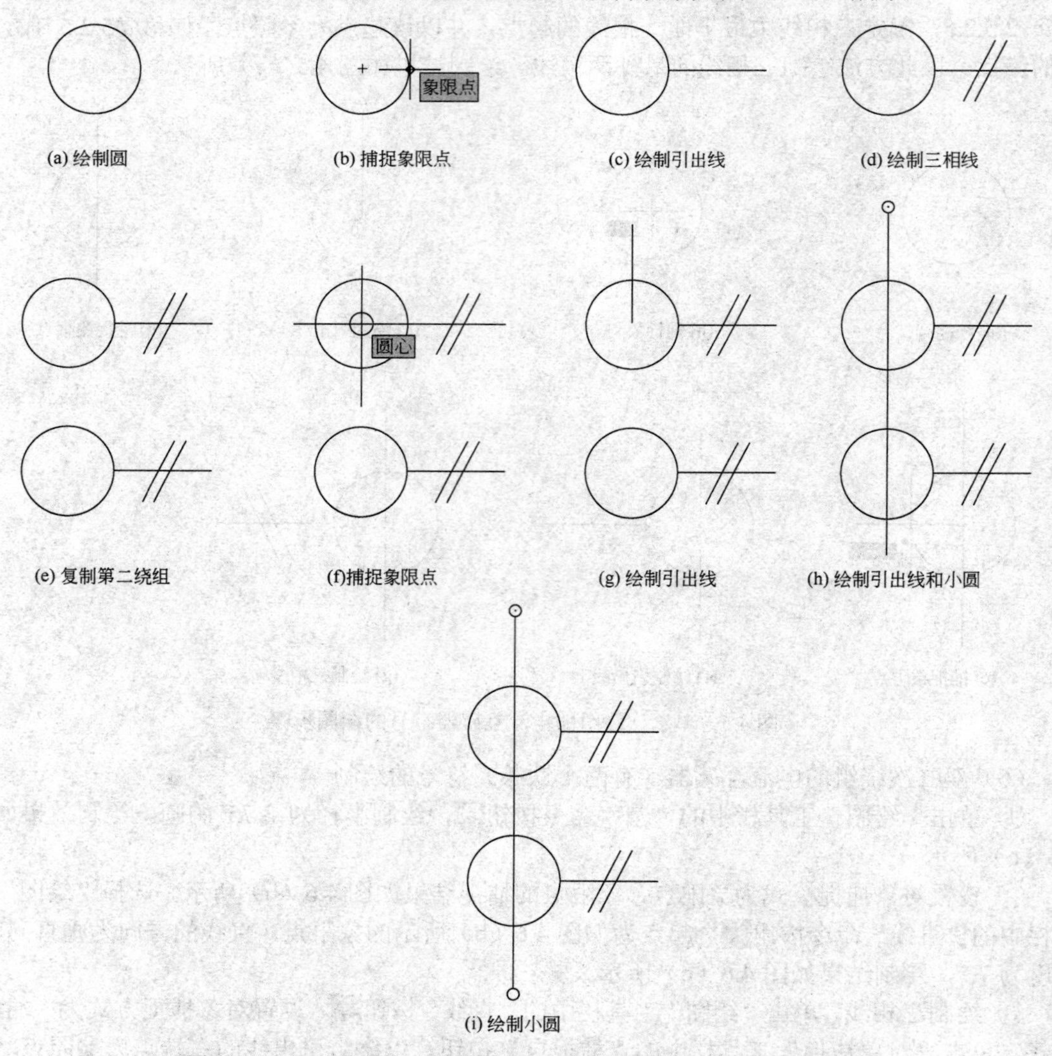

图 4.6　双二次绕组的电流互感器（有两个铁芯）符号的绘图步骤

（7）双二次绕组的电流互感器（有共同铁芯）符号的绘制

① 单击“绘图”工具栏中的“圆”命令按钮，绘制半径为 3.75 的圆。绘制效果如图 4.7（a）所示。

② 设置对象捕捉模式为象限点，象限点的捕捉结果如图 4.7（b）所示。选择“绘图”工具栏中的“直线”命令按钮，起点为如图 4.7（b）所示的象限点，直线的方向为垂直向右，长度为 7.5，绘制结果如图 4.7（c）所示。

③ 绘制三相线。单击“绘图”工具栏中的“直线”按钮，设置对象捕捉方式为“端点”方式，单击“对象捕捉”工具栏中的“捕捉自”按钮，以绕组引出线的右端点为参照点，偏移@−2.5,2.5，确定三相线中最下面一根线的起点，并以该起点为参照点，偏移@5,2.5 确定该线的终点。以此方法绘制三相线的另外两根线。绘制结果如图 4.7（d）所示。

④ 选择“修改”工具栏中的“复制”命令按钮，选中全部图形，指定步骤 1 中圆的圆心为复制基点，复制位移为垂直方向 5。复制效果如图 4.7（e）所示。

⑤ 设置对象捕捉模式为象限点，象限点的捕捉结果如图 4.7（f）所示（圆心）。选择“绘图”工具栏中的“直线”命令按钮，起点为如图 4.7（f）所示（圆心）的象限点，直线的方向为垂直向上，长度为 7.5，绘制结果如图 4.7（g）所示。

⑥ 以此类推设置对象捕捉模式为象限点，象限点的捕捉结果如图 4.7（f）所示（圆心）。选择“绘图”工具栏中的“直线”命令按钮，起点为如图 4.7（f）所示（圆心）的象限点，直线的方向为垂直向下，长度为 12.5，绘制结果如图 4.7（h）所示。

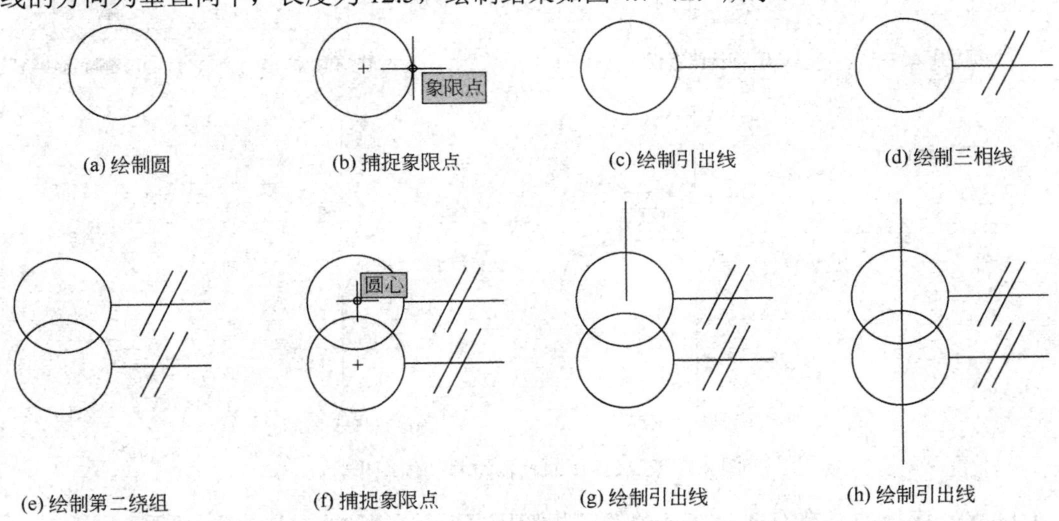

图 4.7　双二次绕组的电流互感器（有共同铁芯）符号的绘图步骤

（8）三级高压断路器的绘制

① 选择“绘图”工具栏中的“直线”命令按钮，绘制长为 7.5 的竖线，绘制效果如图 4.8（a）所示。

② 设置对象捕捉模式为端点，捕捉结果如图 4.8（b）所示，选择“绘图”工具栏中的“直线”命令按钮，绘制长为 2.5 的水平横线，绘制效果如图 4.8（c）所示。

③ 选择“修改”工具栏中的“复制”命令按钮，指定步骤 1 中线段的端点为复制基点，复制位移为垂直方向 10。复制效果如图 4.8（d）所示。

④ 单击“绘图”工具栏中的“直线”命令按钮，捕捉如图 4.8（e）所示的端点，连接下方线段的上端点，绘制效果如图 4.8（f）所示。

⑤ 选择图 4.8（g）所示线段，并删除该线段效果如图 4.8（h）所示。

⑥ 捕捉如图 4.8（i）所示的端点，向 45°、135°、225°、315° 方向各画长度为 1.25 的线段，如图 4.8（j）所示。

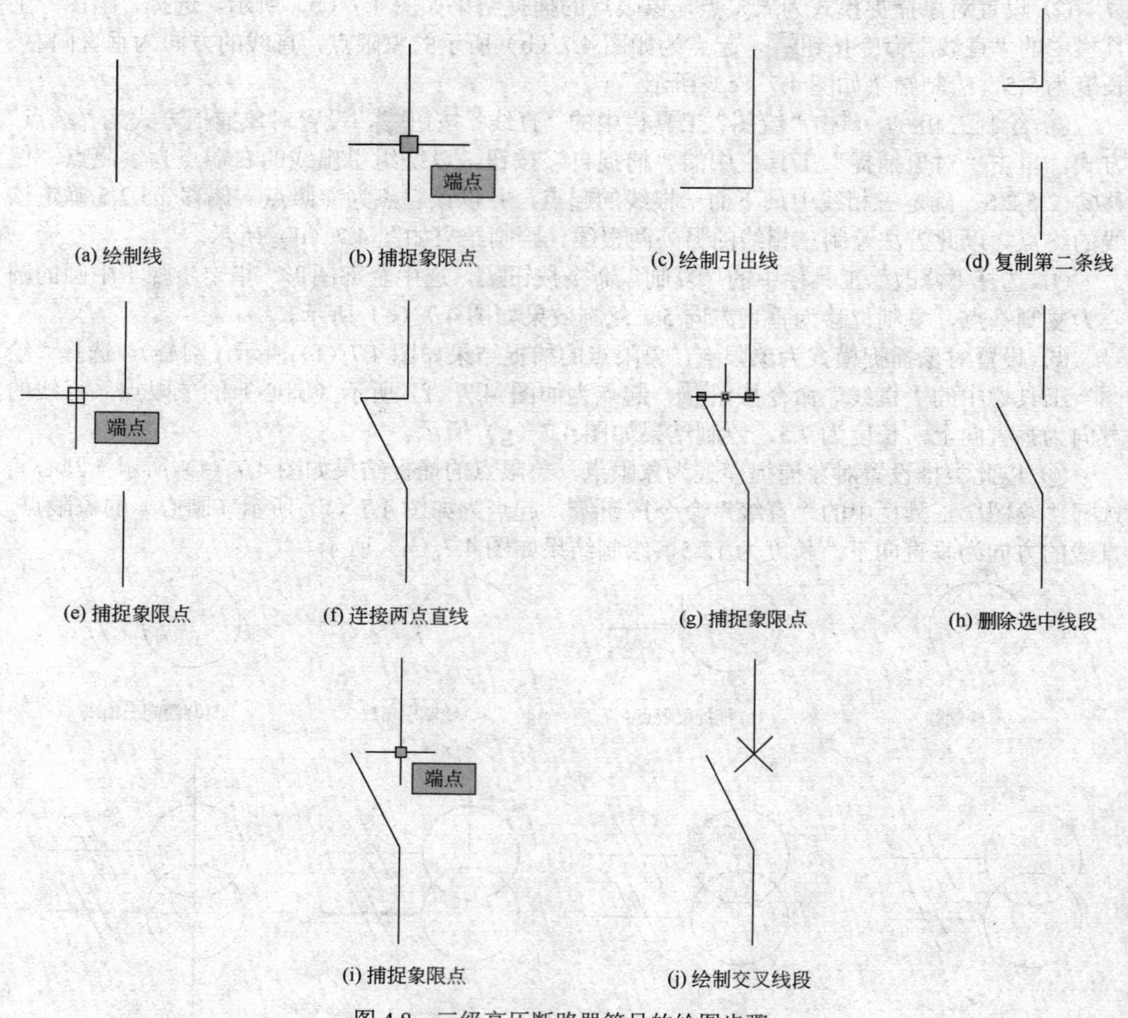

(a) 绘制线　(b) 捕捉象限点　(c) 绘制引出线　(d) 复制第二条线

(e) 捕捉象限点　(f) 连接两点直线　(g) 捕捉象限点　(h) 删除选中线段

(i) 捕捉象限点　(j) 绘制交叉线段

图 4.8　三级高压断路器符号的绘图步骤

（9）Y/d 连接的具有有载分接开关的三相变压器符号的绘制

① 复制 YN/y/d 连接的有铁心的三相三绕组变压器符号，参照 Y/d 连接的具有有载分接开关的三相变压器符号删除该符号的多余部分，效果如图 4.9（a）所示。

② 捕捉“象限点”，分别以第一绕组及第二绕组的两个“象限点”为直线起始点绘制长度为 5 的上下两根引出线。绘制结果如图 4.9（b）所示。

③ 单击“绘图”工具栏中的“直线”命令按钮，绘制可调节符号的直线部分，直线的起点坐标相对变压器第二绕组的圆心坐标为@-10,0，直线的终点坐标相对直线起点坐标为@20,10。绘制结果如图 4.9（c）所示。

④ 绘制可调节符号的箭头。单击“绘图”工具栏中的“多段线”按钮，在变压器符号旁边绘制起点宽度为 2，端点宽度为 0，长度为 3 的箭头。绘图结果如图 4.9（d）所示。

⑤ 对齐箭头。单击下拉菜单命令“修改”|“三维操作”|“对齐”命令，对齐箭头和斜

线。绘图结果如图 4.9（e）所示。

⑥ 绘制步进符号。单击“绘图”工具栏中的“直线”按钮，依次绘制长度为 1.25 的垂直线，长度为 5 的水平直线及长度为 1.25 的垂直线。绘制结果如图 4.9（f）所示。

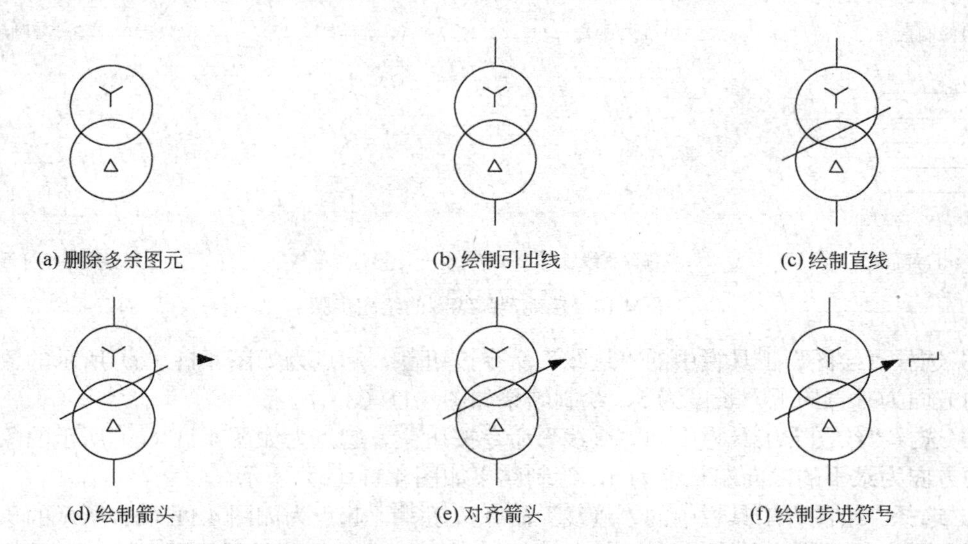

图 4.9　Y/d 连接的具有有载分接开关的三相变压器符号的绘图步骤

（10）接地消弧线圈的绘制

① 单击“绘图”工具栏中的“直线”命令按钮，绘制一根任意长度的水平直线。绘制效果如图 4.10（a）所示。

② 单击“修改”工具栏中的“阵列”命令按钮，出现“阵列”对话框，设置阵列类型为“矩形阵列”，行为 5，列为 1，行偏移为 2.5，列偏移为 1，选择对象为上步绘制的直线。阵列结果如图 4.10（b）所示。

③ 单击“修改”工具栏中的“圆角”命令按钮，按命令行的提示选择如图 4.10（c）所示的两根直线，对这两根直线进行导圆角操作，绘制结果如图 4.10（d）所示。

④ 参照上面的做法，单击“修改”工具栏中的“圆角”命令按钮，创建其他半圆角。绘制效果如图 4.10（e）所示。

⑤ 单击“修改”工具栏中的“删除”命令按钮，删除所有直线。删除后的结果如图 4.10（f）所示。

⑥ 设置对象捕捉模式为“端点”方式，捕捉最上面的圆弧端点，以该点为起点绘制向上长度为 2.5 的垂直线，捕捉最下面圆弧的下端点，以该点为起点绘制向下长度为 5 的垂直线。绘制结果如图 4.10（g）所示。

⑦ 绘制接地符号。单击“绘图”工具栏中的“直线”命令按钮，绘制接地符号。绘制结果如图 4.10（h）所示。

（11）负荷开关符号的绘制

① 单击“绘图”工具栏中的“圆”命令按钮，绘制半径为 1.25 的圆。绘制效果如图 4.11（a）所示。

② 设置对象捕捉模式为象限点，象限点的捕捉结果如图 4.11（b）所示。选择“绘图”工具栏中的“直线”命令按钮，起点为如图 4.11（c）所示的象限点，直线的方向为水平的，左右长度各为 1.25，绘制结果如图 4.11（c）所示。

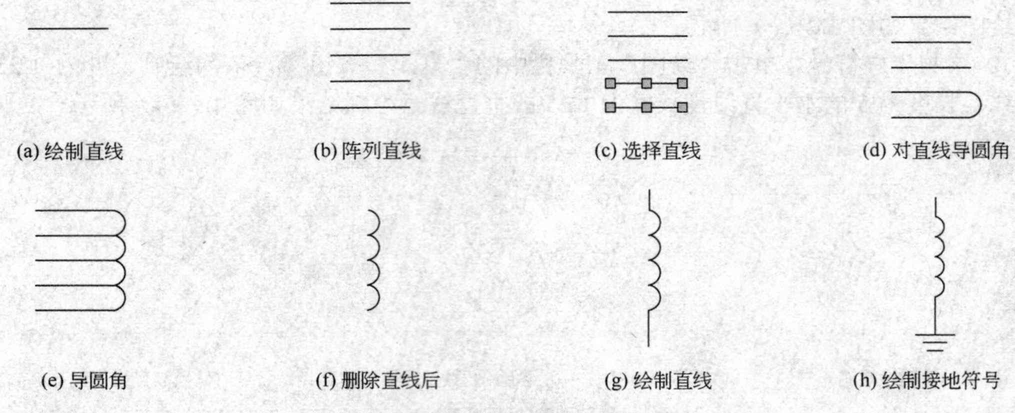

(a) 绘制直线　(b) 阵列直线　(c) 选择直线　(d) 对直线导圆角

(e) 导圆角　(f) 删除直线后　(g) 绘制直线　(h) 绘制接地符号

图 4.10　接地消弧线圈的绘图步骤

③ 选择“绘图”工具栏中的“直线”命令按钮，起点为如图 4.11（c）所示的象限点，直线的方向为垂直向上，长度为 5，绘制结果如图 4.11（d）所示。

④ 选择“绘图”工具栏中的“直线”命令按钮，起点为如图 4.11（c）所示的象限点，直线的方向为水平的，向左长度为 5，绘制结果如图 4.11（e）所示。

⑤ 选择“绘图”工具栏中的“直线”命令按钮，起点为如图 4.11（c）所示的象限点，在其下方距离为 5 的地方绘制竖直向下的直线，长度为 5，绘制结果如图 4.11（f）所示。

⑥ 选中图 4.11（g）所示直线，并删除，效果如图 4.11（h）所示

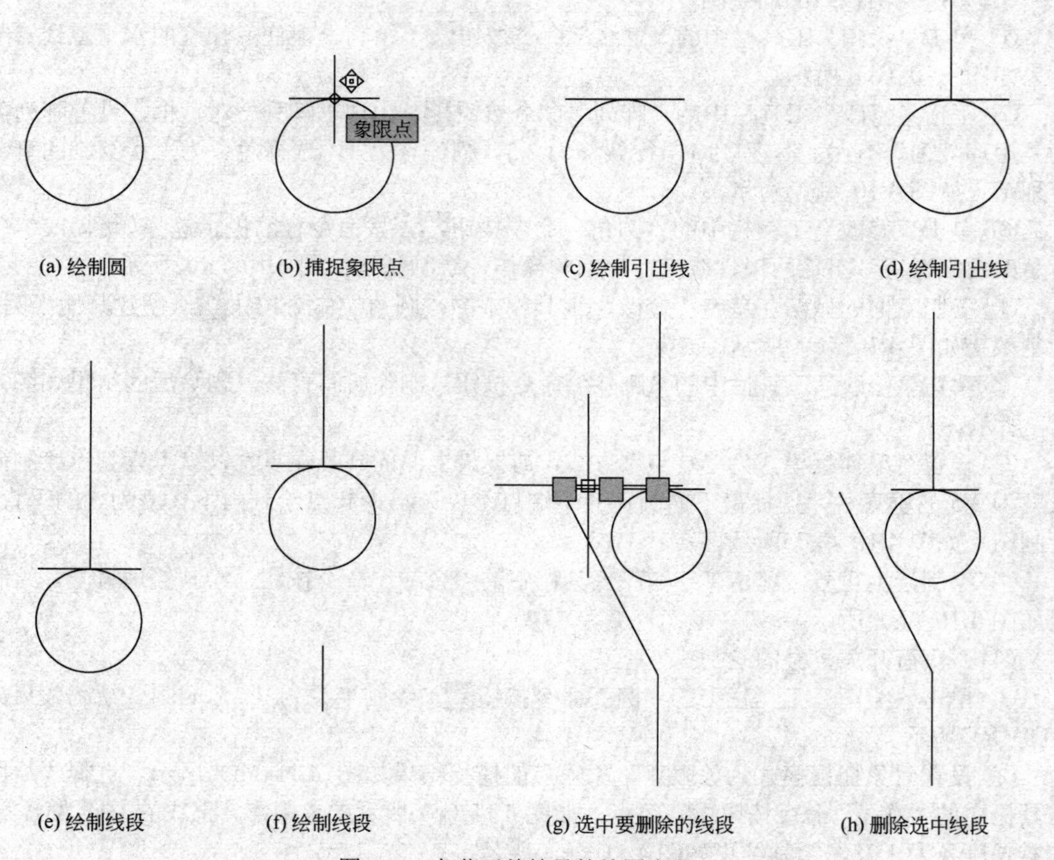

(a) 绘制圆　(b) 捕捉象限点　(c) 绘制引出线　(d) 绘制引出线

(e) 绘制线段　(f) 绘制线段　(g) 选中要删除的线段　(h) 删除选中线段

图 4.11　负荷开关符号的绘图步骤

（12）电抗器符号的绘制

① 单击“绘图”工具栏中的“直线”命令按钮，绘制长度为 25 的垂直直线。效果如图 4.12（a）所示。

② 单击“绘图”工具栏中的“圆”命令按钮，绘制圆心在垂直直线中点的圆 ϕ15。效果如图 4.12（b）所示。

③ 单击“绘图”工具栏中的“直线”命令按钮，绘制以圆心为起点，以圆左侧象限点为终点的直线。绘制结果如图 4.12（c）所示。

④ 单击“修改”工具栏中的“修剪”命令按钮，根据命令行的提示进行图形的修剪，修剪后的结果如图 4.12（d）所示。

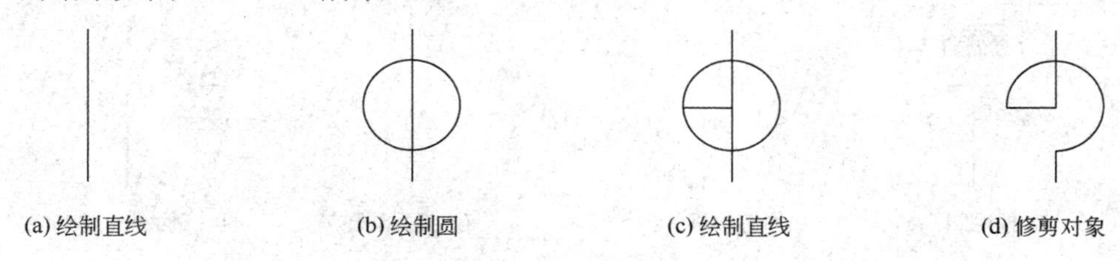
(a) 绘制直线　(b) 绘制圆　(c) 绘制直线　(d) 修剪对象

图 4.12　电抗器符号的绘图步骤

（13）熔断器式隔离开关符号的绘制

① 选择“绘图”工具栏中的“直线”命令按钮，绘制长为 7.5 的竖线，绘制效果如图 4.13（a）所示。

② 设置对象捕捉模式为端点，捕捉结果如图 4.13（b）所示，选择“绘图”工具栏中的“直线”命令按钮，绘制长为 2.5 的水平横线，绘制效果如图 4.13（c）所示。

③ 选择“修改”工具栏中的“复制”命令按钮，指定步骤 1 中线段的端点为复制基点，复制位移为垂直方向 10。复制效果如图 4.13（d）所示。

④ 单击“绘图”工具栏中的“直线”命令按钮，捕捉如图 4.13（e）所示的端点，连接下方线段的上端点，绘制效果如图 4.13（f）所示。

⑤ 选择图 4.13（g）所示线段，并删除该线段效果如图 4.13（h）所示。

⑥ 绘制长为 2.5 宽为 1 的矩形，如图 4.13（i）所示，并旋转移动该矩形，如图 4.13（j）所示。

（14）站用变压器符号绘制

① 单击“绘图”工具栏中的“圆”命令按钮，绘制半径为 7.5 的圆。绘制效果如图 4.14（a）所示。

② 选择“修改”工具栏中的“复制”命令按钮，指定步骤 1 中圆的圆心为复制基点，复制位移为垂直方向 10。复制效果如图 4.14（b）所示。

③ 设置对象捕捉模式为象限点，象限点的捕捉结果如图 4.14（c）所示。选择“绘图”工具栏中的“直线”命令按钮，起点为如图 4.1（c）所示的象限点，直线的方向为垂直向上，长度为 7.5，绘制结果如图 4.14（d）所示。

④ 设置对象捕捉模式为象限点，象限点的捕捉结果如图 4.14（e）所示。选择“绘图”工具栏中的“直线”命令按钮，起点为如图 4.14（e）所示的象限点，直线的方向为垂直向上，长度为 7.5，绘制结果如图 4.14（f）所示。

（15）三级高压隔离开关符号的绘制

① 选择“绘图”工具栏中的“直线”命令按钮，绘制长为 7.5 的竖线，绘制效果如图 4.15（a）所示。

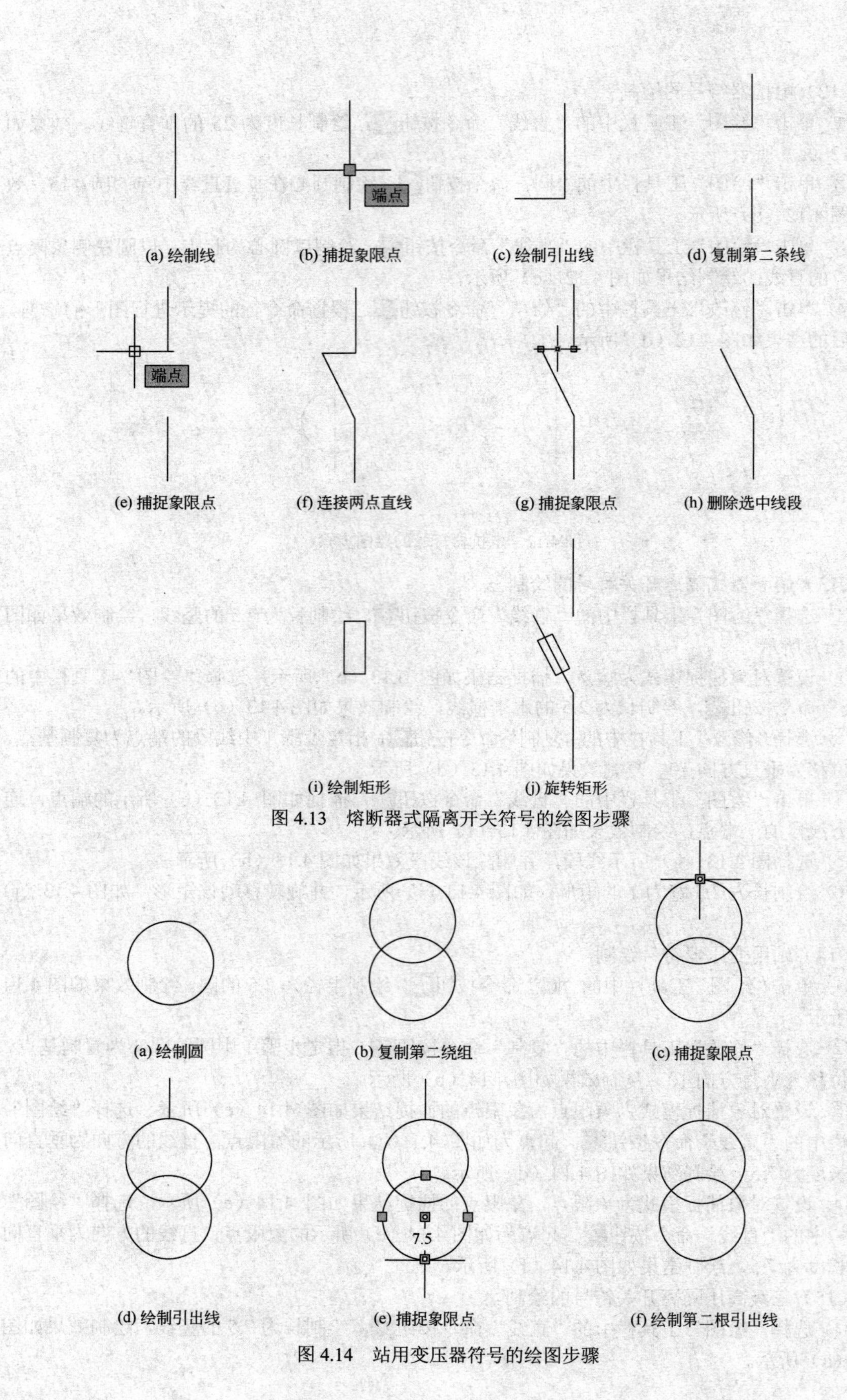

图 4.13　熔断器式隔离开关符号的绘图步骤

图 4.14　站用变压器符号的绘图步骤

② 设置对象捕捉模式为端点，捕捉结果如图 4.15（b）所示，选择“绘图”工具栏中的“直线”命令按钮，向左右各绘制长为 1.25 的水平横线，绘制效果如图 4.15（c）所示。

③ 选择“修改”工具栏中的“复制”命令按钮，指定步骤 1 中线段的端点为复制基点，复制位移为垂直方向 10。复制效果如图 4.15（d）所示。

④ 单击“绘图”工具栏中的“直线”命令按钮，捕捉如图 4.15（e）所示的端点，连接下方线段的上端点，绘制效果如图 4.15（f）所示。

⑤ 选择图 4.15（g）所示线段，并删除该线段效果如图 4.15（h）所示。

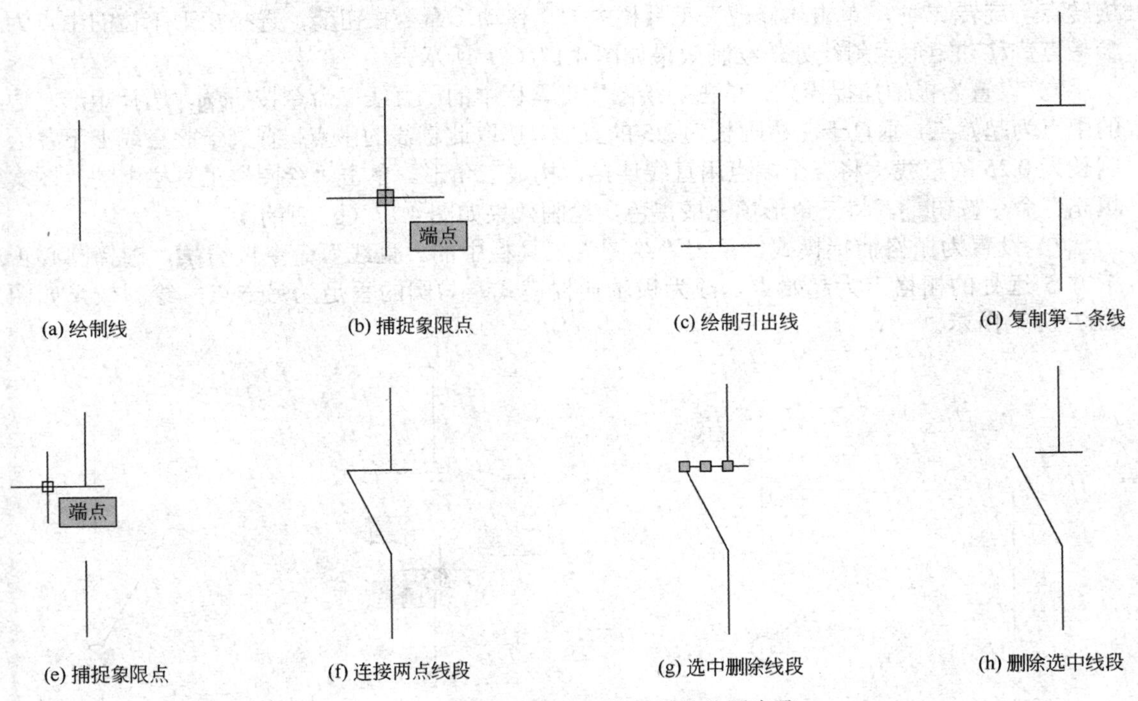

(a) 绘制线　(b) 捕捉象限点　(c) 绘制引出线　(d) 复制第二条线

(e) 捕捉象限点　(f) 连接两点线段　(g) 选中删除线段　(h) 删除选中线段

图 4.15　三级高压隔离开关符号的绘图步骤

（16）熔断器符号的绘制

① 单击“绘图”工具栏中的“矩形”命令按钮（设置为栅格捕捉），任意选取一栅格点做起始点，指定另一点为（5，-15），绘制宽为 5、长为 15 的矩形。绘制效果如图 4.16（a）所示。

② 将捕捉模式改为极轴捕捉，单击“绘图”工具栏中的“直线”命令按钮，选取矩形上边中点正上方 5 远处做起始点，指定另一点为（0，-25），绘制长为 25 的直线。绘制效果如图 4.16（b）所示。

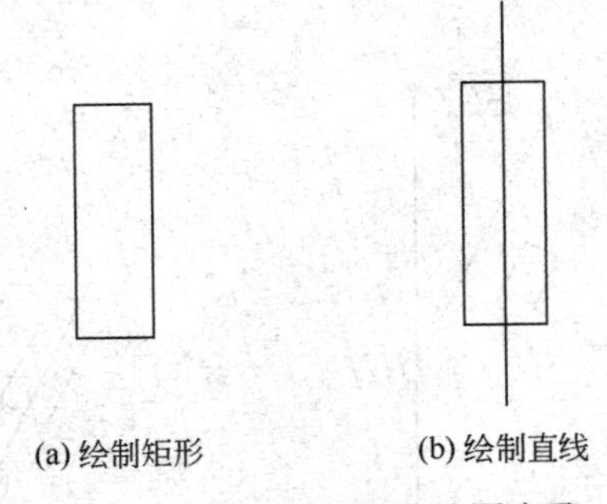
(a) 绘制矩形　(b) 绘制直线

图 4.16　熔断器符号的绘图步骤

（17）跌开式熔断器符号的绘制

① 设置为栅格捕捉，单击“绘图”工具栏中的“直线”命令按钮，任意选取一栅格点做起始点，指定另一点为（0，-5），绘制长为 5 的直线。绘制效果如图 4.17（a）所示。

② 单击“绘图”工具栏中的“圆”命令按钮，选取直线正下方 5 远处为圆心，绘制半径为 0.5 的圆。绘制效果如图 4.17（b）所示。

③ 在捕捉设置中，找到对象捕捉，将垂足捕捉启用。先将捕捉模式设置为栅格捕捉，单

击“绘图”工具栏中的“直线”命令按钮，选取直线下端点左侧 0.25 远处为起始点，再将捕捉模式改为极轴捕捉，垂足点捕捉结果如图 4.17（c）所示，与下方圆的垂足为另一点，绘制直线。绘制效果如图 4.17（d）所示。

④ 设置为栅格捕捉模式，单击“绘图”工具栏中的“矩形”命令按钮，任意选取一栅格点做起始点，指定另一点为（1.25，-2.5），绘制宽为 1.25、长为 2.5 的矩形。单击“实用工具”工具栏中的“角度”命令按钮，一边选取斜线，另一边选取竖直线，角度测量结果如图 4.17（e）所示。单击“修改”工具栏中的“旋转”命令按钮，任意选取矩形上的一点为旋转点，旋转 27°。单击“修改”工具栏中的“移动”命令按钮，选择矩形下边的中点为参考点，移动矩形至斜线处，绘制效果如图 4.17（f）所示。

⑤ 设置为极轴捕捉模式，单击“绘图”工具栏中的“直线”命令按钮，选择矩形左边的中点为起始点，垂直于左边画长为 2.5 的直线。选取此直线的中点，垂直于此直线上下各绘制长为 0.25 的直线。将三个端点用直线连接，构成三角形。单击“绘图”工具栏中的“图案填充”命令按钮，将三角形填充成黑色，绘制效果如图 4.17（g）所示。

⑥ 设置为栅格捕捉模式，单击“绘图”工具栏中的“直线”命令按钮，选择圆心正下方 5 远处的栅格点为起始点，改为极轴捕捉模式，与圆的垂足为另一点，绘制效果如图 4.17（h）所示。

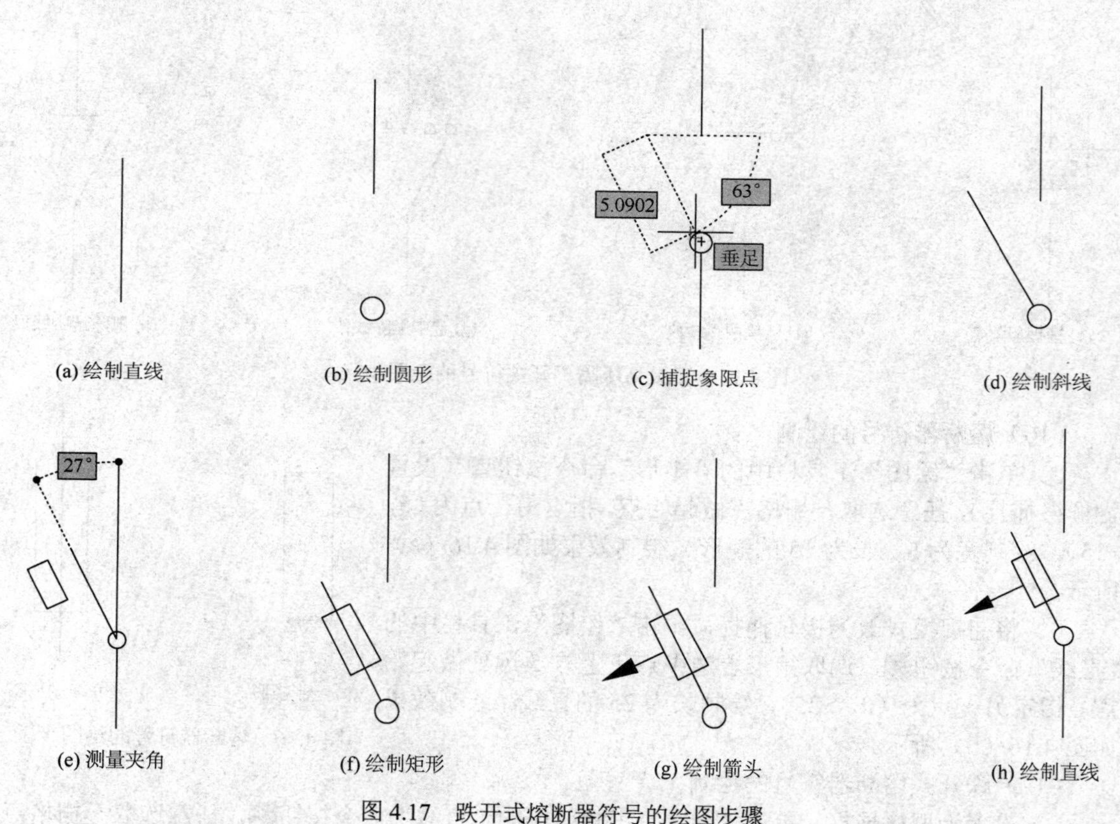

图 4.17　跌开式熔断器符号的绘图步骤

（18）阀型避雷器符号的绘制

① 设置为栅格捕捉模式，单击“绘图”工具栏中的“直线”命令按钮，任意选取一栅格点做起始点，指定另一点为（0，-7.5），绘制长为 7.5 的直线。在下方三分之一处分别向左右各画出 0.5 长的垂线，与直线下端点构成三角形。单击“绘图”工具栏中的“图案填充”命

令按钮，将三角形填充成黑色，绘制效果如图 4.18（a）所示。

② 单击“绘图”工具栏中的“矩形”命令按钮，任意选取一个栅格点为起始点，指定另一点为（2.5,7.5），绘制宽为 2.5、长为 7.5 的矩形。单击“修改”工具栏中的“移动”命令按钮，选取矩形上边的中点为参考点，移动至直线的中点处，绘制效果如图 4.18（b）所示。

③ 单击“绘图”工具栏中的“直线”命令按钮，选取矩形下边的中点为起始点，指定另一点为（0，-3.75），绘制效果如图 4.18（c）所示。

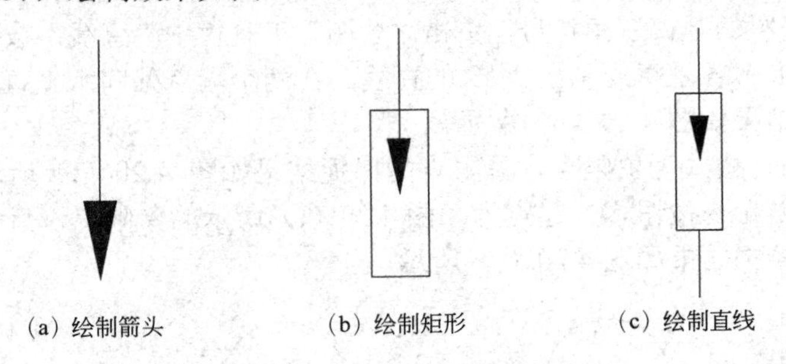

图 4.18　阀型避雷器符号的绘图步骤

（19）交流发电机符号的绘制

① 设置为栅格捕捉模式，单击“绘图”工具栏中的“圆”命令按钮，任意选取一栅格点做圆心，绘制半径为 7.5 的圆，绘制效果如图 4.19（a）所示。

② 单击“注释”工具栏中的“文字”命令按钮，任意选取一个栅格点为起始点，输入字母“G”。单击“修改”工具栏中的“移动”命令按钮，选取字母“G”的中心为参考点，移动至圆心处，绘制效果如图 4.19（b）所示。

③ 单击“注释”工具栏中的“文字”命令按钮，任意选取一个栅格点为起始点，输入符号“～”。单击“修改”工具栏中的“缩放”命令按钮，选取符号“～”的中心为参考点，将符号放大三倍。单击“修改”工具栏中的“移动”命令按钮，选取符号“～”的中心为参考点，移动至圆心偏下 2.5 处，绘制效果如图 4.19（c）所示。

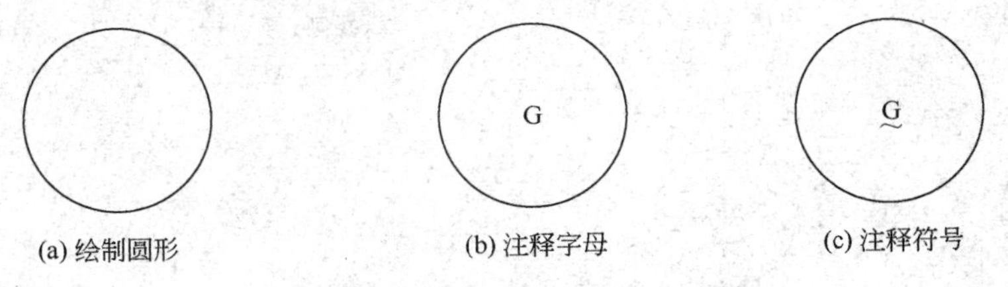

图 4.19　交流发电机符号的绘图步骤

（20）电压互感器符号的绘制

① 单击“绘图”工具栏中的“圆”命令按钮，绘制半径为 3.75 的圆。绘制效果如图 4.20（a）所示。

② 选择“修改”工具栏中的“复制”命令按钮，指定步骤 1 中圆的圆心为复制基点，复制位移为垂直方向 10。复制效果如图 4.20（b）所示。

③ 以此类推复制第三绕组的圆。需要注意的是第三绕组的圆心坐标相对于第一绕组的圆心坐标偏移为@3.75,-2.5。复制效果如图 4.20（c）所示。

④ 设置对象捕捉模式为象限点，象限点的捕捉结果如图 4.20（d）所示。选择“绘图”工具栏中的“直线”命令按钮，起点为如图 4.20（d）所示的象限点，直线的方向为垂直向上，长度为 3.75，绘制结果如图 4.20（e）所示。

⑤ 绘制星形符号。设置对象捕捉模式为“圆心”，以第一绕组的圆心为起始点垂直向上绘制长度为 1 的直线，单击“修改”工具栏中的“阵列”按钮，选择阵列类型为“环形阵列”，阵列中心点为刚刚绘制的直线的上端点，“选择对象”为刚刚绘制的直线，上侧工具栏出现设置界面，在该界面中设置：“项目总数”为 3，“填充角度”为“360”，然后按下“确定”按钮，绘制的结果如图 4.20（f）所示。

⑥ 以此方法或采用复制方法绘制第三绕组的三角形符号。绘制结果如图 4.20（g）所示。

⑦ 绘制第二绕组的开口三角符号。单击“绘图”工具栏中“直线”按钮，选择水平直径的三分之二处，上下各垂直绘制出 1.25 的直线。在两个端点处向水平直径绘制出长 2.5 直线的一半，绘制的结果如图 4.20（h）所示。

⑧ 设置对象捕捉模式为象限点，象限点的捕捉结果如图 4.20（i）所示。选择“绘图”工具栏中的“直线”命令按钮，起点为如图 4.20（i）所示的象限点，直线的方向为垂直向下，长度为 3.75，绘制结果如图 4.20（j）所示。

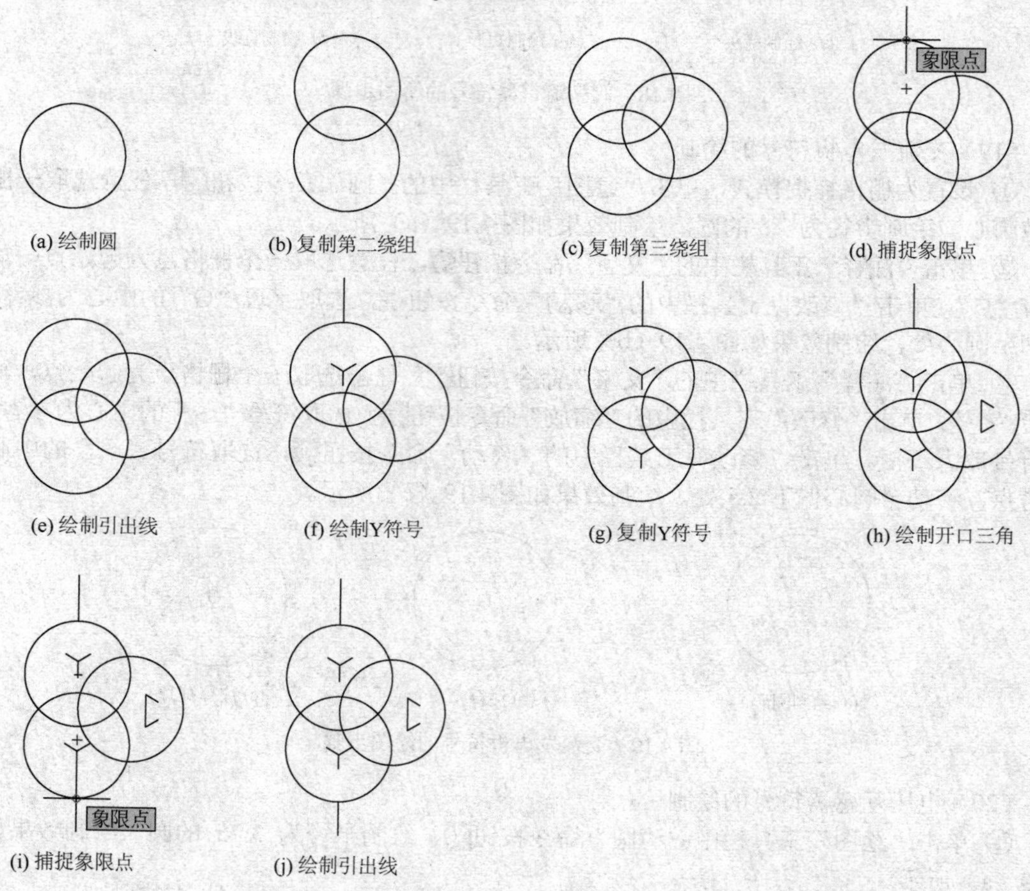

图 4.20　电压互感器符号的绘图步骤

4.2　电气主接线图的识图与绘图

4.2.1　电气主接线图的识图

电气主接线图表征的是发电厂或变电所的一次设备如发电机、变压器、断路器等电气设备按一定次序连接的接受电能与分配电能的电路，代表了发电厂或变电所电气部分的主体结构，是电力系统网络结构的重要组成部分。进行电气主接线图的阅读时可按以下步骤进行。

① 了解发电厂或变电所的一些基本情况　如发电厂或变电所的类型、发电厂或变电所在系统中地位和作用等。

② 发电机、主变压器等一次设备的主要技术数据　在电气主接线图中，通常在设备的旁边用文字标明其主要技术数据。

③ 各个电压等级的主接线基本形式　发电厂都有二到三个电压等级。阅读电气主接线图时应逐个阅读，明确各个电压等级的主接线基本形式，这样，对复杂的电气主接线图就能比较容易地看懂。

④ 电压互感器、电流互感器的配置情况　互感器在主接线中的配置与测量仪表、同步点的选择、保护和自动装置的要求以及主接线的形式有关。我们在阅读电气主接线图的互感器配置情况时，可以注意以下几点：a. 是否根据要求正确的配置了互感器；b. 是否正确的配置了电流互感器的个数（相数）；c. 电流互感器的副绕组数是否能够满足要求。

⑤ 避雷器的配置情况　应该说明的是，有关避雷器的配置情况，有些电气主接线图中并不绘出，则也就不必阅读了。而电气主接线图绘有避雷器时，则应检查是否配置齐全。

⑥ 在全面阅读和检查电气主接线图后，就可对它作一个综合评价　所谓综合评价，就是根据该发电厂或变电所的具体情况，按照对主接线的基本要求，从安全性、可靠性、经济性和方便性四个方面，对该电气主接线进行分析，指出它的优缺点，最后得出是否切实可用的结论。

除绘制齐全的电气主接线工程图外，还有一种简明的电气主接线图，此图经常用于分析研究主接线的接线方式和供初学者讨论问题之用。下面以一张某中型热电厂的简明电气主接线图为例，进行主接线图的阅读演示。

某中型热电厂的简明电气主接线图如图4.21所示。

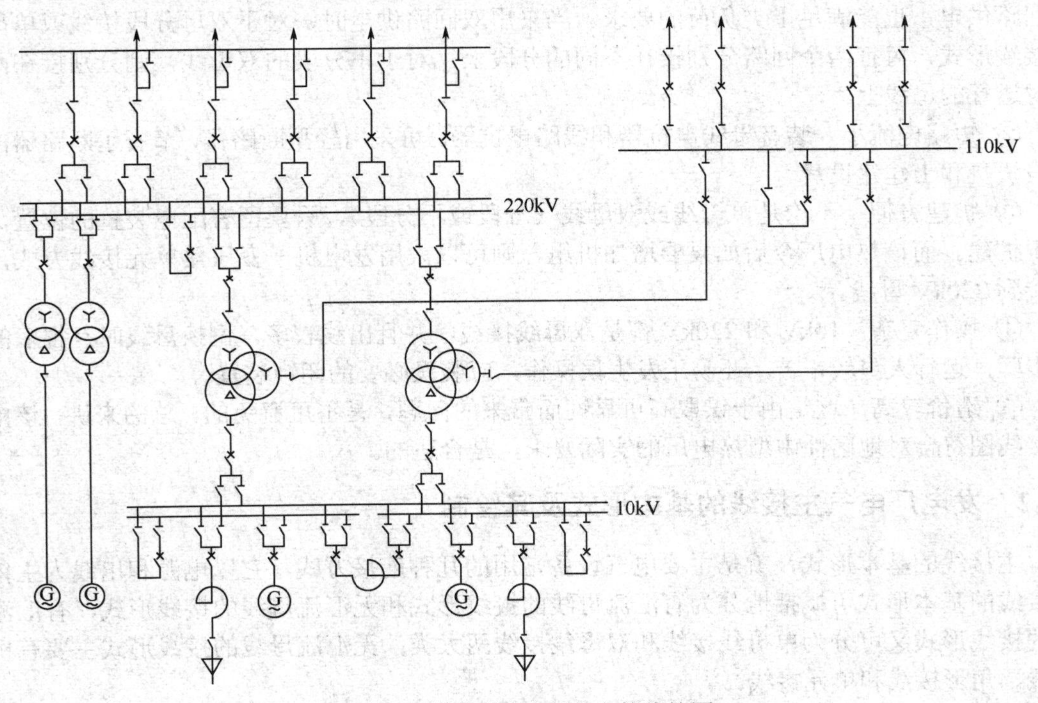

图4.21　某中型热电厂的主接线简图

这种发电厂有以下一些特点：一是总容量为200～1000MW，单机容量为50～200MW；二是除向用户供电外，还兼供蒸汽和热水，一般建设在工业中心或城市中心；三是用发电机电压向附近有用户供电，剩余电能位升高压送给远方用户和系统。

如图4.21所示，该热电厂装有两台发电机，接到10kV母线上。主变压器是两台三绕组变压器，每台主变压器的三个绕组都分别接到三个电压等级的母线上。该热电厂除发电机电压的10kV母线外，还有220kV和110kV两个升高电压的母线，要逐个对三个电压等级的母线的基本接线方式认识清楚。

发电机电压的10kV母线是分段的双母线接线。母线分段断路器上串接有母线电抗器，出线上串接有线路电抗器，分别用于限制发电厂内部故障和出线故障时的短路电流，以便选用轻型的断路器。因为10kV用户都在附近，采用电缆馈电，可以避免因雷击线路而直接影响到发电机。

220kV侧母线采用不分段双母线接线，出线侧带有旁路母线，并设有两台专用旁路断路器。不论母线故障或出线断路器检修，都不会使出线长期停电。但变压器侧不设置旁路母线，因在一般情况下变压器高压侧的断路器可与变压器同时进行检修。

110kV侧母线采用分段的单母线接线，平时分开运行，如有重要用户可用接在不同分段上的双回路进行供电。

清楚了各电压等级的主接线基本形式后，接着需要检查开关设备的配置情况。经检查，该厂的开关设备配置正确，应该装设断路器或隔离开关的地方均进行了相应配置，所以符合要求。某中型热电厂的开关配置情况如图4.21所示。

对简明的电气主接线图不进行互感器配置和避雷器配置的检查。

最后，对该热电厂的电气主接线图进行综合评价。经分析，认为该电气主接线图有以下特点。

① 可靠性高　10kV和220kV的所有出线都能满足对Ⅱ类负荷供电的要求，并且只要用双回路供电，也能满足Ⅰ类负荷的要求。当采用双回路供电时，对于双母分段接线或单母分段接线形式，可把两个回路分别接在不同的分段上。对于不分段的双母线，则分别接在两组同时运行的母线上。

② 短路电流小　装有母线电抗器和线路电抗器，可采用轻型断路器，节省了断路器的设备投资费和土建建设费。

③ 扩建方便　不论是单母线或双母线（分段或不分段），只要留有配电装置的位置，都便于扩建。而该热电厂今后如果要增加机组，则可以采用发电机—变压器单元接线方式，直接接到220kV母线。

④ 操作复杂　10kV和220kV都是双母线接线，并且出线较多，倒换母线时有很多的操作步骤，运行人员较辛苦，还易于发生误操作，应装设必要的闭锁装置。

⑤ 造价较高　这是由于谋取高可靠性而带来的问题，是不可避免的。总的来讲，该电气主接线图符合对地区性中型热电厂的实际要求，是合适的。

4.2.2　发电厂电气主接线的基本形式及其绘制

主接线的基本形式，就是主要电气设备常用的几种连接方式，它以电源和出线为主体。主接线的基本形式可概括地分为有汇流母线的接线形式和无汇流母线的接线形式，有汇流母线的接线形式又可分为单母线接线和双母线接线两大类；无汇流母线的接线形式主要有桥形接线、角形接线和单元接线。

每种电气主接线形式的特点和适用场合不同，依据主接线的特点进行电气主接线的选择是电气主接线设计的关键，关于各种电气主接线形式的特点及适用场合在此不作详细讨论。下面将以单母线接线为例介绍主接线图的绘制方法，对于其他接线形式的绘制方法，读者可参照例子灵活地进行图形的绘制。

单母线接线是电气主接线基本形式中最常见也是最简单的一种接线形式，主要包括单母接线、单母分段接线及单母分段带旁路接线。单母接线形式如图 4.22（a）所示。单母分段接线形式如图 4.22（b）所示。单母分段带旁路接线形式如图 4.22（c）所示。尽管三种单母接线形式有所不同，但只要我们细心观察就会发现，其实这三种单母线接线形式的结构是非常相似的，它们都是由电源进线支路、出线支路及母线组成，单母分段接线相对于单母线接线形式，结构上增加了分段支路，而单母分段带旁路接线相对于单母线接线，结构上增加了分段支路和旁路支路，而且每条支路都是由断路器及双侧隔离开关组成，对于电源进线支路，由于有时是由三绕组变压器供电，有时是由双绕组变压器供电，所以电源进线回路有时是由断路器及双侧隔离开关组成，有时是由断路器及母线侧隔离开关组成。观察到这三种单母线图形的结构规律后，我们就可以很容易的根据绘图要求进行单母线接线形式图形的绘制了。

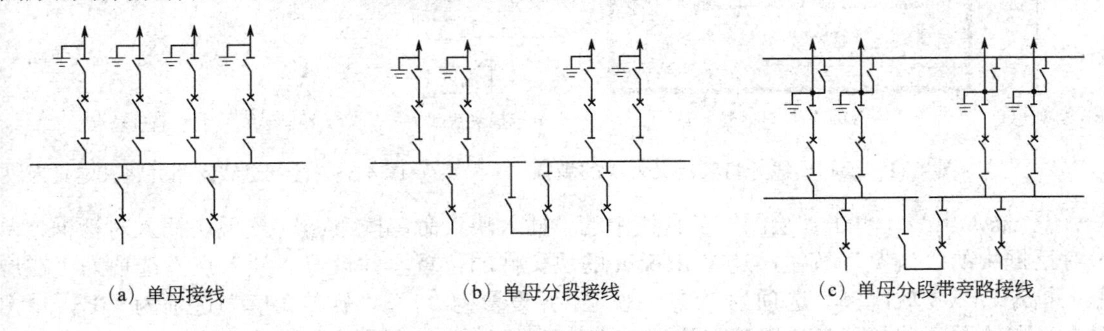
(a) 单母接线　(b) 单母分段接线　(c) 单母分段带旁路接线

图 4.22　单母线接线的几种基本形式

下面以具有 4 回出线，2 回进线的单母线接线形式为例进行电气主接线图形绘制方法的描述。绘图步骤如下。

① 绘制三极高压隔离开关符号　复制三极高压断路器符号如图 4.23（a）所示，删除如图 4.23（b）所示的虚线部分，单击“绘图”工具栏中的“直线”命令按钮，捕捉如图 4.23（c）所示的端点，以该点为起点分别向左右两个方向绘制长度为 1.25 的水平直线，绘制结果如图 4.23（d）所示。

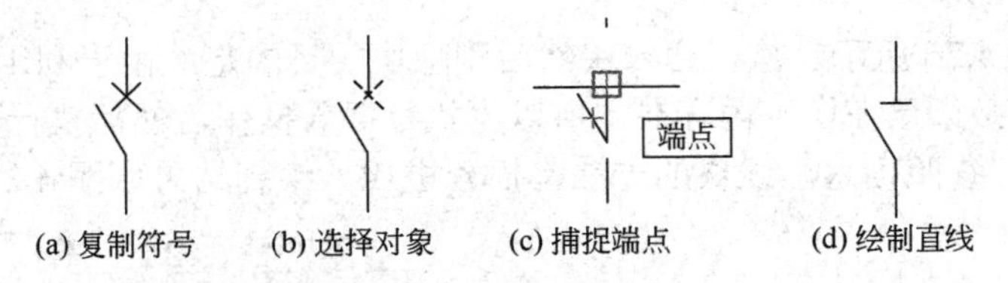

(a) 复制符号　(b) 选择对象　(c) 捕捉端点　(d) 绘制直线

图 4.23　三极高压隔离开关符号的绘图步骤

② 绘制负荷符号。单击“绘图”工具栏中的“多段线”命令按钮，首先绘制长度为 5 的垂直直线，然后设置多段线的起点宽度为 2，端点宽度为 0，绘制长度为 3 的线段。

③ 绘制一条出线支路，并将其定义为块“lineout”。依次复制三极高压隔离开关、三极高压断路器、负荷符号及接地符号，绘制结果如图 4.24（a）所示。在命令行中输入 WBLOCK 命令，出现如图 4.24（b）所示的写块对话框，设置如图 4.24（c）所示的点为基点，选取刚刚绘制的全部出线对象并设置相应的文件路径及文件名称，在此设置文件的名称为 lineout，点击确定，结束出线块的创建。

④ 绘制母线。单击“绘图”工具栏中的“直线”命令按钮，绘制长度为（4+1）*20=100的直线。

⑤ 绘制进线支路并将其定义为块“linein”。复制三极高压隔离开关、三极高压断路器符号，绘制结果如图 4.25（a）所示。输入 WBLOCK 命令，并选择如图 4.25（b）所示的点为块的基点，选择刚刚绘制的全部进线对象，并将进线块名称定义为“linein”。

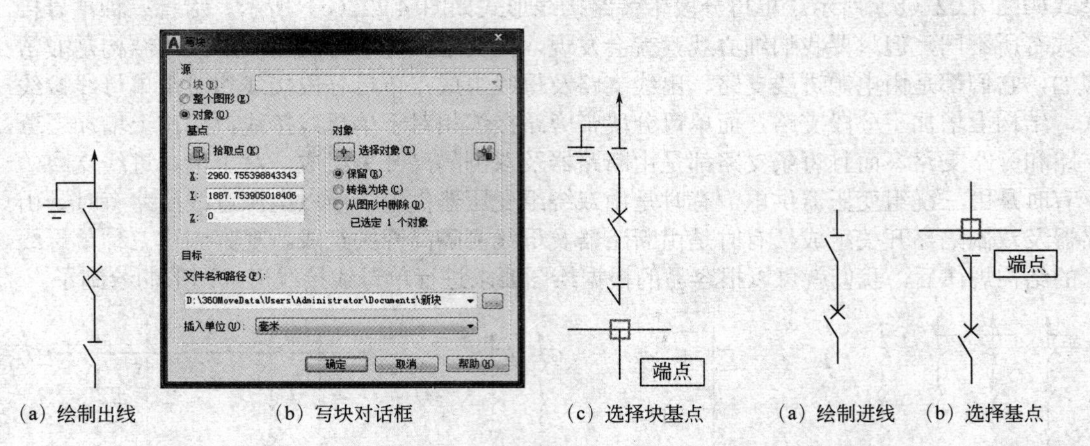

（a）绘制出线　（b）写块对话框　（c）选择块基点

图 4.24　绘制出线并将其定义为块的步骤

（a）绘制进线　（b）选择基点

图 4.25　绘制进线支路并将其定义为块

⑥ 插入出线。单击“绘图”工具栏中的“插入块”命令按钮，出现块插入对话框，单击对话框中的“浏览”按钮，选择 lineout 的块文件的位置，并设置“插入点”选项为“在屏幕上指定”，“缩放比例”选项为“统一比例”并设置为“1”，“旋转角度”选项为“0”，单击确定，在绘图区域的任意位置选择块插入点，结束对 linein 块的插入。然后删除 linein 块。单击下拉命令菜单“绘图”|“点”|“定数等分”命令，依据命令行的提示进行相应操作。

命令: _divide

选择要定数等分的对象: (选择母线)

输入线段数目或 [块(B)]: B

输入要插入的块名: linein

是否对齐块和对象? [是(Y)/否(N)] <Y>:(回车)

输入线段数目: 5

绘制结果如图 4.26 所示。执行插入块然后删除块的目的是：由于利用点定数等分的方法插入块时，要求块必须已在图形内存在，所以先执行插入操作，然后执行删除操作。

⑦ 插入进线。参照插入出线块的方法，插入进线。绘制结果如图 4.27 所示。

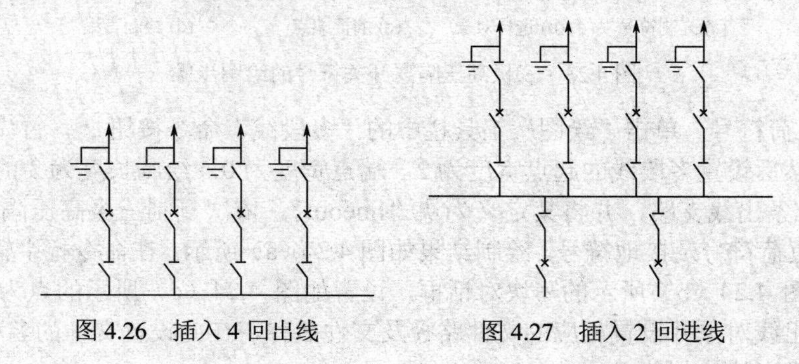

图 4.26　插入 4 回出线　　图 4.27　插入 2 回进线

4.2.3 电气主接线图的绘制

如图 4.28 所示的某无人值守变电站的一次电气主接线图，全图基本上由图形符号及连线组成，不涉及出图比例。绘制这类图的要点有两个：一是合理绘制图形符号（或以适当比例插入事先做好的图块）；二是要使布局合理，图面美观，并注意图形对象应绘制在相应的图层上。

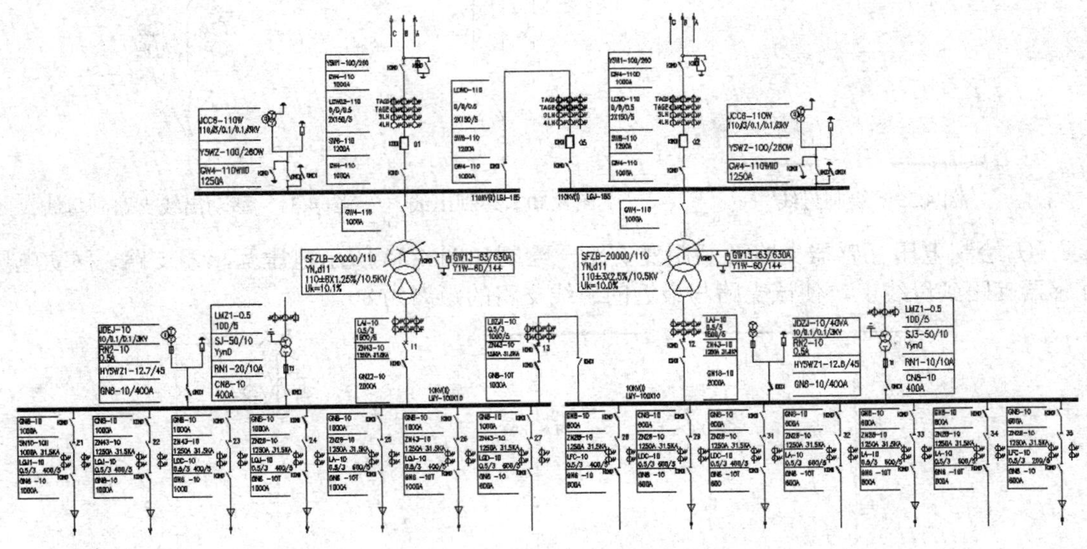

图 4.28 某无人值守变电站一次电气主接线图

下面以在 A4 纸上绘制如图 4.28 所示的某无人值守变电站的一次电气主接线图为例，对电气主接线图的绘制方法进行描述。如图 4.28 所示，图形的绘图步骤如下。

（1）设置绘图环境

① 设置图形界限。单击下拉菜单“格式”|“图形界限”，依据命令行的提示进行相应操作。

命令: _limits

重新设置模型空间界限:

指定左下角点或 [开(ON)/关(OFF)] <0.0000,0.0000>:（直接回车）

指定右上角点 <420.0000，297.0000>: 297，210

② 单击下拉菜单“视图”|“缩放”|“全部”，按下状态行中的“栅格”按钮，观察本步骤地执行结果，发现绘图区域有一部分区域充满了栅格，此部分区域为设定好的图形界限。

③ 设置文字样式。单击下拉菜单“格式”|“文字样式”，出现文字样式对话框，在该对话框中设置：字体为“仿宋 GB_2312”，宽度比例为 0.8，字高 3。

（2）绘制 10kV 电压等级单母分段接线形式

① 绘制母线　单击“绘图”工具栏中“多段线”命令按钮绘制宽度为 2.0 的两段母线，母线之间的距离为 10。绘制结果如图 4.29 所示。

② 绘制出线支路　复制所需的图形符号，形成如图 4.30 所示的出线支路，建议三相电流互感器之间的距离为 10。

将上步绘制好的出线支路移动到单母分段的第一段母线上，建议出线与母线右端点的距离为 20。绘制结果如图 4.31 所示。

单击“修改”工具栏中的“复制”命令按钮，复制出线支路形成如图 4.32 所示的结果。各出线之间的距离建议为 40。

③ 绘制分段断路器支路　绘制所需的符号，并将符号连接成如图 4.33 所示的结果，建议图 4.33 中虚线部分直线高度为 20。移动分段断路器支路到母线上，绘制结果如图 4.34 所示。

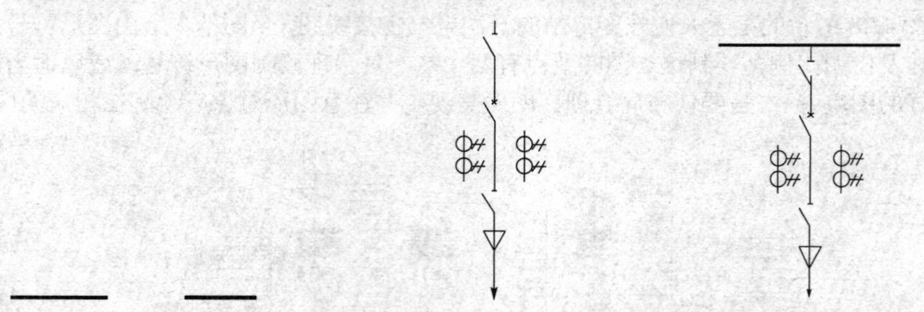

图 4.29　绘制母线　　图 4.30　绘制出线　　图 4.31　移动出线支路到母线

④ 绘制电压互感器支路及站用变支路　绘制如图 4.35 所示电压互感器支路。移动电压互感器支路到母线上，使该支路与最近的出线支路的距离为 80。

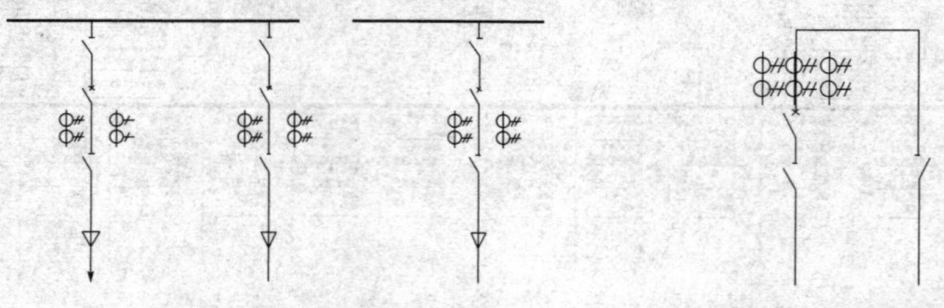

图 4.32　复制出线　　图 4.33　绘制分段断路器支路

复制电压互感器支路到单母分段的第二段母线上，使电压互感器支路与最近的一条出线之间的距离为 40。

绘制如图 4.36 所示的站用电支路，移动站用电支路到母线上，使该支路与电压互感器支路的距离为 80。

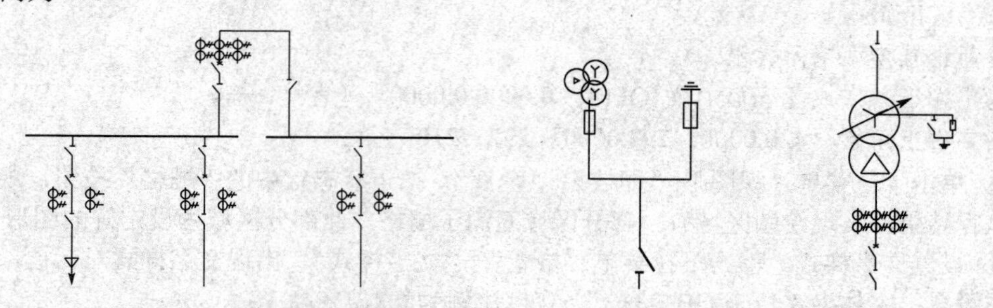

图 4.34　移动分段断路器支路　　图 4.35　电压互感器支路　图 4.36　站用电支路

本步骤的绘制结果如图 4.37 所示。

（3）绘制主变回路

① 绘制或复制相应符号，形成如图 4.38 所示的变压器支路。

② 单击“修改”工具栏中的“复制”命令按钮，复制另一主变支路，绘制结果如图 4.39 所示。

（4）补充绘制其他图形

参考 10kV 主接线部分的绘制方法，绘制 110kV 进线及母线电压互感器。建议 110kV 母线两端点距离主变压器支路距离为 20。

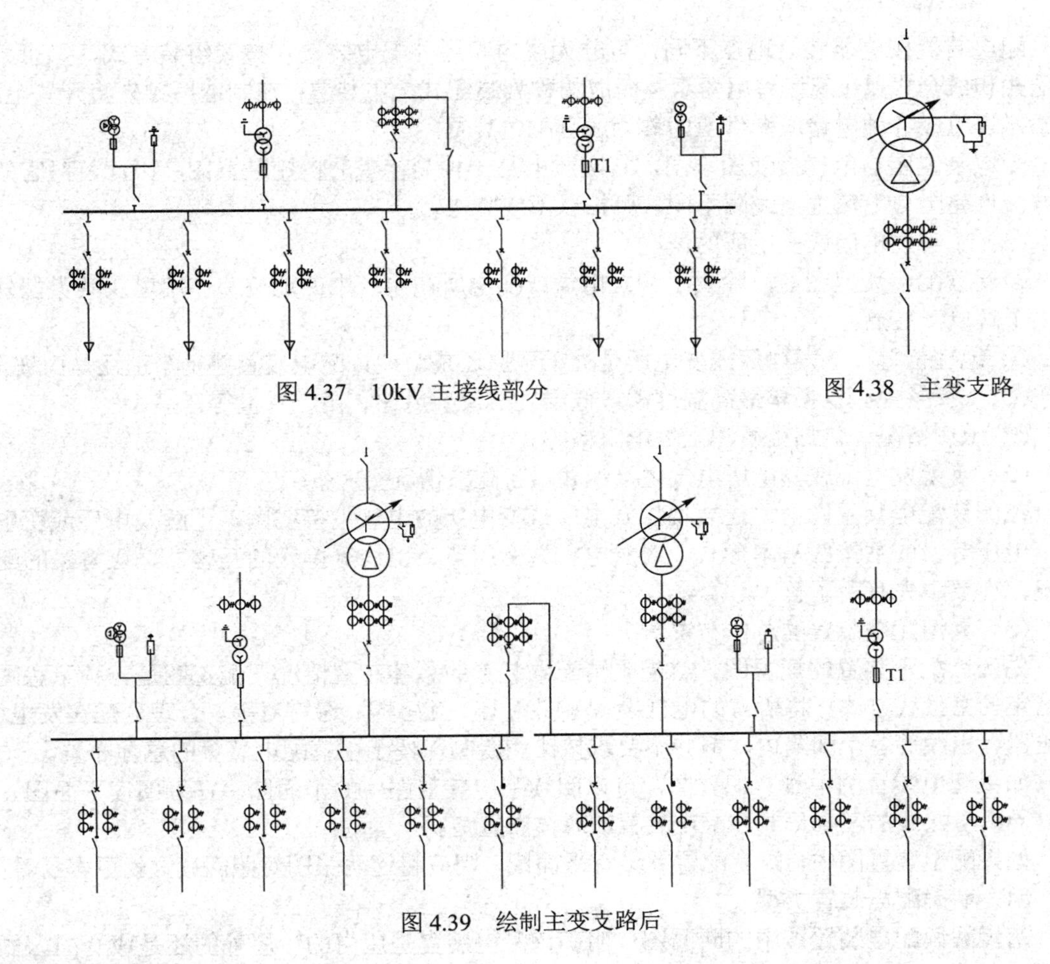

图 4.37　10kV 主接线部分

图 4.38　主变支路

图 4.39　绘制主变支路后

（5）注释文字

单击“注释”工具栏中的“多行文字”按钮 A，输入任意一个设备的注释文字，然后用复制命令，在相应的设备位置复制文字，然后双击文字进行修改。最后绘制文字框线，至此完成整张图纸的图形部分的绘制，此步骤的绘制结果如图 4.28 所示。

（6）插入图框、调整布局、图形输出

① 选择“布局1”页面，删除系统默认生成的视口，鼠标右键点击“布局1”，在弹出式菜单中选择“页面设置管理器”，对打印设备、纸张及可打印区域进行相应设置。

② 插入事先定义好的 A4 图框，并修改其属性。

③ 单击“视口”工具栏“多边形视口”按钮，建立多边视口，切换状态行中的空间类型为“模型”，调整图形的大小，最后打印出图。

4.3　配电装置图的识图与绘图

4.3.1　配电装置图的识读方法

配电装置是发电厂和变电站的重要组成部分，是根据电气主接线的连接方式，由开关电器、保护和测量电器、母线和必要的辅助设备组建而成，用来接收和分配电能的装置。电气工程中常用配电装置配置图、平面图和断面图来描述配电装置的结构、设备布置和安装情况。

配电装置按电器装设地点不同，可分为屋内和屋外配电装置。按其组装方式，又可分为装配式和成套式：在现场将电器组装而成的称为装配式配电装置；在制造厂预先将开关电器、互感器等组成各种电路成套供应的称为成套配电装置。

配电装置图与电气接线图不同，它实质上是一种简化了的机械装置图。因此，对它的读图方法也完全与电气主接线图不同，可按以下步骤进行。

（1）了解发电厂或变电所的情况

在阅读配电装置图前，除要了解发电厂或变电所在系统中的地位和作用以及其类型外，还要了解以下三点。

① 地理位置　该发电厂或变电所是处于平原还是山地，配电装置建于平地还是山坡上。

② 气象条件　包括年最高温度和最低温度、最大风速、雨、雪量等。

③ 土壤情况　包括土质和土壤电阻率等。

（2）了解发电厂或变电所电气主接线和设备配置情况

在阅读配电装置图前，还要根据发电厂或变电所的电气主接线图，了解发电厂或变电所各个电压等级的主接线基本形式，对发电机、变压器、出线等单元的互感器、避雷器的配置情况，亦要事先有所了解。

（3）弄清配电装置的总体布置情况

先阅读配电装置的配置图，就能弄清配电装置的总体布置情况。配置图是一种示意图，按选定的主接线方式，将所有的电气设备（断路器、互感器、避雷器等）合理分配在发电机、变压器、出线等各个间隔内，但并不要求按比例绘制，便于了解配电装置的总体布置。

如果配电装置图中没有配置图，可以阅读配电装置图中的平面图。仔细阅读平面图，也可以弄清主接线的基本形式和配电装置的总体布置情况。

如果配电装置图中，既有配置图又有平面图，则应将这两张图对照阅读，就更容易看懂。

（4）明确配电装置类型

初步阅读配电装置图中的断面图，明确该配电装置是屋内的、屋外的还是成套的。如果是屋内配电装置，则还应明确是单层、双层还是三层，有几条走廊，各条走廊的用途如何；如果是屋外配电装置，则还应明确是中型、半高型还是高型；如果是成套配电装置，则还应明确是低压配电屏、高压开关柜还是SF_6全封闭式组合电器。

（5）查看所有电气设备

在配电装置图的各个断面图上，依据各种电气设备的轮廓外形，查看所有的电气设备，包括以下几个方面。

① 认出变压器、母线、隔离开关、断路器、电流互感器、电压互感器和避雷器，并判断出它们各自的类型。

② 弄清各个电气设备的安装方法，它们所用构架和支架都用的什么材料。

③ 如果是有母线接线，要弄清楚单母线还是双母线，是不分段的还是分段的；如果有旁路母线，要弄清旁路母线是在主母线的旁边还是上方。

（6）查看电气设备之间的连接

根据配电装置图的断面图，参阅配置图或平面图，查看各个电气设备之间的相互连接情况，看连接是否正确，有无错误之处。查看时，可按电能输送方向顺序逐个进行，这样比较清楚，也不易有所遗漏。

（7）查核有关的安全距离

配电装置的断面图上都标有水平距离和垂直距离，有些地方还标有弧形距离。要根据这些距离和标高，参考配电装置的最小安全净距要求，查核安全距离是否符合要求。查核的重点有以下几点。

① 带电部分至接地部分之间。

② 不同相的带电部分之间。

③ 平行的、不同时检修的无遮拦裸导体之间。

④ 设备运输时，其外廓至无遮拦带电部分之间。

（8）综合评价

对配电装置图综合评价包括以下几个方面。

① 安全性　对配电装置的安全性分析，主要从以下三点来考虑，一是安全距离是否足够；二是设备的安装方式是否符合要求；三是防火措施是否齐全。

② 可靠性　配电装置是否可靠，一要看主接线的接线方式是否合理，二要看电气设备的安装质量是否符合要求。

③ 经济性　在分析配电装置的经济性时，不仅要考虑造价的高低，还要考虑占用农田的多少，以及消耗钢材的多少。

④ 方便性　分析配电装置的方便性时，主要是操作方便和维护方便的问题。这就要看是否有足够的操作走廊和维护走廊，是否有足够的操作和维护用的通道，还要看运行人员在巡视时所走的路程是否较短，设备运输是否比较方便等。

220kV 双母线进出线带旁路、合并母线架、断路器单列布置的配电装置图如图 4.25 所示。该装置采用 GW4-220 型隔离开关和少油断路器，除避雷器外，所有电气设备均布置在 2～2.5m 的基础上；母线及旁路母线的边相，距离隔离开关较远，其引下线设有支持绝缘子；由于断路器单列布置，配电装置的进线（虚线表示）会出现双层构架，跨线较多，因而降低了可靠性。

如图 4.40 所示，所用的配电装置为普通中型屋外式，布置比较清晰，不宜误操作，运行可靠，施工和维修都比较方便，构架高度较低，抗震性较好，所用钢材较少，造价较低。对安全距离核查，完全符合标准。

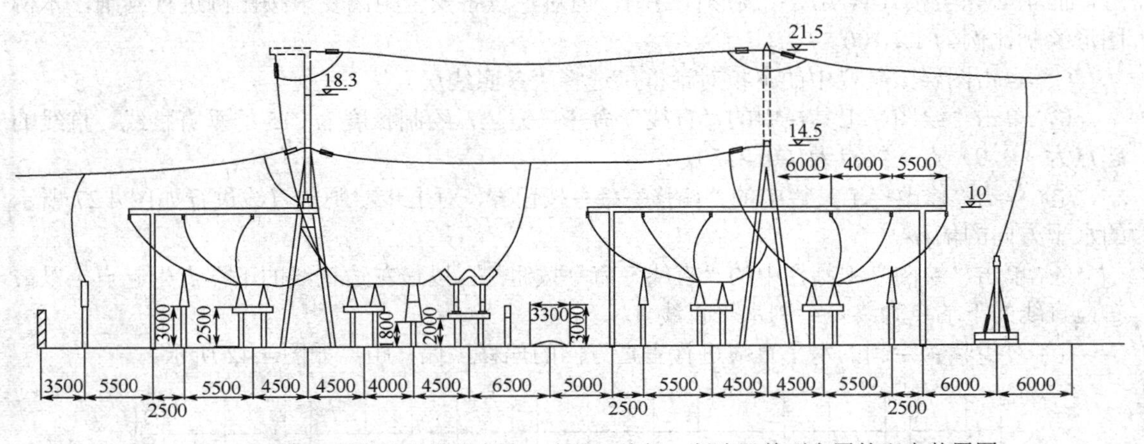

图 4.40　220kV 双母线进出线带旁路、合并母线架、断路器单列布置的配电装置图

如果占地面积在允许范围内，该配电装置是一个比较好的方案。

4.3.2　配电装置图的绘制

配电装置图中以断面图较为复杂，如图 4.40 所示图形的绘制步骤如下。

（1）设置绘图环境

① 设置图形界限左下角点为（0,0），右上角点为（1051,297）。

② 单击下拉菜单“视图”|“缩放”|“全部”，按下状态行中的“栅格”按钮，观察本步骤地执行结果。

③ 单击下拉菜单“格式”|“图层”，出现图层对话框，建立参照线层、框架层、设备层、标注层、连接线层、进线层等图层，其中进线层的线性选择为点划线。

④ 建立多线样式。单击下拉菜单“格式”|“多线样式”，出现多线样式对话框，选择当前的多线样式，点击 修改(M)... 命令按钮，设置多线起点和端点的封口为直线，设置多线元素为两条直线，设置后的多线属性如图 4.41 所示。

图 4.41　修改多线样式

（2）绘制定位线

本图基本由母线架、门型架、设备符号、连线及标注构成。各设备可以只绘制出示意符号，而不必完全按其真实尺寸及形状绘制，但对于设备安全距离要求按比例进行绘制，本例图形绘制比例为 1∶100。

① 点击图层工具栏中的下拉对话框，选择“参照线层”。

② 单击“绘图”工具栏中的“直线”命令按钮，绘制长度为 215 的垂直直线，直线的起点为（0,0）点，终点为（0,215）。

③ 单击“修改”工具栏中的“偏移”命令按钮，对上步绘制的直线进行如图 4.27 所示的水平方向的偏移。

④ 单击“绘图”工具栏中的“直线”命令按钮，以最左边直线的下端点为起点，以最右边直线的下端点为终点绘制水平直线。

⑤ 对步骤④绘制的水平直线进行垂直方向的偏移，偏移距离如图 4.42 所示。

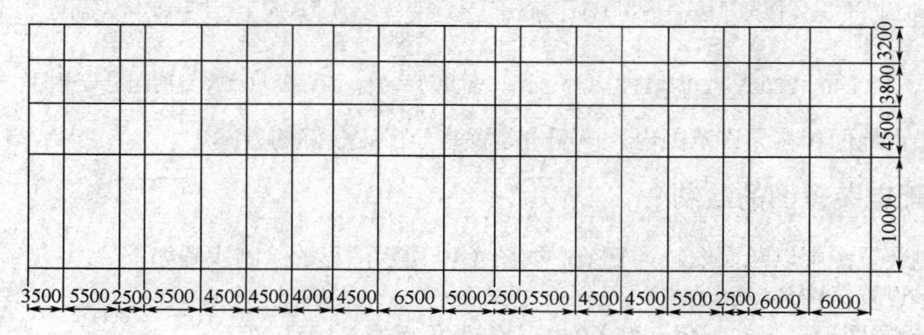

图 4.42　绘制定位线

（3）画母线架及门型架

① 点击图层工具栏中的下拉对话框，选择“框架层”。

② 绘制旁路母线的母线架。单击下拉菜单“绘图”|“多线”，根据命令行的提示绘制多线。

命令: MLINE

当前设置: 对正 = 无，比例 =4.00，样式 =STANDARD

指定起点或 [对正(J)/比例(S)/样式(ST)]: S

输入多线比例 <4.00>:（直接回车，采用默认比例系数 4）

当前设置: 对正 = 无，比例 =4.00，样式 =STANDARD

指定起点或 [对正(J)/比例(S)/样式(ST)]: J

输入对正类型 [上(T)/无(Z)/下(B)] <无>: Z

当前设置: 对正 = 无，比例 =4.00，样式 =STANDARD

指定起点或 [对正(J)/比例(S)/样式(ST)]:（起点为如图 4.43 所示捕捉的端点）

指定下一点: <正交开> 100（垂直线的长度）

指定下一点:（根据如图 4.44 所示线段的长度继续绘制水平方向多线）

绘制结果如图 4.44 所示。

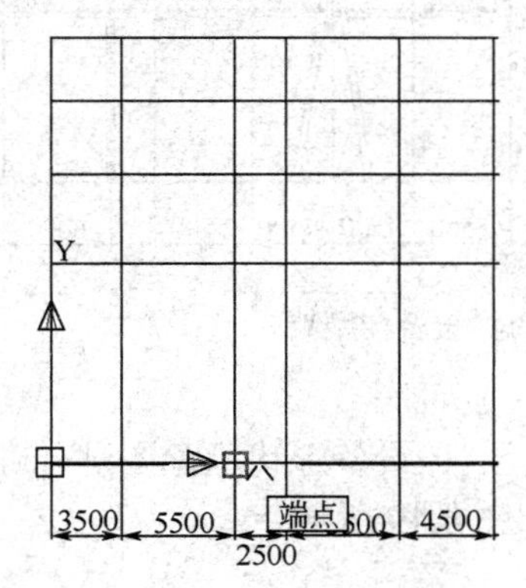

图 4.43 捕捉端点

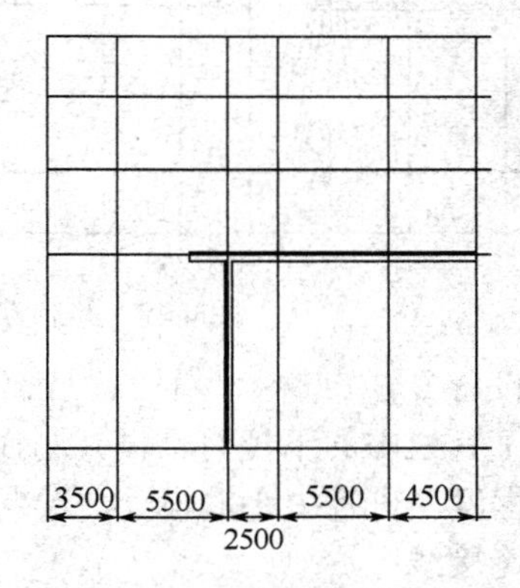

图 4.44 绘制母线架

③ 绘制旁路母线的门型架。采用多线命令绘制如图 4.45 所示的单侧门型架。单击“修改”工具栏中的“镜像”命令按钮，对单侧门型架进行镜像。单击“修改”工具栏中的“分解”命令按钮，按命令行的提示分解多线，然后单击“修改”工具栏中的“修剪”命令按钮，删除多余直线。绘制结果如图 4.46 所示。

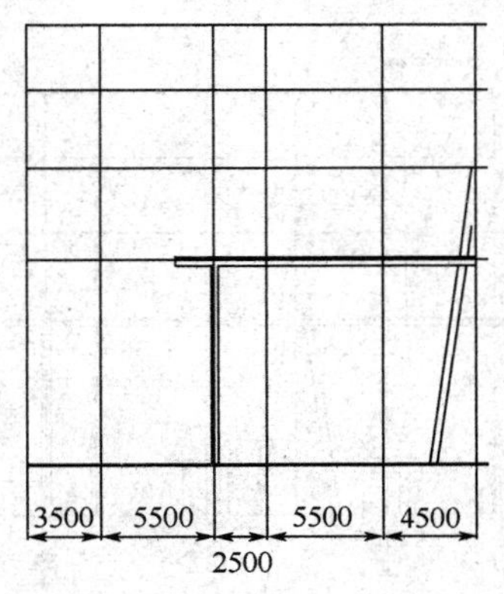

图 4.45 绘制单侧门型架

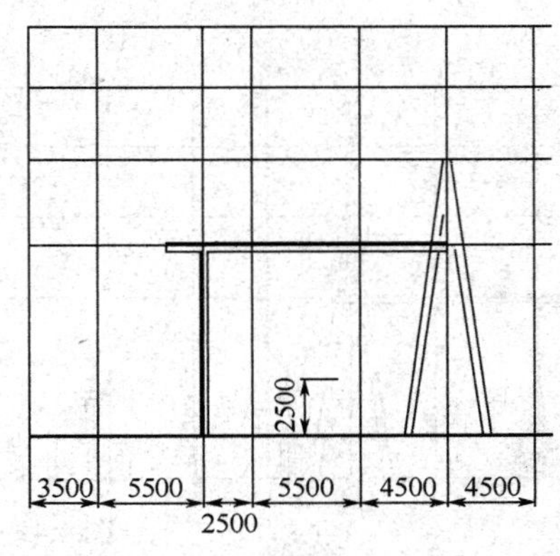

图 4.46 绘制门型架

④ 绘制旁路母线夹。单击“绘图”工具栏中的“圆”命令按钮，绘制半径为 1 的圆。单击“修改”工具栏中的“复制”命令按钮，对刚绘制的圆进行复制。单击“修改”工具栏的“移动”命令按钮，移动刚绘制好的母线夹到母线架上。单击“修改”工具栏中的“复制”命令按钮，复制另外两相母线夹。绘制结果如图 4.47 所示。

⑤ 绘制双母线侧母线架及门型架。单击“修改”工具栏中的“复制”命令按钮，复制步骤②、③、④中绘制的母线架、门型架及母线夹。单击“修改”工具栏中的“镜像”命令按钮，对刚刚复制的母线架及门型架以门型架轴线为镜像线进行镜像，镜像后的结果如图 4.48 所示。

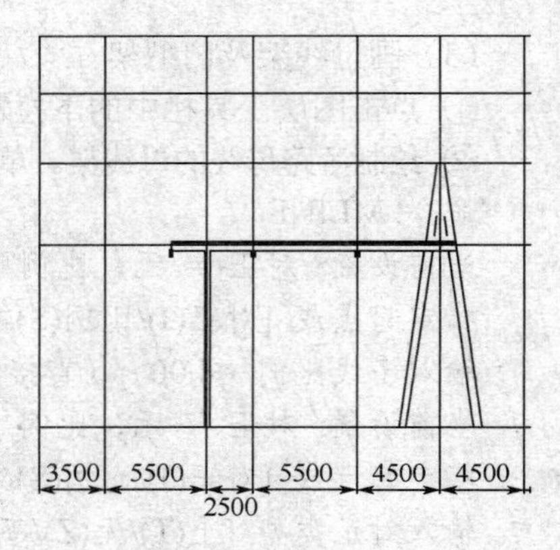

图 4.47　绘制母线夹后

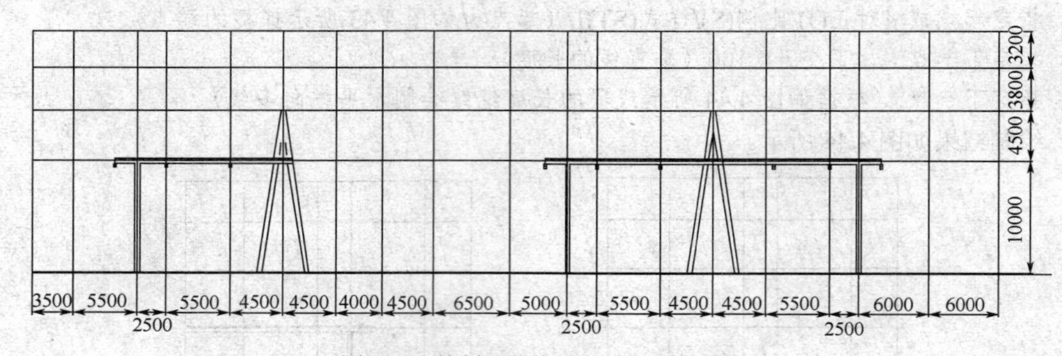

图 4.48　绘制双母线侧母线架及门型架

（4）绘制设备

点击图层工具栏中的下拉对话框，选择“设备层”。设备形状示意图没有确定大小，可根据图形的美观程度，进行大小的设计。绘制结果如图 4.49 所示。

（5）绘制连接线

连接线的绘制方法采用绘图工具栏中的“样条曲线”命令来完成的。绘制连接线时，注意切换图层为“连接线层”。连接线绘制后，切换图层为“进线层”，同样用“绘图”工具栏中的“样条曲线”命令完成。绝缘子串的绘制时，采用下拉菜单“修改”|“三维操作”|“对齐”命令完成，关于对齐操作可参考 4.1.2 中 Y/d 连接的具有有载分接开关的三相变压器符号绘制的步骤⑤进行相应的操作。连接线及进线绘制后的结果如图 4.50 所示。

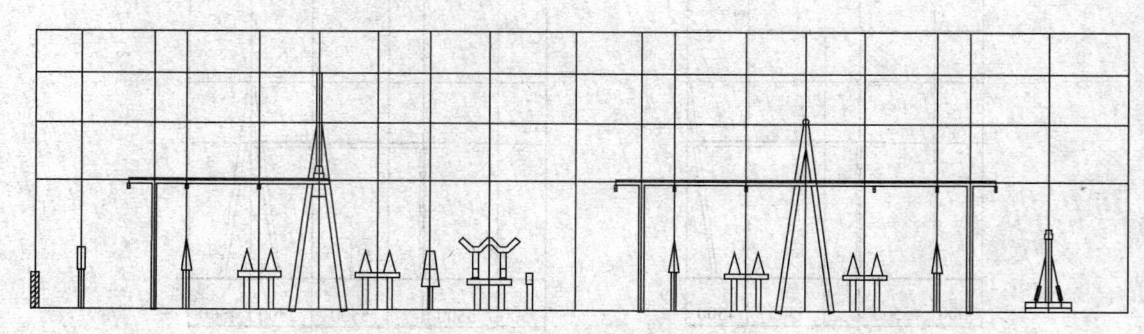

图 4.49　绘制设备

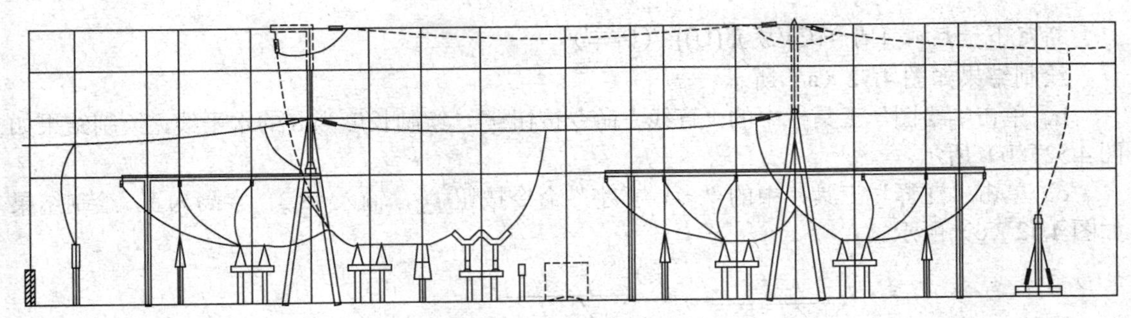

图 4.50　绘制连接线及进线

（6）进行标注

① 尺寸标注要用到“线性标注”按钮、“连续标注”按钮、“快速标注”按钮，由于本图采用 1∶100 的比例进行绘制的，所以需要调整标注的特征比例为 100。改变标注特征比例的方法如下：单击下拉菜单“格式”|“标注样式”，出现标注样式管理器对话框，单击“修改(M)...”命令按钮，出现如图 4.51 所示“修改标注样式”对话框，修改“测量单位比例项”为 100。

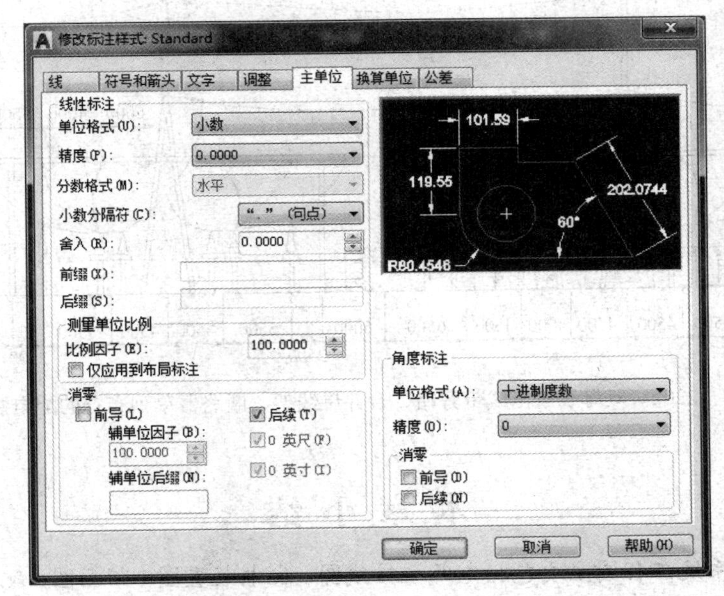

图 4.51　修改标注测量单位比例

② 对于本例，如图 4.42 所示的定位线上的标注可采用“快速标注”或“连续标注”。对于零散标注可采用“线性标注”。需要注意的是使用“连续标注”必须先绘制“线性标注”，然后再进行“连续标注”。

③ 标高符号的绘制。

a. 单击“绘图”工具栏中的“直线”命令按钮，按照命令行的提示完成标高符号的绘制。命令行的操作如下。

命令: _line 指定第一点:（需要标注标高的位置拾取一点）

指定下一点或 [放弃(U)]: 10（正交向左）

指定下一点或 [放弃(U)]: @2,−2

指定下一点或 [闭合(C)/放弃(U)]: @2,2

指定下一点或 [闭合(C)/放弃(U)]:（回车）

绘制结果如图 4.52（a）所示。

b．单击“绘图”工具栏中的“直线”命令按钮，绘制长度为 8 的水平线，绘制结果如图 4.52（b）所示。

c．单击“注释”工具栏中的“多行文字”命令按钮 A，输入 18.3，字高为 1。绘制结果如图 4.52（c）所示。

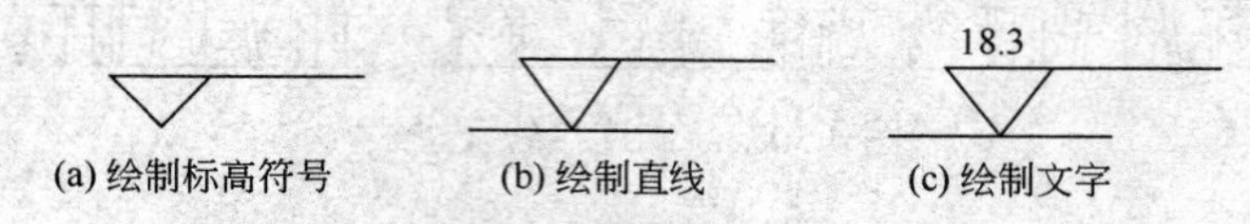

图 4.52　绘制标高符号步骤

d．绘制图上其余部分标高。本步骤结果如图 4.53 所示。

（7）插入图框，打印输出

本步骤可参考 4.2.3 的步骤（6）。

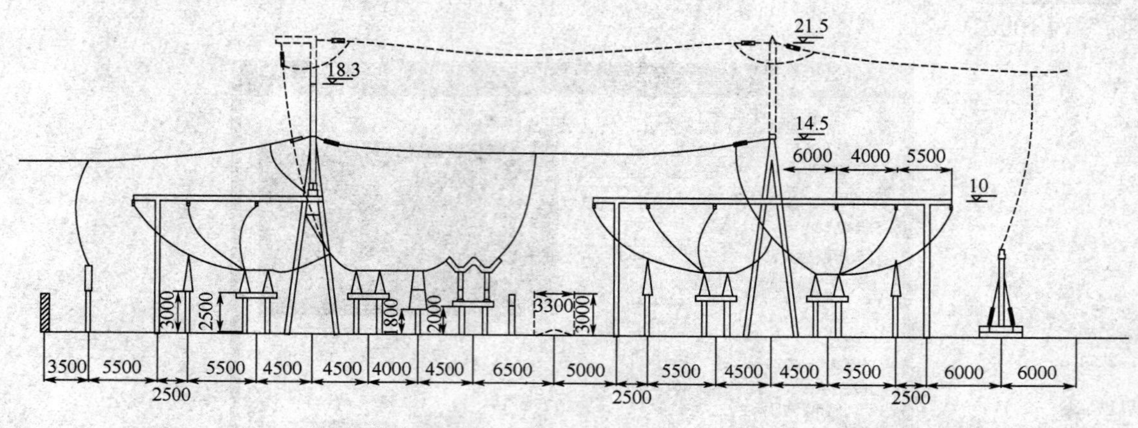

图 4.53　220kV 双母线进出线带旁路、合并母线架、断路器单列布置的配电装置图

本章小结

发电厂一次系统工程图主要包括电气主接线图、配电装置图（断面图、配置图、平面图）、厂用电图、平面布置图等。由于篇幅的原因，本章着重描述了一次电气主接线图、配电装置断面图的阅读及其绘制方法。

思考题与习题

4-1　如何进行电气主接线图的阅读？

4-2　请绘制 YN/d 连接的有铁芯三相双绕组变压器符号。

4-3　请绘制 6 回出线，两回进线的双母线分段带旁路的主接线。

4-4　请绘制双母带旁路接线的分相中型屋外配电装置的断面图。

4-5　如何进行配电装置图的阅读？

5 电子、通信线路及装置的识图与绘图

在通信工程领域，经常需要进行通信勘察设计、机房设计、通信产品设计等工作，而设备平面图、楼宇电子线路连接图等是常见的事。电子线路主要由电阻、电容、电感、晶体管等电子元器件构成，而通信设施、设备主要由光纤、基站、分支器等构成。本章主要介绍分立电子元件符号的绘图方法，以及中小规模电路、通信设施及设备的识图和绘图方法。

5.1 电子线路常用图形符号及绘制方法

5.1.1 常用的图形符号

本章所使用的电子线路图形符号如表 5.1 所示。这些图形符号均按照国家标准 GB/T 4728《电气简图用图形符号》最新版的相关要求绘制。表 5.1 中图形符号以栅格为背景，栅格间距为 2.5mm，方便读者掌握图形符号的尺寸。特别是对电子线路图而言，这点尤为重要。元件长宽高是多少就是多少，不能想当然来标注。制图准确不仅是为了好看，更重要的是可以直观的反映一些图面问题，对于提高绘图速度也有重要的影响。AutoCAD 里没有专门的电气元件库，我们在绘制电气图的时候，经常要反复用到一些电气元件，如电阻、电容、电感等。这时如果有一个自己的元件库，放置一些常用的元器件，使用时直接从库中调用，就方便得多了。可以根据第 2 章中的块操作的方法来建立自己的元器件库。

表 5.1 本章所使用的电子线路图形符号

序　号	元件名称	图形符号	序　号	元件名称	图形符号
1	电阻		5	三极管	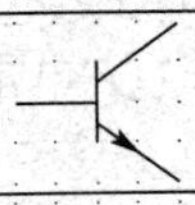
2	电容	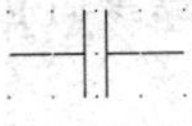	6	二极管	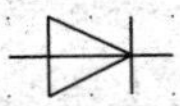
3	电感		7	电源	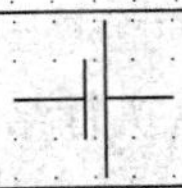
4	变压器	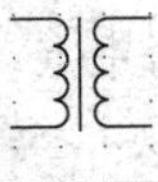	8	放大器	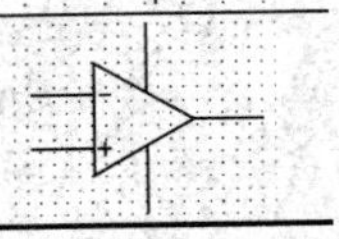

5.1.2 符号的绘制方法

（1）电源符号的绘图步骤

① 单击“绘图”工具栏上的“直线”按钮。

命令: _line 指定第一点:（在适当的位置选取直线 AB 的起点 A）

指定下一点或 [放弃(U)]: @0,−5（输入 B 点的相对坐标），按 Enter 键结束。

执行结果如图 5.1（a）所示。

命令: （按 Enter 键重复 line 命令）

LINE 指定第一点: from

基点: mid（捕捉直线 AB 的中点，将十字光标移动到直线 AB 的中点附近，出现黄色的中点符号，如图 5.1（b）所示，单击鼠标左键）

于 <偏移>: @1.25,5（输入点 C 的相对坐标）

指定下一点或 [放弃(U)]: @0,−10（输入点 D 的坐标），按 Enter 键结束。

执行结果如图 5.1（c）所示。

② 单击“绘图”工具栏上的“直线”按钮。

命令: _line 指定第一点: mid（捕捉直线 AB 的中点，将十字光标移动到直线 AB 的中点附近，出现黄色的中点符号，如图 5.1（d）所示，单击鼠标左键）

指定下一点或 [放弃(U)]: @−4.375,0（输入下一点的相对坐标），按 Enter 键结束。

命令: （按 Enter 键重复 line 命令）

LINE 指定第一点: mid（捕捉直线 CD 的中点，将十字光标移动到直线 CD 的中点附近，出现黄色的中点符号，如图 5.1（e）所示，单击鼠标左键。）

指定下一点或 [放弃(U)]: @4.375,0（输入下一点的相对坐标），按 Enter 键结束。

执行结果如图 5.1（f）所示。

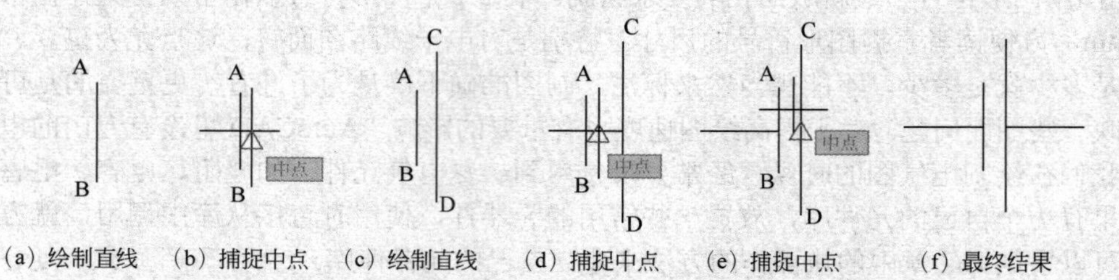

（a）绘制直线 （b）捕捉中点 （c）绘制直线 （d）捕捉中点 （e）捕捉中点 （f）最终结果

图 5.1 电源符号的绘图步骤

（2）电阻符号的绘图步骤

① 单击“绘图”工具栏上的“矩形”按钮。

命令: _rectang

指定第一个角点或 [倒角(C)/标高(E)/圆角(F)/厚度(T)/宽度(W)]:（在适当的位置选取矩形的左上角点 A）

指定另一个角点或 [面积(A)/尺寸(D)/旋转(R)]: @7.5,−2.5（输入矩形的右下角 D 的相对坐标）

执行结果如图 5.2（a）所示。

② 单击“绘图”工具栏上的“直线”按钮。

命令: _line 指定第一点: mid（捕捉直线 AC 的中点，将十字光标移到直线 AC 的中点附近，将出现一个黄色的中点符号，如图 5.2（b）所示，单击鼠标左键）

指定下一点或 [放弃(U)]: @−1.25,0（输入点 E 的相对坐标，执行结果如图 5.2（c）所示。）

指定下一点或 [放弃(U)]: （按 Enter 键结束）

命令: （按 Enter 键重复 line 命令）

LINE 指定第一点: mid（捕捉直线 BD 的中点，将十字光标移到直线 BD 的中点附近，将出现一个黄色的中点符号，如图 5.2（d）所示，单击鼠标左键。）

指定下一点或 [放弃(U)]: @1.25,0（输入下一点的相对坐标）

指定下一点或 [放弃(U)]: （按 Enter 键结束）

执行结果如图 5.2（e）所示。

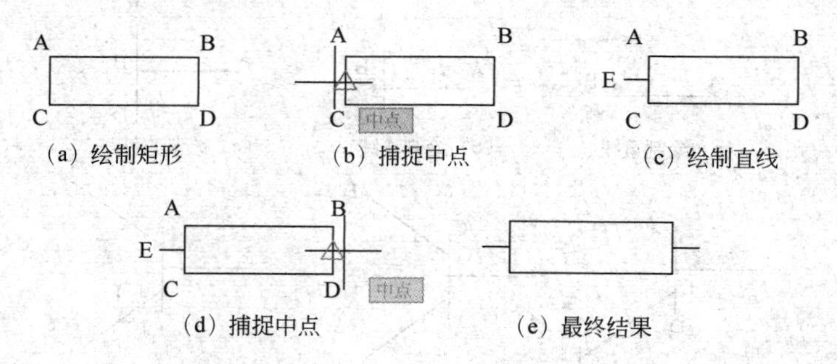

图 5.2　电阻符号的绘图步骤

（3）三极管的符号绘图步骤

① 单击“绘图”工具栏上的“直线”按钮。

命令: _line 指定第一点:（在适当位置选取直线 AB 的起点 A）

指定下一点或 [放弃(U)]: @5,0，按 Enter 键结束。

执行结果如图 5.3（a）所示。

命令: （按 Enter 键重复 line 命令）

LINE 指定第一点: from

基点: end（捕捉端点 B，将十字光标移动到点 B 附近，出现黄色的端点符号，如图 5.3（b）所示，单击鼠标左键）

于 <偏移>: @0,2.5（输入点 C 的相对坐标）

指定下一点或 [放弃(U)]: @0,−5（输入点 D 的相对坐标），按 Enter 键结束。

执行结果如图 5.3（c）所示。

② 单击“绘图”工具栏上的“直线”按钮。

命令: _line 指定第一点: from

基点: end（捕捉 D 点）

于 <偏移>: @0,1.25（输入 E 点的相对坐标）

指定下一点或 [放弃(U)]: @5,−3.75（输入 F 点的相对坐标），按 Enter 键结束。

执行结果如图 5.3（d）所示。

③ 单击“绘图”工具栏上的“直线”按钮。

命令: _line 指定第一点: from

基点: end（捕捉 C 点）

于 <偏移>: @0,−1.25（输入 G 点的相对坐标）

指定下一点或 [放弃(U)]: @5,3.75（输入 H 点的相对坐标），按 Enter 键结束。

执行结果如图 5.3（e）所示。

④ 单击“绘图”工具栏上的“直线”按钮。

命令: _line 指定第一点:（在适当的位置选取 I 点）

指定下一点或 [放弃(U)]: mid（捕捉 EF 的中点）

指定下一点或 [放弃(U)]:（在适当的位置选取 J 点）

指定下一点或 [闭合(C)/放弃(U)]: （按 Enter 键结束）

执行结果如图 5.3（f）所示。

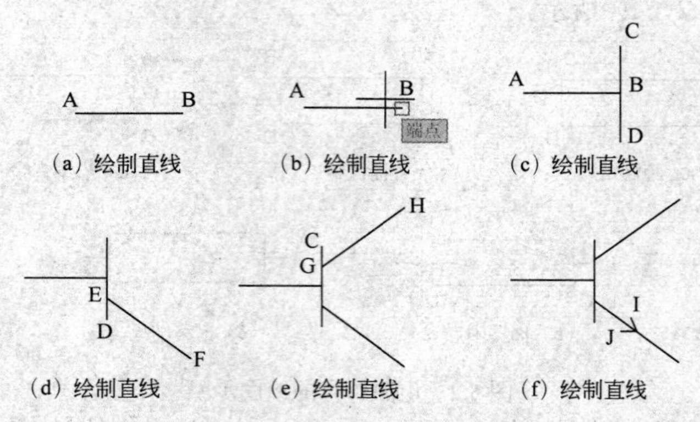

（a）绘制直线　（b）绘制直线　（c）绘制直线

（d）绘制直线　（e）绘制直线　（f）绘制直线

图 5.3　三极管符号的绘图步骤

（4）电容符号的绘图步骤

① 单击“绘图”工具栏上的“直线”按钮。

命令: _line 指定第一点:（在适当位置选取直线 AB 的起点 A）

指定下一点或 [放弃(U)]: @4.375,0，按 Enter 键结束。

执行结果如图 5.4（a）所示。

命令:（按 Enter 键重复 line 命令）

LINE 指定第一点: from

基点: end（捕捉端点 B，将十字光标移动到点 B 附近，出现黄色的端点符号，如图 5.4（a）所示，单击鼠标左键）

于 <偏移>: @0,2.5（输入点 C 的相对坐标）

指定下一点或 [放弃(U)]: @0,−5（输入点 D 的相对坐标），按 Enter 键结束。

执行结果如图 5.4（b）所示。

② 单击“修改”工具栏上的“复制”按钮。

命令: _copy

选择对象: 找到 1 个（选择直线 CD）

选择对象:（按 Enter 键结束选择）

指定基点或 [位移(D)] <位移>:　end（捕捉端点 C）

于指定第二个点或 <使用第一个点作为位移>: @1.25,0（输入位移点的相对坐标），按 Enter 键结束。

执行结果如图 5.4（c）所示。

命令:（按 Enter 键重复 copy 命令）

COPY

选择对象: 找到 1 个（选择直线 AB）

选择对象:（按 Enter 键结束选择）

指定基点或 [位移(D)] <位移>:　end（捕捉端点 A）

于指定第二个点或 <使用第一个点作为位移>: @5.625,0（输入位移点的相对坐标），按 Enter 键结束。

执行结果如图 5.4（d）所示。

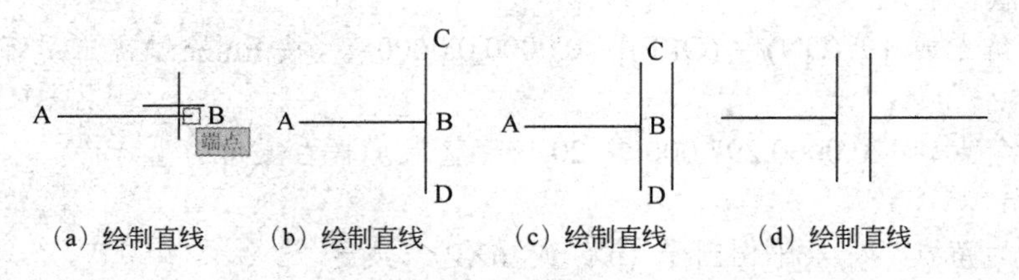

(a) 绘制直线　(b) 绘制直线　(c) 绘制直线　(d) 绘制直线

图 5.4　电容符号的绘图步骤

(5) 二极管符号绘图步骤

① 单击"绘图"工具栏上的"直线"按钮。

命令: _line 指定第一点: (在适当的位置选取直线 AB 的起点 A)

指定下一点或 [放弃(U)]: @10,0 (输入点 B 的相对坐标), 按 Enter 键结束。

执行结果如图 5.5 (a) 所示。

命令: (按 Enter 键重复 line 命令)

LINE 指定第一点: from

基点: end (捕捉端点 A)

于<偏移>: @2.5,2.5 (输入点 C 的相对坐标)

指定下一点或 [放弃(U)]: @0,−5 (输入点 D 的相对坐标), 按 Enter 键结束。

执行结果如图 5.5 (b) 所示。

② 单击"修改"工具栏上的"偏移"按钮。

命令: _offset

当前设置: 删除源=否　图层=源　OFFSETGAPTYPE=0

指定偏移距离或 [通过(T)/删除(E)/图层(L)] <通过>:　5 (输入要偏移的距离)

选择要偏移的对象, 或 [退出(E)/放弃(U)] <退出>: (选择直线 CD)

指定要偏移的那一侧上的点, 或 [退出(E)/多个(M)/放弃(U)] <退出>: (单击直线 CD 的右侧)

选择要偏移的对象, 或 [退出(E)/放弃(U)] <退出>: (按 Enter 键结束)

执行结果如图 5.5 (c) 所示。

③ 单击"绘图"工具栏上的"直线"按钮。

命令: _line 指定第一点: end (捕捉端点 C)

指定下一点或 [放弃(U)]: int (捕捉交点 E)

指定下一点或 [放弃(U)]: end (捕捉端点 D)

指定下一点或 [闭合(C)/放弃(U)]: (按 Enter 键结束)

执行结果如图 5.5 (d) 所示。

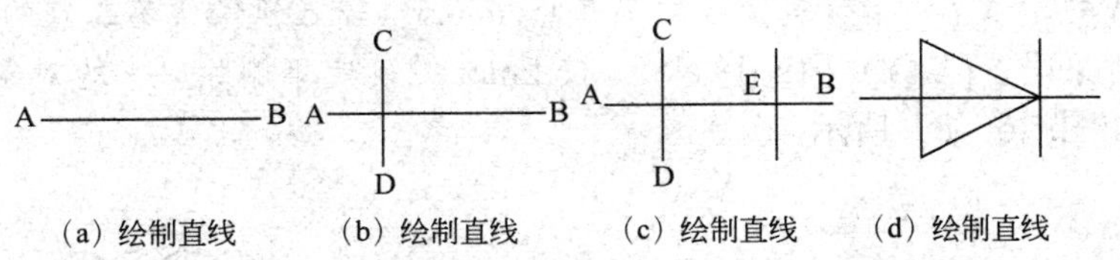

(a) 绘制直线　(b) 绘制直线　(c) 绘制直线　(d) 绘制直线

图 5.5　二极管符号的绘图步骤

(6) 电感符号绘图步骤

① 在命令行输入 limits 命令。

命令: _limits

重新设置模型空间界限:

指定左下角点或 [开(ON)/关(OFF)] <0.0000,0.0000>:（按 Enter 键确定屏幕左下角的坐标为原点）

指定右上角点 <420.0000,297.0000>: 20,10（输入屏幕右上角的坐标）

命令: zoom

指定窗口的角点，输入比例因子 (nX 或 nXP)，或者

[全部(A)/中心(C)/动态(D)/范围(E)/上一个(P)/比例(S)/窗口(W)/对象(O)] <实时>: a

正在重生成模型。

② 单击“绘图”工具栏上的“直线”按钮。

命令: _line 指定第一点:（在适当位置选取直线的起点 A）

指定下一点或 [放弃(U)]: @2.5,0（输入点 B 的相对坐标），按 Enter 键结束。

执行结果如图 5.6（a）所示。

③ 单击“绘图”工具栏上的“圆弧”按钮。

命令: _arc 指定圆弧的起点或 [圆心(C)]: end（捕捉端点 A）

指定圆弧的第二个点或 [圆心(C)/端点(E)]: c（设置圆弧的圆心）

指定圆弧的圆心: @−1.25,0（输入圆心的相对坐标）

指定圆弧的端点或 [角度(A)/弦长(L)]: a（设置圆弧的角度）

指定包含角: 180（输入圆弧的角度）

执行结果如图 5.6（b）所示。

命令:（按 Enter 键重复 arc 命令）

ARC 指定圆弧的起点或 [圆心(C)]: end（捕捉端点 B）

指定圆弧的第二个点或 [圆心(C)/端点(E)]: c（设置圆弧的圆心）

指定圆弧的圆心: @−1.25,0（输入圆心的相对坐标）

指定圆弧的端点或 [角度(A)/弦长(L)]: a（设置圆弧的角度）

指定包含角: 180（输入圆弧的角度）

执行结果如图 5.6（c）所示。

④ 单击“修改”工具栏上的“镜像”按钮。

命令: _mirror

选择对象: 找到 1 个（选择直线 1）

选择对象: 找到 1 个，总计 2 个（选择圆弧 2）

选择对象: 找到 1 个，总计 3 个（选择圆弧 3）

选择对象:（按 Enter 键结束选择）

指定镜像线的第一点: 指定镜像线的第二点: @0,5（输入镜像线第二点的相对坐标）

要删除源对象吗? [是(Y)/否(N)] <N>:（按 Enter 键确定不删除原来的对象）

执行结果如图 5.6（d）所示。

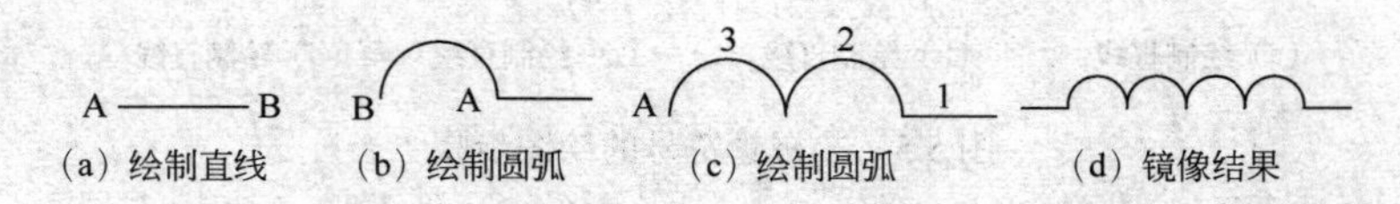

图 5.6　电感符号的绘图步骤

5.2 三极管结构示意图识图与绘图

5.2.1 三极管结构示意图识图

NPN 型三极管的示意图如图 5.7 所示。它是由两个 PN 结的三层半导体制成的，中间是一块很薄的 P 型半导体（几微米～几十微米），两边各为一块 N 型半导体。从三块半导体上各自接出一根引线就是三极管的三个电极，它们分别叫做发射极、基极和集电极，对应的每块半导体称为发射区、基区和集电区。虽然发射区和集电区都是 N 型半导体，但是发射区比集电区掺的杂质多，因此它们并不是对称的。

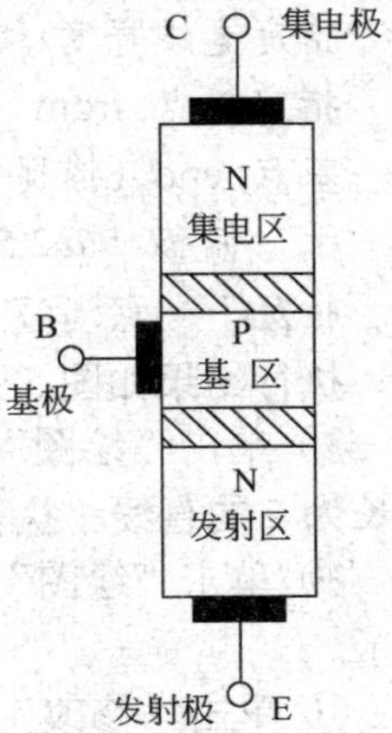

图 5.7　三极管结构示意图

5.2.2 三极管结构示意图的绘制

（1）设置绘图环境

① 在命令行输入 LIMITS 命令，设置界限为：左下角（0,0），右上角（80,80）。

② 设置图层　单击“图层”工具栏上的“图层特性管理器”按钮，打开“图层特性管理器”对话框，单击“新建”按钮，建立文字、图形两个图层，并将图形层设置为当前层。

（2）绘制图形

① 单击“绘图”工具栏上“矩形”按钮。绘制矩形 12×38。效果如图 5.8（a）所示。

② 单击“修改”工具栏上的“分解”按钮。将上一步绘制的矩形分解。

③ 单击“修改”工具栏上的“偏移”按钮，偏移距离 12，将直线 1 偏移得到直线 3，将直线 2 偏移得到直线 4。结果如图 5.8（b）所示。

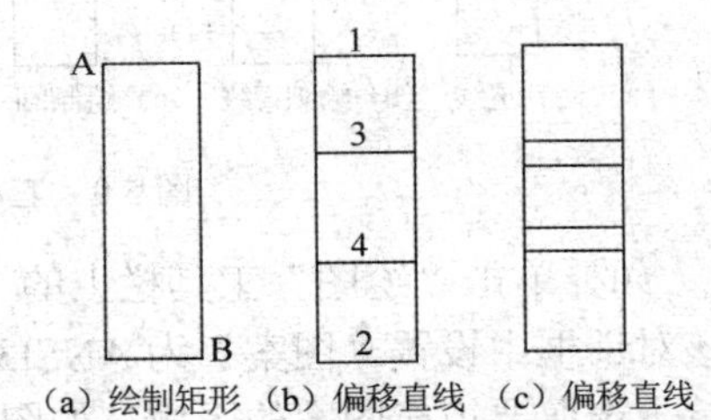

（a）绘制矩形　（b）偏移直线　（c）偏移直线

图 5.8　三极管结构轮廓线的绘图步骤

④ 重复执行偏移命令，偏移距离 3，将直线 3、4 进行偏移，结果如图 5.8（c）所示。

⑤ 在命令行输入 pl 命令，绘制宽线。参考图 5.9（a）完成下面的操作。宽线的宽度为 2，以 A 为基点输入宽线的起点和终点的相对坐标。

命令: pl

指定宽线宽度 <1.0000>: 2（输入宽线的宽度）

指定起点: from

基点: end（捕捉端点 A）

于 <偏移>: @-1,-1（输入偏移点的相对坐标）

指定下一点: @0,-5.5（输入下一点的相对坐标），按 Enter 键结束。

执行结果如图 5.9（a）所示。

⑥ 单击“绘图”工具栏上的“直线”按钮。捕捉宽线左侧边的中点，绘制长为 4 的直线，执行结果如图 5.9（b）所示。

⑦ 单击“绘图”工具栏上的“圆”按钮。绘制半径为 1 的圆。执行结果如图 5.9（c）所示。

⑧ 在命令行输入 pl 命令，绘制宽线。参考图 5.9（d）完成下面的操作。

命令: pl

指定宽线宽度 <2.0000>:（按 Enter 键确定宽线的宽度）

指定起点: from

基点: end（捕捉端点 A）

于 <偏移>: @2.5,1（输入偏移点的相对坐标）

指定下一点: @7,0（输入下一点的相对坐标），按 Enter 键结束。

执行结果如图 5.9（d）所示。

⑨ 单击“绘图”工具栏上的“直线”按钮。捕捉步骤⑧绘制的宽线上方边的中点绘制长为 5 的直线。执行结果如图 5.9（e）所示。

⑩ 单击“绘图”工具栏上的“圆”按钮。绘制直径为 1 的圆。执行结果如图 5.9（f）所示。

⑪ 单击“修改”工具栏上的“镜像”按钮。选择如图 5.9（g）所示的虚线部分，镜像线的第一点和第二点分别是 AB 和 CD 的中点。执行结果如图 5.9（h）所示。

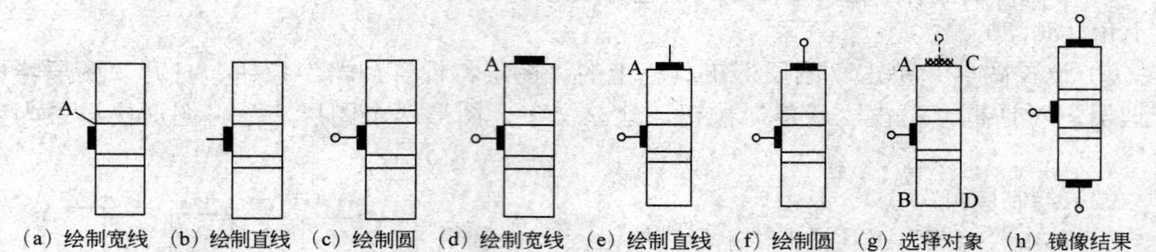

（a）绘制宽线 （b）绘制直线 （c）绘制圆 （d）绘制宽线 （e）绘制直线 （f）绘制圆 （g）选择对象 （h）镜像结果

图 5.9 三极管结构示意图宽线及引线的绘图步骤

⑫ 单击“绘图”工具栏上的“图案填充”按钮，弹出“边界图案填充”对话框，在该对话框中设置“图案”为 ANSI31，“角度”为 90，“比例”为 0.5。单击“拾取点”按钮，单击选取要填充图案的区域，如图 5.10（a）所示。填充结果如图 5.10（b）所示。

（3）输入文字

① 选择“格式” | “文字样式”菜单命令，弹出“文字样式”对话框，设置“字体名”为宋体，单击“应用”按钮，再单击“关闭”按钮。

② 将文字层设置为当前层。单击“注释”工具栏上的“多行文字”按钮。弹出“文字编辑器”对话框，输入文字。最终结果如图 5.11 所示。

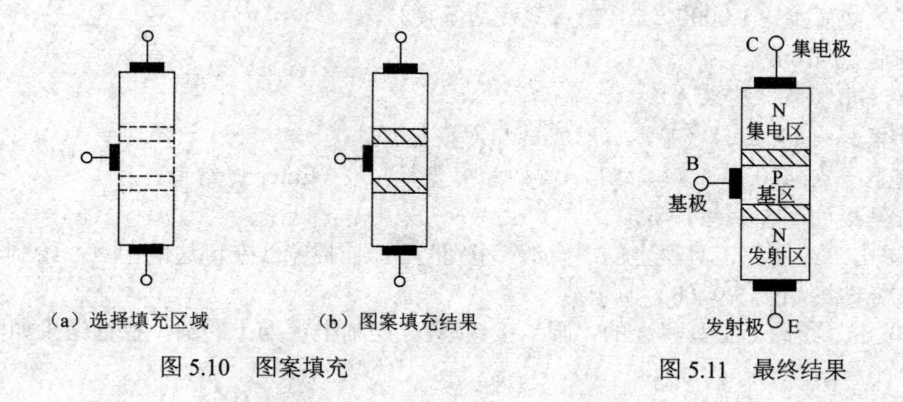

（a）选择填充区域 （b）图案填充结果

图 5.10 图案填充

图 5.11 最终结果

5.3 单相桥式全波整流电路识图与绘图

5.3.1 单相桥式全波整流电路识图

单相桥式全波整流电路如图 5.12 所示。

整流电路的任务是将交流电变换成直流电。完成这一任务主要是靠二极管的单向导电作用，因此二极管是构成整流电路的关键元件。本图中 R_L 是要求直流供电的负载电阻，四支整流二极管接成电桥的形式，故有桥式整流电路之称。在电源电压的正、负半周内电流通路分别用图中实线和虚线箭头表示。

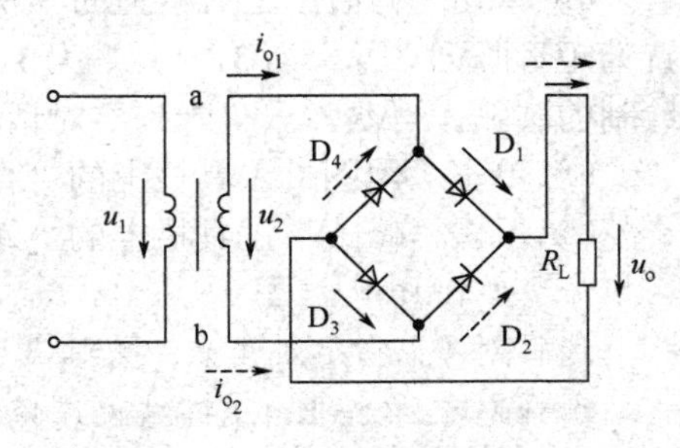

图 5.12　单相桥式全波整流电路

5.3.2 单相桥式全波整流电路的绘制

（1）设置绘图环境

① 在命令行输入 LIMITS 命令，设置界限为：左下角（0,0），右上角（120,80）。

② 设置图层：单击“图层”工具栏上的“图层特性管理器”按钮，打开“图层特性管理器”对话框，单击“新建图层”按钮，建立元件层、连接线层、实心点层、箭头层、文字 5 个图层，并将元件层设为当前层。

③ 选择“工具”|“草图设置”菜单命令，弹出“草图设置”对话框，确定栅格间距为 2.5，捕捉间距为 1.25。

（2）绘制元件

① 单击“绘图”工具栏上的“直线”按钮。绘制二极管，结果如图 5.13（a）所示。

② 单击“修改”工具栏上的“复制”按钮。选择上一步绘制的二极管进行复制。执行结果如图 5.13（b）所示。

③ 单击“修改”工具栏上的“旋转”按钮。选择如图 5.13（c）所示的虚线部分 AB 旋转 90 度。执行结果如图 5.13（d）所示。

④ 选择如图 5.13（e）所示的虚线部分 AB 旋转 90 度。执行结果如图 5.13（f）所示。

⑤ 单击“修改”工具栏上的“旋转”按钮。选择如图 5.13（g）所示的所有二极管以方框中心点 A 为基点旋转 45 度。执行结果如图 5.13（h）所示。

⑥ 单击“绘图”工具栏上的“矩形”按钮，绘制电阻，结果如图 5.13（i）所示。

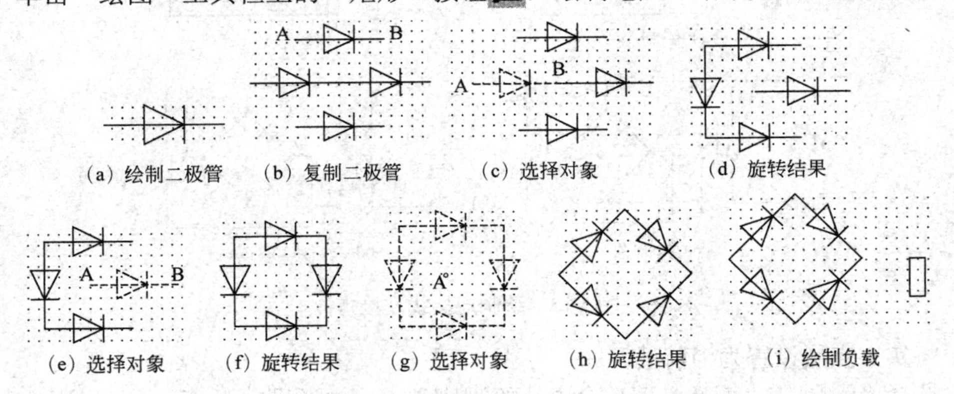

图 5.13　绘制二极管组及负载

⑦ 单击“绘图”工具栏上的“圆弧”按钮。绘制半径为 1.25 的半圆。执行结果如图

5.14（a）所示。

⑧ 单击“修改”工具栏上的“阵列”按钮，将弹出“阵列”对话框，在该对话框中设置为矩形阵列“行”为3，“列”为1，“行偏移”为2.5。单击“选择对象”按钮，选择步骤8绘制的圆弧，再次弹出“阵列”对话框，单击“确定”按钮。结果如图5.14（b）所示。

⑨ 单击“绘图”工具栏上的“直线”按钮，绘制直线，结果如图5.14（c）所示。

⑩ 单击“修改”工具栏上的“镜像”按钮。

命令: _mirror

选择对象: 指定对角点: 找到 3 个（选择三个圆弧）

选择对象:（按Enter键结束选择）

指定镜像线的第一点: end（捕捉步骤10绘制的直线的上方端点）

于 指定镜像线的第二点: end（捕捉步骤10绘制的直线的下方端点）

要删除源对象吗? [是(Y)/否(N)] <N>:（按Enter键确定不删除原来的对象）

执行结果如图5.14（d）所示。

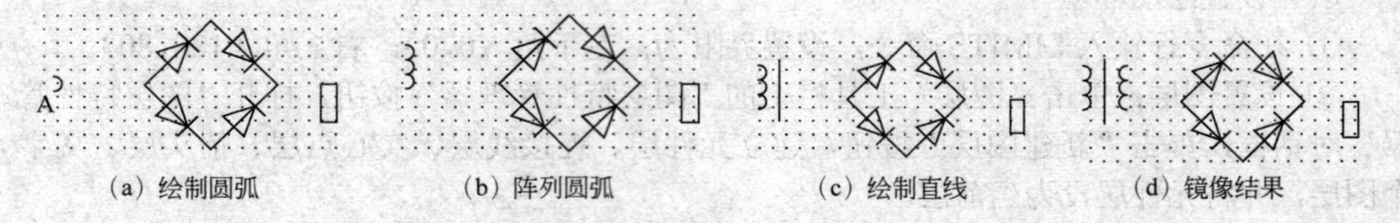

图5.14 变压器的绘图步骤

（3）绘制连接线

① 将连接线层设置为当前层。

② 单击“绘图”工具栏上的“直线”按钮。绘制连接线，结果如图5.15（a）所示。

③ 单击“修改”工具栏上的“修剪”按钮。剪掉多余的线条，结果如图5.15（b）所示。

④ 单击“绘图”工具栏上的“圆”按钮。在图5.15（b）的A、B两点处分别绘制半径为0.5的圆，结果如图5.15（c）所示。

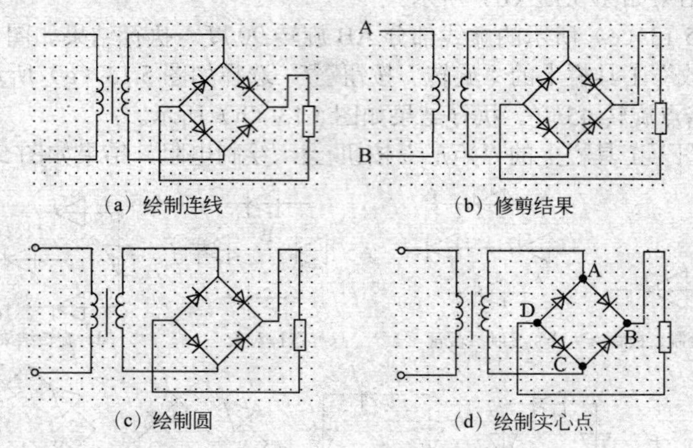

图5.15 绘制连接线及接点

⑤ 将实心点层设置为当前层。

⑥ 选择“绘图”|“圆环”菜单命令，绘制实心点。内径设定为0，外径设定为0.8，结果如图5.15（d）所示。

⑦ 单击“标注”工具栏上的“引线”按钮。绘制箭头AB，执行结果如图5.16（a）所示。

⑧ 用同样的方法，绘制其他带有直线的箭头，结果如图5.16（b）所示。

⑨ 加载线型　打开“对象特性”工具栏上的“线型控制”下拉列表框，选择“其他”，将弹出“线型管理器”对话框。单击“加载”按钮，弹出“加载或重载线型”对话框，选择DASHED，单击“确定”按钮，返回到“线型管理器”对话框，单击“显示细节”按钮，在“全局比例因子”文本框中输入0.1，单击“确定”按钮。

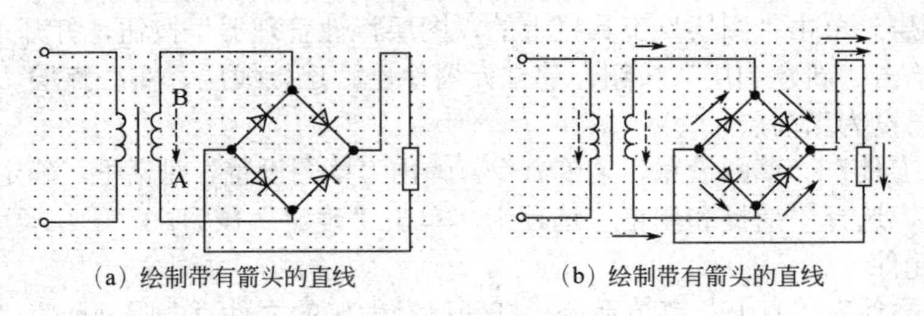

（a）绘制带有箭头的直线　　（b）绘制带有箭头的直线

图5.16　箭头的绘图步骤

⑩ 选择如图5.17（a）所示的4个对象，打开“对象特性”工具栏上“线型控制”下拉列表框，选择DASHED，然后按Esc键。结果如图5.17（b）所示。

（4）输入文字

① 选择“格式”|“文字样式”菜单命令，弹出“文字样式”对话框，设置“字体名”为宋体，如图所示，单击“应用”按钮，在单击“关闭”按钮。

② 将文字层设置为当前层。关闭状态栏中的“捕捉”按钮。

③ 单击“注释”工具栏上的“多行文字”按钮。输入文字，最终结果如图5.18所示。

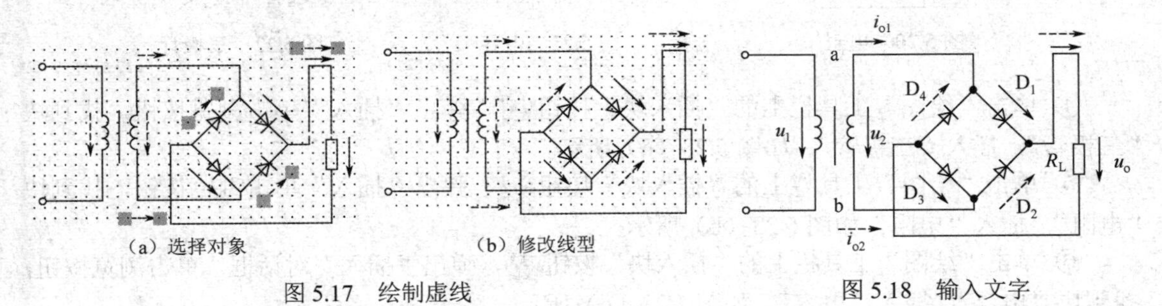

（a）选择对象　　（b）修改线型

图5.17　绘制虚线　　图5.18　输入文字

5.4　共射放大电路识图与绘图

5.4.1　共射放大电路识图

放大器的用途是非常广泛的，它能利用三极管的电流控制作用把微弱的电信号增强到所要求的数值，例如常见的扩音机就是一个把微弱的声音变大的放大器。声音先经过变成微弱的电信号，经过放大器，利用半导体三极管的控制作用，把电源供给的能量转换为较强的电信号，然后通过扬声器还原成为放大了的声音。如图5.19所示，本电路是基本的单管放大电路采用 NPN 型半导体三极管，R_c

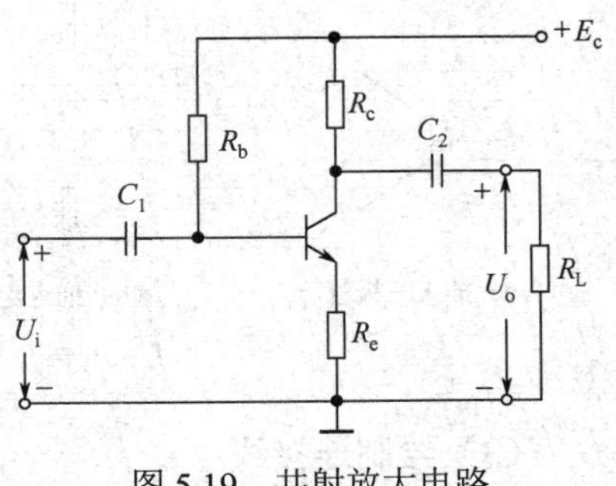

图5.19　共射放大电路

是集电极电阻，R_b 是基极电阻，R_L 是负载电阻，R_e 是射极电阻，C_1 和 C_2 称为隔直电容或耦合电容，它们在电路中的作用是“传送交流，隔离直流”。

5.4.2 共射放大电路的绘制

（1）设置绘图环境

① 在命令行输入 LIMITS 命令，设置界限为：左下角（0,0），右上角（120,80）。

② 设置图层。单击“图层”工具栏上的“图层特性管理器”按钮，打开“图层特性管理器”对话框，单击“新建图层”按钮，建立元器件层、连接线层、实心点层、文字层 5 个图层，并将元件层设为当前层。

③ 选择“工具”|“草图设置”菜单命令，弹出“草图设置”对话框，确定栅格间距为 5，捕捉间距为 2.5，选择“捕捉和栅格”选项卡，单击“确定”按钮。

（2）绘制元件

① 选择“文件”|“打开”菜单命令，打开已经做好的文件“电阻.dwg”，如图 5.20 所示。选择电阻，在命令行中输入 WBLOCK 命令，捕捉端点 A 为基点，制作“电阻”块。

② 选择“文件”|“打开”菜单命令，打开已经做好的文件“电容.dwg”，如图 5.21 所示。选择电阻，在命令行中输入 WBLOCK 命令，捕捉端点 A 为基点，制作“电容”块。

③ 选择“文件”|“打开”菜单命令，打开已经做好的文件“三极管.dwg”，如图 5.22 所示。选择电阻，在命令行中输入 WBLOCK 命令，捕捉端点 A 为基点，制作“三极管”块。

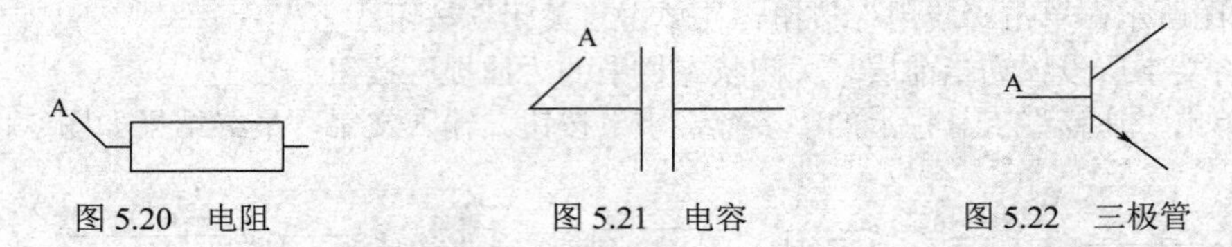

图 5.20　电阻　　图 5.21　电容　　图 5.22　三极管

④ 单击“绘图”工具栏上的“插入块”按钮，弹出“插入”单击浏览按钮，找到块“三极管”，插入“三极管”，如图 5.23（a）所示。

⑤ 单击“绘图”工具栏上的“插入块”按钮，弹出“插入”单击浏览按钮，找到块“电阻”，插入“电阻”如图 5.23（b）所示。

⑥ 单击“绘图”工具栏上的“插入块”按钮，弹出“插入”对话框，单击浏览按钮，找到块“电容”，插入“电容”，如图 5.23（c）所示。

⑦ 单击“绘图”工具栏上的“多段线”按钮，绘制接地线，线宽为 0.5。执行结果如图 5.23（d）所示。

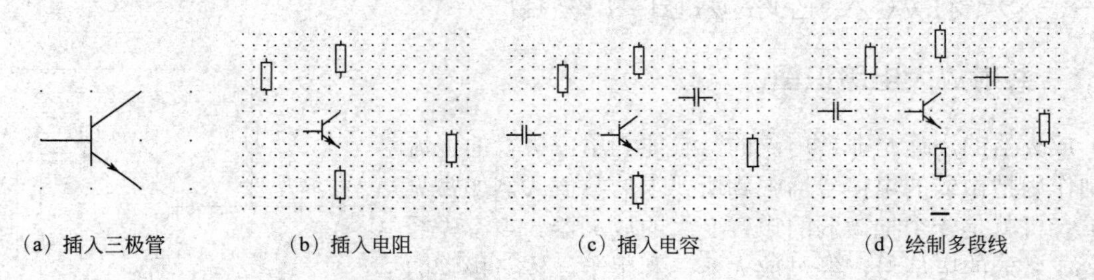

（a）插入三极管　（b）插入电阻　（c）插入电容　（d）绘制多段线

图 5.23　绘制元件

（3）绘制连接线

① 将连接线层设置为当前层。单击“绘图”工具栏上的“直线”按钮。绘制连接线，

结果如图 5.24（a）所示。

② 单击“绘图”工具栏上的“圆”按钮。在图 5.24（a）的 A 点、B 点和 C 点处分别绘制半径为 0.7 的圆。结果如图 5.24（b）所示。

③ 单击“绘图”工具栏上的“圆”按钮。圆半径为 0.7，绘制负载电阻接点。结果如图 5.24（c）所示。

④ 关闭状态栏中的“捕捉”按钮。单击“修改”工具栏上的“修剪”按钮。修剪多余的线条，结果如图 5.24（d）所示。

（4）绘制实心点

将实心点层设置为当前层。打开状态栏中的“捕捉”按钮。选择“绘图” | “圆环”菜单命令，绘制外径为 1 的实心点。结果如图 5.24（e）所示。

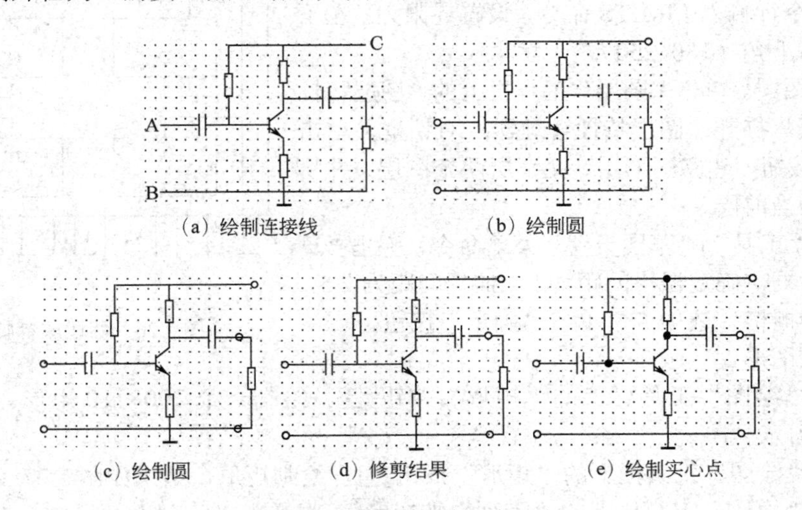

（a）绘制连接线　（b）绘制圆

（c）绘制圆　（d）修剪结果　（e）绘制实心点

图 5.24　绘制连接线及实心点

（5）文字输入

① 将文字层设置为当前层。关闭状态栏中的“捕捉”按钮。

② 单击“注释”工具栏上的“多行文字”按钮 A，弹出“文字编辑器”对话框，设置字大小为 3.5，输入文字 C_1 后，选择文字 1，将字体大小改为 2，单击“确定”按钮。结果如图 5.25（a）所示。

③ 用同样的方法输入其他的文字，结果如图 5.25（b）所示。

④ 单击“标注”工具栏上的“快速引线”按钮，绘制引线。结果如图 5.25（c）所示。

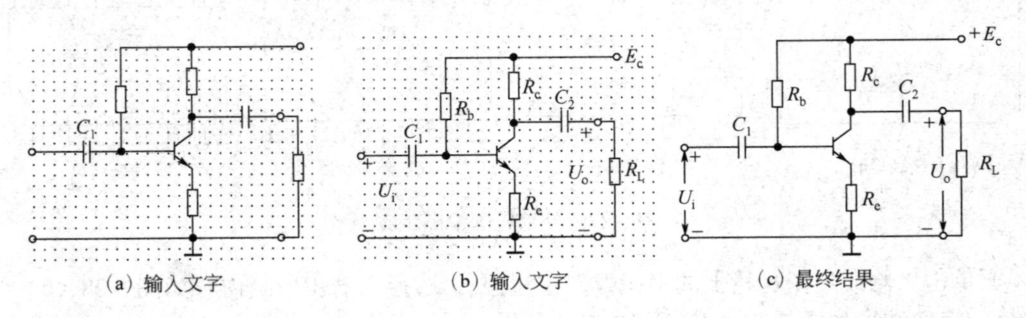

（a）输入文字　（b）输入文字　（c）最终结果

图 5.25　输入文字及标注

5.5 四运放管脚排列图的识图与绘图

5.5.1 四运放管脚排列图识图

芯片是电子实际应用的重要元件，本图是含有四个运放芯片的管脚图，13 脚和 4 脚是电源管脚，8 脚和 9 脚无用，其他管脚分别对应着四个运放的输入和输出。

5.5.2 四运放管脚排列图的绘制

绘制如图 5.26 所示的四运放管脚排列图。

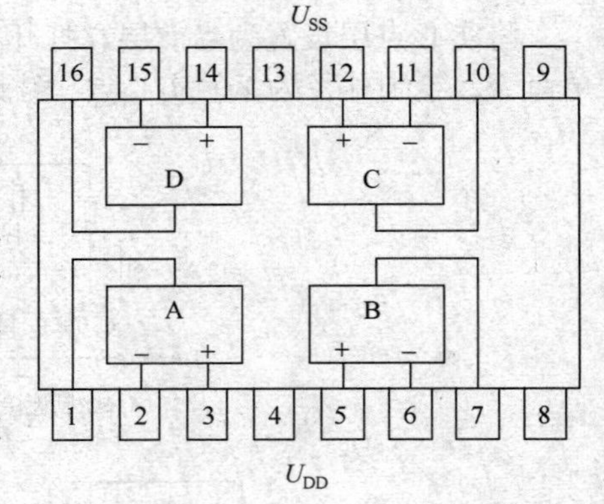

图 5.26 四运放管脚排列图

（1）设置绘图环境

① 在命令行输入 LIMITS 命令，设置界限为：左下角（0,0），右上角（180,250）。

② 设置图层。单击“图层”工具栏上的“图层特性管理器”按钮，打开“图层特性管理器”对话框，单击“新建图层”按钮，建立图形层、文字层两个图层，并将与非门层设为当前层。

③ 选择“工具”|“草图设置”菜单命令，弹出“草图设置”对话框，确定栅格间距为 5，捕捉间距为 2.5，选择“捕捉和栅格”选项卡，单击“确定”按钮。

（2）绘制图形

① 单击“绘图”工具栏上的“矩形”按钮。绘制一个 200×110 矩形。执行结果如图 5.27（a）所示。

② 单击“绘图”工具栏上的“矩形”按钮，绘制矩形，结果如图 5.27（b）所示。

③ 单击“修改”工具栏上的“阵列”按钮，将弹出“阵列”对话框，在该对话框中设置为矩形阵列，“行”为 1，“列”为 8，“行偏移”为 1，“列偏移”25。选择上一步绘制的矩形执行阵列操作，结果如图 5.27（c）所示。

④ 单击“修改”工具栏上的“镜像”按钮。将上一步绘制的 8 个矩形镜像，执行结果如图 5.27（d）所示。

⑤ 单击“绘图”工具栏上的“矩形”按钮，绘制矩形，结果如图 5.28（a）所示。

⑥ 单击“绘图”工具栏上的“直线”按钮，绘制直线，结果如图 5.28（b）所示。

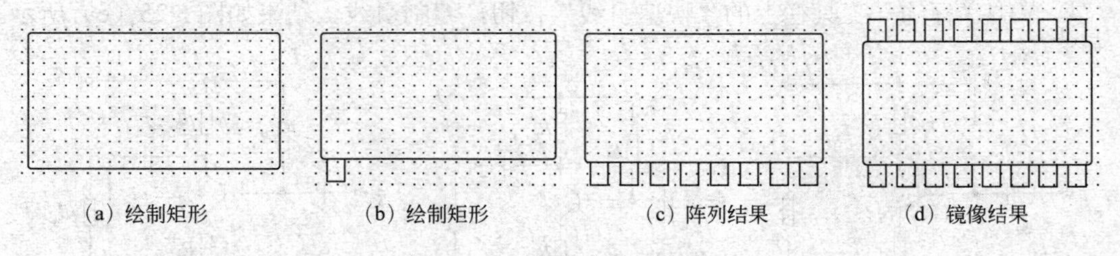

（a）绘制矩形　（b）绘制矩形　（c）阵列结果　（d）镜像结果

图 5.27 外部轮廓绘图步骤

⑦ 单击“修改”工具栏上的“镜像”按钮。选择上一步所画内容如图 5.28（c）的虚线部分，镜像结果如图 5.28（d）所示。

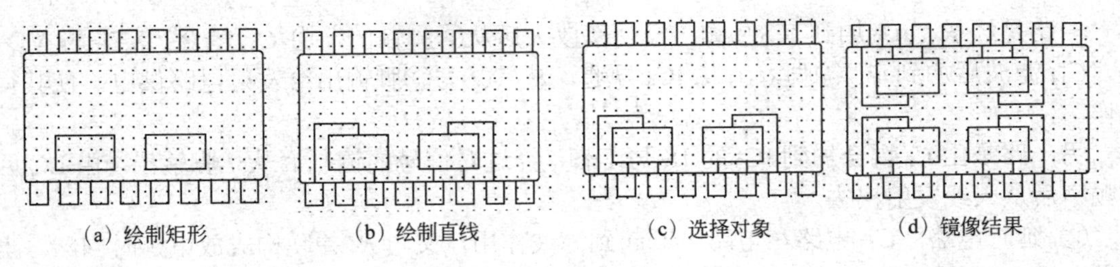

图 5.28　内部结构绘图步骤

（3）文字输入

将文字层设置为当前层。关闭状态栏中的“捕捉”按钮。单击“注释”工具栏上的“多行文字”按钮 A 。弹出“文字编辑器”对话框，文字大小设为 9，输入文字。结果如图 5.29 所示。

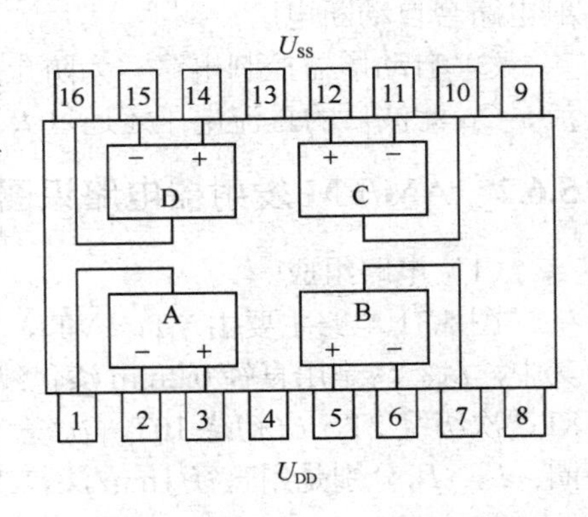

图 5.29　最终结果

5.6　几种通信电路识图

5.6.1　声控调频话筒电路识图

如图 5.30 所示，声控调频话筒电路是由功放电路 TA7331 构成。具有声控自动发射功能，适用于无线侦听、婴儿监护、舞台话筒等场合。

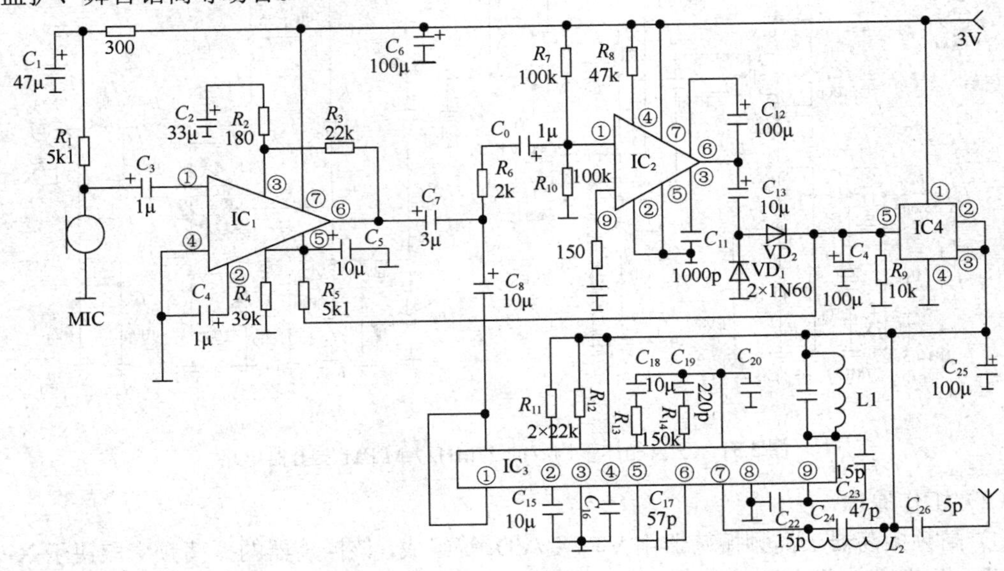

图 5.30　声控调频话筒电路

（1）电路组成

该电路是由前置放大电路 IC_1（TA7330）、功放电路 IC_2（TA7331）、发射电路 IC_3（BA1404）、电子开关电路 IC_4（TWH8778）、驻极体话筒 MIC 等组成。

（2）工作原理

① 信号流程图　由 MIC 话筒拾取的信号，经 C_1 电容耦合加到 $IC_1$①脚，经过放大后从⑥脚输出，又经过 C_7 电容耦合后分为 2 路。

一路是经 R_6、C_9 加到 $IC_2$②脚，经功率放大后从⑥脚输出，由 C_{13} 耦合，VD_1 与 VD_2 整流，C_{14} 滤波后加到 $IC_4$⑤脚，出发 IC_4 导通，从其②与③脚输出给发射电路供电，使其得电工作。

另一路是由 C_8 耦合加到 IC_3 的 18 与 1 脚，经过对信号的调制后从 7 脚输出，由 LC 回路叠频率后从天线发射出去。

② 延时电路　C_{14} 电路在电路中既起到滤波作用，又与 R_9 并联构成放电延时回路。当无信号之后，C_{14} 通过与 R_9 进行放电，约几秒后，控制电压低于 $IC_4$⑤脚的导通触发电压时，发射电路会自动断电。

③ 自动增益控制电路　为防止声音信号过强而产生过调制，提高电路的稳定性，VD_2 整流、C_{14} 滤波后的直流电压还通过 R_5、R_4 分压后加到 $IC_5$⑤脚，对 IC_1 的增益进行自动控制。

5.6.2　AM/FM 发射器电路识图

（1）电路组成

图 5.31 电路主要由 VT_1～VT_3、变容二极管 VD_1、石英体 X_1（27MHz）、VD_2 压敏电阻等。其中，L_1、L_3 是用直径 0.2mm 漆包线 NEOSID7 TIS 骨架上绕制的中周变压器。其中 L_1 初级绕 8T，次级绕 2T，L_3 初绕 10T，次绕 2T。L_4 是用直径 1mm 漆包线在双孔磁芯上绕 3T 的电感线圈。L_5、L_6 分别是用直径 1mm 漆包线在直径 8mm 的骨架上绕 12T 和 8T 的电感线圈。

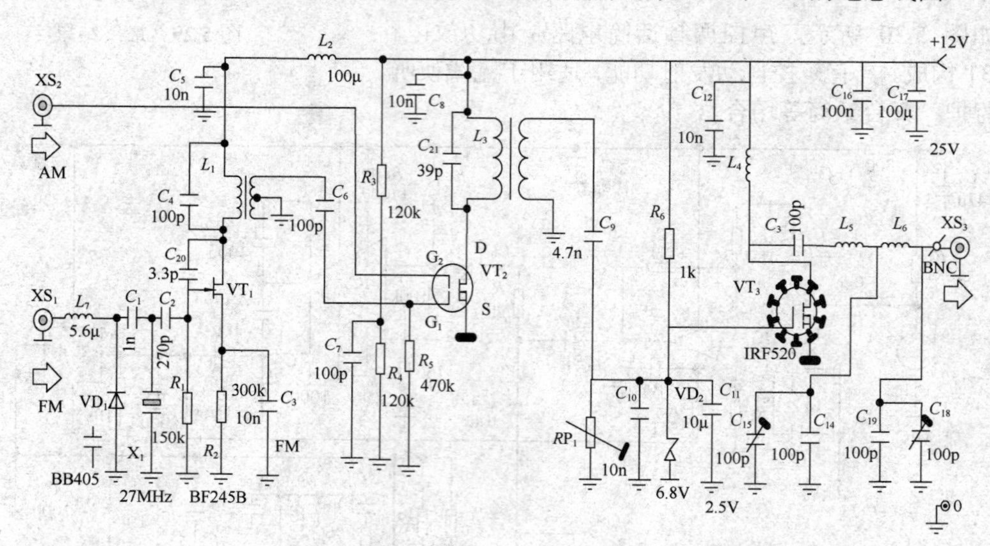

图 5.31　三只晶体管构成的 27MHz AM/FM 发射器电路

（2）工作原理

① 高频振荡器　高频振荡器由 $VT_1/X_1/VD_1$ 等组成，该振荡器的振荡频率取决于 X_1 的振荡频率。振荡频率通过调整 VT_1 漏极上连接的 LC 并联谐振电路（C_4、L_1）来完成微调。电容 C_{20} 用于保证振荡器具有足够的反馈，并改善起始状态，低频偏频率调制时通过变容二极管 VD_1 达到。音频输入信号（最高 150m$V_{p\text{-}p}$）从连接插座 XS_1 处输入。

② 放大电路　从 L_1 次级绕组输出的振荡信号经 C_6 电容耦合加到 VT_2 管栅极。VT_2 的另一栅极 G_2 由 R_3 与 R_4 分压获得约一半的电压，以便实现最佳放大状态。如果为 AM，调制信号可通过一耦合电容连接到 XS_2 插座。音频电压将改变 VT_2 栅极 G_2 的电压，构成 VT_2 的线性增益控制，结果便输出一调幅高频信号。当输入音频为 130m$V_{p\text{-}p}$ 时，调制量为

70%。

③ 输出电路　VT_3的静态电流由预置电位器RP_1设定，并解决了栅极偏压。VT_3选用FEX IRF520型场效应管，由一散热器冷却。输出滤波器是典型的PI型低通方式，以减少谐波并使输出晶体管与50Ω负载匹配。

5.6.3　无线对讲电路识图

（1）电路组成

如图5.32所示，电路由IC_1、SA_1波段开关、VT_1等组成。IC_1是一块功率放大电路；VT_1可以选用8050、9014等型号，其P_{cm}=1W，f_T=100mHz；发射可用1.2～1.5m拉杆天线，也可用FM发射专用橡胶天线，并紧固在地板电路上。

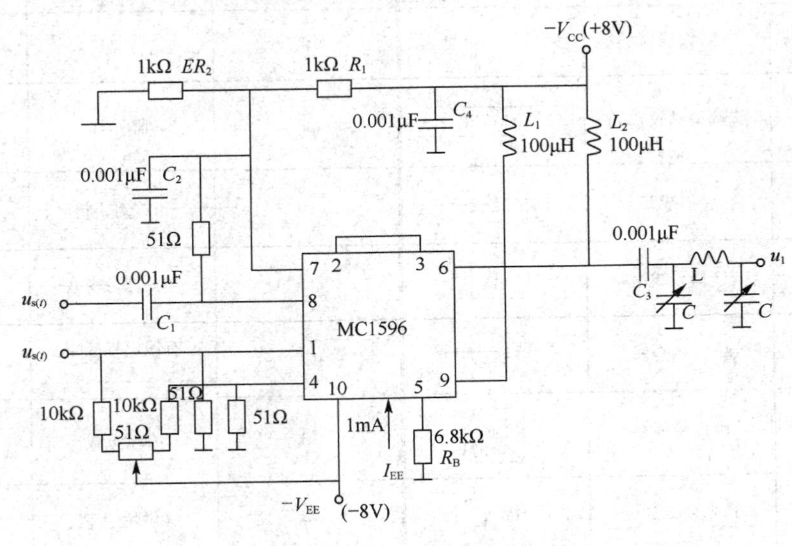

图5.32　无线对讲电路

（2）工作原理

① 发信状态　当（SA_1）开关处于发信位置时，扬声器B_1将声音转变为电信号，经C_8电容耦合加到IC_1的3脚，放大后从7脚输出，经C_{10}及负载电阻R_2反馈到振荡管VT_1基极，VT_1、L_1、L_2、C_4、C_5、C_6等就形成高频振荡电路，高频信号受话音信号调制后从VT_1集电极输出，由天线向外发射。VT_1既为振荡管，又能作射频功率放大。

② 收信状态　当SA_1开关处于收信位置时，VT_1、L_3、L_5、L_1、C_5、C_7、C_6、R_3等构成的再生检波电路，对天线接收的FM信号进行超再生检波，得到的音频信号经C_8耦合，IC_1放大后驱动扬声器发声。

5.7　通信装置、施工识图及绘制方法

AutoCAD在电子信息、控制、通信等领域都起到非常重要的作用。在通信中一般用于做网络规划，画一些建筑施工图或者位置图，标记基站电源走线架的位置关系。通信涵盖的范围比较大，如设计高频电路板、仿真电波空间传播、测试基站性能等，通信即意味着计算、仿真、设计。如果能掌握CAD绘图技巧，必定起到事半功倍的效果。本书在编写过程中，坚持针对性、实用性、易学性的原则，针对一些通信产品，比如连接器、一些无源类产品、通

信产品的机架等，用途广泛。做工程图，如通信信号网络覆盖的数据流程图、原理图，都可以用 CAD 画，而且简单方便，耦合器、天线等信号强度不用自己算，参数可以自动生成。馈线长度更加精确，图形更规范，这也是 CAD 优势。

5.7.1 常用通信图例符号

本章所使用的通信图例符号如表 5.2 所示。图形符号以栅格为背景，栅格间距为 2.5mm，在下面表格中的图例没有特别复杂的图形，各个图例符号的绘制方法可以借鉴 5.2 节，所以在本节中不做特殊的介绍。

表 5.2 通信图例符号

序号	元件名称	图形符号	序号	元件名称	图形符号
1	天线		8	光缆	
2	调幅调频收音机	AM/FM	9	监听器	
3	广播线路	B	10	可视对讲机	
4	广播分线箱	B	11	用户四分支器	
5	定向耦合器		12	有线电视接收天线	
6	频道转换器	n1 n2	13	终端负载	
7	光衰减器		14	频道放大器	n

5.7.2 FTTH 组网方案示意图的绘制

（1）简介

接入网由原来的用户环线催生成一种复杂的技术，在众多的接入网技术中，人们最想实现的就是 FTTH。由于 IPTV、网络互动、网络游戏、会议电视点播等各种新业务层出不穷，使得人们对网络接入带宽的需求持续增加。FTTH 不但能提供更大的带宽，而且增强了网络对数据格式、速率、波长和协议的透明性，放宽了对环境条件和供电等的要求，简化了维护和安装。以下介绍的是泰龙公司提供的通过 GEPON 解决 FTTH 组网的方案。

GEPON 接入网络是链路层的以太网和物理层的 PON 技术的完美结合，具备无光源网络结构的独特优势，以及低成本、高带宽、多业务、高可靠性的接入承载网，以满足人们对带宽日益增长的需求。

图 5.33 所示为“三网融合”（语音、数据、电视）的解决方案。在“三网融合”中，OLT 可将语音和数据业务划分到不同的 VLAN，并制定 OLT 两个上行千兆接口分别属于不同的 VLAN。这样 GEPON 系统业务流中的数据业务从 OLT 的一个千兆接口分流到 IP 数据网，语音业务流通过 OLT 的另一个千兆接口接入到 PSTN 网络中。ONU 设备内置了 IAD 的功能，通过普通电话接口可以直接提供 VoIP 语音业务；利用第三波长（1550nm）来实现视频业务的广播传输，从而实现 CATV 业务在 GEPON 系统中的传输。

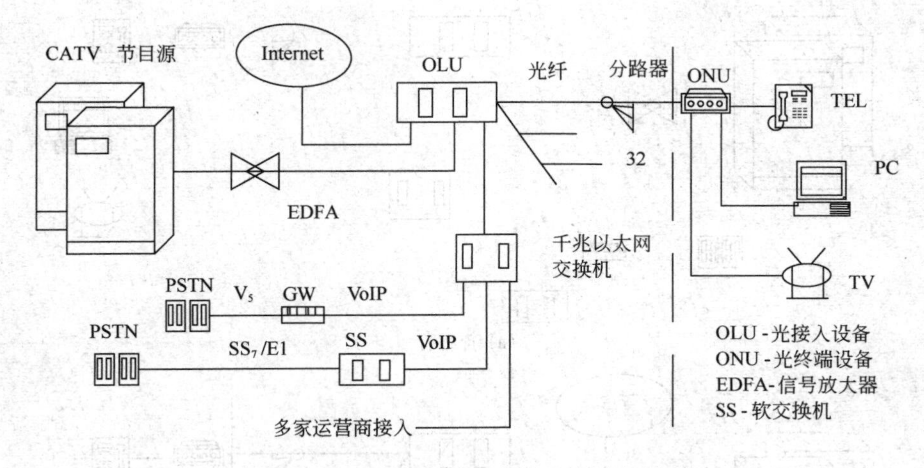

图 5.33 “三网融合”解决方案示意图

以上 FTTH 组网方式，均可以采用单芯或多芯光纤传输。

（2）图形绘制方法

① 设置绘图环境。

a．从缺省设置开始新图。

b．创建“宋体”文字样式。

c．加载 HIDDEN(.5x)线型。

d．设置图层，如图 5.34 所示。

e．将 X、Y 方向的栅格和捕捉间距均设置为 2.5。

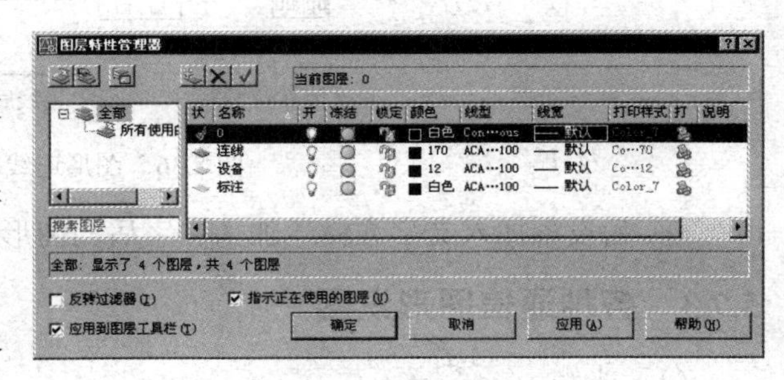

图 5.34 图层设置图

② 绘制设备符号　需要绘制的设备符号包括：CATV 节目源，光接入设备（OLU），光终端设备（ONU），信号放大器（EDFA），软交换机（SS），电话，计算机，电视，分路器，交换机，公共交换电话网络（PSTN），它们的设备符号如图 5.35 所示。由于设备图形简单，这里就不再介绍绘制方法，当然需要强调的是，图形比例与栅格设置需要注意。绘制完一个设备后采用 WBLOCK 命令将其定义成块，并保存起来以备之后再次使用。

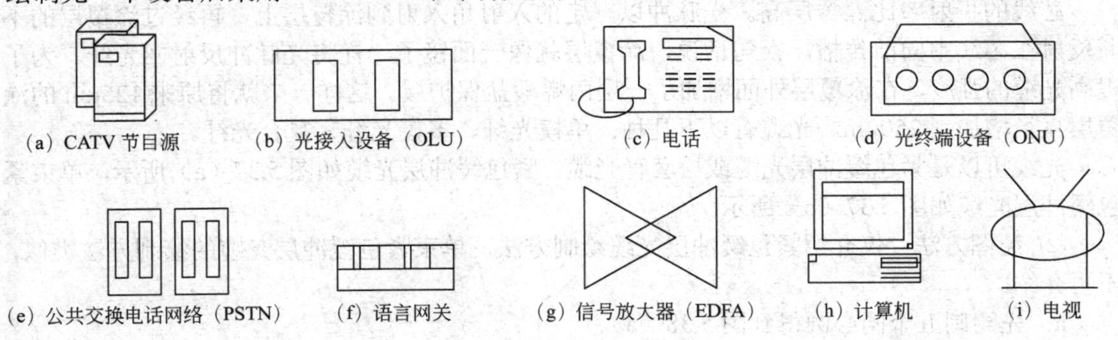

（a）CATV 节目源　（b）光接入设备（OLU）　（c）电话　（d）光终端设备（ONU）

（e）公共交换电话网络（PSTN）　（f）语言网关　（g）信号放大器（EDFA）　（h）计算机　（i）电视

图 5.35 设备符号绘制图

③ 设备之间连线　将图层切换到连线图层，将各个设备连接起来，但是需要注意线与设备间必须紧密，不能出现空隙，图 5.36 为连接前与连接后的图形。

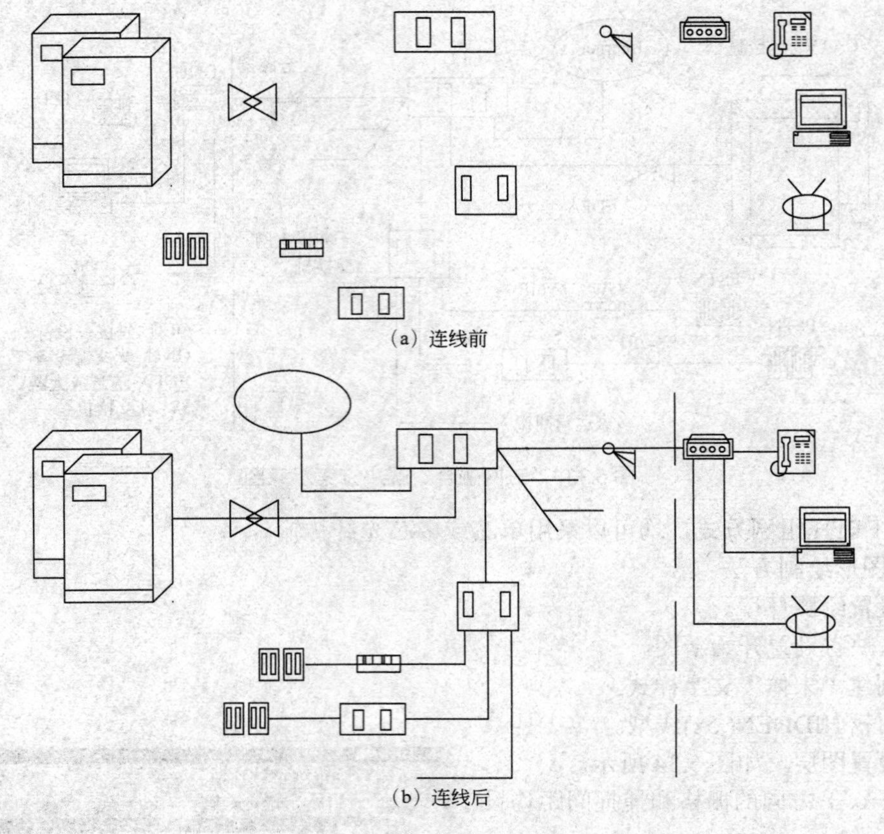

图 5.36　图形连线前后示意图

④ 为设备加入文字注释　加入文字后的图形如图 5.33 所示。

5.7.3　各种通信图形识图

（1）光缆

① 概述　光纤可以传送光脉冲而不是电信号。光纤的两个关键部分是它的芯线和涂覆层。芯线是光纤的最核心部分，光脉冲就是通过它进行传播的。涂覆层包在芯线的外面，可以使光保持在光纤的中心。

芯线的折射率比涂覆层高。光脉冲以一定的入射角入射到涂覆层上，再经过涂覆层的不断反射在芯线中向前传播。换句话说，涂覆层就像一面镜子一样将光脉冲反射回光纤。为了提高光缆的强度，在涂覆层外面增加了一层丙烯酸盐保护层。这样一来就将原来 125μm 的涂覆层直径增加到 250μm。光缆有以下几种：单模光纤、多模光纤、复合光纤。

光缆可以是紧包缓冲层光缆或松套管光缆。紧包缓冲层光缆如图 5.37（a）所示，单束紧包缓冲层光缆如图 5.37（b）所示。

② 绘图方法　仅介绍紧包缓冲层光缆绘制方法，单束紧包缓冲层光缆的绘制方法类似，不再介绍。

a．先绘制五个同心圆得到图 5.38（a）。

b．采用环形阵列方法得到图 5.38（b）。

c．填充图案得到 5.38（c）。

d．添加文字和箭头得到 5.38（d）。

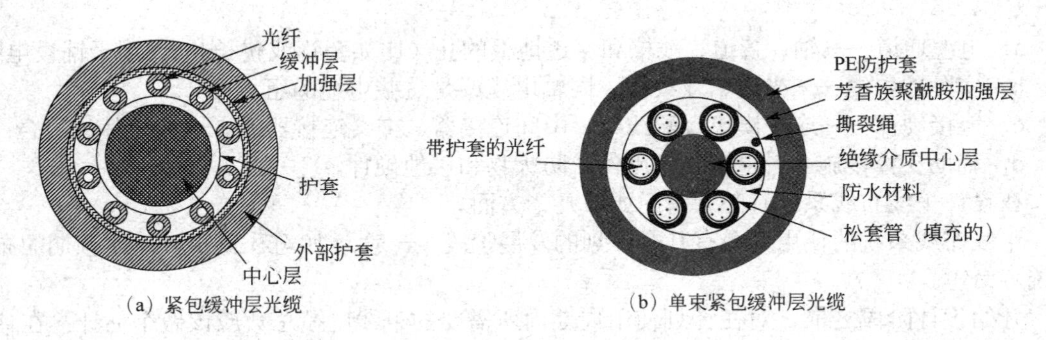

图 5.37　光缆示意图

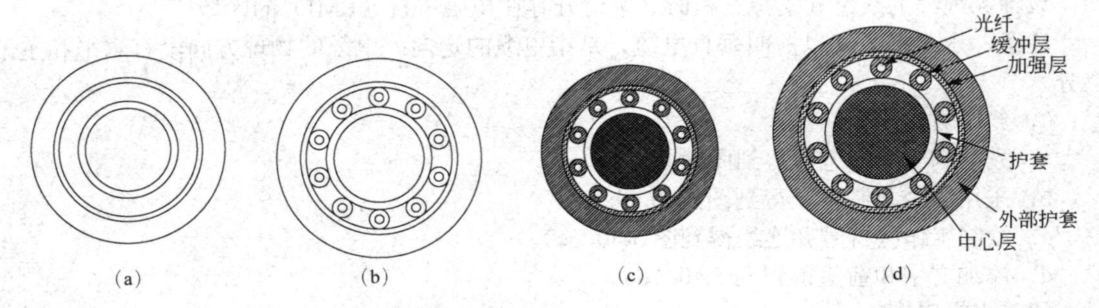

图 5.38　光缆绘制过程

（2）干线电缆

① 概述　干线电缆指的是承载主要网络业务量的电缆。在 ANSI/TIA/EIA-568-A 标准中，干线电缆的定义如下。

在电信布线系统结构中，干线布线的功能是提供电信室、设施间和入口设施之间的链接。

干线布线是由干线电缆、中间媒介、住交叉连接、机械终端以及用于干线电缆之间交叉连接的接插线和跳线架组成，如图 5.39 所示干线布线还包括建筑物之间的电缆。

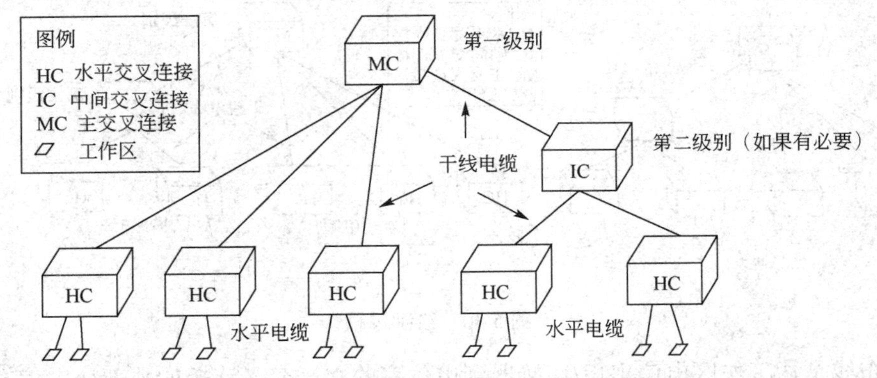

图 5.39　结构化的干线布线安装示意图

干线电缆有两种类型：建筑物之间和建筑物内的干线电缆。建筑物之间的干线电缆承载建筑物之间的业务量。建筑物内的干线电缆用来完成单个建筑物内的通信任务。

标准还规定了干线布线的两个管理级别：第一级别和第二级别。第一级别干线电缆是用作主交叉连接（MC）和中间交叉连接（IC）或水平交叉连接（HC）之间的安装电缆。第二级别干线电缆是用于 IC 和 HC 间的安装电缆。

干线布线系统包括：

a．电缆通道——轴、管道、线槽和穿透地板的孔（比如套管或狭长孔），用于铺设电缆；

b．实际的电缆——光缆、双绞线、同轴电缆或是这些电缆的组合；

c．连接硬件——连接模块、配线架、中间连接器、交叉连接器或者这些元件的组合；

d．辅助支撑设施——电缆支撑硬件、防火物和接地硬件。

在设计干线布线系统时必须考虑如下几个方面。

干线布线系统的使用寿命有几个计划的发展阶段（一般为10年）组成。这比预期的布线系统寿命短。

开始设计阶段之前，对在计划使用周期内所需要的干线电缆总数应该做个估计；在估计时，应该考虑到在使用过程中对电缆需要量的增长，并留有一定的裕量。

设计铜缆线的线路和支撑结构时必须避开存在电磁干扰（EMI）的区域。

注意，水平柱子（以前叫垂直电缆）是指电缆的走向。电缆的物理方向没有水平和主干之分。

② 绘图方法。

a．先绘制一个立方体得到图5.40（a）。

b．采用多个复制方法得到图5.40（b）。

c．绘制工作区符号并连线得到图5.40（c）。

d．添加文字和箭头得到图5.40（d）。

（3）水平电缆

① 概述　因为布线系统的这部分电缆通常沿着建筑物的地板和天花板水平布置，所以就使用了这个术语。ANSI/TIA/EIA-568-A标准对水平布线的定义如下。

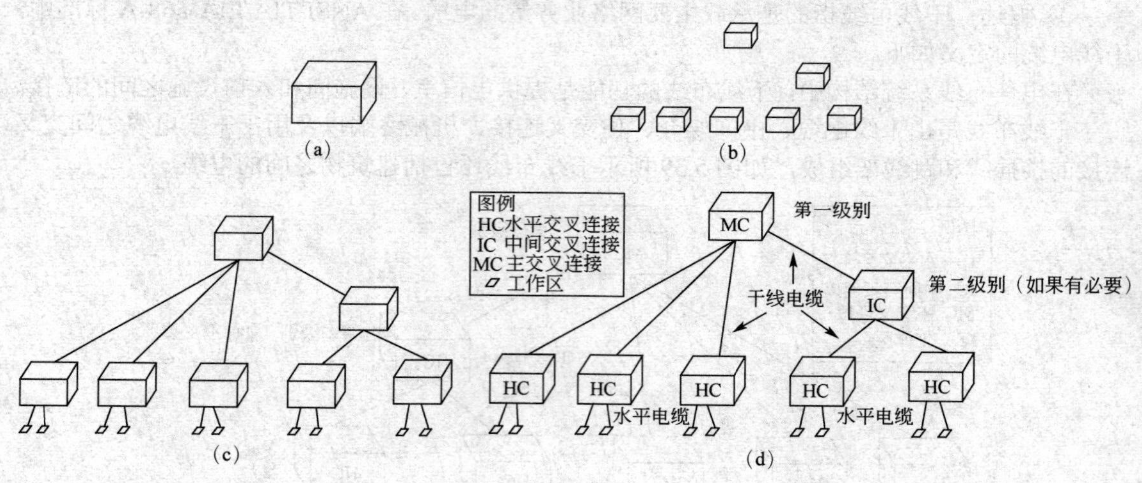

图5.40　绘制过程

水平布线是从工作区电信出口/连接器到电信室的水平交叉连接的那部分电信布线系统。水平布线系统包括水平电缆、工作区的电信出口/连接器、机械终端和安装在电信室内的接插线或者跳线。

水平布线系统由两个基本单元组成。

a．水平电缆以及它的连接硬件，它提供了在工作区出口和放置在电信室的水平电缆交叉连接之间传输信号的途径。这种布线走型和它的连接硬件被称为基本链路。

b．水平通道和空间，用来放置和支撑工作区出口和电信室之间的连接硬件的水平电缆。

选择水平不限时需要特别考虑以下几个因素。

a. 水平电缆最长是 90m。

b. 每个工作区两个通信口中的最小的那一个应该符合 ANSI/TIA/EIA-568-A 标准。

c. 水平布线通常不容易靠近，将来要改造系统时将会花费大量的时间、精力，并且需要很高的技巧。

d. 应该满足不同的用户需要（如语音、数据、视频以及其他的弱电业务），以便将来系统扩充时将所需的改动减到最小。

e. 铜水平布线的线路和支撑结构必须避开存放电磁干扰（EMI）的区域。

ANSI/TIA/EIA-568-A 要求选择两种介质来为工作区的电信服务，可供选择的介质如下。

a. 一根 100Ω、非屏蔽双绞线（3、4 或 5 类）。

b. 一根 100Ω、网孔屏蔽双绞线（3、4 或 5 类）。

c. 一根 STP-A，增强的屏蔽双绞线。

d. 一对 62.5/125μm 光缆。

可以采用以上电缆的任何组合，但其中一个必须是 100Ω 非屏蔽双绞线。可选择的水平电缆如图 5.41 所示。

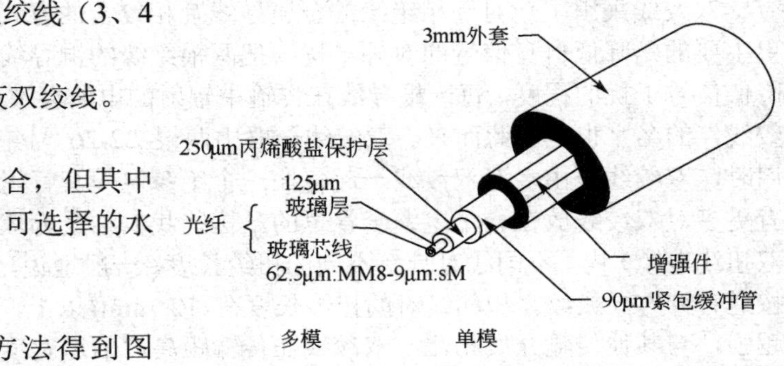

图 5.41 水平电缆示意图

② 绘图方法。

a. 采用椭圆圆弧及直线方法得到图 5.42（a），并且做成块。

b. 采用插入块，并且在插入对话框中选择不同比例进行放大和缩小得到图 5.42（b）。

c. 图案填充和直线绘制得到图 5.42（c）。

d. 添加文字和箭头得到图 5.42（d）。

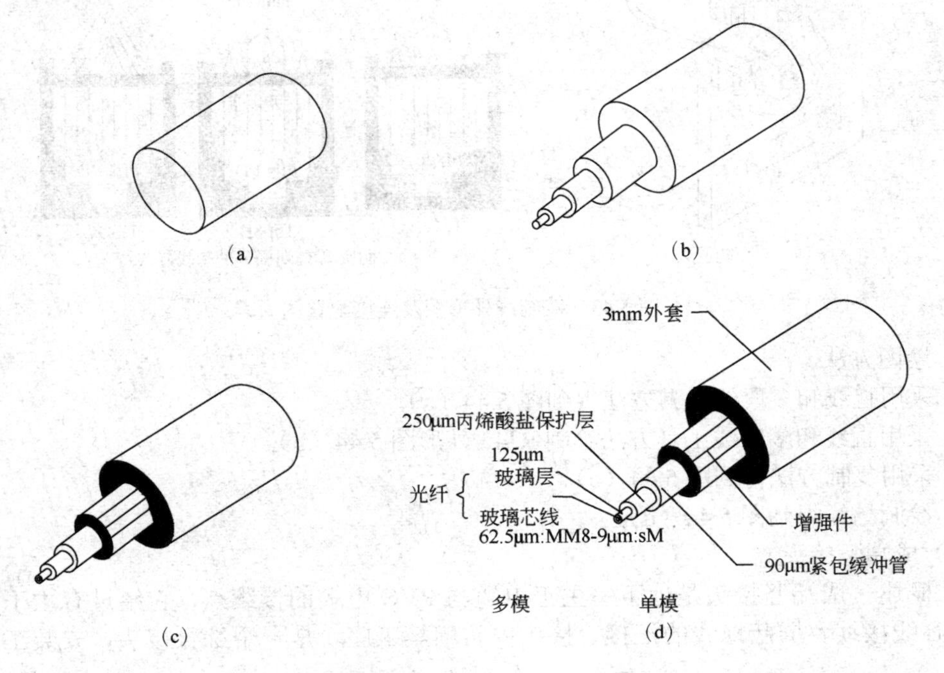

图 5.42 绘制过程

（4）双绞线

① 概述 双绞线（Twisted Pair）是由两条相互绝缘的导线按照一定的规格互相缠绕（一般以顺时针缠绕）在一起而制成的一种通用配线，属于信息通信网络传输介质。双绞线过去主要是用来传输模拟信号的，但现在同样适用于数字信号的传输。RJ_{45}接口通常用于数据传输，最常见的应用为网卡接口。RJ_{45}是各种不同接头的一种类型（例如：RJ_{11}也是接头的一种类型，不过它是电话上用的）；RJ_{45}头根据线的排序不同的法有两种，一种是橙白、橙、绿白、蓝、蓝白、绿、棕白、棕；另一种是绿白、绿、橙白、蓝、蓝白、橙、棕白、棕；因此使用RJ_{45}接头的线也有两种即直通线、交叉线，图 5.43 为双绞线外形图及连接配置图。

双绞线采用了一对互相绝缘的金属导线互相绞合的方式来抵御一部分外界电磁波干扰，更主要的是降低自身信号的对外干扰。把两根绝缘的铜导线按一定密度互相绞在一起，可以降低信号干扰的程度，每一根导线在传输中辐射的电波会被另一根线上发出的电波抵消。“双绞线”的名字也是由此而来。双绞线一般由两根 22-26 号绝缘铜导线相互缠绕而成，实际使用时，双绞线是由多对双绞线一起包在一个绝缘电缆套管里的。典型的双绞线有四对的，也有更多对双绞线放在一个电缆套管里的。这些我们称之为双绞线电缆。在双绞线电缆（也称双扭线电缆）内，不同线对具有不同的扭绞长度，一般地说，扭绞长度在 38.1mm 至 14cm 内，按逆时针方向扭绞。相邻线对的扭绞长度在 12.7mm 以上，一般扭线的越密其抗干扰能力就越强，与其他传输介质相比，双绞线在传输距离，信道宽度和数据传输速度等方面均受到一定限制，但价格较为低廉。

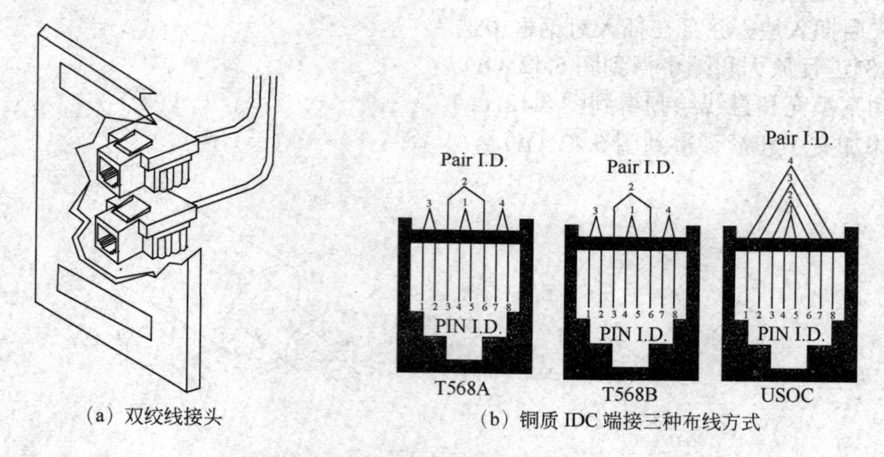

（a）双绞线接头 （b）铜质 IDC 端接三种布线方式

图 5.43 双绞线外形图及连接配置图

② 绘图方法。

a．采用直线和多段线工具方法得到图 5.44（a）。

b．采用直线和多段线工具方法绘制 RJ45 外形图 5.44（b）。

c．采用复制方法得到图 5.44（c）。

d．绘制导线得到图 5.44（d）。

（5）成端竖接头

① 概述 成端竖接头是地下室主干电缆与 PVC 电缆的接续点，它经过有主干电缆的堵塞、芯线接续、屏蔽地线的汇接、接头内防潮等工序，是一个综合接头，安装工序要求严格。

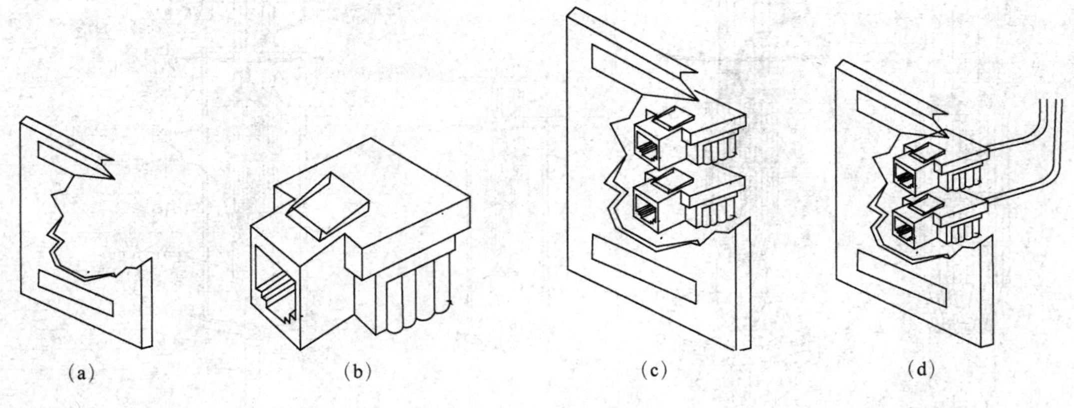

图 5.44　绘制过程

主干电缆 HYA 型与 PVC 电缆芯线接续应采用防潮模块-G 型，按色谱线序连接，保证标称线接续正确。备用线对应与 PVC 电缆的备用线对扣式接线子接续上列，甩在成端把线最下端，备用线对数量和障碍线对数量应做好记录，如图 5.45 所示。

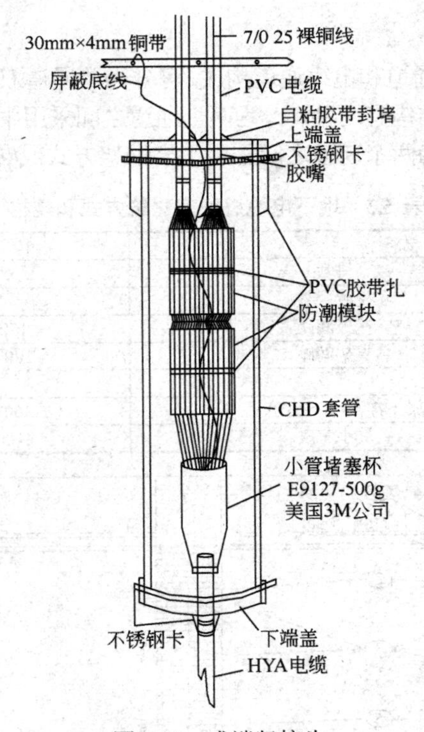

图 5.45　成端竖接头

② 绘图方法。

a. 采用直线和多段线工具及偏移方法得到图 5.46（a）。

b. 采用直线和样条曲线工具方法得到图 5.46（b）。

c. 采用矩形工具及直线方法得到图 5.46（c）。

d. 加上中文标注得到图 5.46（d）。

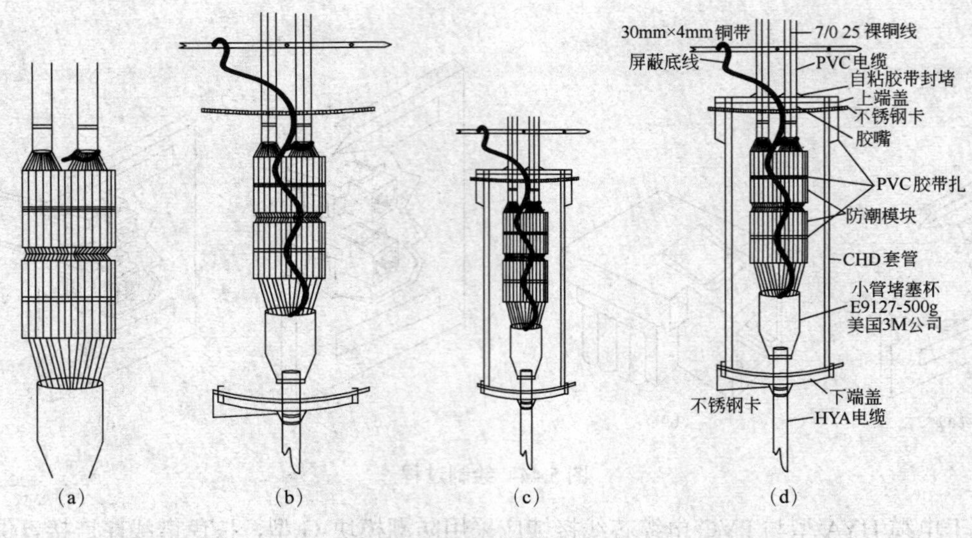

图 5.46　绘制过程

5.7.4　通信施工、布线识图

（1）电缆铁架的安装

① 地下电缆进线室有主通道和电缆通道构成，可分为单通道双排支架和双通道四排支架两种类型，如表 5.3 所示。双通道结构有两种，一为两个通道之间采用中隔墙的方式（要求墙厚不小于 370nm），如图 5.47 所示。二为两个通道之间采用工字钢架方式或#6 槽钢架式，如图 5.48 所示。

表 5.3　地下电缆进线室建筑方式和规格

建筑方式		单通道	双通道
电缆支架	排数	双排	四排
	托板层数	8～12 层	
	托板间距	150mm	
	支架间距	1000mm	
上线洞方式		通缝式	
地下电缆进线室	梁下净高（不小于）	3600～4200mm（9 层）（12 层）	
	最小宽度	2400mm	4800mm

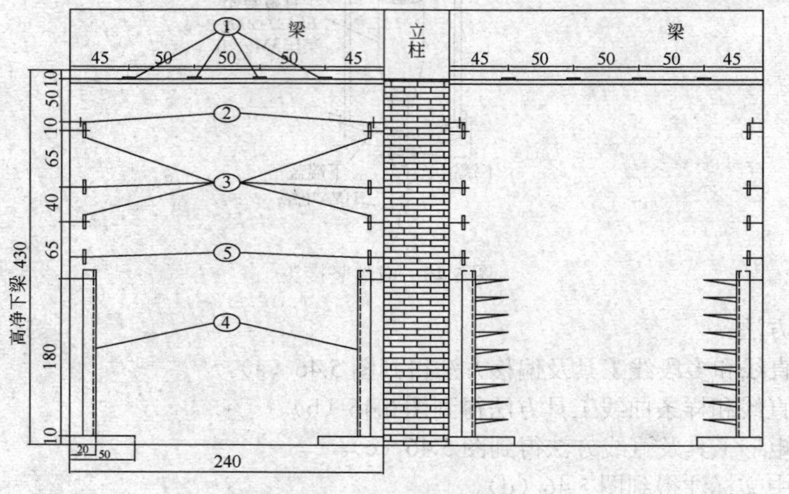

图 5.47　双通道中隔墙式

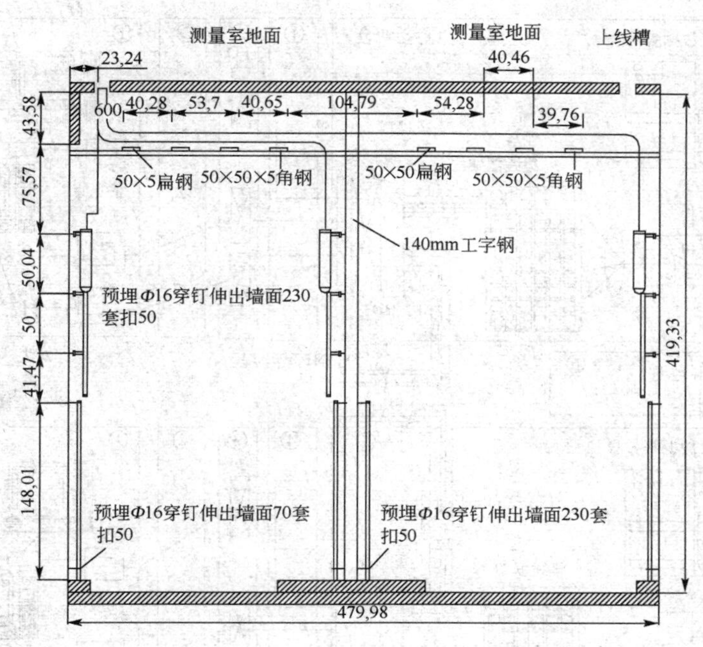

图 5.48　双通道工字钢架式

② 主通道高度　梁下距地面净空高在4200mm以上的可按终期容量安装12层电缆支架；净空不少于3600mm的可安装9层电缆支架（电缆支架的规格根据电缆通道净空高选择，但应结合出具管道、管孔竖孔数而定）。电缆通道净空高度，顶至地面应为2900mm，在地面上安装的电缆支架，在电缆支架上面可安装光缆余长盘。

③ 电缆支架的安装要求　9层电缆支架全长为1500mm，12层电缆支架全长为1900mm，托板层间距为150mm，材质为钢槽；电缆支架安装位置：总配线架（MDF）竖列每列容量为1200回线的，地下室电缆支架安装位置应与竖列在同一垂直线上。

（2）综合布线系统

综合布线系统是把办公区内的主机、局域网络、交换机等网络设备，用标准的传输介质和模块化的系统结构，构成一个综合的配线系统，以此连接电话机、计算机、工作站、传真机、打印机等终端设备。综合布线系统设计可以概括为：①采用中心星形结构，分为水平布线和垂直布线。②从楼层管理间出发，水平布线可采用UTP电缆。工作位的信息出口处采用兼容EIA、RJ-45的第5类8芯插座模块连接。在配线架端，采用RJ-45式端接模块，可满足多系统（数据和影像等）并行使用。③楼层管理间内，将设立管理配线架，对各应用网络进行配接管理，采用RJ-45模块专用跳线。④最后是编织信息点配置表，系统选型。

简单的综合布线系统设计组成如图5.49所示。图中，①为工作区子系统，②为配线（水平）子系统，③为管理子系统，④为垂直主干子系统，⑤为设备间子系统，⑥为建筑群子系统。

（3）架空式交接箱安装

架空式交接箱的安装位置应选择在用户密度中心偏局方一侧，局线和配线电缆的集中点上，不妨碍交通，不易被外界损坏，不影响用户采光，不能设置在有高压危险影响、电磁干扰严重、有化学腐蚀的地方。

架空式交接箱应同人孔、手孔、水泥电杆、操作站台、上杆折梯、箱体固定座、引上铁管、防雨棚等配合安装，要求各种器件齐全完好，无损坏。各部螺丝、撑角、抱箍、穿钉均采用热镀锌处理，安装尺寸符号技术标准，牢固，如图5.50所示。

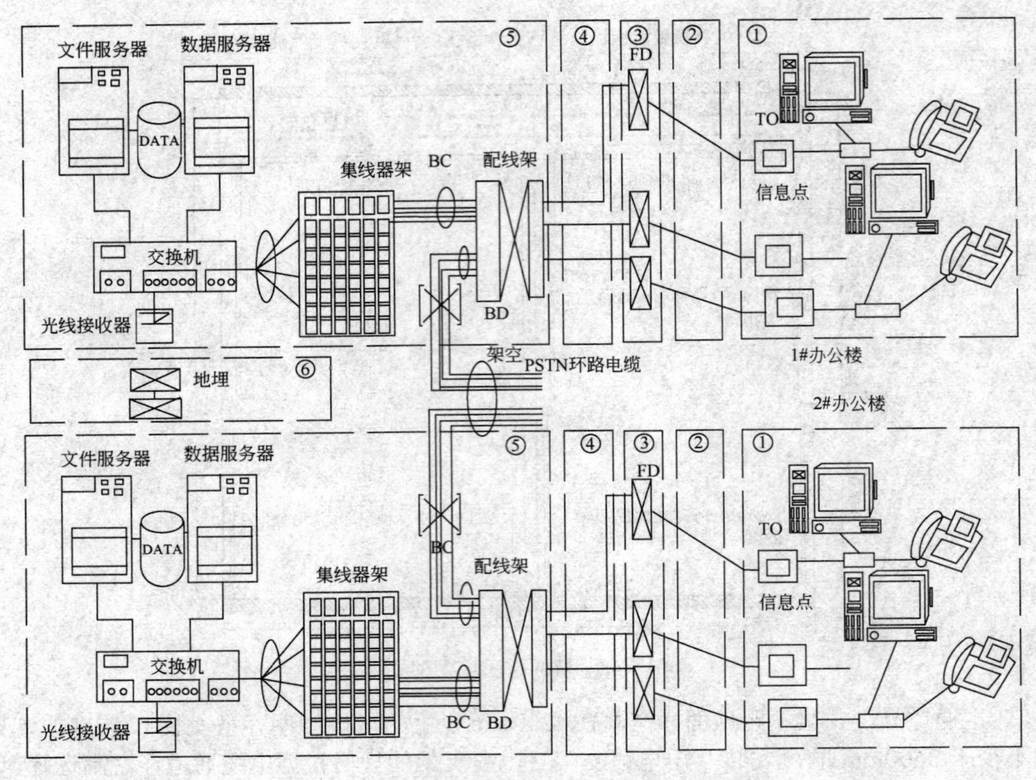

图 5.49　简单的综合布线系统设计组成

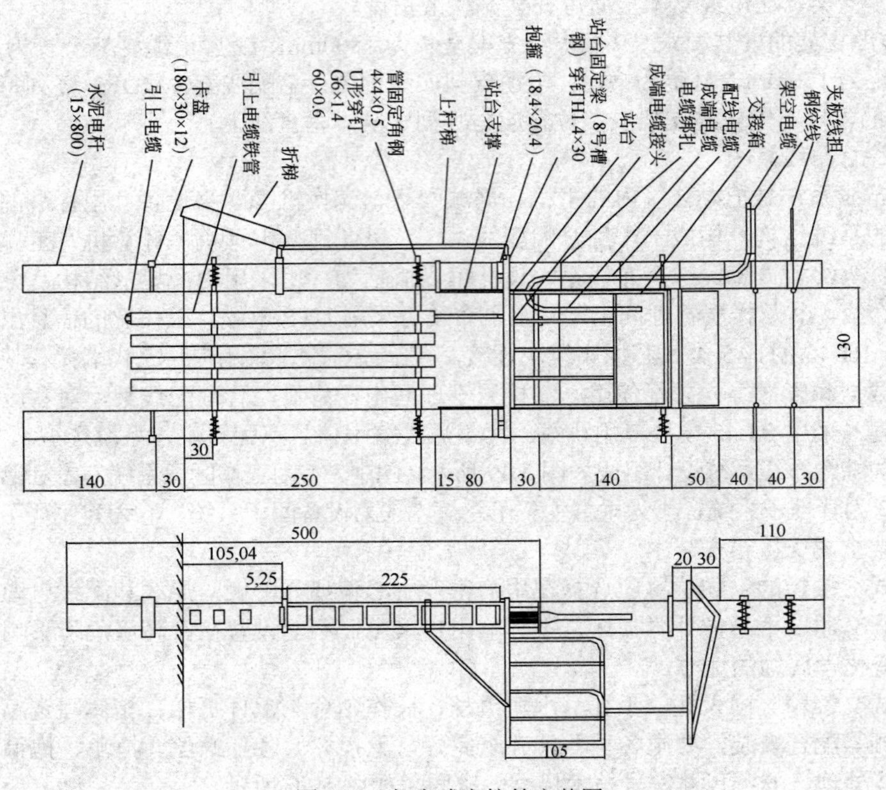

图 5.50　架空式交接箱安装图

（4）电话管理网设计

在设计电话管理网时，应考虑以下几个方面：全网一盘棋，统一管理，统一指挥，统一调度；要做到先进性，科学性，易操作性；尽量发挥网管作用，提高电信网运行速度，提高经济效益和社会效益；提高接通率；保证电信网可靠运行，提高服务质量；既要符合近期管理要求，又要考虑远期发展需要。

全国电话管理网暂按三级、长途二级、本地一级相应设置全国网络管理中心、省网络管理中心和本地网络管理中心。在各个 DC_1、DC_2 长途局和国际局设置接口机。省、部两级网管中心利用全国骨干 DCN 实现联网，长途网管系统采用接口机实现与长途交换机的接口。接口机的作用主要是进行长途交换机告警和话务数据的接收、处理、转发和暂存，同时也负责对长途网管系统用户发出操作指令进行解释和格式转换并提交给长途交换机。图 5.51 所示，给出了电信网管理系统拓扑图。

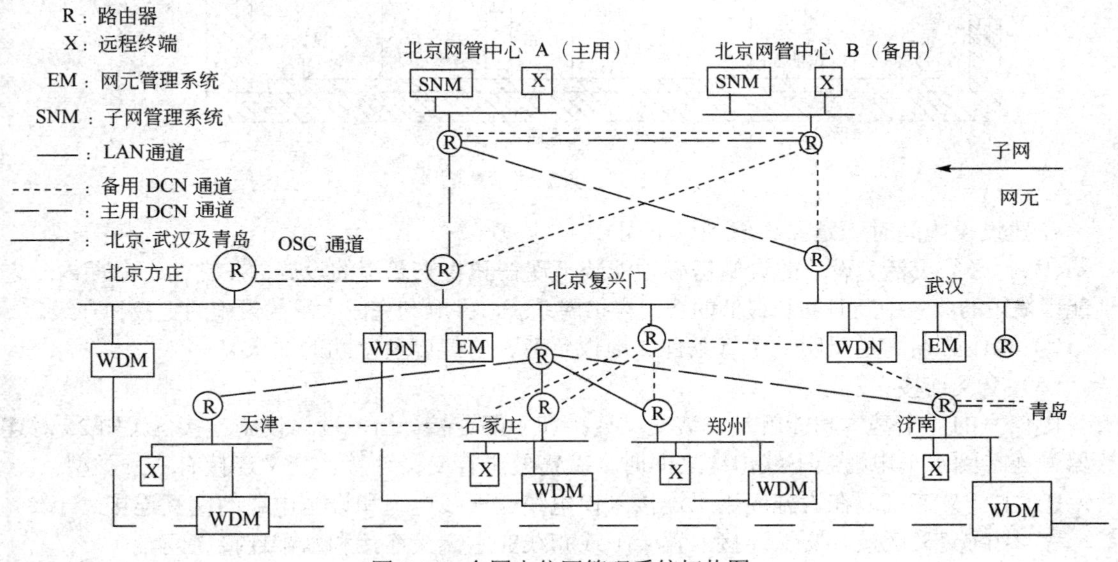

图 5.51　全国电信网管理系统拓扑图

（5）设施间

设施间为大型电信设施的运行和维护提供一个合适的空间。设施间一般是为整个建筑物服务的，而一个电信室只服务于建筑物的一层或者一层中的一部分，如图 5.52 所示。

设施间有时被称为主机房，设施间的作用如下。

① 中断和交叉连接干线电缆和水平电缆。

② 为服务人员提供工作空间。

设施间应根据实际要求的费用、尺寸、发展以及设施的复杂性来进行设计，也可以设计成作为入口设施的一部分或者作为电信室。设施间装有大量的控制设施，如语音、数据、视频、火警、电能管理设施或入侵的检测设施。

尽管一间设施间一般为整幢建筑服务，但有时，建筑物为了满足下面所列的一个或几个原因而需要使用多个设施间。

① 需要将不同类型的设施和服务分开。

② 设施冗余和避免灾害。

③ 同一建筑物有多个业主，每个业主的设施要分开。

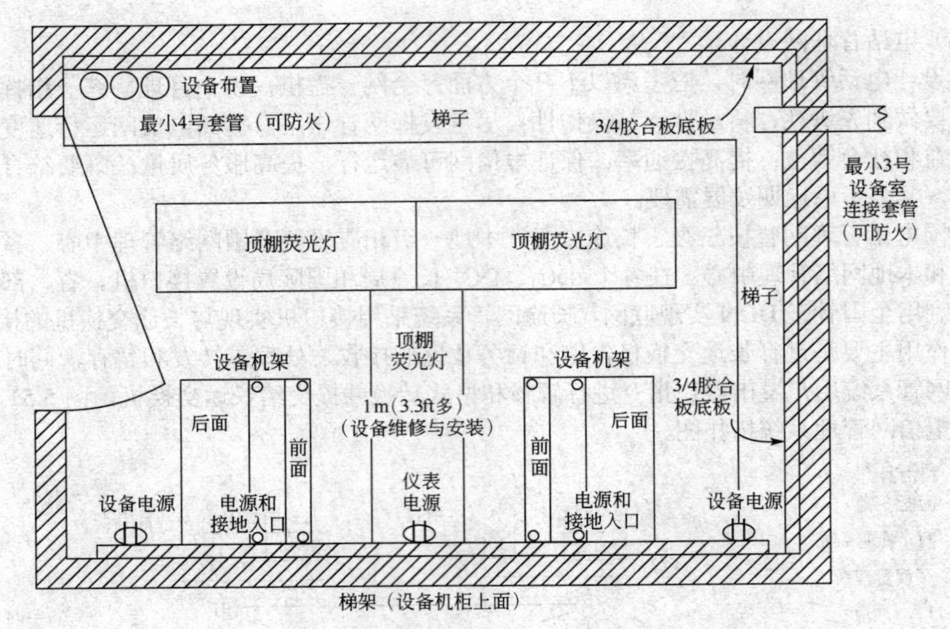

图 5.52　设施间示意图

在建设设施间时一定要考虑到以下因素。

① 它必须灵活。设计的设施房必须能装下现在和将来要用的设施。在它的寿命期内一定要能用最短的业务中断时间和最低的费用来扩展系统，并顺利完成大量的设施的更换和升级。

② 它还必须满足照明、空气条件、地板负荷、电气以及空间的要求。

（6）交叉连接

电信室的一个基本功能就是安装交叉连接和中间连接。当多端口设施连接器（如 25 对连接器）连接到水平电缆或干线电缆之间时，就需要进行交叉连接。交叉连接有三种类型。

① 主交叉连接。在设施间用于连接入口电缆、干线电缆和设施电缆的交叉连接。

② 中间交叉连接。交叉连接点置于干线布线的主交叉连接和水平连接之间。

③ 水平交叉连接。水平布线和其他布线及设施的交叉连接。

交叉连接设施有两种类型。

① 接插线（如 UTP、SCTP、STP-A、光纤等）。

② 铜质跳线架。

图 5.53 为安装交叉连接示例。

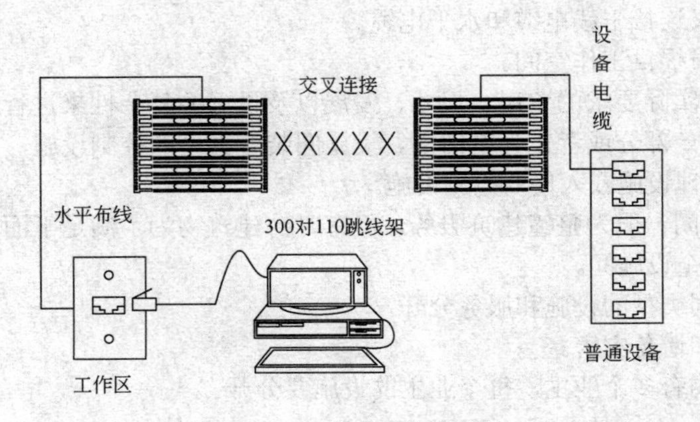

图 5.53　安装交叉连接示例

（7）结构化布线

结构化布线系统的定义为：提供一个综合安装的电信基础设施而建立的布线和相关硬件的配置集合。这种基础设施可以提供广泛的应用服务，如提供电话服务或计算机网络，并且其设施是独立的。

结构化布线系统从服务提供商（SP）的终点开始，该点也叫分界点或者网络接口设施（NID）。例如：在一个电话系统的安装中，如图5.54所示，SP提供一条或多条服务线路。SP将服务线路在分界点连接。尽管安装的细节各不相同，但是结构化布线系统的所有元件和用来维护安装的方法都是相对标准的。为了确保系统的性能，必须使布线安装标准化。图5.54是一个一般结构化布线安装系统，服务于一个相对小的区域（比如服务于一栋大楼内的结构化布线安装系统），网络的行为标准术语称为局域网（LAN）。

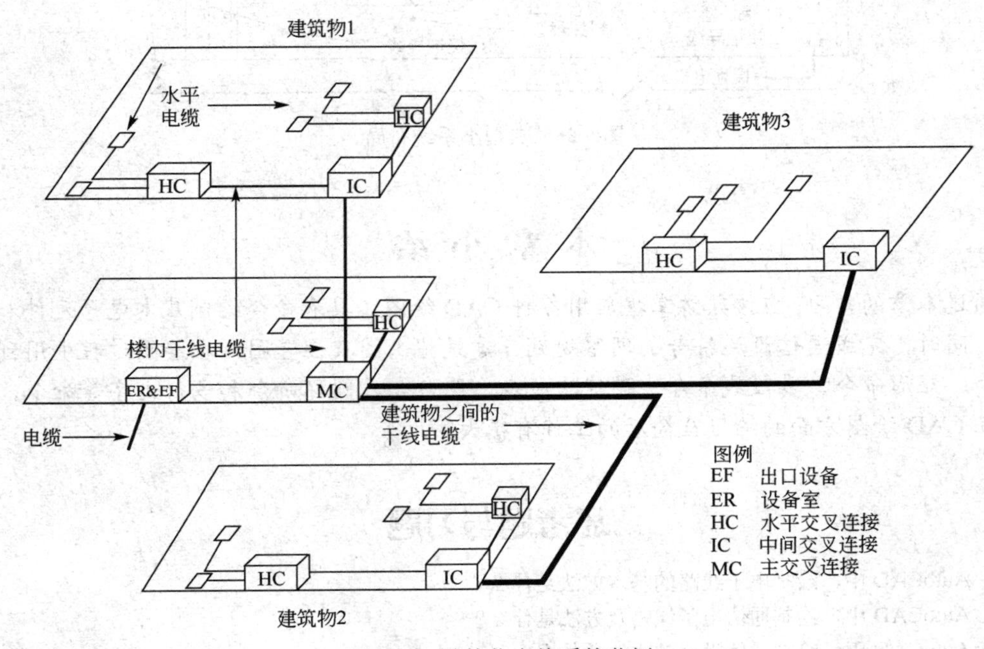

图5.54 结构化布线系统范例

（8）小系统布局

小的设施间及入口设施中，已安装的设施（如保护面板、PBX柜等）上的接地连接终端通常会直接和最近的地（通常由电气维护人员提供）相连接如图5.55所示。

所有暴露的电缆应直接和相关的保护设施连接。任何暴露电缆的屏蔽层应直接和最近下列设施相连接。

① 保护器。

② 保护器接地端子。

③ 认可的保护地。

除了这些，必须遵循设施生产厂家的指导。通常，连接导线应安装在保护器接地接端子和PBX（或其他设施）的接地端之间。如果保护器和PBX都安装在同一个地方，并且具有相同的接地点，那么不需要连接导线。

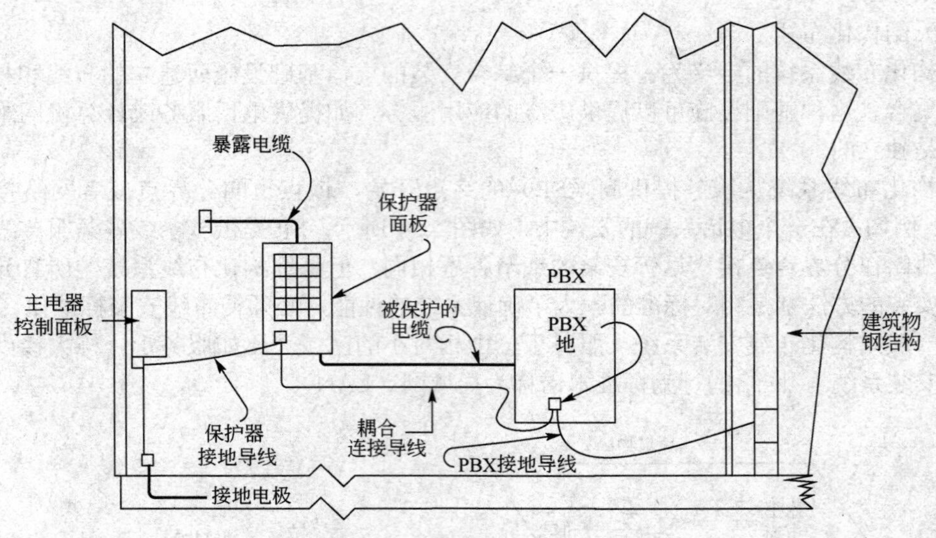

图 5.55　典型小系统布局

本 章 小 结

通过本章的学习，应该熟练掌握应用各种 CAD 绘图工具和命令绘制基本电子元件和电子线路；同时，完成通信设施符号、网络规划、建筑施工图及位置图，在绘图过程中用到了直线命令、矩形命令、多段线命令、创建块命令、圆命令、圆环命令和多行文字等命令，对同学们在 CAD 绘图方面的练习及今后的工作有很大帮助。

思考题与习题

5-1　在 AutoCAD 中，绘制电子线路的基本方法是什么？

5-2　在 AutoCAD 中，绘制通信电子线路及方法是什么？

5-3　在 AutoCAD 中，绘制通信设施的方法是什么？

5-4　在 AutoCAD 中，完成声控调频话筒电路的绘制。

5-5　在 AutoCAD 中，完成 AM/FM 发射器电路的绘制。

5-6　在 AutoCAD 中，完成双通道工字钢架式的绘制。

5-7　在 AutoCAD 中，完成电话管理网拓扑图的绘制。

6 电气 CAD 工程实践方法

6.1 电气 CAD 工程实践的内容

电气 CAD 是电气类专业的一门实践性很强的科目，具有极其广泛的工程应用价值。若要深入的掌握电气 CAD 知识，就必须在加强理论学习的基础上，注重加强工程实践操作技能的训练。

6.1.1 电气 CAD 工程实践的目的与要求

电气 CAD 工程实践侧重培养学生电气图形的绘制与使用能力。通过对本课程的学习及上机训练，使学生掌握绘制工程图的基本方法、技巧以及基本的电气 CAD 制图标准，最终达到熟练利用 AutoCAD 软件平台进行工厂电气图形、发变电工程图形、电子类图形的绘制，为将来从事相关专业奠定基础。

6.1.2 电气 CAD 工程实践的教学过程

电气 CAD 工程实践是在教师指导下，学生通过独立完成绘制电气原理图、电器元件布置图、电气安装接线图等，掌握绘制工程图的基本方法和技巧，培养学生独立分析和解决实际问题的能力。

（1）电气 CAD 工程实践过程

① AutoCAD 二维制图方法学习。

② 电气制图规范的学习。

③ 利用 AutoCAD 进行电气制图。

④ 撰写实践总结报告。

（2）实践总结报告的内容

① 实践项目名称。

② 实践目的和要求。

③ 实践原理。

④ 实践步骤。

⑤ 实践设计结果。

（3）成绩评定原则

① 实践报告的评定，包括报告完成的正确性、文件撰写的规范性。

② 实践结果的评定，包括图形绘制的完整性、标准运用的正确性。

6.2 电气控制基本线路绘图题选

6.2.1 点动、长动控制线路

（1）识图提示

点动控制是指按下按钮电动机得电启动运转，松开按钮电动机失电直至停转。点动控制线路如图 6.1 所示。

图 6.1 中左侧部分为主回路，三相电源经刀开关 QS、熔断器 FU 和接触器 KM 的三对主触点，接到电动机 M 定子绕组上。主电路中流过的电流是电动机的工作电流，电流值较大。右侧部分为控制线路，由按钮 SB 和接触器线圈 KM 串联而成，控制线路电流较小。

线路动作原理如下。

合上刀开关 QS 后，因没有按下点动按钮 SB，接触器 KM 线圈没有得电，KM 的主触点断开，电动机 M 不得电，所以不会启动。

按下点动按钮 SB 后，控制回路中接触器 KM 线圈得电，其主回路中的动合触点闭合，电动机得电启动运行。

松开按钮 SB，按钮在复位弹簧作用下自动复位，断开控制线路 KM 线圈，主电路中 KM 触点恢复原来断开状态，电动机断电直至停止转动。

控制过程也可以用符号来表示，其方法规定为：各种电器在没有外力作用或未通电的状态记为“－”，电器在受到外力作用或通电的状态记为“+”，并将它们相互关系用“$\longrightarrow$”表示，“$\longrightarrow$”的左边符号表示原因，“$\longrightarrow$”的右边符号表示结果，自锁状态用在接触器符号右下角写“自”表示。那么，三相异步电动机直接启动控制线路控制过程就可表示如下：

启动过程：$SB^{+} \longrightarrow KM^{+} \longrightarrow M^{+}$（启动）

停止过程：$SB^{-} \longrightarrow KM^{-} \longrightarrow M^{-}$（停止）

其中，SB^{+}表示按下，SB^{-}表示松开。

该控制线路中，QS 为刀开关，不能直接给电动机 M 供电，只起到电源引入的作用。主回路熔断器 FU 起短路保护作用，如发生三相电路的任两相电路短路，或是任一相电路发生对地短路，短路电流将使熔断器迅速熔断，从而切断主电路电源，实现对电动机的短路保护。

长动控制是指按下按钮后，电动机通电启动运转，松开按钮后，电动机仍继续运行，只有按下停止按钮，电动机才失电直至停转。

长动控制线路如图 6.2 所示。比较图 6.1 点动控制线路和图 6.2 长动控制线路可见，长动控制线路是在点动控制线路的启动按钮 SB_2 两端并联一个接触器的辅助动合触点 KM，再串联一个动断（停止）按钮 SB_1。

控制线路动作原理如下。

合上刀开关 QS。

启动过程：$SB_2^{\pm} \longrightarrow KM_{自}^{+} \longrightarrow M^{+}$（启动）

停止过程：$SB_1^{\pm} \longrightarrow KM^{-} \longrightarrow M^{-}$（停止）

其中，SB_2±表示先按下，后松开；KM 自表示“自锁”。

所谓“自锁”，是依靠接触器自身的辅助动合触点来保证线圈继续通电的现象。带有“自锁”功能的控制线路具有失压（零压）和欠压保护作用。即一旦发生断电或电源电压下降到一定值（一般降到额定值 85%以下）时，自锁触点就会断开，接触器 KM 线圈就会断电，不重新按下启动按钮 SB_2，电动机将无法自动启动。只有在操作人员有准备的情况下再次按下启动按钮 SB_2，电动机才能重新启动，从而保证了人身和设备的安全。

（2）绘图提示

点动、长动电气控制线路的基本绘图步骤提示如下。

① 设置绘图环境。

② 设定图层。

③ 点动、长动电气控制线路基本图形的绘制。

④ 总体调整图形布局，根据图形大小、形状做出调整。

⑤ 标注文字，连接图元。

（3）实践内容

① 阐述点动、长动电气控制线路的基本工作原理。

② 绘制点动、长动电气控制线路中刀开关 QS、熔断器 FU 和接触器 KM，电动机、按钮 SB 等主要元器件。

③ 绘制点动控制线路图，如图 6.1 所示。

④ 绘制长动控制线路图，如图 6.2 所示。

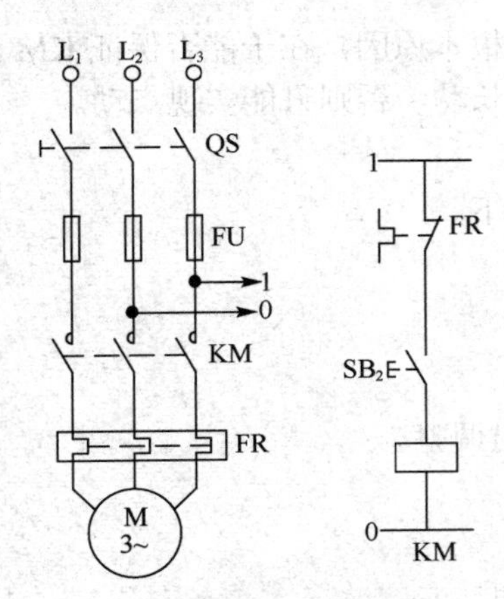

图 6.1　点动控制线路

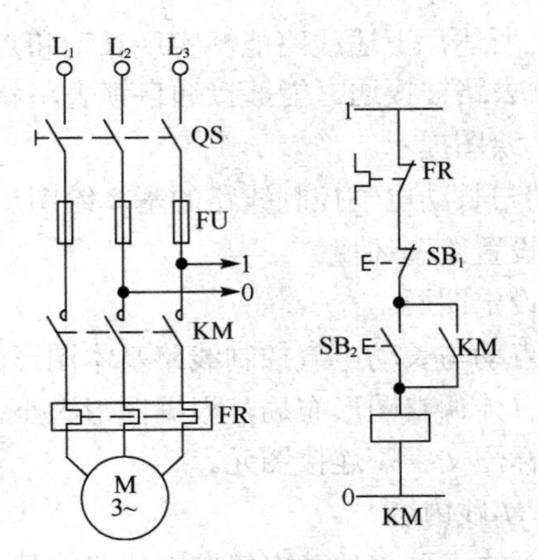

图 6.2　长动控制线路

6.2.2　点动与长动控制线路

（1）识图提示

有些生产机械要求电动机既可以长动又可以点动，如一般机床在正常加工时，电动机是连续转动的，即长动，而在试车调整时，则往往需要点动。下面分别几种不同的既可长动又可点动的控制线路。

① 利用开关控制的长动与点动控制线路　如图 6.3 所示。

图 6.3 中 SA 为选择开关，当 SA 断开时，按 SB_2 为点动操作；当 SA 闭合时，按 SB_2 为长动操作。

线路动作原理为：

点动（SA 断开）：
$$SB_2^+ \longrightarrow KM^+ \longrightarrow M^+（运转）$$
$$SB_2^- \longrightarrow KM^- \longrightarrow M^-（停车）$$

长动（SA 闭合）：
$$SB_2^\pm \longrightarrow KM_{自}^+ \longrightarrow M^+（运转）$$
$$SB_1^\pm \longrightarrow KM^- \longrightarrow M^-（停车）$$

② 利用复合按钮控制的长动与点动控制线路　如图 6.4 所示。

图 6.4 中 SB_2 为长动按钮，SB_3 为点动按钮。但需注意 SB_3 是一个复合按钮，使用了一对动合触点和一对动断触点。

线路动作原理如下。

点动：$SB_3^\pm \longrightarrow KM^\pm \longrightarrow M^\pm$（运转、停车）

长动：$SB_2^\pm \longrightarrow KM_{自}^+ \longrightarrow M^+$（运转）

在点动控制中，按下点动按钮 SB_3，它的动断触点先断开接触器的自锁电路；动合触点后闭合，接通接触器线圈。松开 SB_3 按钮时，它的动合触点先恢复断开，切断了接触器线圈电源，使其断电；而 SB_3 的动断触点后闭合。

③ 利用中间继电器控制的长动与点动控制线路　如图 6.5 所示。

图 6.5 中 KA 为中间继电器。

线路动作原理为：

点动：$SB_3^{\pm} \longrightarrow KM^{\pm} \longrightarrow M^{\pm}$（运转、停车）

长动：$SB_2^{\pm} \longrightarrow KA_{自}^{+} \longrightarrow KM^{+} \longrightarrow M^{+}$（运转）

综上所述，上述线路能够实现长动和点动控制的根本原因，在于能否保证 KM 线圈得电后，自锁去路被接通。能够接通自锁去路就可以实现长动，否则只能实现点动。

（2）绘图提示

点动与长动电气控制线路的基本绘图步骤提示如下。

① 设置绘图环境。

② 设定图层。

③ 点动与长动电气控制线路基本图形的绘制。

④ 总体调整图形布局，根据图形大小、形状做出调整。

⑤ 标注文字，连接图元。

（3）实践内容

① 阐述点动与长动电气控制线路的基本工作原理。

② 绘制点动与长动电气控制线路中刀开关 QS、熔断器 FU 和接触器 KM，电动机、按钮 SB、热继电器 FR 等主要元器件。

③ 绘制开关控制的长动与点动控制线路图，如图 6.3 所示。

④ 绘制复合按钮控制的长动与点动控制线路图，如图 6.4 所示。

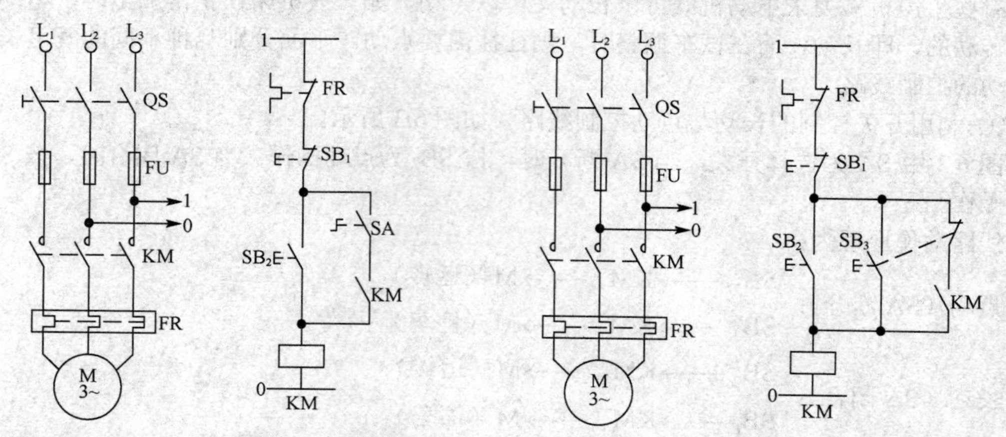

图 6.3　利用开关控制的长动与点动控制线路　　图 6.4　利用复合按钮控制的长动与点动控制线路

⑤ 绘制中间继电器控制的长动与点动控制线路图，如图 6.5 所示。

6.2.3　正、反转控制线路

（1）识图提示

正、反转控制也称可逆控制，它在生产中可实现生产部件向正、反两个方向运动。对于三相笼型异步电动机来说，实现正、反转控制只要改变其电源相序，即将主回路中的三相电源线任意两相对调即可。常有两种控制方式：一种是利用倒顺开关（或组合开关）改变相序，另一种是利用接触器的主触点改变相序。前者主要适用于不需要频繁正、反转的电动机，而后者则主要适用于需要频繁正、反转的电动机。

① 接触器互锁正、反转控制线路　接触器互锁正、反转控制线路　如图 6.6 所示。

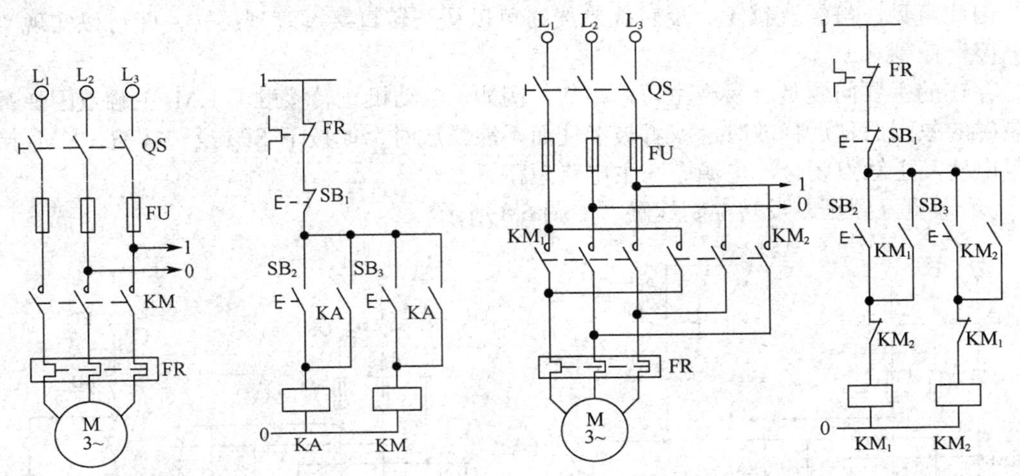

图 6.5　利用中间继电器控制的长动与点动控制线路　　图 6.6　接触器互锁正、反转控制线路

图 6.6 中 KM_1 为正转接触器，KM_2 为反转接触器。显然 KM_1 和 KM_2 两组主触点不能同时闭合，即 KM_1 和 KM_2 两接触器线圈不能同时通电，否则会引起电源短路。

控制线路中，正、反转接触器 KM_1 和 KM_2 线圈去路都分别串联了对方的动断触点，任何一个接触器接通的条件是另一个接触器必须处于断电释放的状态。例如正转接触器 KM_1 线圈被接通得电，它的辅助动断触点被断开，将反转接触器 KM_2 线圈支路切断，KM_2 线圈在 KM_1 接触器得电的情况下是无法接通得电的。两个接触器之间的这种相互关系称为“互锁”（联锁）。在图 6.6 所示线路中，互锁是依靠电气元件来实现的，所以也称为电气互锁。实现电气互锁的触点称为互锁触点。

线路动作原理如下。

正转：$SB_2^{\pm} \longrightarrow KM_{1\text{自}} \longrightarrow \begin{cases} M^{+}(\text{正转}) \\ KM_2^{-}(\text{互锁}) \end{cases}$

停止：$SB_1^{\pm} \longrightarrow KM_1^{-} \longrightarrow M^{-}(\text{停车})$

反转：$SB_3^{\pm} \longrightarrow KM_{2\text{自}}^{+} \longrightarrow \begin{cases} M^{+}(\text{反转}) \\ KM_1^{-}(\text{互锁}) \end{cases}$

$SB_3\pm \rightarrow KM_{2\text{自}}^{+} \rightarrow M^{+}$（反转）、$KM_1^{-}$（互锁）

接触器互锁正、反转控制线路存在的主要问题是从一个转向过渡到另一个转向时，要先按停止按钮 SB_1，不能直接过渡，显然这是十分不方便的。

② 按钮互锁正、反转控制线路　如图 6.7 所示。

图 6.7 中 SB_2、SB_3 为复合按钮，各有一对动断触点和动合触点，分别串联在对方接触器线圈支路中，这样只要按下按钮，就自然切断了对方接触器线圈支路，实现互锁。这种互锁是利用按钮来实现的，所以称为按钮互锁。

图 6.7 所示线路动作原理为：

$$\text{正转：}SB_2^{\pm}\longrightarrow\begin{cases}KM_2^{-}\text{（互锁）}\\ KM_{1\text{自}}^{+}\longrightarrow M^{+}\text{（正转）}\end{cases}$$

$$\text{反转：}SB_3^{\pm}\longrightarrow\begin{cases}KM_1^{-}\text{（互锁）}\longrightarrow M^{-}\text{（停车）}\\ KM_{2\text{自}}^{+}\longrightarrow M^{+}\text{（反转）}\end{cases}$$

由此可见，按钮互锁正、反转控制线路可以从正转直接过渡到反转，即可以实现“正一反一停”控制。

存在的主要问题是容易产生短路事故。例如，电动机正转接触器 KM_1 主触点因弹簧老化或剩磁的原因而延迟释放时，或者被卡住而不能释放时，如按下 SB_3 反转按钮，KM_2 接触器又得电使其主触点闭合，电源会在主电路短路。

③ 双重互锁正、反转控制线路　如图 6.8 所示。

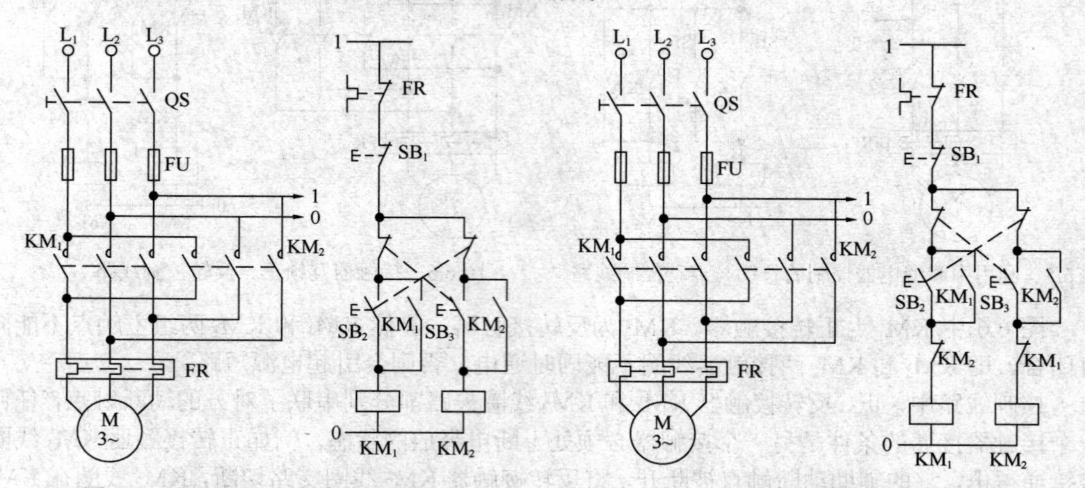

图 6.7　按钮互锁正、反转控制线路　　　　图 6.8　双重互锁正、反转控制线路

该线路结合了电气互锁和按钮互锁的优点，是一种比较完善的既能实现正、反转直接启动的要求，又具有较高安全可靠性的线路。

（2）绘图提示

正、反转控制线路的基本绘图步骤提示如下。

① 设置绘图环境。

② 设定图层。

③ 正、反转电气控制线路基本图形的绘制。

④ 总体调整图形布局，根据图形大小、形状做出调整。

⑤ 标注文字，连接图元。

（3）实践内容

① 阐述点动与长动电气控制线路的基本工作原理。

② 绘制点动与长动电气控制线路中刀开关 QS、熔断器 FU 和接触器 KM，电动机、按钮 SB、热继电器 FR 等主要元器件。

③ 绘制接触器互锁正、反转控制线路，如图 6.6 所示。

④ 绘制按钮互锁正、反转控制线路图，如图 6.7 所示。

⑤ 绘制双重互锁正、反转控制线路图，如图 6.8 所示。

⑥ 绘制三相笼型异步电动机可逆运行电气原理图，如图 6.9 所示。

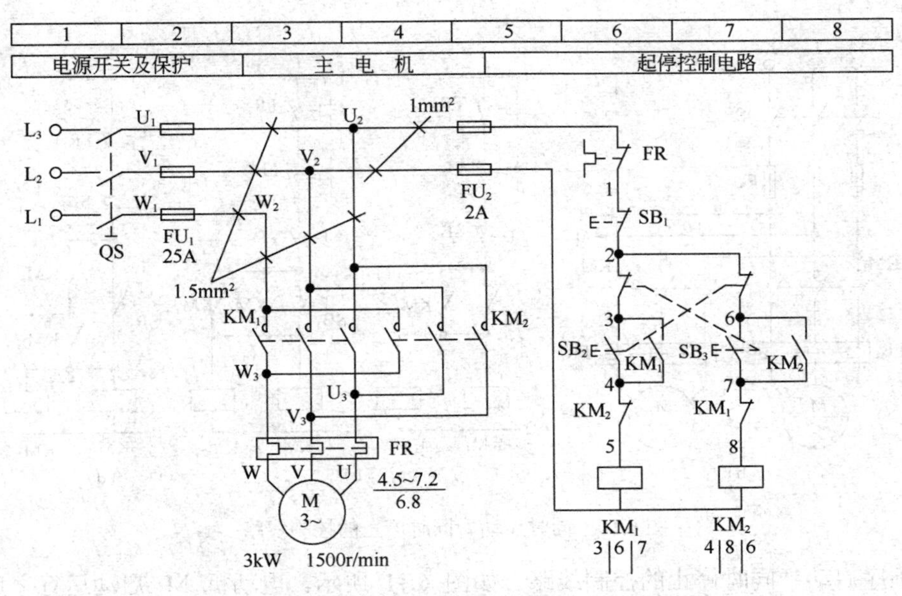

图 6.9 三相笼型异步电动机可逆运行电气原理图

6.2.4 顺序控制线路

（1）识图提示

顺序控制是指生产机械中多台电动机按预先设计好的次序先后启动或停止的控制。

① 同时启动、同时停止的控制线路 如图 6.10 所示。

图 6.10（a）为一个接触器控制两台（或多台）电动机的同时启动、同时停止，不足之处是接触器的主触点通过两台（或多台）电动机的定子电流，因而对其容量有一定的要求。

图 6.10（b）、（c）、（d）为两个（或多个）接触器分别控制两台（或多台）电动机的同时启动、同时停止控制线路。其中（b）图中只用一对接触器动合触点作“自锁”，（c）图用两对（或多对）接触器动合触点并联作“自锁”，（d）图用两对（或多对）接触器动合触点串联作“自锁”。

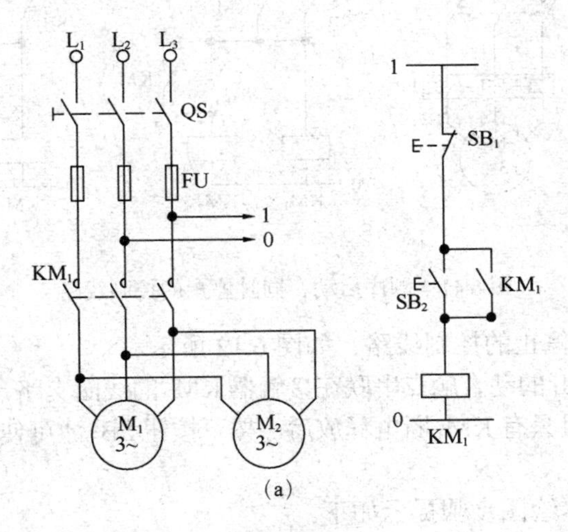

图 6.10

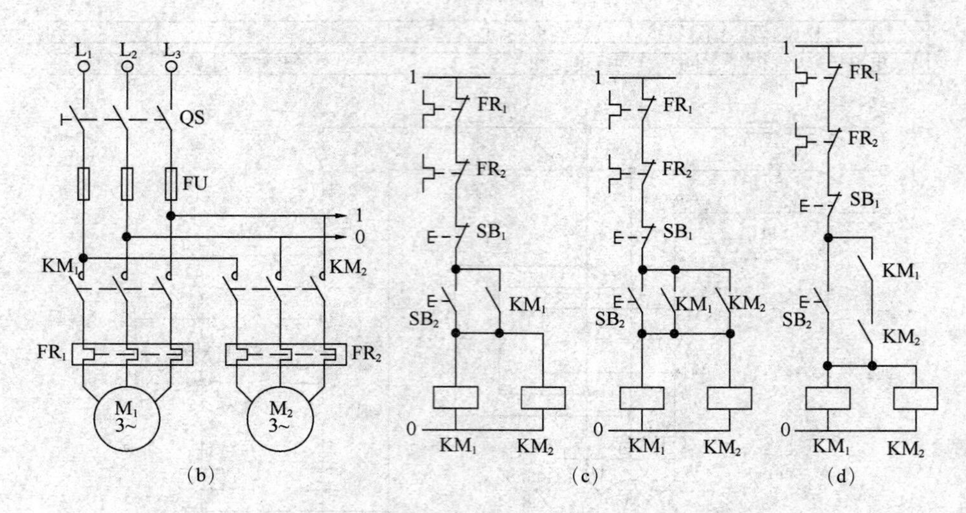

图 6.10　同时启动、同时停止的控制线路

② 顺序启动、同时停止的控制线路　如图 6.11 所示。电动机 M_1 启动运行之后电动机 M_2 才允许启动。

其中图 6.11（a）控制线路是通过接触器 KM_1 的“自锁”触点来制约接触器 KM_2 的线圈的。只有在 KM_1 动作后，KM_2 才允许动作。

图 6.11（b）控制线路是通过接触器 KM_1 的“联锁”触点来制约接触器 KM_2 的线圈的，也只有 KM_1 动作后，KM_2 才允许动作。

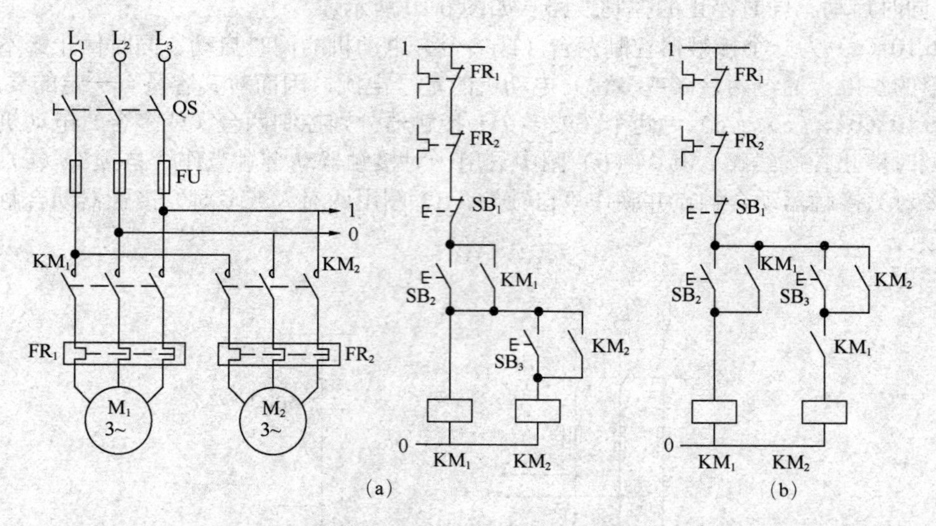

图 6.11　顺序启动、同时停止的控制线路

③ 同时启动、顺序停止的控制线路　如图 6.12 所示。

图 6.12 中接触器 KM_1 的动合触点串联在接触器 KM_2 的线圈支路。不仅使接触器 KM_1 与接触器 KM_2 同时动作，而且只有 KM_1 断电释放后，按下按钮 SB_3 才可使接触器 KM_2 断电释放。

（2）绘图提示

顺序控制线路的基本绘图步骤提示如下。

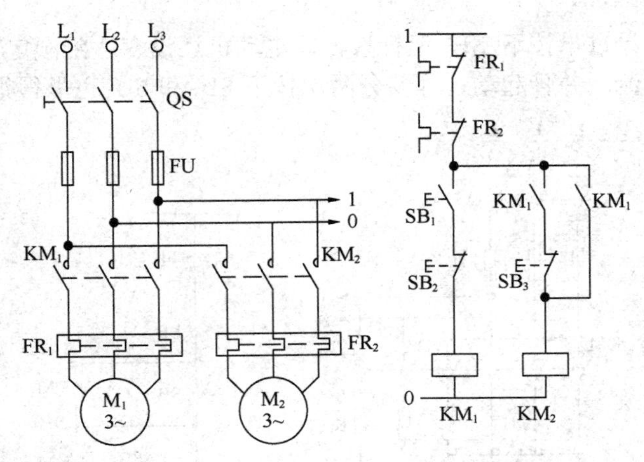

图 6.12　同时启动、顺序停止的控制线路

① 设置绘图环境。

② 设定图层。

③ 顺序控制线路基本图形的绘制。

④ 总体调整图形布局，根据图形大小、形状做出调整。

⑤ 标注文字，连接图元。

（3）实践内容

① 阐述顺序控制线路的基本工作原理。

② 绘制点动与长动电气控制线路中刀开关 QS、熔断器 FU 和接触器 KM，电动机、按钮 SB、热继电器 FR 等主要元器件。

③ 绘制同时启动、同时停止的顺序控制线路图，如图 6.10 所示。

④ 绘制顺序启动、同时停止的控制线路图，如图 6.11 所示。

⑤ 绘制同时启动、同时停止的控制线路图，如图 6.12 所示。

6.2.5　三相异步电动机降压启动控制线路

（1）识图提示

三相交流异步电动机直接启动，虽然控制线路结构简单，使用维护方便，但异步电动机的启动电流很大（约为正常工作电流的 4～7 倍），如果电源容量不比电动机容量大许多倍，则启动电流可能会明显地影响同一电网中其他电气设备的正常运行。因此，对于笼型异步电动机可采用：定子串电阻（电抗）降压启动、定子串自耦变压器降压启动、星形-三角形降压启动、延边三角形降压启动等方式；而对于绕线型异步电动机，还可采用转子串电阻启动或转子串频敏变阻器启动等方式以限制启动电流。

① 定子串电阻降压启动控制线路　是指启动时，在电机定子绕组上串联电阻（电抗），启动电流在电阻上产生电压降，使实际加到电动机定子绕组中的电压低于额定电压，待电动机转速上升到一定值后，再将串联电阻（电抗）短接，使电动机在额定电压下运行。

a. 按钮控制线路。按钮控制电动机定子串电阻降压启动控制线路如图 6.13 所示。

线路动作原理如下。

$SB_2^{\pm} \longrightarrow KM_{1自}^{+} \longrightarrow M^{+}$(串R降压启动) $n_2\uparrow\cdots$

$SB_3^{\pm} \longrightarrow KM_{2自}^{+}$(短接降压电阻R)$\longrightarrow M^{+}$(全压运行)

式中，$n_2\uparrow$ 是指转子转速的上升。该控制线路优点是结构简单，存在问题是不能实现起动全过程自动化。如果过早按下 SB_3 运行按钮，电动机还没有达到额定转速附近就加全压，会引起较大的启动电流。并且起动过程要分两次按下 SB_2 和 SB_3 也显得很不方便。

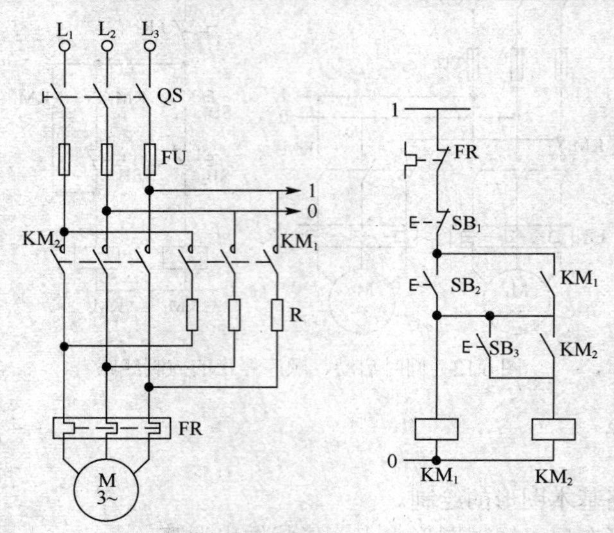

图 6.13　按钮控制电动机定子串电阻降压启动控制线路

b．时间继电器控制线路。时间继电器控制电动机定子串电阻降压启动控制线路如图 6.14（a）所示。

线路动作原理如下。

$$SB_2^{\pm} \longrightarrow \begin{cases} KM_{1自}^{+} \longrightarrow M^{+}（串R降压启动） \\ KT^{+} \xrightarrow{\Delta t} \begin{cases} M^{+}（全压运行） \\ KM_1^{-}（互锁） \end{cases} \end{cases}$$

由上分析可见，按下启动按钮 SB_2 后，电动机 M 先串电阻 R 降压启动，经一定延时（由时间继电器 KT 确定），电动机 M 才全压运行。但在全压运行期间，时间继电器 KT 和接触器 KM_1 线圈均通电，不仅消耗电能，而且减少了电器的使用寿命。

图 6.14（b）为另一种定子串电阻降压启动控制线路。该线路在电动机全压运行时，KT 和 KM 线圈都断电，只有 KM_2 线圈通电。

② 星形-三角形降压启动控制线路　对于正常运行时电动机额定电压等于电源线电压，定子绕组为三角形连接方式的三相交流异步电动机，可以采用星形-三角形降压启动。它是指启动时，将电动机定子绕组接成星形，待电动机的转速上升到一定值时，再换成三角形连接。这样，电动机启动时每相绕组的工作电压为正常时绕组电压的 $1/\sqrt{3}$ 倍，启动电流为三角形直接启动时的 1/3。

a．手动控制线路。手动控制电动机星形-三角形降压启动控制线路如图 6.15 所示。图中手动控制开关 SA 有两个位置，分部是电动机定子绕组星形和三角形连接。

线路工作原理为：启动时，将开关 SA 置于“△启动”位置，电动机定子绕组被接成星形降压启动；当电动机转速上升到一定值后，再将开关 SA 置于“Y 运行”位置，使电动机定子绕组接成三角形，电动机全压运行。

b．自动控制线路。采用接触器控制电动机星形-三角形降压启动控制线路如图 6.16 所示。

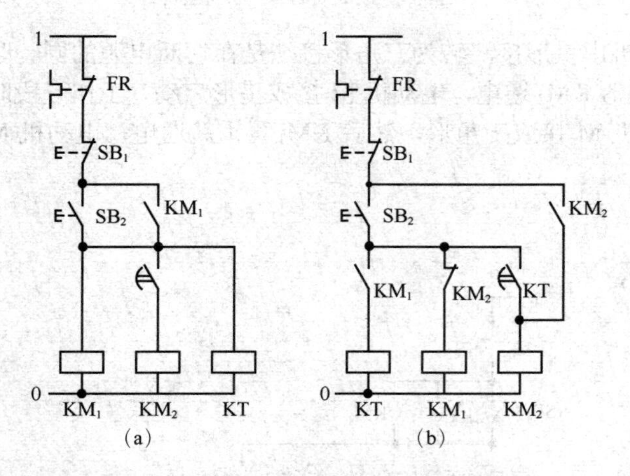

图 6.14　时间继电器控制电动机定子串电阻降压启动控制线路

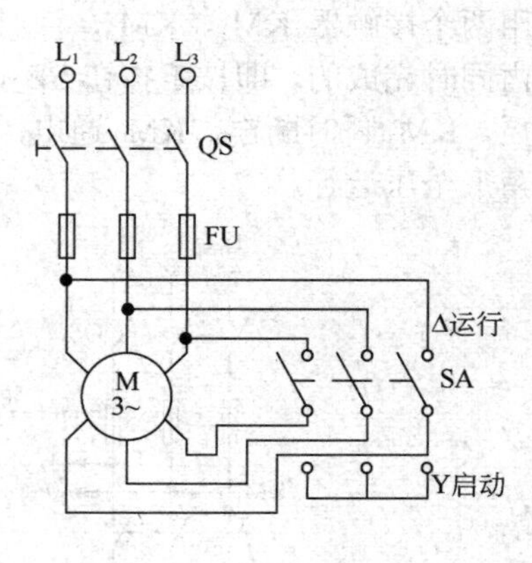

图 6.15　手动控制电动机星形-三角形降压启动控制线路

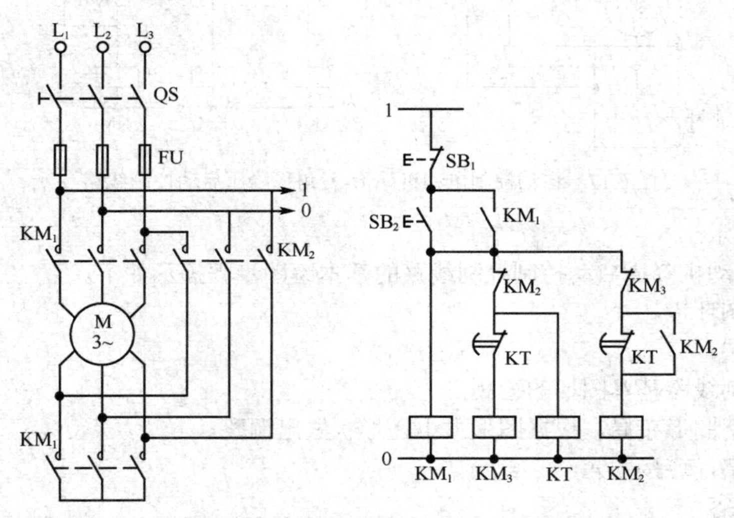

图 6.16　接触器控制电动机星形-三角形降压启动控制线路

图中使用了三个接触器 KM_1、KM_2、KM_3 和一个通电延时型的时间继电器 KT，当接触器 KM_1、KM_3 主触点闭合时，电动机 M 星形连接；当接触器 KM_1、KM_2 主触点闭合时，电动机 M 三角形连接。线路动作原理为：

$$SB_2^{\pm} \longrightarrow \begin{cases} \left.\begin{array}{l} KM_{1\text{自}}^{+} \\ KM_3^{+} \end{array}\right\} \longrightarrow M^{+}(\text{Y启动}) \\ KT^{+} \xrightarrow{\Delta t} KM_3^{-} \longrightarrow \begin{cases} M^{-} \\ KM_{2\text{自}}^{+} \longrightarrow \begin{cases} M^{+}(\Delta\text{运行}) \\ KT^{-}，KM_3^{-} \end{cases} \end{cases} \end{cases}$$

上述线路，电动机 M 三角形运行时，时间继电器 KT 和接触器 KM 均断电释放，这样，不仅使已完成星形——三角形降压启动任务的时间继电器 KT 不再通电，而且可以确保接触器 KM_2 通电后，KM_3 无电，从而避免 KM_2 与 KM_3 同时通电造成短路事故。

图 6.17 所示为另一种自动控制电动机星形-三角形降压启动控制线路。图 6.17 中不仅只

采用两个接触器 KM_1、KM_2，而且电动机由星形接法转为三角形接法是在切断电源的同一时间内同时完成的。即按下按钮 SB_2，接触器 KM_1 通电，电动机 M 接成星形启动，工作一段时间后，KM_1 瞬时断电，KM_2 通电，电动机 M 接成三角形，然后 KM_1 再重新通电，电动机 M 三角形全压运行。

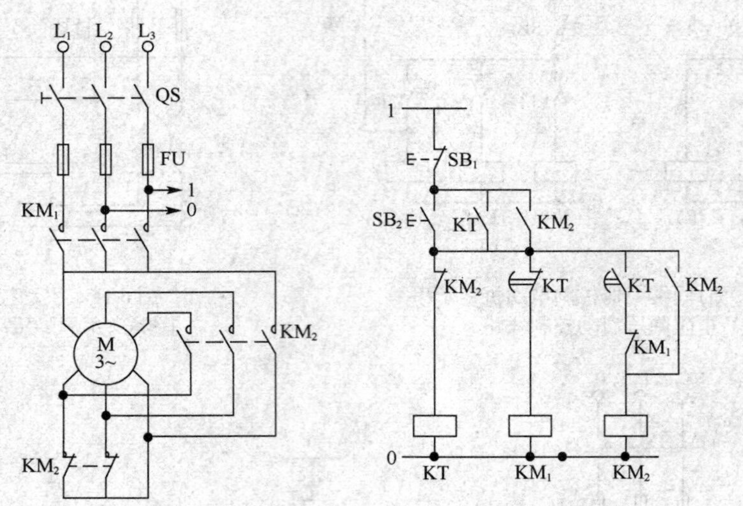

图 6.17 自动控制电动机星形-三角形降压启动控制线路

（2）绘图提示

三相异步电动机降压启动控制控制线路的基本绘图步骤提示如下。

① 设置绘图环境。

② 设定图层。

③ 顺序控制线路基本图形的绘制。

④ 总体调整图形布局，根据图形大小、形状做出调整。

⑤ 标注文字，连接图元。

（3）实践内容

① 阐述顺序控制线路的基本工作原理。

② 绘制点动与长动电气控制线路中刀开关 QS、熔断器 FU 和接触器 KM，电动机、按钮 SB、热继电器 FR 等主要元器件。

③ 绘制按钮控制电动机定子串电阻降压启动控制线路图，如图 6.13 所示。

④ 绘制时间继电器控制电动机定子串电阻降压启动控制线路图，如图 6.14 所示。

⑤ 绘制手动控制电动机星形-三角形降压启动控制线路图，如图 6.15 所示。

⑥ 绘制接触器控制电动机星形-三角形降压启动控制线路图，如图 6.16 所示。

⑦ 绘制自动控制电动机星形-三角形降压启动线路图，如图 6.17 所示。

6.2.6 三相笼型异步电动机制动控制线路

（1）识图提示

在生产过程中，有些生产机械往往要求电动机快速、准确地停车，而电动机在脱离电源后由于机械惯性的存在，完全停止需要一段时间，这就要求对电动机采取有效措施进行制动。电动机制动分两大类：机械制动和电气制动。

机械制动是在电动机断电后利用机械装置对其转轴施加相反的作用力矩（制动力矩）来

进行制动。电磁抱闸就是常用方法之一，结构上电磁抱闸由制动电磁铁和闸瓦制动器组成。断电制动型电磁抱闸在电磁线圈断电时，利用闸瓦对电动机轴进行制动；电磁铁线圈得电时，松开闸瓦，电动机可以自由转动。这种制动在超重机械上被广泛采用。

电气制动是使电动机停车时产生一个与转子原来的实际旋转方向相反的电磁力矩（制动力矩）来进行制动。常用的电气制动有反接制动和能耗制动等。

① 反接制动控制线路　反接制动是在电动机的原三相电源被切断后，立即通上与原相序相反的三相交流电源，以形成与原转向相反的电磁力矩，利用这个制动力矩使电动机迅速停止转动。这种制动方式必须在电动机转速降到接近零时切除电源，否则电动机仍有反向力矩可能会反向旋转，造成事故。

三相异步电动机单向运转反接制动控制线路如图 6.18 所示。

主电路中所串电阻 R 为制动限流电阻，防止反接制动瞬间过大的电流可能会损坏电动机。速度继电器 KV 与电动机同轴，当电动机转速上升到一定数值时，速度继电器的动合触点闭合，为制动做好准备。制动时转速迅速下降，当其转速下降到接近零时，速度继电器动合触点恢复断开，接触器 KM_2 线圈断电，防止电动机反转。

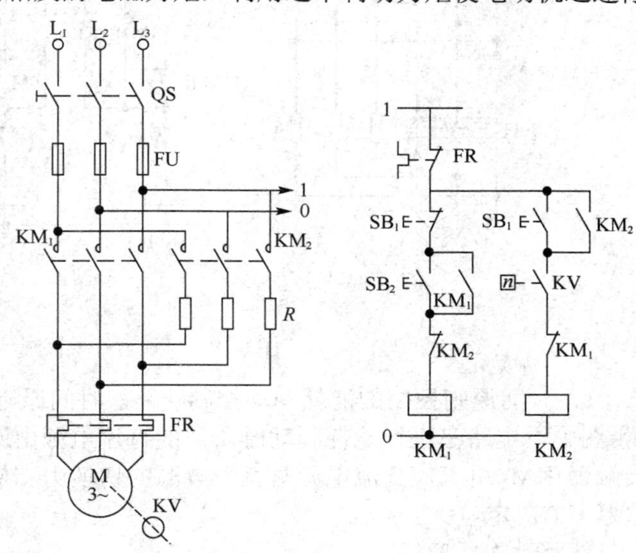

图 6.18　三相异步电动机单向运转反接制动控制线路

线路动作原理如下。

启动：
$$SB_2^{\pm} \longrightarrow KM_{1\text{自}}^{+} \longrightarrow \begin{cases} M^{+}(\text{正转}) \xrightarrow{n\uparrow} KV^{+} \\ KM_2^{-}(\text{互锁}) \end{cases}$$

反接制动：
$$SB_1^{\pm} \longrightarrow \begin{cases} KM_1^{-} \longrightarrow \begin{cases} M^{-} \\ KM_2(\text{互锁解除}) \end{cases} \\ KM_{2\text{自}}^{+} \longrightarrow \begin{cases} M^{+}(\text{串R制动}) \xrightarrow{n\downarrow} KV^{-} \longrightarrow KM_2^{-} \longrightarrow M^{-}(\text{制动完毕}) \\ KM_1^{-}(\text{互锁}) \end{cases} \end{cases}$$

图 6.19 所示为可逆运行反接制动控制线路。其中，KM_1、KM_2 为正、反转接触器，KM_3 为短接电阻接触器，KA_1、KA_2、KA_3 为中间继电器，KV 为速度继电器，其中，KV_1 为正转动合触点，KV_2 为反转动合触点，R 为启动与制动电阻。反接制动的优点是制动迅速，但制动冲击大，能量消耗也大。故常用于不经常启动和制动的大容量电动机。

② 能耗制动控制线路　能耗制动是将运转的电动机脱离三相交流电源的同时，给定子绕组加一直流电源，以产生一个静止磁场，利用转子感应电流与静止磁场的作用，产生反向电磁力矩而制动的。能耗制动时制动力矩大小与转速有关，转速越高，制动力矩越大，随转速的降低制动力矩也下降，当转速为零时，制动力矩消失。

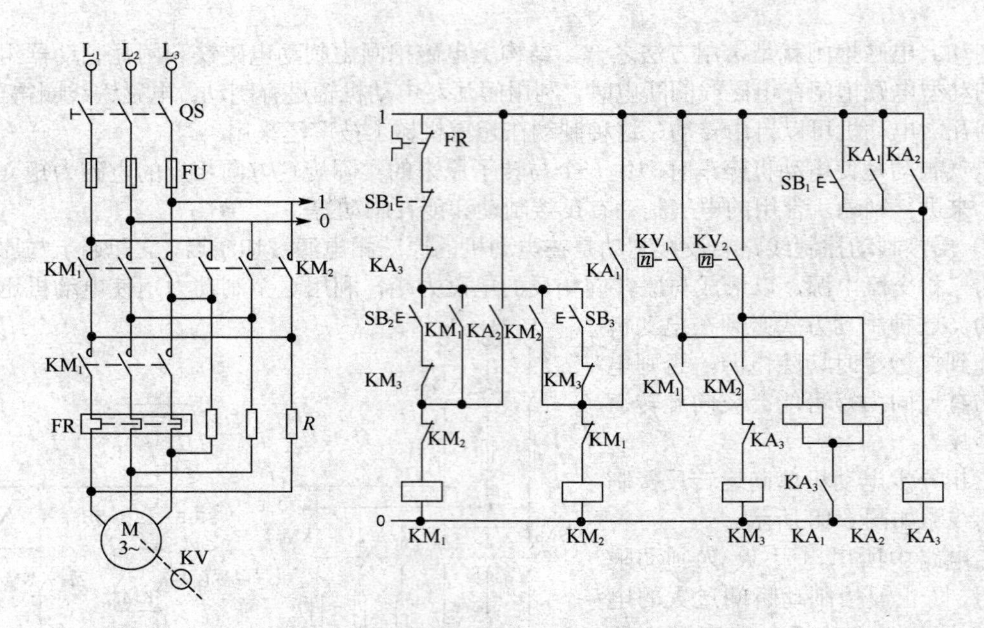

图 6.19 可逆运行反接制动控制线路

a．时间原则控制的能耗制动控制线路。时间原则控制的能耗制动控制线路如图 6.20 所示。图中主电路在进行能耗制动时所需的直流电源由四个二极管组成单相桥式整流电路通过接触器 KM_2 引入，交流电源与直流电源的切换由 KM_1 和 KM_2 来完成，制动时间由时间继电器 KT 决定。

线路动作原理如下。

$$\text{启动：}SB_2^{\pm}\longrightarrow KM_{1\text{自}}^{+}\longrightarrow\begin{cases}M^{+}\text{（启动）}\\KM_2^{-}\text{（互锁）}\end{cases}$$

$$\text{能耗制动：}SB_1^{\pm}\longrightarrow\begin{cases}KM_1^{-}\longrightarrow M^{-}\text{（自由停车）}\\KM_{2\text{自}}^{+}\longrightarrow M^{+}\text{（能耗制动）}\\KT_{\text{自}}^{+}\xrightarrow{\Delta t}KM_2^{-}\longrightarrow M^{-}\text{（制动结束）}\end{cases}$$

b．速度原则控制的能耗制动控制线路。速度原则控制的能耗制动控制线路如图 6.21 所示。其动作原理与图 6.18 单向运转反接制动控制线路相似。能耗制动的优点是制动准确、平稳、能量消耗小，但需要整流设备。故常用于要求制动平稳、准确和启动频繁的容量较大的电动机。

（2）绘图提示

三相笼型异步电动机的制动控制线路的基本绘图步骤提示如下。

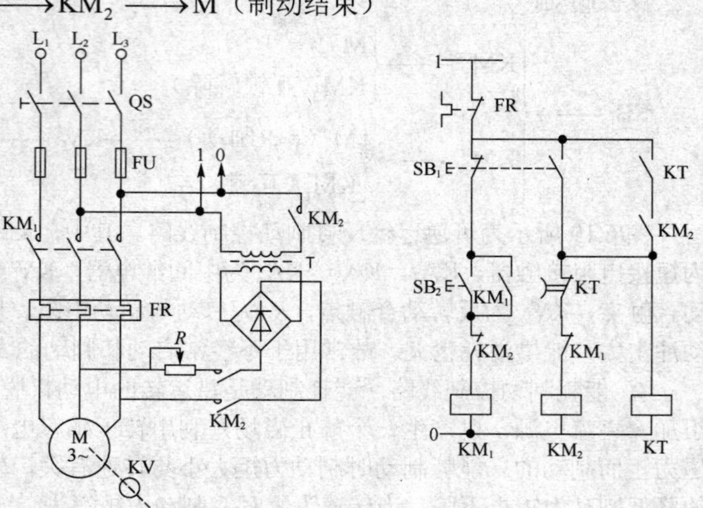

图 6.20 时间原则控制的能耗制动控制线路

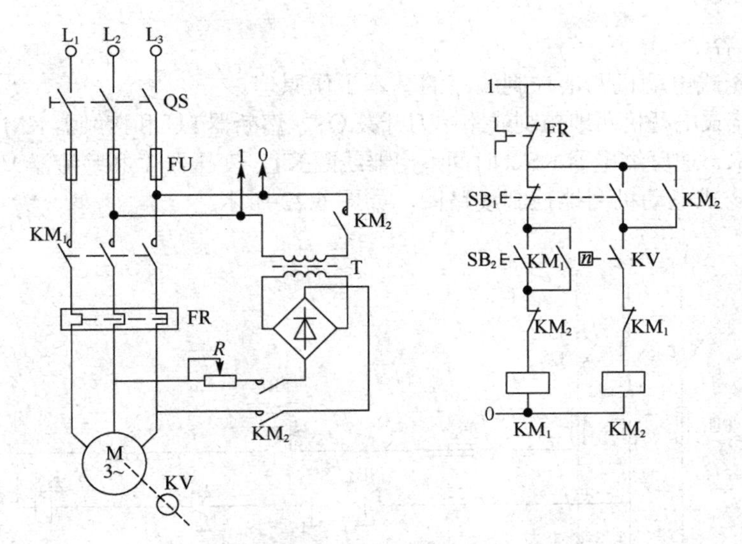

图 6.21　速度原则控制的能耗制动控制线路

① 设置绘图环境。

② 设定图层。

③ 顺序控制线路基本图形的绘制。

④ 总体调整图形布局，根据图形大小、形状做出调整。

⑤ 标注文字，连接图元。

（3）实践内容

① 阐述三相笼型异步电动机的制动控制线路的基本工作原理。

② 绘制三相笼型异步电动机的制动控制线路中刀开关 QS、熔断器 FU 和接触器 KM，电动机、按钮 SB、热继电器 FR、速度继电器 KV、中间继电器 KA、时间继电器 KT 等主要元器件。

③ 绘制三相异步电动机单向运转反接制动控制线路图，如图 6.18 所示。

④ 绘制可逆运行反接制动控制线路图，如图 6.19 所示。

⑤ 绘制时间原则控制的能耗制动控制线路图，如图 6.20 所示。

⑥ 绘制速度原则控制的能耗制动控制线路图，如图 6.21 所示。

6.2.7　鼠笼式电动机两地控制线路

（1）识图提示

在实际应用中，常常需要在两处（如现场和控制室）对同一电动机进行启、停控制，即两地控制。因此，控制电路中应有两套启、停按钮，按任何一个按钮电机都要启动，则两起动按钮应并联；按任何一个停止按钮电机都要停止，则两停止按钮应串联。于是在单向直接启、停控制电路上进行补充，得到两地控制电气原理图如图 6.22 所示。

（2）绘图提示

鼠笼式电动机两地控制线路的基本绘图步骤提示如下。

① 设置绘图环境。

② 设定图层。

③ 鼠笼式电动机两地控制线路基本图形的绘制。

④ 总体调整图形布局，根据图形大小、形状做出调整。

⑤ 标注文字，连接图元。

（3）实践内容

① 阐述鼠笼式电动机两地控制线路的基本工作原理。

② 绘制鼠笼式电动机两地控制线路中刀开关 QS、熔断器 FU 和接触器 KM，电动机、按钮 SB、热继电器 FR、速度继电器 KS、时间继电器线圈 KT、变压器 T 和整流器 V 等主要元器件。

③ 绘制鼠笼式电动机两地控制线路图，如图 6.22 所示。

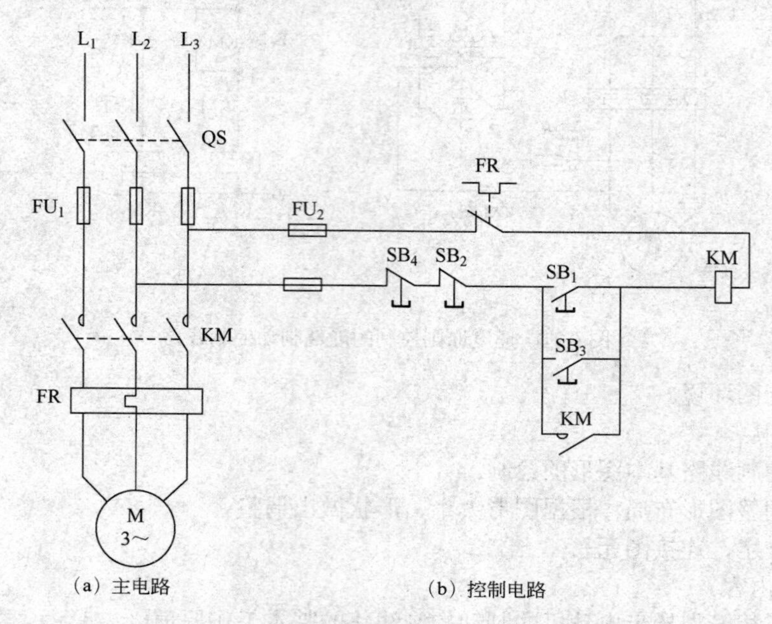

（a）主电路　　（b）控制电路

图 6.22　鼠笼式电动机两地控制线路图

6.2.8　电动机保护线路

（1）识图提示

电动机在工作过程中，由于短路、过电流、过载及失压等原因都会引起电路故障，使电动机无法正常工作，甚至烧毁电动机。所以电路中必要的保护电路必不可少，一般常见的保护电路有短路保护、过电流保护、过载保护和失压保护等。

① 电动机短路保护线路　当电路发生短路时，强大的短路电流造成的电热效应和电应力效应容易引起各种电设备和电器元件的绝缘损坏及机械损坏。因此当电路发生短路时，必须迅速而可靠地切断电源。如图 6.23（a）所示为采用熔断器做短路保护的电路。当主电机容量较小时，其控制电路不需另设熔断器，主电路中的熔断器也可兼作控制电路的短路保护。当主电机容量较大时，控制电路必须单独设置短路保护用熔断器。

图 6.23（b）是采用断路器（自动空气开关）QF 作短路保护的电路。它既可以作为短路保护，又可以作为过载保护。当线路出现故障时，断路器（自动空气开关）动作，事故处理完毕，重新合上开关，线路则重新运行工作。

② 电动机过电流保护线路　在电动机运行过程中，由于各种各样的原因，会引起电动机产生很大的电流，从而造成电动机或生产机械设备的损坏。例如，不正确的启动和过大的负载会引起电动机很大的过电流；过大的冲击负载会使电动机流过过大的冲击电流，以致损坏电动机的换向器；同时，过大的电动机转矩也会使机械传动部件受到损伤。因此，为保护电动机的安全运行，在这种情况下，有必要设置过电流保护。

采用过电流继电器 KI 实现的过电流保护电路如图 6.24 所示，当电机启动时，时间继电器 KT 延时断开的常闭触头还未断开，故过电流继电器 KI 的过电流线圈不接入电路，尽管此时启动电流很大，过电流保护仍不动作。当启动结束，KT 的常闭触头经过延时已断开，将过电流线圈接入电路，过电流继电器开始起保护作用。

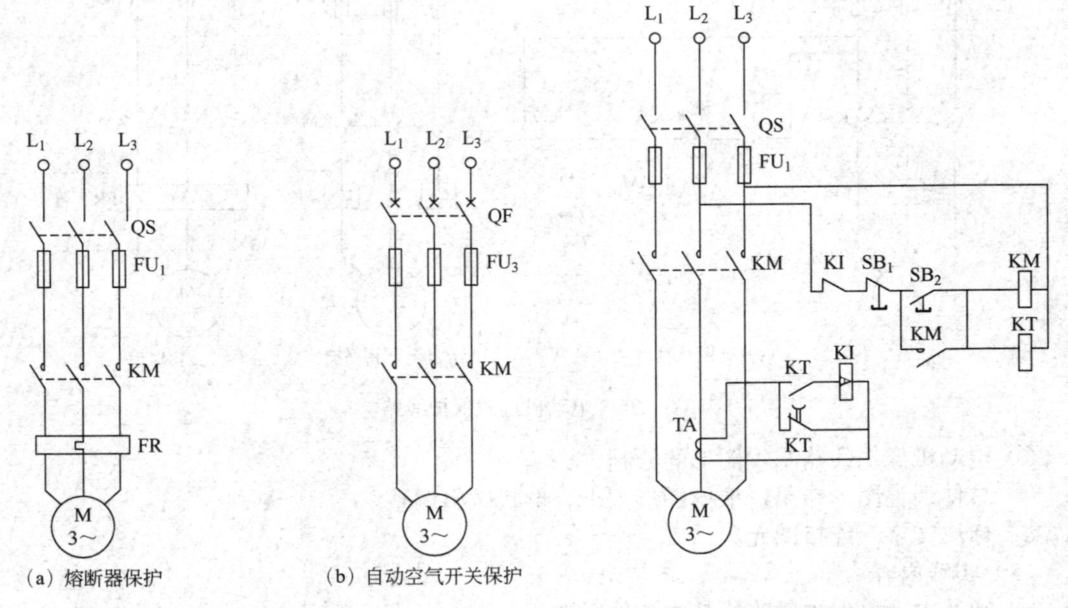

图 6.23 电动机短路保护线路

图 6.24 电动机过电流保护线路

③ 电动机过载保护线路 电动机长期过载运行，其绕组的温升将超过允许值而造成电动机的损坏，所以应设置过载保护环节。这种保护多采用具有反时限特性的热继电器作保护环节，同时装有熔断器或过流继电器配合使用。图 6.25（a）是适用于电动机出现三相均衡过载的保护。图 6.25（b）所示为两相保护，是适用于电动机出现任一相断线或三相均衡过载的保护。但当发生三相电源严重不均衡或电动机内部短路、绝缘不良等故障时，有可能使某相电流高于其他两相，则上述两种电路就不能进行可靠保护。图 6.25（c）为三相过载保护，能够可靠地保护电动机的各种过载情况。

④ 电动机失压保护线路 在电动机正常工作时，如果电源电压消失，电动机则停转。当电源电压恢复时，如果电动机自行启动，则可能造成设备损坏甚至人身伤亡事故。防止电压恢复时电动机自行启动的保护称为失压保护。当采用接触器及按钮控制电动机的启停时，失压保护一般通过并联在启动按钮上的接触器的常开触头来实现，如图 6.26（a）所示。当采用主令控制器 SA 控制电动机时，则通过并联在 SA 的零位常开触头上的零压继电器 KV 的常开触头来实现失压保护。如图 6.26（b）所示，主令控制器 SA 置于“0”位时，零压继电器 KV 线圈吸合并自锁；当 SA 置于工作位置“1”时，保证了对接触器 KM 的供电。当断电时，KV 线圈失电释放，当电源电压恢复时，必须先将 SA 置于“0”位，使 KV 线圈吸合，才能重新为 KM 线圈的得电做好准备，从而起到失压保护的作用。

（2）绘图提示

电动机保护线路的基本绘图步骤提示如下。

① 设置绘图环境。

② 设定图层。

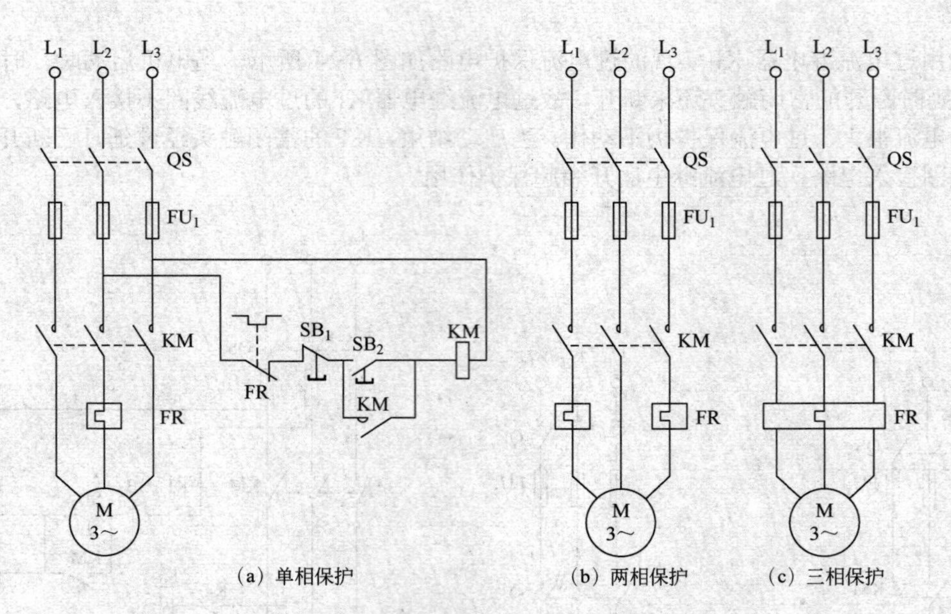

图 6.25 电动机过载保护线路

③ 电动机保护线路基本图形的绘制。

④ 总体调整图形布局，根据图形大小、形状做出调整。

⑤ 标注文字，连接图元。

（3）实践内容

① 阐述电动机保护线路的基本工作原理。

② 绘制电动机保护线路中刀开关 QS、空气断路器 QF、熔断器 FU 和接触器 KM，电动机、按钮 SB、零压继电器 KV、电流继电器 KI 等主要元器件。

③ 绘制电动机短路保护线路图，如图 6.23 所示。

④ 绘制电动机过电流保护线路图，如图 6.24 所示。

⑤ 绘制电动机过载保护线路图，如图 6.25 所示。

⑥ 绘制电动机失压保护线路图，如图 6.26 所示。

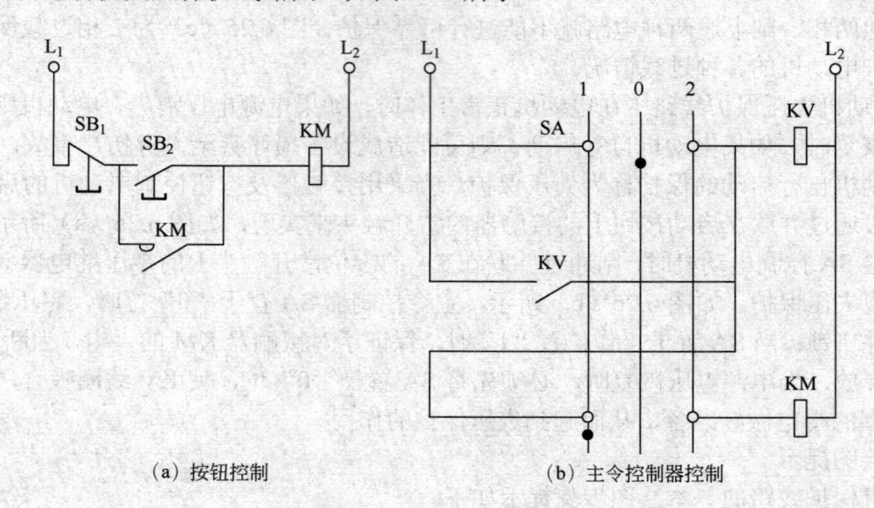

图 6.26 电动机失压保护线路图

6.3 工厂电气控制绘图题选

6.3.1 桥式起重机电气控制系统

（1）识图提示

桥式起重机电气回路基本上是由主回路、控制回路、保护回路等组成。通用桥式起重机的电气设备主要有电动机、制动电磁铁、控制电器和保护电器。桥式起重机各机构采用起重专用电动机，它要求具有较高的机械强度和较大的过载能力。应用最广泛的是绕线式异步电动机，这种电动机采用转子外接电阻逐级起动运转，既能限制起动电流确保启动平稳，又可提供足够的启动力矩，并能适应频繁启动、反转、制动、停止等工作的需要。

① 主回路　直接驱使各机构电动机运转的那部分回路称为主回路，它是由起重机主滑触线开始，经保护柜刀开关、保护柜接触器主触头，再经过各机构控制器定子触头至各相应电动机，即由电动机外接定子回路和外接转子回路组成。

② 控制回路　桥式起重机的控制回路又称为联锁保护回路，它控制起重机总电源的接通与分断，从而实现对起重机的各种安全保护。由控制回路控制起重机总电源的通断，在主回路刀开关推合后，控制回路得电，而主回路因接触器 KM 主触头分断未能接电，故整个起重机各机构电动机均未接通电源而无法工作。因此，起重机总电源的接通与分断，就取决于主接触器主触头 KM 的接通与否，而控制回路就是控制主接触器 KM 主触头的接通与分断，也就是控制起重机总电源的接通与分断。

③ 过载和短路保护　在控制回路中，串有保护各电动机的过电流继电器常闭触头，当起重机因过载、某电动机过载、发生相间或对地短路时，强大的电流将使其相应的过电流继电器动作而顶开它的常闭触头，使接触器 KM 的线圈失电，导致起重机掉闸（接触器释放），从而实现起重机的过载和短路保护作用。

（2）绘图提示

桥式起重机电气控制系统的基本绘图步骤提示如下。

① 设置绘图环境。

② 设定图层。

③ 桥式起重机系统基本图形的绘制。

④ 总体调整图形布局，根据图形大小、形状做出调整。

⑤ 标注文字，连接图元。

（3）实践内容

① 阐述桥式起重机基本工作原理。

② 绘制桥式起重机系统中电动机、高压断路器、变压器、熔断器、过电流继电器、按钮、隔离开关、交流继电器、时间继电器等主要元器件。

③ 绘制桥式起重机供电照明及信号系统图，如图 6.27 所示。

④ 绘制桥式起重机大车主电路图，如图 6.28 所示。

⑤ 绘制桥式起重机大车控制电路图，如图 6.29 所示。

⑥ 绘制桥式起重机小车控制电路图，如图 6.30 所示。

⑦ 绘制桥式起重机主起升机构系统图，如图 6.31 所示。

⑧ 绘制桥式起重机电动葫芦原理图，如图 6.32 所示。

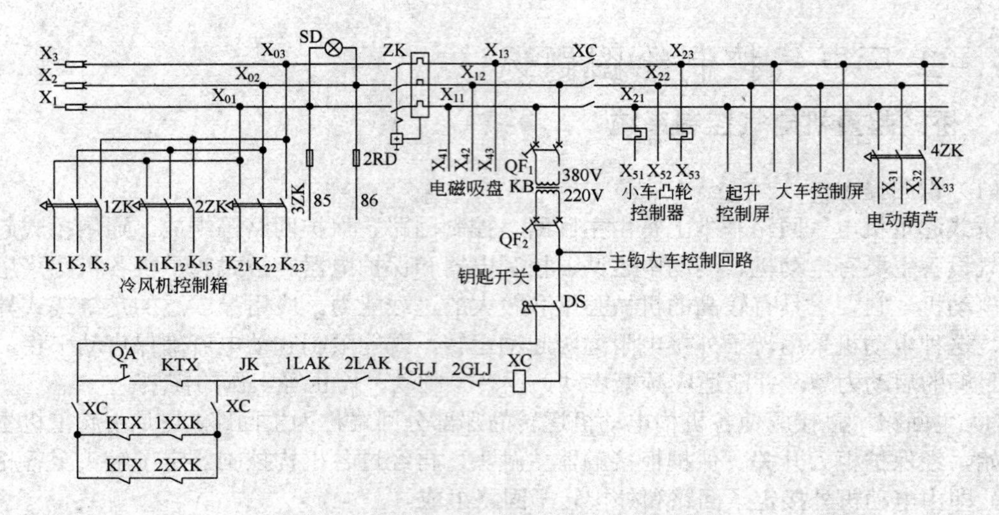

图 6.27　桥式起重机供电照明及信号系统图

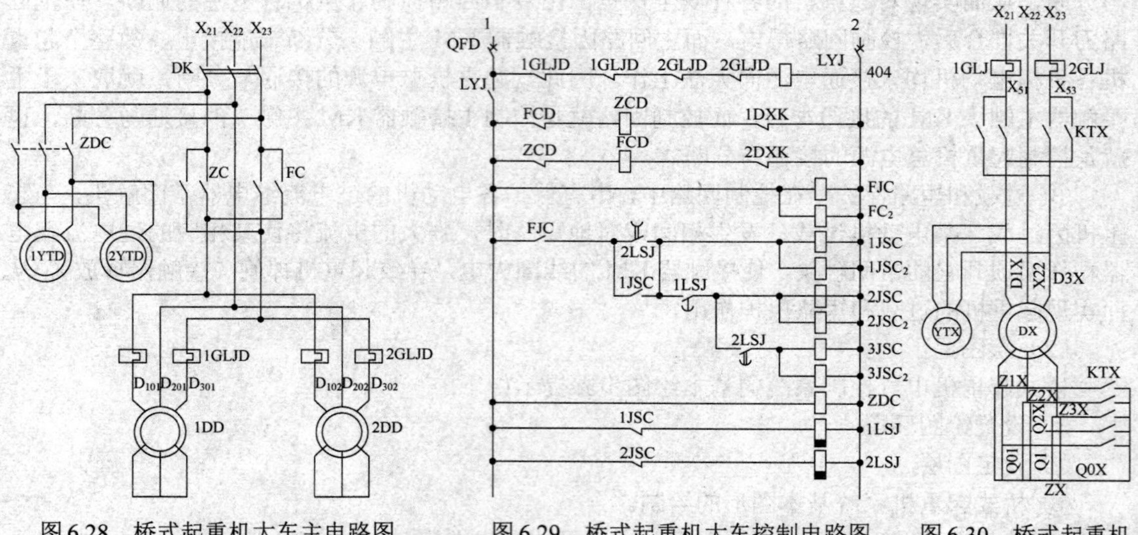

图 6.28　桥式起重机大车主电路图

图 6.29　桥式起重机大车控制电路图

图 6.30　桥式起重机小车控制电路图

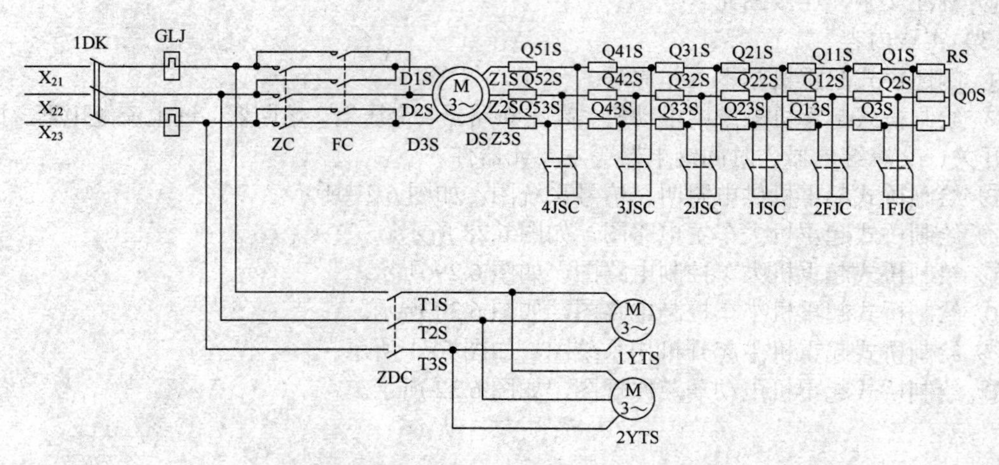

图 6.31　桥式起重机主起升机构系统图

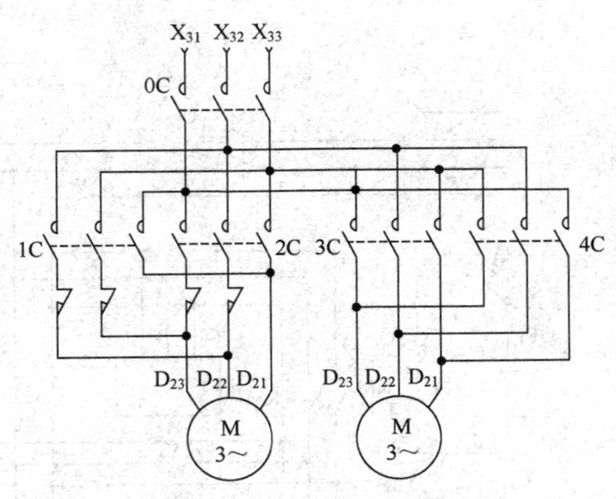

图 6.32 桥式起重机电动葫芦原理图

6.3.2 电梯电气控制系统

（1）识图提示

当乘客进入轿厢后，逐一按下相应层的选层按钮，便完成了运行指令的预先登记，电梯便自动决定运行方向。再按启动按钮，电梯自动关门。当门完全关闭后，门锁开关闭合，电梯开始启动，运行。当电梯到达欲停靠的目的层站前方某一距离位置时，触动井道的减速开关，发出换速信号，电梯换速，做好平层准备。当电梯继续运行到平层区，触动井道的平层开关，电动机停止，电梯平层，取消本层呼梯信号，延时开门或手动开门。电梯的平层、停层装置示意图如图 6.33 所示。电梯运行过程中，如果厅外有人按下厅外召唤按钮，申请乘梯方向符合电梯此时的运行方向，且没有经过本层的减速开关，则电梯能被顺向截停。当同向登记指令都已执行以后，按下启动按钮，电梯换向运行，执行另一方向的运行登记指令。如果电梯在某一层站关门时，有人或物触碰了门安全触板，或被非接触式的光电式、电子式装置检测到关门障碍时，电梯便停止关门并立即转为开门。如果欲乘电梯的乘客正逢电梯关门时，可按下厅外上、下召唤按钮中与电梯欲行方向相同的一个按钮，电梯便立即开门，这种操作，称为本层开门。如果由于乘客过多而超载，则电梯超载检测装置发出超载信号，阻止电梯启动并一直不关门，直到满足限载要求，电梯方能恢复正常运行。

（2）绘图提示

电梯电气控制系统基本绘图步骤提示如下。

① 设置绘图环境。

② 设定图层。

③ 电梯系统基本图形的绘制。

④ 总体调整图形布局，根据图形大小、形状做出调整。

⑤ 标注文字，连接图元。

（3）实践内容

① 阐述电梯基本工作原理。

② 绘制电梯系统中高压断路器、电阻、二极管、变压器、熔断器、过电流继电器、按钮、隔离开关、交流继电器、时间继电器、三相电动机、热继电器、桥式全波整流器、断相检测继电器等主要元器件。

③ 绘制电梯主电路，如图 6.34 所示。

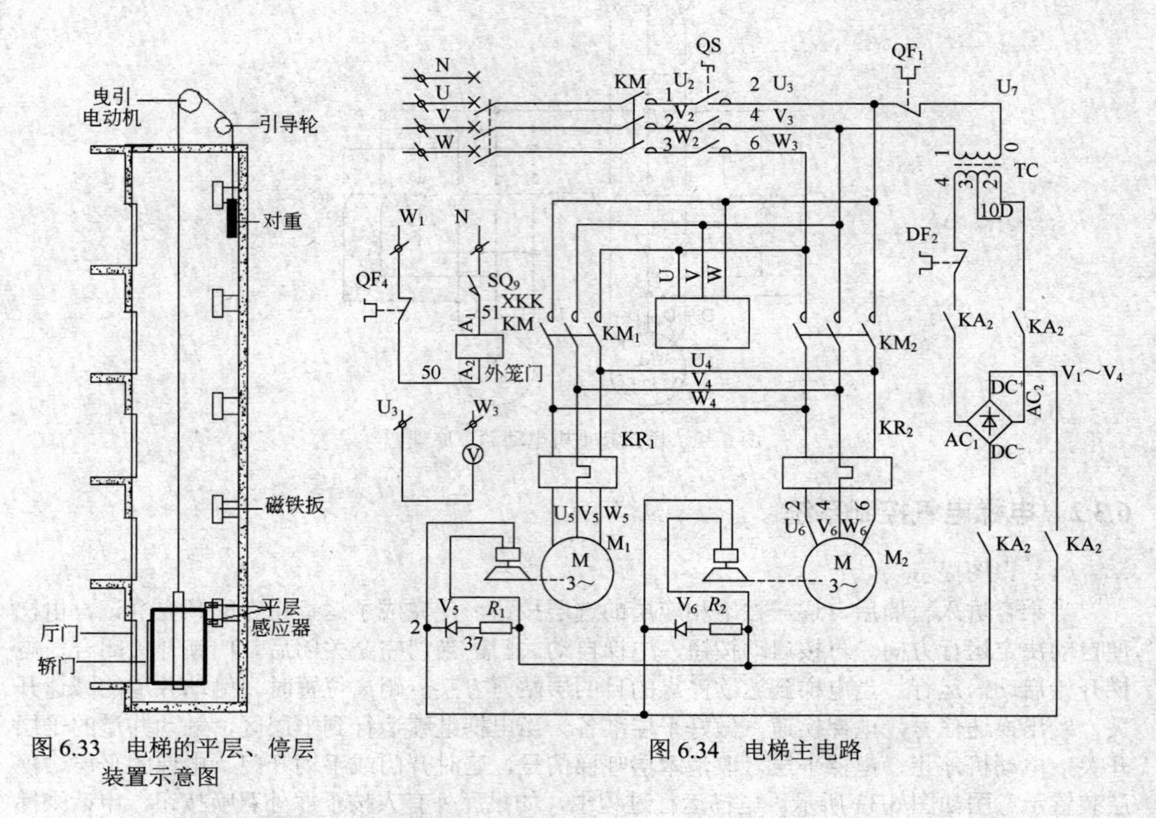

图 6.33　电梯的平层、停层装置示意图

图 6.34　电梯主电路

④ 绘制电梯控制电路，如图 6.35 所示。

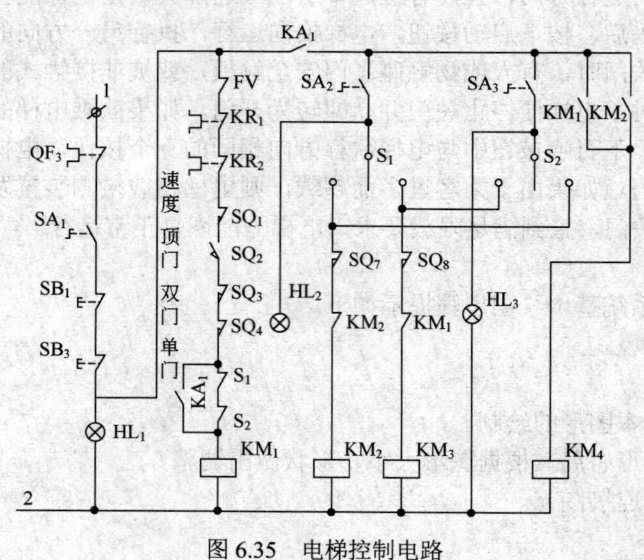

图 6.35　电梯控制电路

⑤ 绘制电梯总电源及主拖动主电路，如图 6.36 所示。

⑥ 绘制电梯总电源及主拖动控制电路，如图 6.37 所示。

⑦ 绘制电梯运行过程控制图，如图 6.38 所示。

⑧ 绘制门机、抱闸、门锁、安全运行电路，如图 6.39 所示。

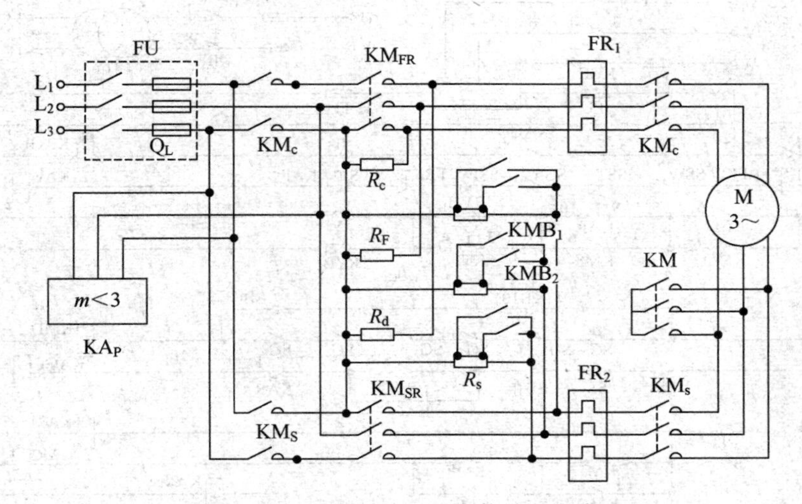

图 6.36　电梯总电源及主拖动主电路

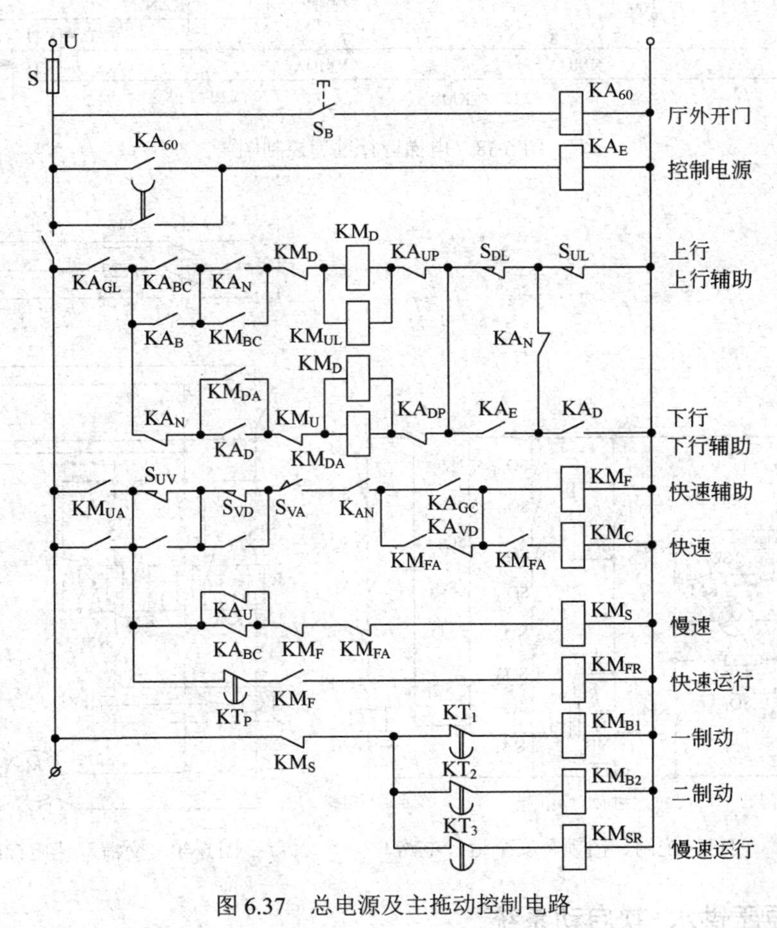

图 6.37　总电源及主拖动控制电路

⑨ 绘制交流双速电梯的主电路，如图 6.40 所示。

⑩ 绘制电梯 PLC 控制 I/O 图，如图 6.41 所示。

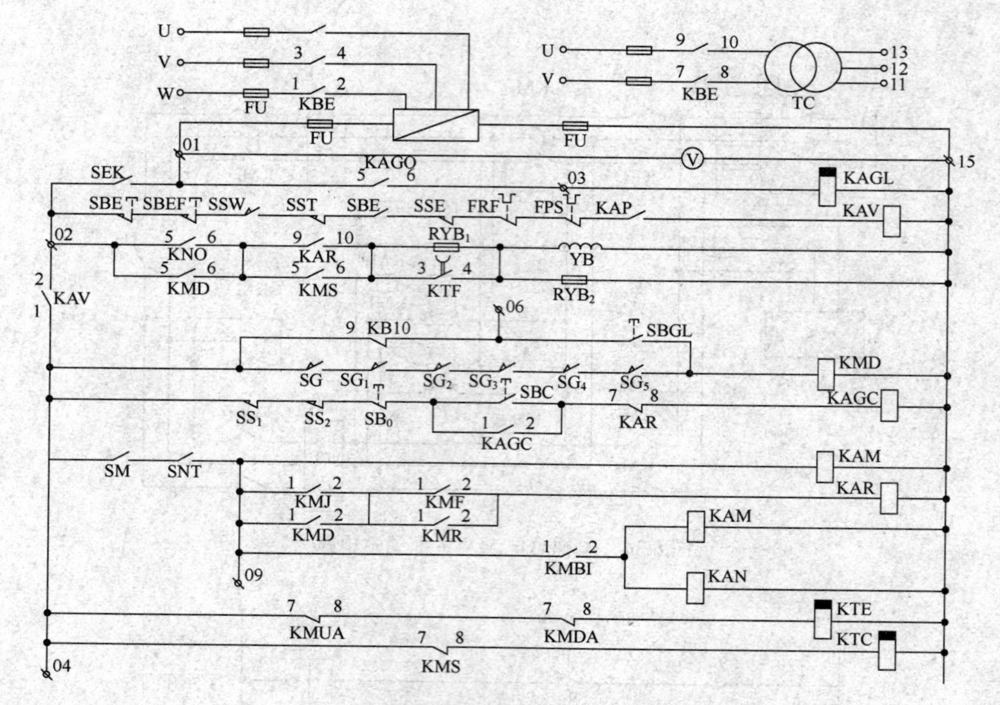

图 6.38 电梯运行过程控制图

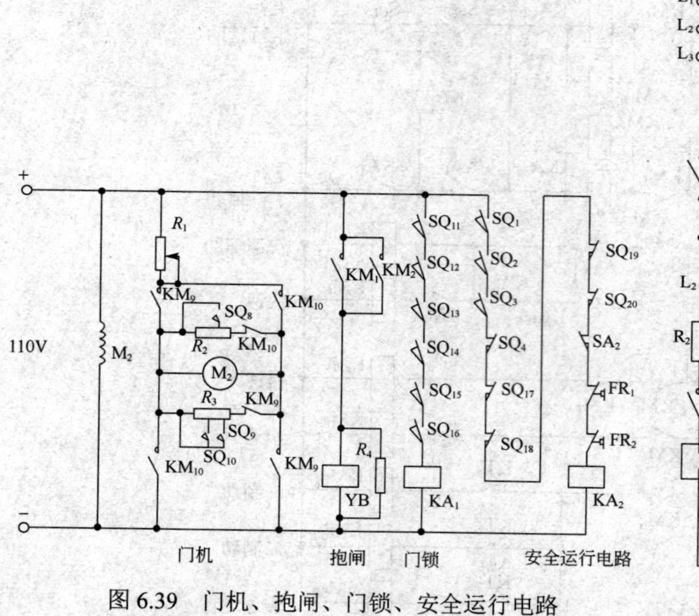

图 6.39 门机、抱闸、门锁、安全运行电路

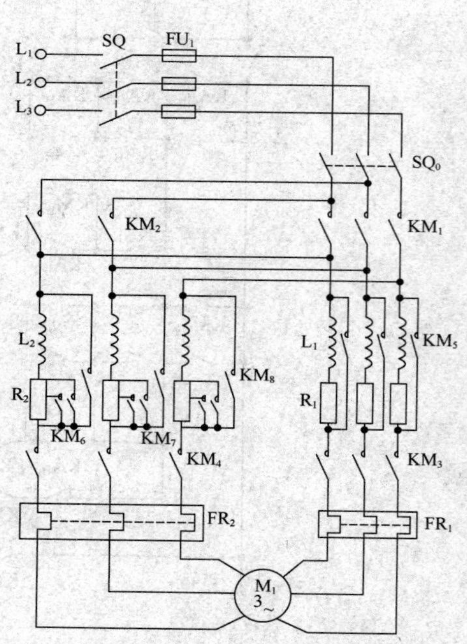

图 6.40 交流双速电梯的主电路图

6.3.3 工厂恒压供水+软启动系统

（1）识图提示

软启动器采用三相反并联晶闸管作为调压器，将其接入电源和电动机定子之间。使用软启动器启动电动机时，晶闸管的输出电压逐渐增加，电动机逐渐加速，直到晶闸管全导通。

电动机工作在额定电压的机械特性上，实现平滑启动，降低启动电流，避免启动过流跳闸。待电机达到额定转数时，启动过程结束，软启动器自动用旁路接触器取代已完成任务的晶闸管，为电动机正常运转提供额定电压，以降低晶闸管的热损耗，延长软启动器的使用寿命，提高其工作效率，又使电网避免了谐波污染。软启动器同时还提供软停车功能，软停车与软启动过程相反，电压逐渐降低，转数逐渐下降到零，避免自由停车引起的转矩冲击。设计采用一拖二方案，即一台软启动器带两台水泵，可以依次启动、停止两台水泵。一拖二方案主要特点是节约一台软启动器，减少了投资，充分体现了方案的经济性、实用性。

① 启动过程　首先选择一台电动机在软启动器拖动下按所选定的启动方式逐渐提升输出电压，达到工频电压后，旁路接触器接通。然后软启动器从该回路中切除，去启动下一台电机。

② 停止过程　先启动软启动器与旁路接触器并联运行，然后切除旁路，最后软启动器按所选定的停车方式逐渐降低输出电压直到停止。

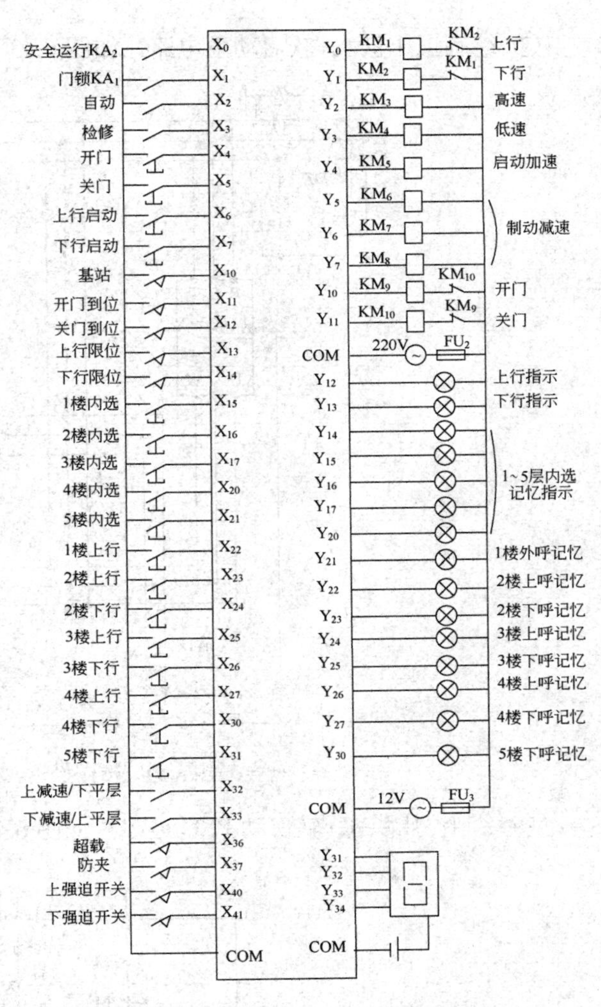

图 6.41　电梯 PLC 控制 I/O 图

软启动可减小电动机硬启动（即直接启动）引起的电网电压降，使之不影响其它电气设备的正常运行，可减小电动机的冲击电流，冲击电流会造成电动机局部温升过大，降低电动机寿命，可减小硬启动带来的机械冲力，冲力加速所传动机械（轴、啮合齿轮等）的磨损，减少电磁干扰，冲击电流会以电磁波的形式干扰电气仪表的正常运行。软启动使电动机可以启停自如，减少空转，提高作业率，因而有节能作用。

（2）绘图提示

工厂恒压供水+软启动系统基本绘图步骤提示如下。

① 设置绘图环境。

② 设定图层。

③ 恒压供水、软启动系统基本图形的绘制。

④ 总体调整图形布局，根据图形大小、形状做出调整。

⑤ 标注文字，连接图元。

（3）实践内容

① 阐述恒压供水+软启动基本工作原理。

② 绘制恒压供水+软启动系统中按钮、高压断路器、交流继电器、三相电动机、热继电器、可编程控制器、电流互感器、开关、变频器等主要元器件。

③ 绘制恒压供水+软启动主电路，如图 6.42 所示。

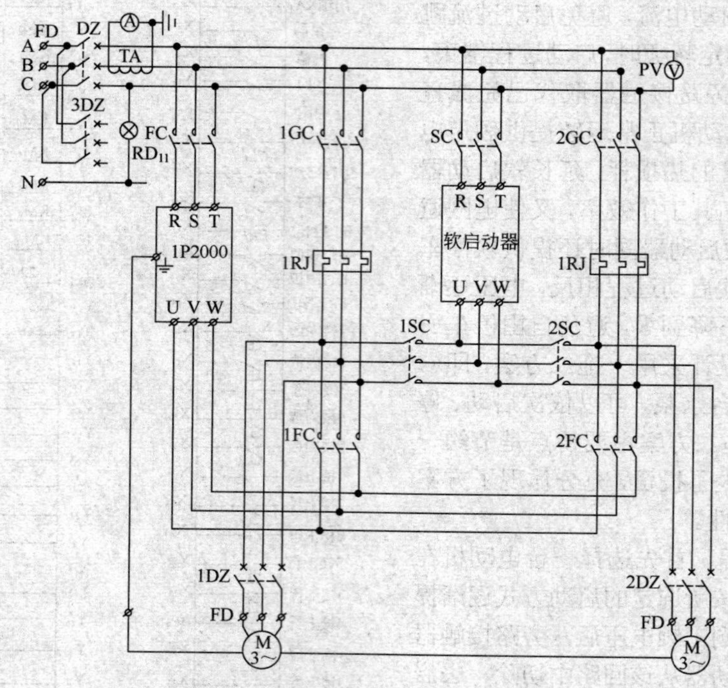

图 6.42 恒压供水+软启动主电路

④ 绘制恒压供水+软启动 PLC 连线，如图 6.43 所示。

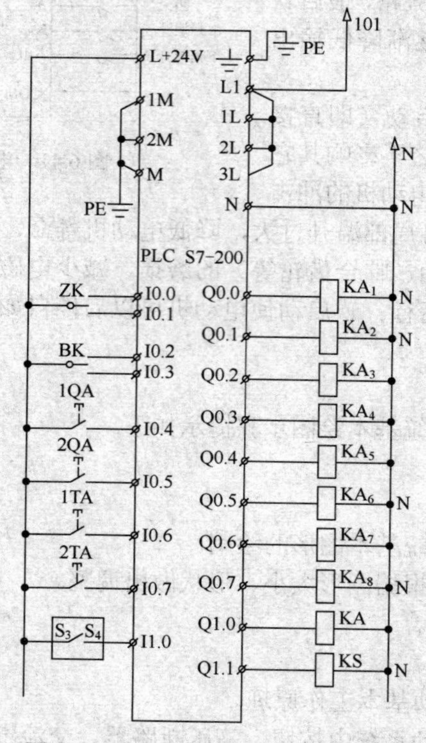

图 6.43 恒压供水+软启动 PLC 连线

⑤ 绘制恒压供水+软启动 PLC 控制电路，如图 6.44 所示。

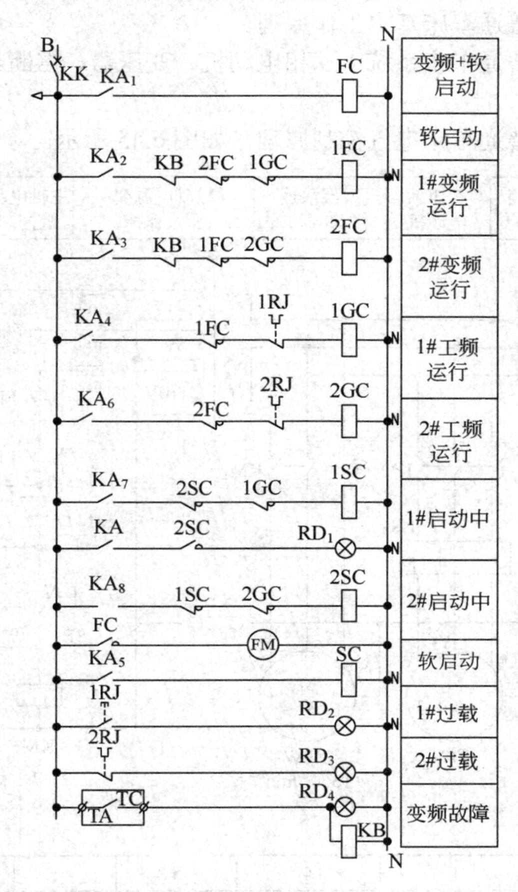

图 6.44　恒压供水+软启动 PLC 控制电路

6.3.4　CA6140 型普通车床电气控制系统

（1）识图提示

车床有切削运动和辅助运动两种运动形式，切削运动又包括主运动和进给运动。切削时，主运动是工件作旋转运动，而刀具作直线进给运动。电动机的动力由三角皮带通过主轴变速箱传给主轴。刀架快速移动电动机拖动进给方向的快速移动、工件的夹紧与放松以及尾座的移动等都属于辅助运动。

主轴电动机，带动主轴主运动和刀架直线进给运动，主轴变速和换向采用机械机构。

由于进给运动消耗的功率很小，所以也由主轴电动机拖动，不再另加单独的电机，由走刀箱调节加工时的纵向和横向进给量。

（2）绘图提示

CA6140 型普通车床电气控制系统基本绘图步骤提示如下。

① 设置绘图环境。

② 设定图层。

③ CA6140 型普通车床系统基本图形的绘制。

④ 总体调整图形布局，根据图形大小、形状做出调整。

⑤ 标注文字，连接图元。

（3）实践内容

① 阐述 CA6140 型普通车床基本工作原理。

② 绘制 CA6140 型普通车床系统中三相电动机、变压器、熔断器、按钮、交流继电器、热继电器等主要元器件。

③ 绘制 CA6140 型普通车床电气控制原理，如图 6.45 所示。

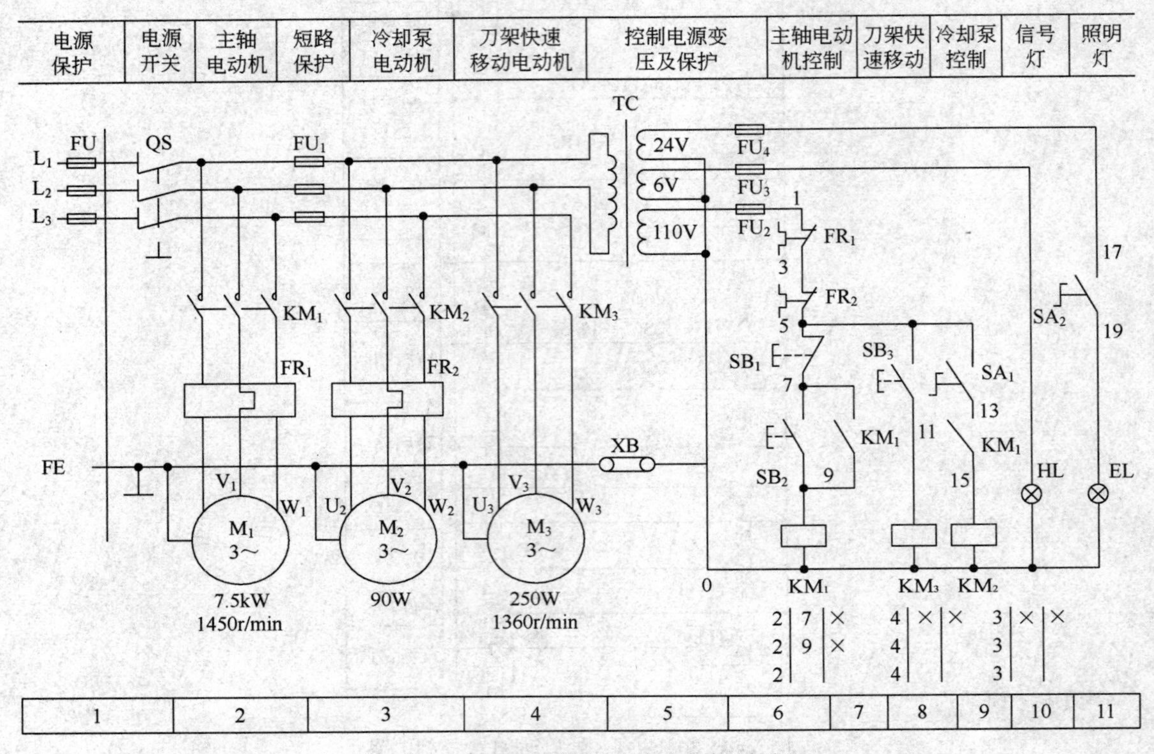

图 6.45 CA6140 型普通车床电气控制原理

6.3.5 X62W 卧式万能铣床电气控制系统

（1）识图提示

铣床是通过手柄同时操作电气装置和机械机构，采用机电密切配合来完成预定控制的。主轴带动铣刀的旋转运动，称为主运动；主轴变速由机械机构完成，不需要电气调速，采用电磁离合器制动。工作台分水平工作台和圆工作台，由圆工作台选择开关 SA_1 控制，工作台带动工件在上、下、左、右、前和后 6 个方向上的直线运动或圆形工作台的旋转运动。直线进给运动是由电动机分别拖动三根传动丝杆来完成的，每根丝杆都能正反向旋转。工作台能够带动工件在上、下、左、右、前和后 6 个方向上快速移动。圆工作台选择开关 SA_1 触点状态见表 6.1。

进给拖动系统用了快速移动电磁离合器 YC_1 和进给电磁离合器 YC_2，安在传动链的轴上，完成进给运动或快速进给运动，当 YC_2 吸合时，连接上工作台的进给传动链；当 YC_1 吸合时，连接上快速移动传动链。设置了纵向操作手柄、横向和垂直操作手柄两个操作手柄，进给行程开关 SQ_1、SQ_2、SQ_3 和 SQ_4，实现进给操作和各方向上的联锁。纵向操纵手柄有左、中、右三个位置，左右进给行程开关触点状态见表 6.2；横向和垂直操作手柄是十字形手柄，该手柄有上、下、中、前、后五个位置，垂直、横向行程开关触点状态见表 6.3。

为保证主轴和工作台进给变速时变速箱内齿轮易于啮合，减小齿轮端面的冲击，设置主轴变速瞬时点动控制，是利用变速手柄和行程开关 SQ_7 实现的同时也设置了进给变速时的瞬时点动控制，主轴瞬时点动行程开关触点状态及变速主轴瞬时点动行程开关触点状态见表 6.4。

表 6.1 圆工作台选择开关 SA_1 触点状态

触点＼位置	接通圆工作台	断开圆工作台
SA_{1-1}	−	+
SA_{1-2}	+	−
SA_{1-3}	−	+

表 6.2 左右进给行程开关触点状态

触点＼位置	向左	中间（停）	向右
SQ_{1-1}	−	−	+
SQ_{1-2}	+	+	−
SQ_{2-1}	+	−	−
SQ_{2-2}	−	+	+

表 6.3 垂直、横向行程开关触点状态

触点＼位置	向上	向下	中间（停）	向后	向前
SQ_{3-1}	+	+	−	−	−
SQ_{3-2}	−	−	+	+	+
SQ_{4-1}	−	−	−	+	+
SQ_{4-2}	+	+	+	−	−

表 6.4 主轴瞬时点动行程开关 SQ_7 触点状态及变速主轴瞬时点动行程开关 SQ_6 触点状态

触点＼位置	正常工作	瞬时点动	触点＼位置	正常工作	瞬时点动
SQ_{7-1}	−	+	SQ_{6-1}	−	+
SQ_{7-2}	+	−	SQ_{6-2}	+	−

（2）绘图提示

X62W 卧式万能铣床电气控制系统基本绘图步骤提示如下。

① 设置绘图环境。

② 设定图层。

③ X62W 卧式万能铣床系统基本图形的绘制。

④ 总体调整图形布局，根据图形大小、形状做出调整。

⑤ 标注文字，连接图元。

（3）实践内容

① 阐述 X62W 卧式万能铣床基本工作原理。

② 绘制 X62W 卧式万能铣床系统中变压器、熔断器、开关、按钮、隔离开关、交流继电器、三相电动机、热继电器、桥式全波整流器、电灯等主要元器件。

③ 绘制 X62W 型卧式万能铣床电气控制原理，如图 6.46 所示。

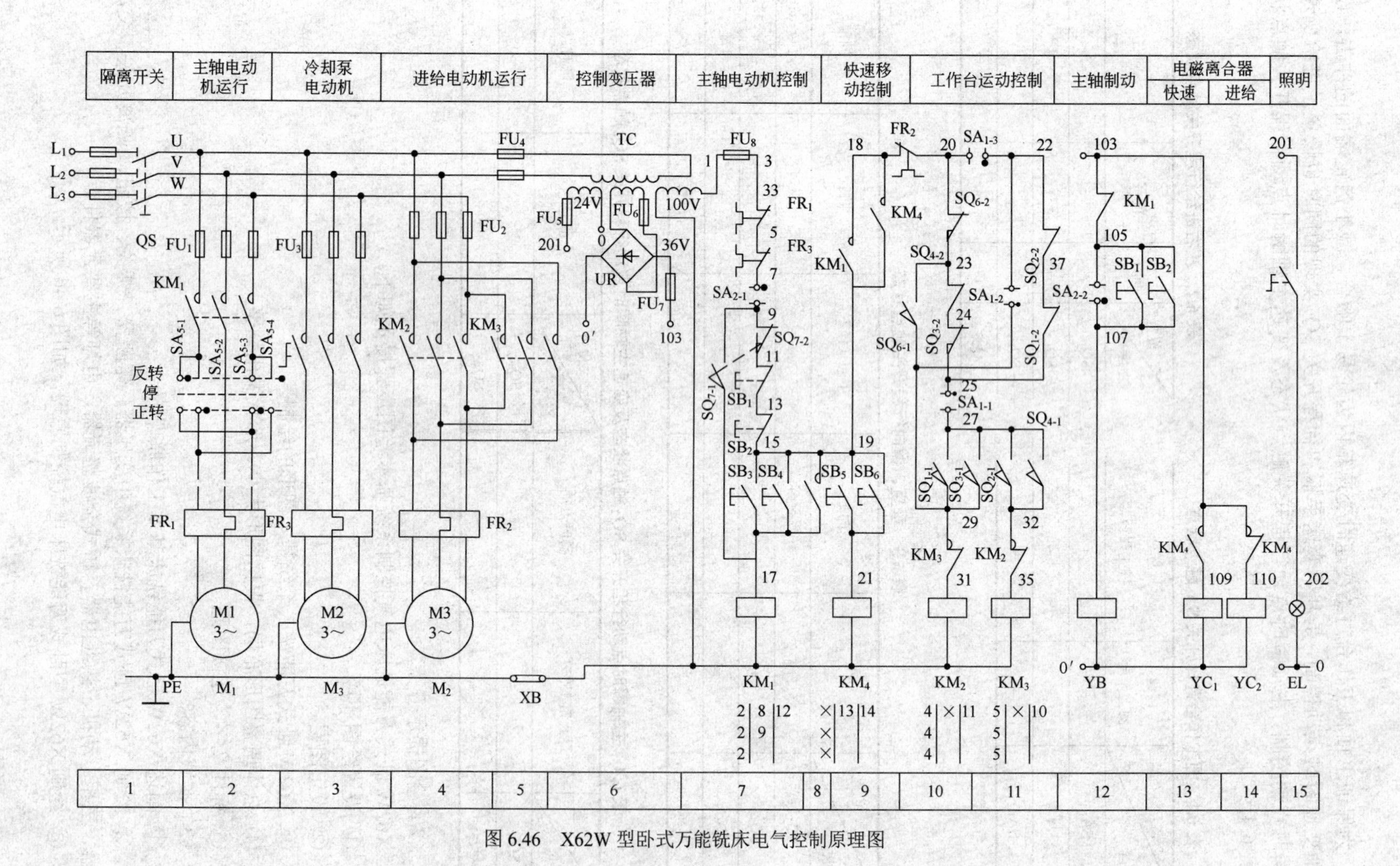

图 6.46　X62W 型卧式万能铣床电气控制原理图

6.3.6 多层货梯变频调速电气控制系统

（1）识图提示

多层货梯是一种电力拖动的，用多根钢丝绳曳引机升降的运输设备，多层货梯运行时，电动机带动曳引轮，曳引轮与钢丝绳之间摩擦，使曳引轮带动曳引钢丝绳提升轿厢及其负载，由于跨越曳引轮的钢丝绳两端的拉力，使钢丝绳对曳引轮产生了挤压力，这个挤压力就形成了曳引轮与钢丝绳之间的静摩擦力。

多层货梯所采用的变频变压系统，能控制转差率和瞬时转矩，亦可保持转差率恒定，使功率因素几乎不变，另外当电梯制动时，无须另加制动能源，只需将自身的机械能源通过电阻消耗掉就可以，因此整个系统能保持低损耗、高效率，完全符合节省能源的要求。此外，经过精心计算的速度曲线图形，令电梯无论在任何运行距离或负载，都能提供最佳的舒适感。加上多层货梯采用的按距离制动技术，电梯速度随剩余下来制动距离的减少而降低，这样可保证电梯以均匀减速运行（因载荷变化而引起的电梯在启动前和停止后轿厢因钢丝绳弹性和绳头弹簧的形变可能引起轿厢的少量平层变化属于正常现象）。

（2）绘图提示

多层货梯电气控制系统基本绘图步骤提示如下。

① 设置绘图环境。

② 设定图层。

③ 多层货梯控制系统基本图形的绘制。

④ 总体调整图形布局，根据图形大小、形状做出调整。

⑤ 标注文字，连接图元。

（3）实践内容

① 阐述多层货梯基本工作原理。

② 绘制多层货梯系统中变压器、熔断器、开关、按钮、 隔离开关、交流继电器、三相电动机、热继电器、桥式全波整流器、电灯等主要元器件。

③ 绘制多层货梯变频器控制主回路线路，如图 6.47 所示。

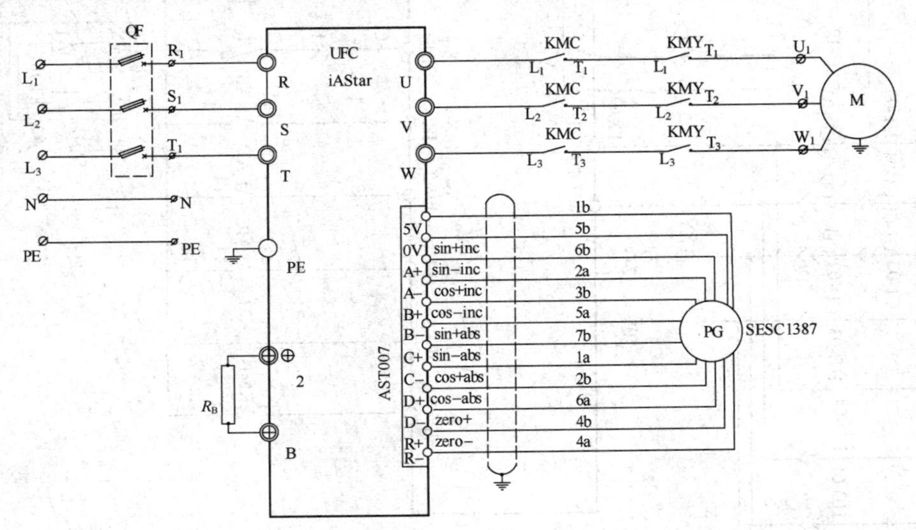

图 6.47 多层货梯变频器控制主回路线路

④ 绘制多层货梯主控电脑板电路，如图 6.48 所示。

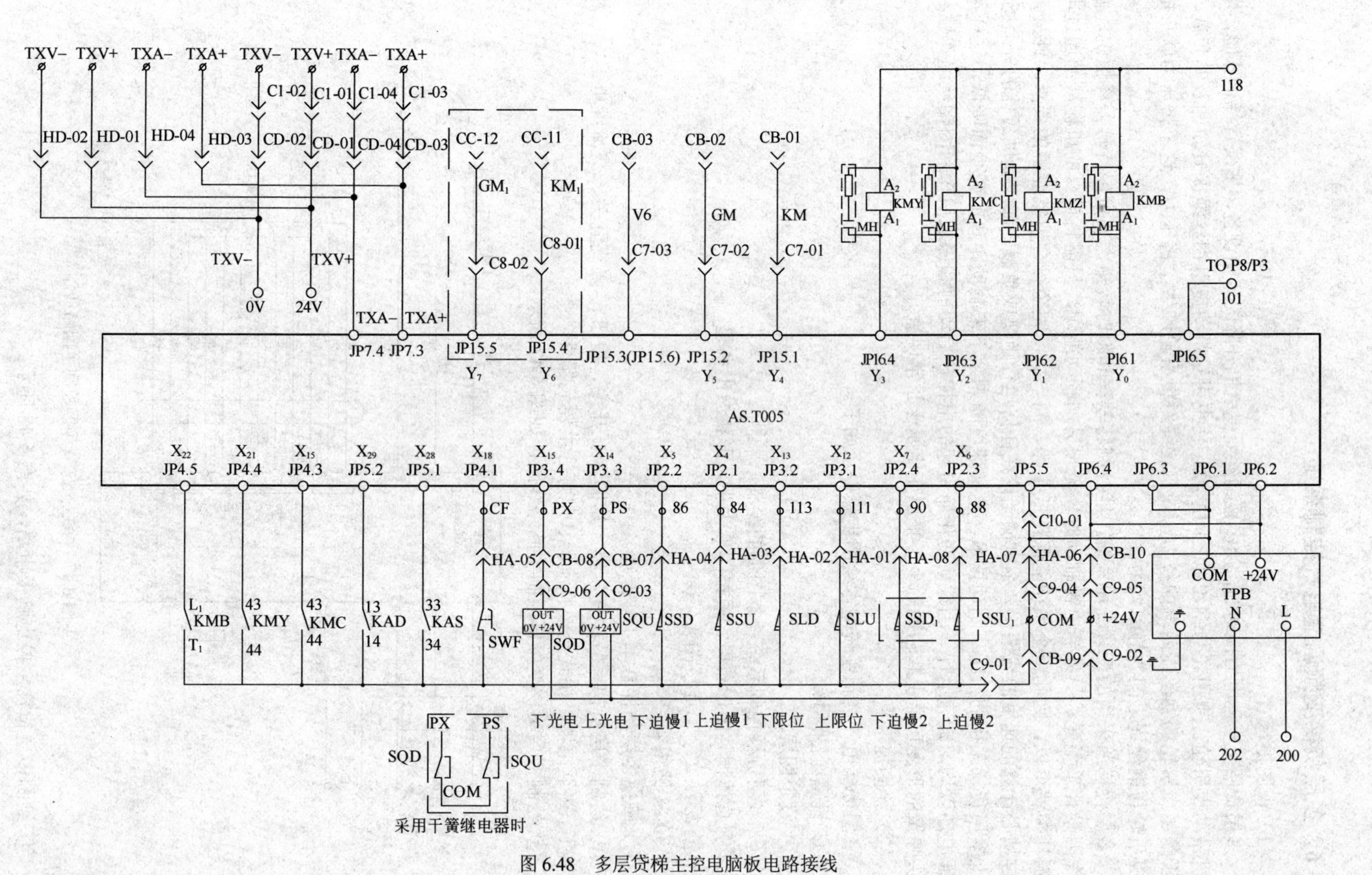

图 6.48　多层货梯主控电脑板电路接线

⑤ 绘制多层货梯安全、制动、检修电路，如图 6.49 所示。

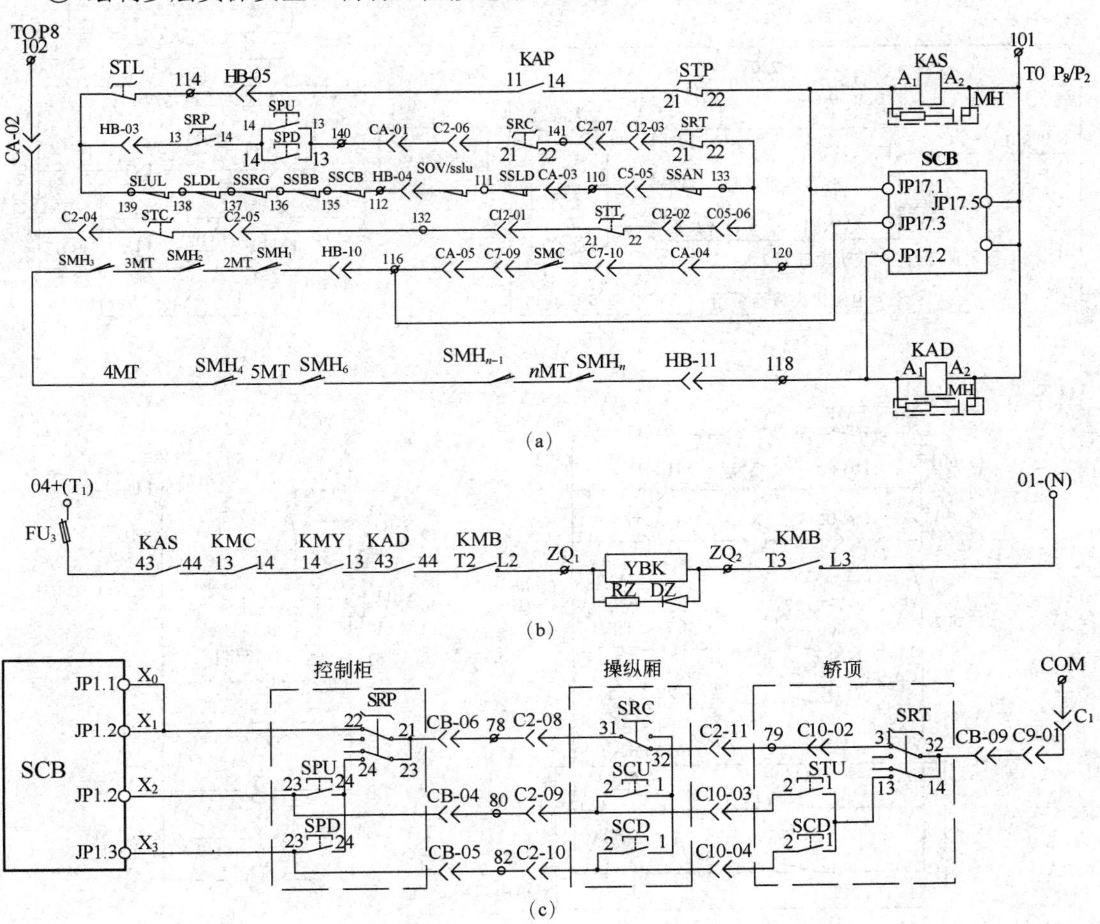

图 6.49　多层货梯安全、制动、检修电路

⑥ 绘制多层货梯门机接线电路，如图 6.50 所示。

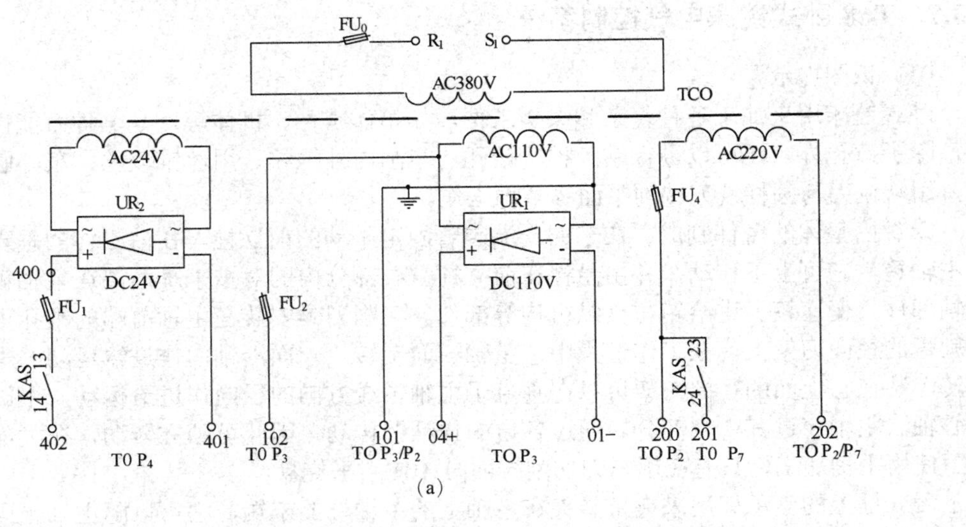

图 6.50

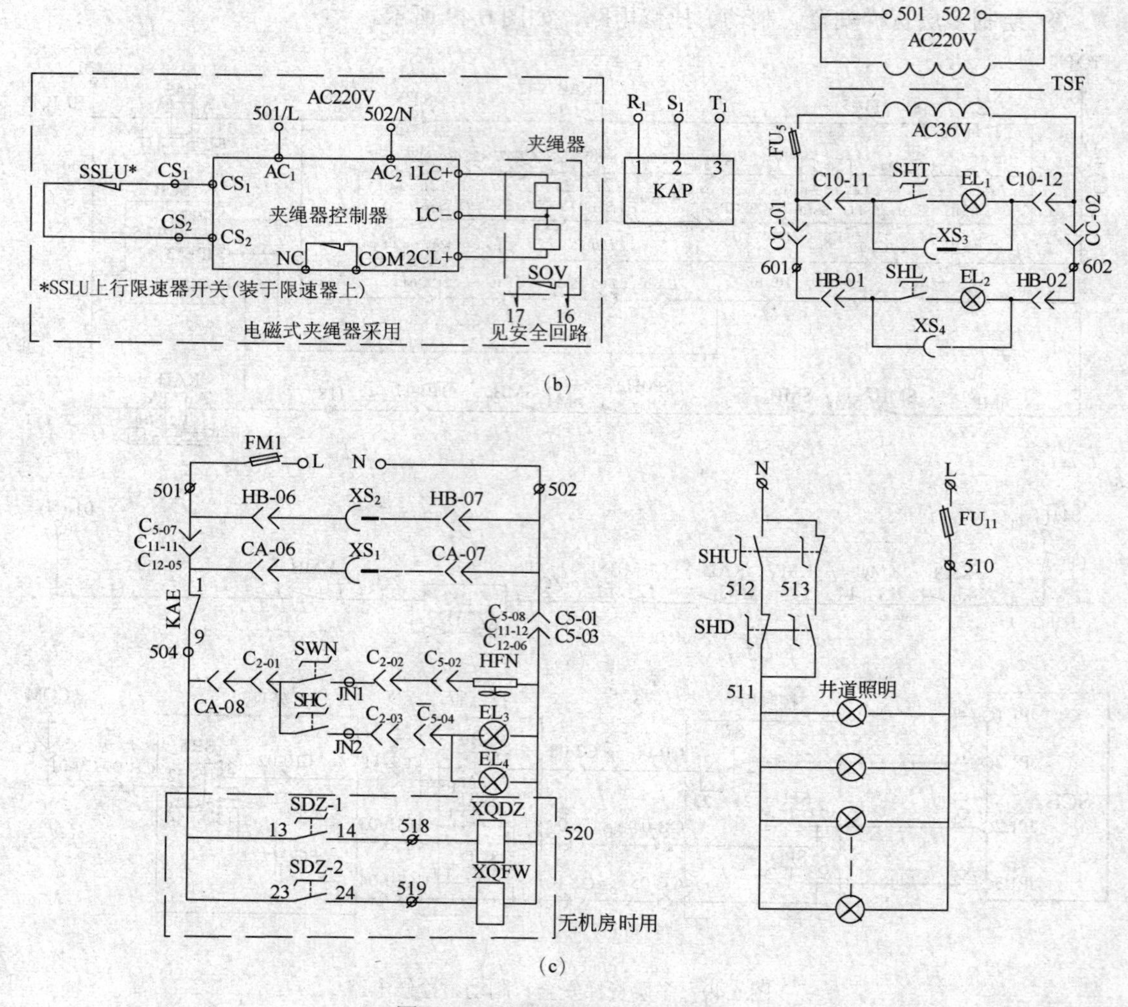

图 6.50　多层货梯门机接线电路

6.3.7　T68 卧式镗床电气控制系统

（1）识图提示

卧式镗床用来加工各种复杂和大型工件，如箱体零件、机体等，是一种万能性很广的机床，除了镗孔外，还可以进行钻、扩、铰孔、车削内外螺纹，用丝锥攻丝，车外圆柱面和端面，用端铣刀与圆柱铣刀铣削平面等多种工作。

床身由整体的铸件制成，在它的一端装着固定不动的前立柱，在前立柱的垂直导轨上装有主轴箱，它可上下移动，并由悬挂在前立柱空心部分内的对重来平衡，在主轴箱上集中了主轴部件、变速箱、进给箱与操纵机构等部件。切削刀具安装在主轴前端的锥孔里，或装在平旋盘的径向刀架上，在工作过程中，主轴一面旋转，一面沿轴向作进给运动。平旋盘只能旋转，装在它上面的径向刀架可以在垂直于主轴轴线方向的径向作进给运动，平旋盘主轴是空心轴，主轴穿过其中空部分，通过各自的传动链传动，因此可独立转动，在大部分工作情况下使用主轴加工，只有在用车刀切削端面时才使用平旋盘。

后立柱上的支承架用来夹持装夹在主轴上的主轴杆的末端，它可以随主轴箱同时升降，因而两者的轴心线始终在同一直线上，后立柱可沿床身导轨在主轴轴线方向上调整位置。

安装工件的工作台安放在床身中部的导轨上，它有下滑座、上滑座与工作台相对于上滑座可回转。这样，配合主轴箱的垂直移动，工作台的横向、纵向移动和回转，就可加工工件上一系列与轴心线相互平行或垂直的孔。

卧式镗床的主要结构如图 6.51 所示。

在 T68 卧式镗床电气控制电路图中，M_1 为主轴与进给电动机，M_2 为快速移动电动机。其中 M_1 为一台 4/2 极的双速电动机，绕组接法为△/YY。

电动机 M_1 由 5 只接触器控制，其中 KM_1、KM_2 为电动机正、反转接触器，KM_3 为制动电阻短接接触器，KM_4 为低速运转接触器，KM_5 为高速运转接触器，主轴电动机正反转停车时，均由速度继电器 KV 控制，实现反接制动，另外还设有短路保护和过载保护。

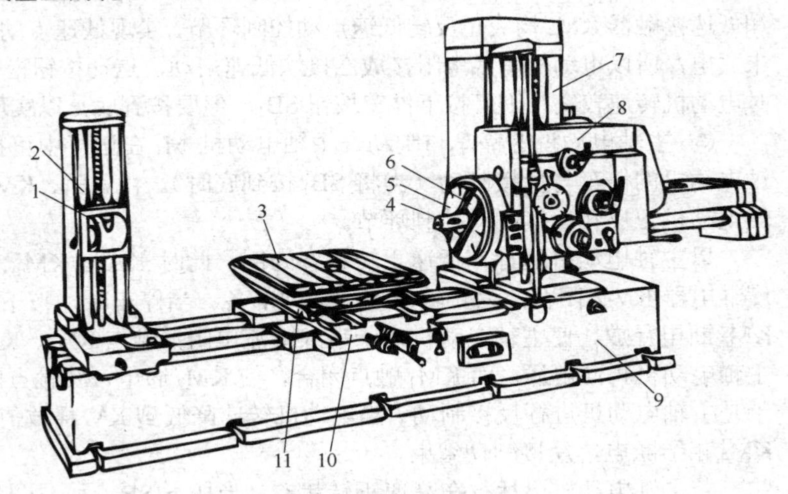

图 6.51 卧式镗床结构示意图

1—支承架；2—后立柱；3—工作台；4—主轴；5—平旋盘；6—径向刀架；7—前立柱；8—主轴箱；9—床身；10—下滑座；11—上滑座

电动机 M_2 由接触器 KM_6、KM_7 实现正反转控制，设有短路保护，因快速移动为点动控制，所以 M_2 为短时运行，无需过载保护。

① 主轴电动机的正、反向启动控制　合上电源开关 QF，电源指示灯 HL_1 亮，表示电源接通。将旋钮开关 SA_1 由关断状态打向开通状态，照明指示灯亮。调整好工作台和主轴箱的位置后，便可开动主轴电动机 M_1 拖动主轴或平旋盘正反转启动运行。电路由正、反转启动按钮 SB_2、SB_3、正反转中间继电器 KA_1、KA_2 和正反转接触器 KM_1、KM_2 等构成主轴电动机启动控制环节。另设有高、低速选择手柄，选择高速或低速运行。当要求主轴低速运行时，将速度选择手柄置于低速挡，此时与速度选择手柄有联动关系的行程开关 SQ 不受压，触点 SQ（11-13）断开。要使电动机正转运行，可按下正转启动按钮 SB_2，中间继电器 KA_1 通电并自锁，触点 KA_1（8-9）断开了 KA_2 电路；触点 KA_1（12-7）闭合，使 KM_3 线圈通电（SQ_3、SQ_4 正常工作时处于受压状态，因此常开触点是闭合的），限流电阻 R 被短接；KA_1（14-18）闭合，使 KM_1、KM_4 相继通电。电动机 M_1 在△接法下启动并以低速运行。

若将速度选择手柄置于高速挡，经联动机构将行程开关 SQ 压下，触点 SQ（11-13）闭合。这样，在 KM_3 通电的同时，时间继电器 KT 也通电。于是，电动机 M_1 在低速△接法启动并经一定时限后，因 KT 通电延时断开的触点 KT（15-21）断开，使 KM_4 断电；触点 KT（15-23）延时闭合，使 KM_5 通电。从而使电动机 M_1 由低速△接法自动换接成 YY 接法，构成了双速电动机高速运转时的加速控制环节，即电动机按低速挡启动再自动换接成高速挡运转的自动控制。

根据上述分析可知如下内容。

主轴电动机 M_1 的正反转控制，是由按钮操作，通过正反转中间继电器使 KM_3 通电，将限流电阻 R 短接，这就构成 M_1 的全电压启动；

M_1 高速启动，是由速度选择机构压合行程开关 SQ 来接通时间继电器 KT，从而实现由低速启动自动换接成高速运转的控制；

与 M_1 联动的速度继电器 KV，在电动机正反转时，都有对应的触点 KV-1 或 KV-2 的动合触点闭合，为正反转停车时的反接制动做准备。

② 主轴电动机的点动控制　主轴电动机由正反转点动按钮 SB_4、SB_5，接触器 KM_1、KM_2 和低速接触器 KM_4 构成正反转低速点动控制环节，实现低速点动调整。点动控制时，由于 KM_3 未通电，所以电动机串入电阻接成△接法低速启动，点动按钮松开后，电动机自然停车，若此时电动机转速较高，则可按下停车按钮 SB_1，但要按到底，以实现反接制动，实现迅速停车。

③ 主轴电动机的停车与制动　主轴电动机 M_1 在运行中可按下停止按钮 SB_1，来实现主轴电动机的停车与反接制动（当将 SB_1 按到底时）。由 SB_1、KV、KM_1、KM_2 和 KM_3 构成主轴电动机正反转反接制动控制环节。

以主轴电动机运行在低速正转状态为例，此时 KA_1、KM_1、KM_3、KM_4 均通电吸合，速度继电器 KV-2 闭合，为正转反接制动做准备。当停车时，按下 SB_1，触点 SB_1 断开，KA_1、KM_3 断电释放，使主轴电动机定子串入限流电阻，触点 KA_1、KM_3 断开，使 KM_1 断电，切断主轴电动机正向电源。而 KM_1 触点闭合，使 KM_2 通电，其触点闭合，使 KM_4 继续保持通电，于是主轴电动机进行反接制动。当电动机转速降低到 KV 释放值时，触点 KV 释放，使 KM_2、KM_4 相继断电，反接制动结束。

若主轴电动机已运行在高速正转状态，当按下 SB_1 后，立即使 KA_1、KM_3、KT 断电，再使 KM_1 断电，KM_2 通电，同时 KM_5 断电，KM_4 通电。于是主轴电动机串入限流电阻，接成△接法，进行反接制动，直至 KV 释放，反接制动结束。

④ 主运动与进给运动变速控制　通过变速操纵盘改变传动链的传动比来实现的。电气上要求电动机先制动，然后在低速状态下实现机械换挡，接着再启动。图中行程开关 SQ_3、SQ_4 起到速度变换时使电动机制动、启动的作用，SQ_5、SQ_6 则起到冲动啮合齿轮的作用。下面以主轴变速为例，说明其变速控制。

变速操作过程。主轴变速时，首先将变速操纵盘上的操纵手柄拉出，然后转动变速盘，选好速度后，将变速操纵手柄推回，在拉出或推回变速操纵手柄的同时，与其联动的行程开关 SQ_3（主轴变速时自动停车与启动开关）、SQ_5（主轴变速齿轮啮合冲动开关）相应动作，在手柄拉出时开关 SQ_3 不受压，SQ_5 受压。推上手柄时压合情况正好相反。

主轴运行中的变速控制过程。主轴在运行中需要变速，可将主轴变速操纵手柄拉出，这时与变速操纵手柄有联动关系的行程开关 SQ_3 不再受压，触点 SQ_3 断开，KM_3、KM_1 断电，将限流电阻串入 M_1 定子电路，另一触点 SQ_3 闭合，且 KM_1 已断电释放，于是 KM_2 经 KV 触点而通电吸合，使电动机定子串入电阻 R 进行反接制动。若电动机原运行在低速挡，此时 KM_4 仍保持通电，电动机接成△接法串入电阻进行反接制动，若电动机原运行在高速挡，则此时将 YY 接法换接成△接法，串入 R 进行反接制动。然后，转动变速操纵盘，转至所需转速位置，速度选好后，将变速操纵手柄推回原位。若此时因齿轮啮合不上而变速操纵手柄推不上时，行程开关 SQ_5 受压，触点 SQ_5 闭合，KM_1 经触点 KV-2、SQ_3 接通电源，同时 KM_4 通电，使主轴电动机串入电阻 R、接成△接法而低速启动。当转速升到速度继电器动作值时，KV-2 的动断触点断开，使 KM_1 断电释放；动合触点闭合，使 KM_2 通电吸合，对主轴电动机进行反接制动，使转速下降。当速度降至速度继电器释放值时，KV-2 复位，反接制动结束。若此时变速操纵手柄仍推合不上时，则电路重复上述过程，从而使主轴电动机处于间歇启动合制动状态，获得变速时的低速冲动，便于齿轮啮合，直至变速操纵手柄推合为止。手柄推合后，压下 SQ_3，而 SQ_5 不再受压，上述变速冲动才结束，变速过程才完成。此时由触点 SQ_5 切断上述瞬动控制电路，而触点 SQ_3 闭合，使 KM_3、KM_1 相继通电吸合，主轴电动机自行启动，拖动主轴在新选定的转速下旋转。

⑤ 主轴箱、工作台快速移动控制　为缩短辅助时间，提高生产率，由快速电动机 M_2 经传动机构拖动主轴箱和工作台作各种快速移动。运动部件及其运动方向的预选，由装设在工作台前方的操纵手柄进行，而控制则用主轴箱上的快速操作手柄控制。当扳动快速操作手柄时，将相应压合行程开关 SQ_7 或 SQ_8，接触器 KM_6 或 KM_7 通电，实现 M_2 的正反转，再通过相应的传动机构，使操纵手柄预选的运动部件按选定方向快速移动。当主轴箱上的快速移动操作手柄复位时，行程开关 SQ_8 或 SQ_7 不再受压，KM_6 或 KM_7 断电释放，M_2 停止旋转，快速移动结束。

⑥ 机床的联锁保护　如当工作台或主轴箱自动进给时，不允许主轴或平旋盘刀架进行自动进给，否则将发生事故，为此设置了两个联锁保护行程开关 SQ_1 和 SQ_2。其中 SQ_1 是工作台和主轴箱自动进给手柄联动的行程开关，SQ_2 是与主轴和平旋盘刀架自动进给手柄联动的行程开关。将 SQ_1、SQ_2 常闭触点并联后串接在控制电路中，若扳动两个自动进给手柄，将使触点 SQ_1 与 SQ_2 断开，切断控制电路，使主轴电动机停止，快速移动电动机也不能启动，实现联锁保护。

（2）绘图提示

T68 卧式镗床电气控制电路图基本绘图步骤提示如下。

① 设置绘图环境。

② 设定图层。

③ T68 卧式镗床电气控制电路基本图形的绘制。

④ 总体调整图形布局，根据图形大小、形状做出调整。

⑤ 标注文字，连接图元。

（3）实践内容

① 阐述 T68 卧式镗床电气控制电路图基本工作原理。

② 绘制 T68 卧式镗床电气控制系统中旋钮开关、时间继电器、熔断器、按钮、隔离开关、交流接触器、三相电动机、热继电器、行程开关、电灯等主要元器件。

③ 绘制 T68 卧式镗床电气主电路，如图 6.52 所示。

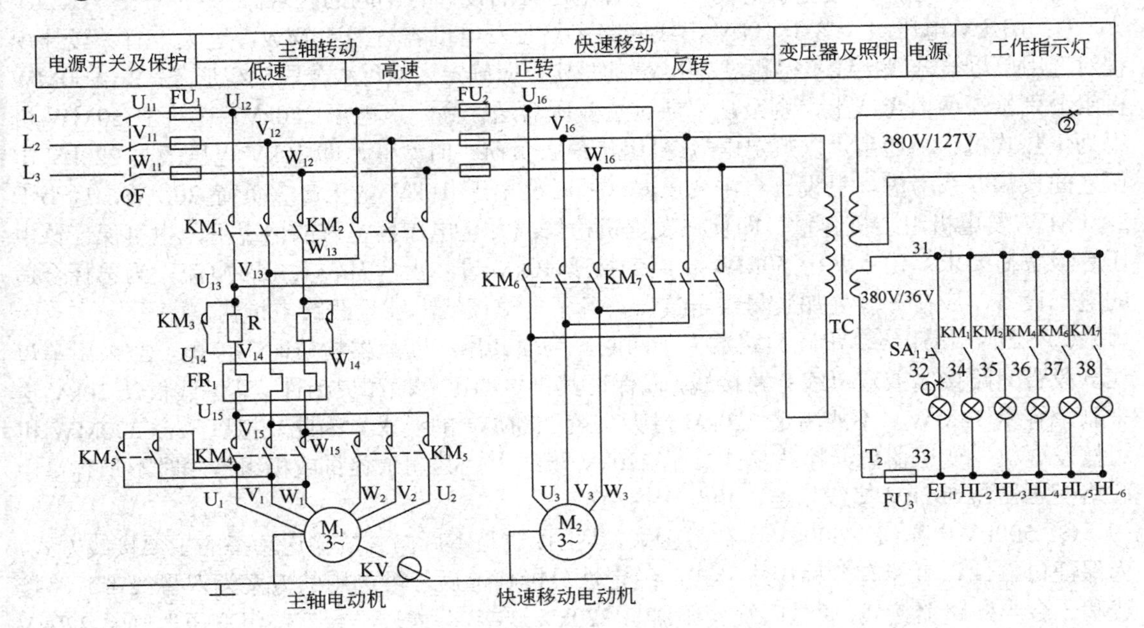

图 6.52　T68 卧式镗床电气主电路

④ 绘制 T68 卧式镗床电气控制电路，如图 6.53 所示。

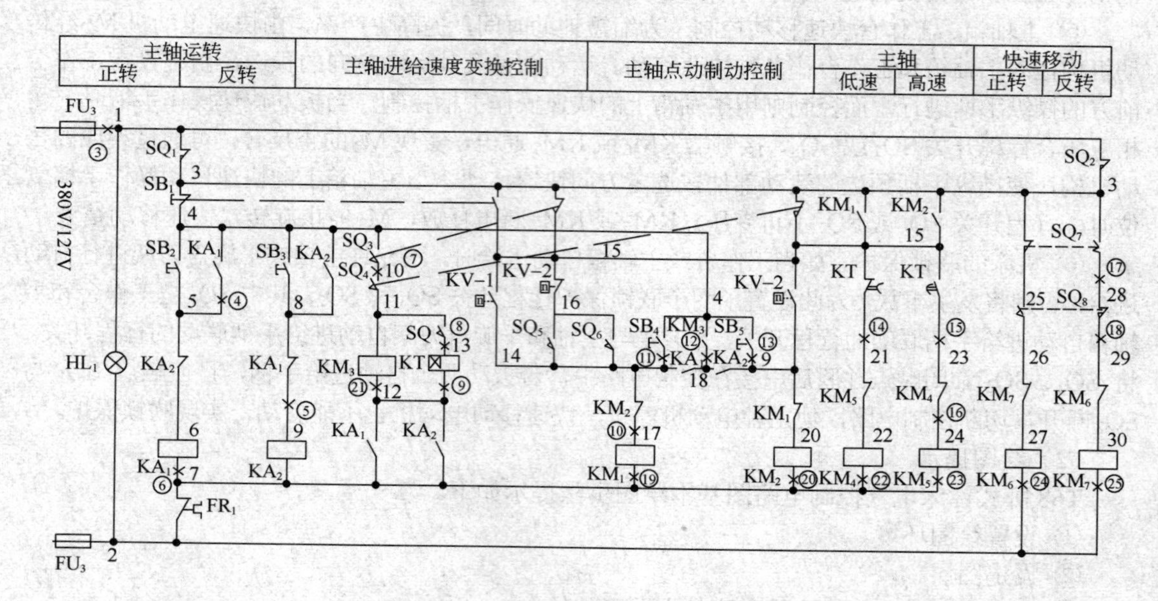

图 6.53　T68 卧式镗床电气控制电路图

6.4　发变电一次、二次工程绘图题选

6.4.1　火力发电厂电气主接线

（1）识图提示

对于火力发电厂，根据负荷的不同，各电压级的设计有不同的要求。

① 10 kV 电压级　鉴于 10kV 出线回路多，且发电机容量为 50MW，远大于有关设计规程对选用单母线分段接线不得超过 24MW 的规定，应确定为双母线分段接线形式，2 台 50MW 机组分别接在两段母线上，剩余功率通过主变压器送往高一级电压 220kV。考虑到 50MW 机组为供热式机组，通常“以热定电”，机组年最大负荷小时数低，即 10kV 电压级与 220kV 电压之间按弱联系考虑，只设一台主变压器；同时，由于 10kV 电压最大负荷 20MW，远小于 2×50MW 发电机组装机容量，即使在发电机检修或升压电压器检修的情况下，也可保证该电压等级负荷要求。由于两台 50MW 机组均接于 10kV 母线上，有较大短路电流，为选择合适的电气设备，应在分段处加装母线电抗器，各条电缆馈线上装设线路电抗器。

② 220V 电压级　出线回路数大于四回，为使其出线断路器检修时不停电，应采用单母线分段带旁路接线或双母线旁路接线，以保证其供电的可靠性和灵活性。其进线仅从 10kV 送来剩余容量 74MW，不能满足 220kV 最大负荷 250MW 的要求。为此，拟以一台 300MW 机组按发电机—变压器单元接线形式接至 220kV 母线上，其剩余容量或机组检修时不足容量由联络变压器与 500kV 接线相连，相互交换功率。

③ 500kV 电压级　500kV 负荷容量大，其主接线是本厂向系统输送功率的主要接线方式，为保证可靠性，可能有多种接线形式，经定性分析筛选后，可选用的方案为双母线带旁路接线和一台半断路器接线，通过联络变压器与 220kV 连接，并通过一台三绕组变压器联系 220kV 及 10kV 电压，以提高可靠性，一台 300MW 机组与变压器组成单元接线，直接将功率送往

500kV 电力系统。

（2）绘图提示

火力发电厂电气主接线基本绘图步骤提示如下。

① 设置绘图环境。

② 设定图层。

③ 发电厂电气主接线图基本图形的绘制。

④ 总体调整图形布局，根据图形大小、形状做出调整。

⑤ 标注文字，连接图元。

（3）实践内容

① 阐述发电厂电气主接线图基本工作原理。

② 绘制发电厂电气主接线图中发电机、母线、旁路母线、断路器、电抗器、隔离开关等主要元器件。

③ 绘制发电厂电气 220kV 双母线带旁路母线接线，如图 6.54 所示。

④ 绘制发电厂电气 500kV 一台半断路器接线，如图 6.55 所示。

⑤ 绘制发电厂电气 10kV 双母线分段连接接线，如图 6.56 所示。

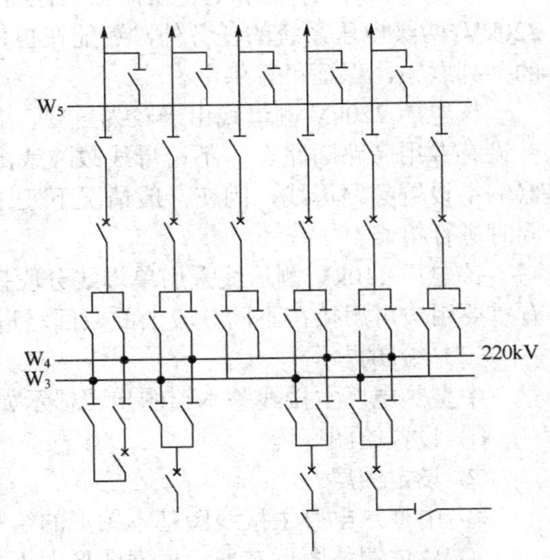

图 6.54　220kV 双母线带旁路母线接线

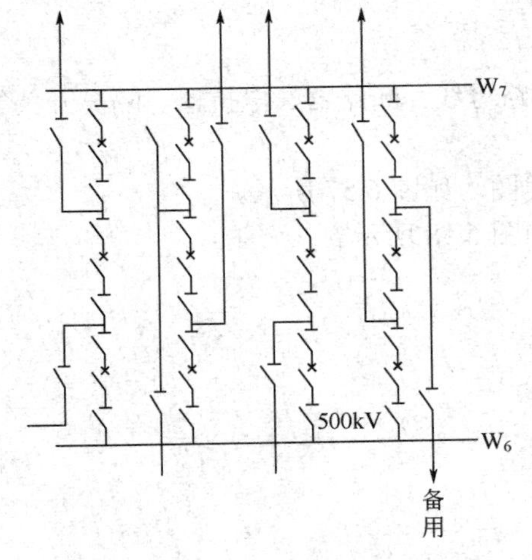

图 6.55　500kV 一台半断路器接线

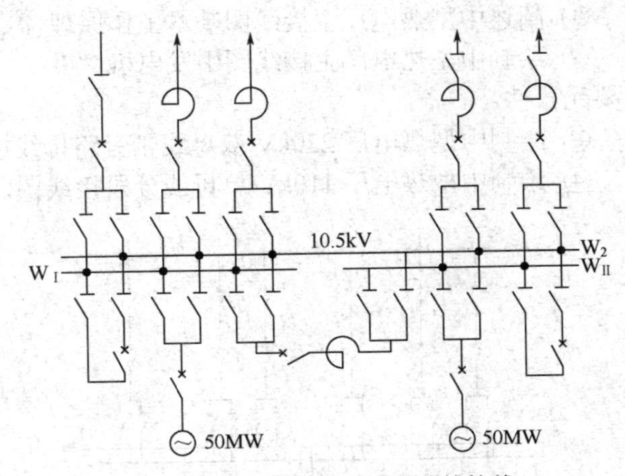

图 6.56　10kV 双母线分段连接接线

6.4.2 中型热电厂主接线

（1）识图提示

对于发电机容量为 24MW 及以上，同时发电机电压出线数量较多的中型热电厂，发电机电压的 10kV 母线采用双母线分段接线；母线分段短路器上串接有母线电抗器，出线上串接有线路电抗器，分别用于限制发电厂内部故障和出线故障时的短路电流，以便选用轻型的断路器；因为 10kV 用户都在附近，采用电缆馈电，可以避免因雷击线路而直接影响到发电机。

该电厂 G_1、G_2 发电机在满足 10kV 地区负荷的前提下，将剩余功率通过变压器 T_1、T_2 升压送往高压侧。而通常 100MW 及以上的 G_3、G_4 发电机采用双绕组变压器分别接成发电机—双绕组变压器单元接线，直接将电能送入系统，便于实现机、炉、电单元集中控制或机、炉集中控制，避免了发电机电压级的电能多次变压送入系统，从而减少了损耗。单元接线省去了发电机出口断路器，提高了供电可靠性。为了检修调试方便，在发电机与变压器之间装设了隔离开关。

该电厂 T_1、T_2 三绕组变压器除担任将 10kV 母线上剩余电能按负荷分配送往 110kV 及 220kV 两级电压系统的任务外，还能在担任一侧故障或检修时，保证其余两级电压系统之间的并列联系，保证可靠供电。

该电厂 220kV 侧母线由于较为重要，出线较多，采用双母线接线，出线侧带有旁路母线，并设有专用旁路断路器，不论母线故障或出线断路器检修，都不会使出线长期停电；但变压器侧不设置旁路母线，因在一般情况下变压器高压侧的断路器可在发电机检修时或与变压器同时进行检修。

该电厂 110kV 侧母线采用单母线分段接线，平时分开运行，以减少故障时短路电流，如有重要用户可用接在不同分段上的双回路进行供电。

（2）绘图提示

中型热电厂主接线基本绘图步骤提示如下。

① 设置绘图环境。

② 设定图层。

③ 中型热电厂主接线图基本图形的绘制。

④ 总体调整图形布局，根据图形大小、形状做出调整。

⑤ 标注文字，连接图元。

（3）实践内容

① 阐述中型热电厂主接线图基本工作原理。

② 绘制中型热电厂主接线图中发电机、母线、旁路母线、断路器、电抗器、隔离开关等主要元器件。

③ 绘制中型热电厂 220kV 双母线带旁路母线接线图，如图 6.57 所示。

④ 绘制中型热电厂 110kV 单母线分段接线图，如图 6.58 所示。

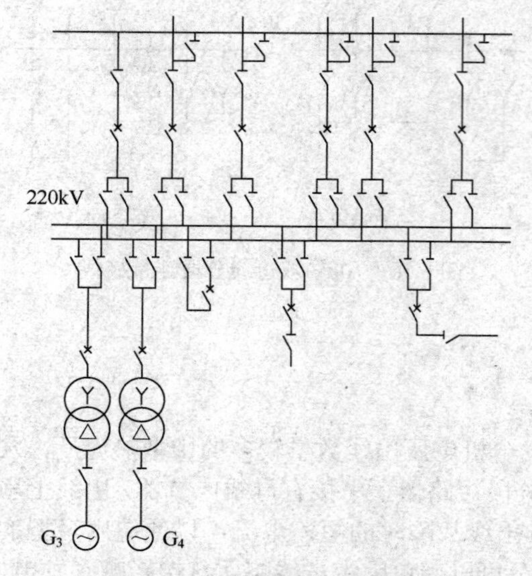

图 6.57　220kV 双母线带旁路母线接线图

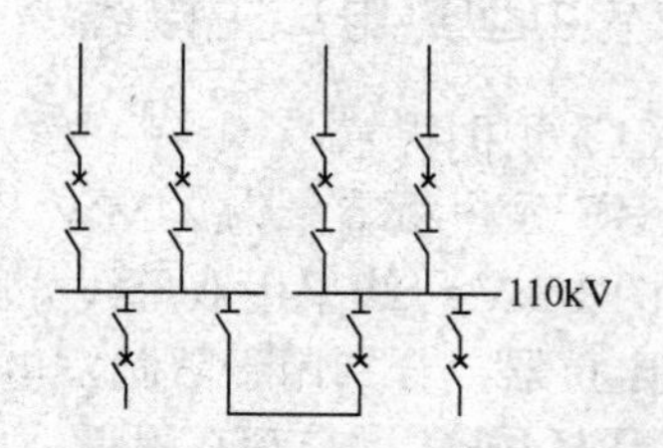

图 6.58　110kV 单母线分段接线图

⑤ 绘制中型热电厂10kV双母线分段接线图，如图6.59所示。

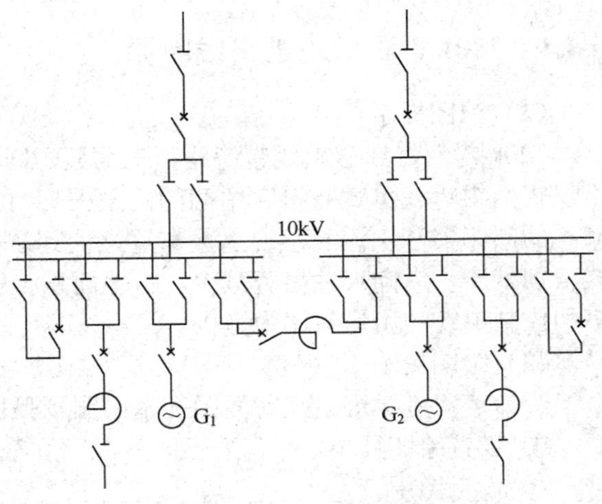

图6.59　10kV双母线分段接线图

6.4.3　区域性火力发电厂主接线

（1）识图提示

如图6.60、图6.61所示为某区域性火力发电厂的主接线。该发电厂有四台发电机，接成四组单元接线，两个单元接220kV母线，两个单元接500kV母线。220kV母线采用带旁路母线的双母线接线方式，装有专用旁路断路器。考虑到单机容量300MW及以上的大型机组停运对系统影响很大，故在变压器进线回路也接入旁路母线。500kV母线为一台半断路器接线，按照电源线与负荷线配对成串原则，但因串数大于两串，同名回路接于同一侧母线，不交叉布置，以减少配电装置占地。用自耦变压器作为两级升高电压之间的联络变压器，其低压绕组兼作厂用电的备用电源和启用电源。

（2）绘图提示

区域性火力发电厂主接线基本绘图步骤提示如下。

① 设置绘图环境。

② 设定图层。

③ 区域性火力发电厂主接线图基本图形的绘制。

④ 总体调整图形布局，根据图形大小、形状做出调整。

⑤ 标注文字，连接图元。

（3）实践内容

① 阐述区域性火力发电厂主接线图基本工作原理。

② 绘制区域性火力发电厂主接线图中发电机、母线、旁路母线、断路器、电抗器、隔离开关、变压器等主要元器件。

③ 绘制区域性火力发电厂220kV双母线带旁路母线接线图，如图6.60所示。

④ 绘制区域性火力发电厂500kV一台半断路器接线图，如图6.61所示。

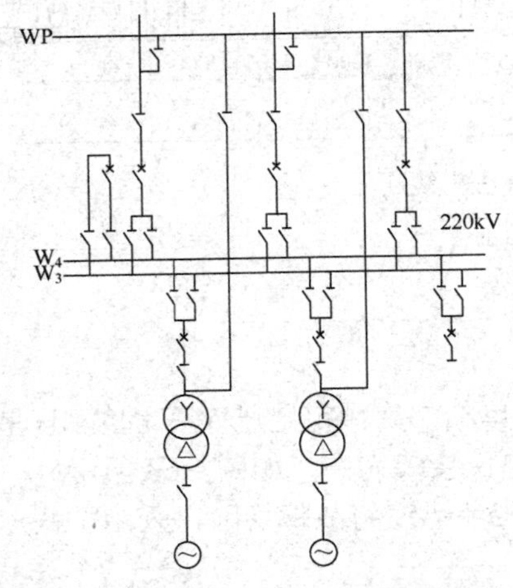

图6.60　220kV双母线带旁路母线接线图

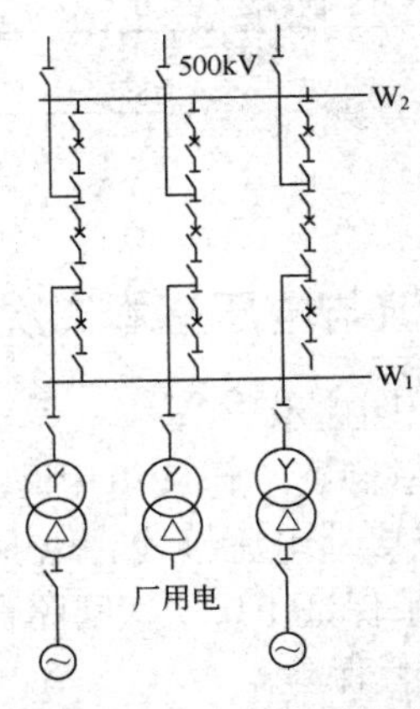

图6.61　500kV一台半断路器接线图

6.4.4 220kV 双母线进出线断面

（1）识图提示

220kV 双母线进出线带旁路、三框架、断路器双列布置的进出线断面图。这种布置方式不仅将两组母线重叠布置在中间的高型框架内，而且将旁路母线布置在母线两侧，并与双列布置的断路器和电流互感器重叠布置，使其在同一间隔内可设置两个回路。显然，该布置方式特别紧凑，纵向尺寸显著减少，占地面积一般只有普通中型的 50%；此外，母线、绝缘子串和控制电缆的用量也比中型少。

（2）绘图提示

220kV 双母线进出线断面图基本绘图步骤提示如下。

① 设置绘图环境。

② 设定图层。

③ 220kV 双母线进出线断面图基本图形的绘制。

④ 总体调整图形布局，根据图形大小、形状做出调整。

⑤ 标注文字，连接图元。

（3）实践内容

① 阐述 220kV 双母线进出线断面图基本设计方案。

② 绘制 220kV 双母线进出线断面图中电流互感器、母线、旁路母线、断路器、避雷器、隔离开关、耦合电容器、阻波器等主要元器件。

③ 绘制 220kV 双母线进出线断面图，如图 6.62 所示。

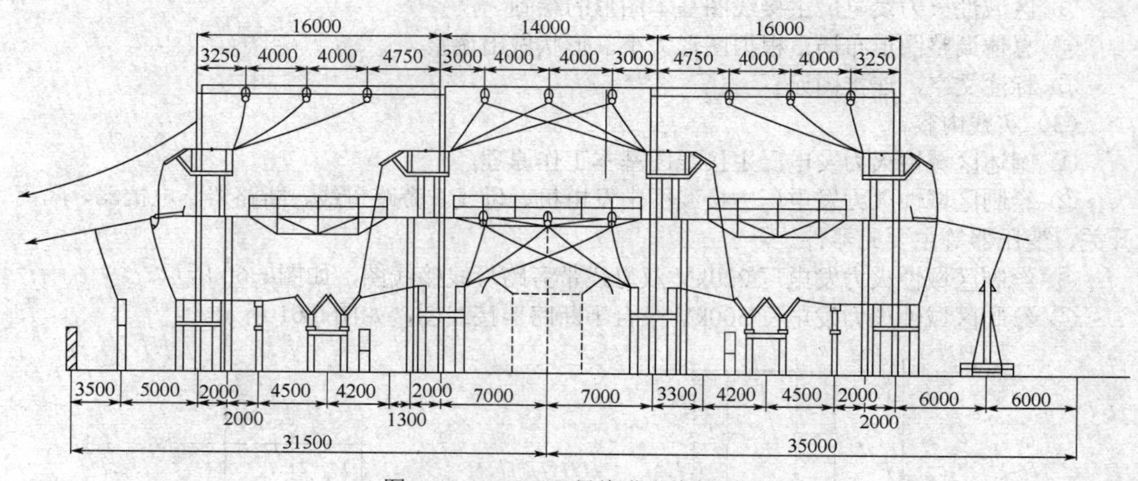

图 6.62 220kV 双母线进出线断面图

6.4.5 电流与电压基本二次回路

（1）识图提示

① 电压回路　母线电压回路的星形接线采用单相二次额定电压 57V 的绕组，星形接线也叫做中性点接地电压接线。以变电站高压侧母线电压接线为例，如图 6.63 所示。

a. 为了保证 PT 二次回路在末端发生短路时也能迅速将故障切除，采用了快速动作自动开关 ZK 替代保险。

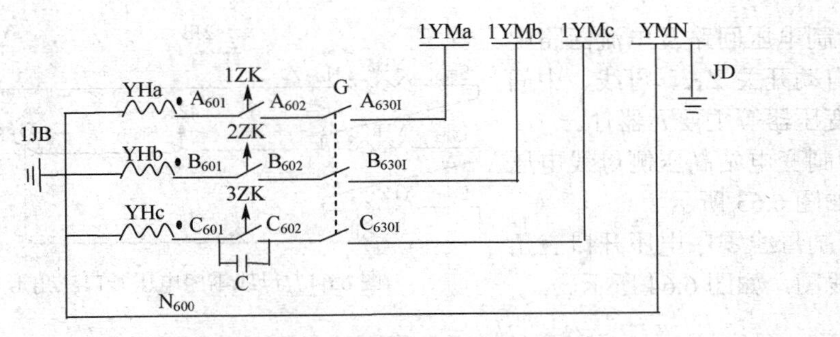

图 6.63　变电站高压侧母线电压接线图

b．采用了 PT 刀闸辅助接点 G 来切换电压。当 PT 停用时 G 打开，自动断开电压回路，防止 PT 停用时由二次侧向一次侧反馈电压造成人身和设备事故，N600 不经过 ZK 和 G 切换，是为了 N600 有永久接地点，防止 PT 运行时因为 ZK 或者 G 接触不良，PT 二次侧失去接地点。

c．1JB 是击穿保险，击穿保险实际上是一个放电间隙，正常时不放电，当加在其上的电压超过一定数值后，放电间隙被击穿而接地，起到保护接地的作用，这样万一中性点接地不良，高电压侵入二次回路也有保护接地点。

d．传统回路中，为了防止在三相断线时断线闭锁装置因为无电源拒绝动作，必须在其中一相上并联一个电容器 C，在三相断线时候电容器放电，供给断线装置一个不对称的电源。

e．因母线 PT 是接在同一母线上所有元件公用的，为了减少电缆联系，设计了电压小母线 1YMa，1YMb，1YMc，YMN（前面数值“1”代表 I 母 PT。）PT 的中性点接地 JD 选在主控制室小母线引入处。

f．在 220kV 变电站，PT 二次电压回路并不是直接由刀闸辅助接点 G 来切换，而是由 G 去启动一个中间继电器，通过这个中间继电器的常开接点来同时切换三相电压，该中间继电器起重动作用，装设在主控制室的辅助继电器屏上。

母线零序电压按照开口三角形方式接线，采用单相额定二次电压 100V 绕组。如图 6.64 所示。

a．开口三角形是按照绕组相反的极性端由 C 相到 A 相依次头尾相连。

b．零序电压 L_{630} 不经过快速动作开关 ZK，因为正常运行时 U_0 无电压，此时若 ZK 断开不能及时发觉，一旦电网发生事故时保护就无法正确动作。

c．零序电压尾端 N_{600}△按照要求应与星形的 N_{600} 分开，各自引入主控制室的同一小母线 YMn，同样，放电间隙也应该分开，用 2JB。

d．同期抽头 Sa_{630} 的电压为 $-U_a$，即 −100V，经过 ZK 和 G 切换后引入小母线 SaYm。

② 电流回路　以一组保护用电流回路为例，A 相第一个绕组头端与尾端编号 $1A_1$，$1A_2$，如果是第二个绕组则用 $2A_1$，$2A_2$，其他同理。

（2）绘图提示

电压回路及电流回路基本绘图步骤提示如下。

① 设置绘图环境。

② 设定图层。

③ 电压回路及电流回路基本图形的绘制。

④ 总体调整图形布局，根据图形大小、形状做出调整。

⑤ 标注文字，连接图元。

（3）实践内容

① 阐述电压回路及电流回路基本设计方案。

② 绘制电压回路及电流回路中快速动作自动开关 ZK、母线、中间继电器、变压器等主要元器件。

③ 绘制变电站高压侧母线电压接线图，如图 6.63 所示。

④ 绘制母线零序电压开口三角形方式接线图，如图 6.64 所示。

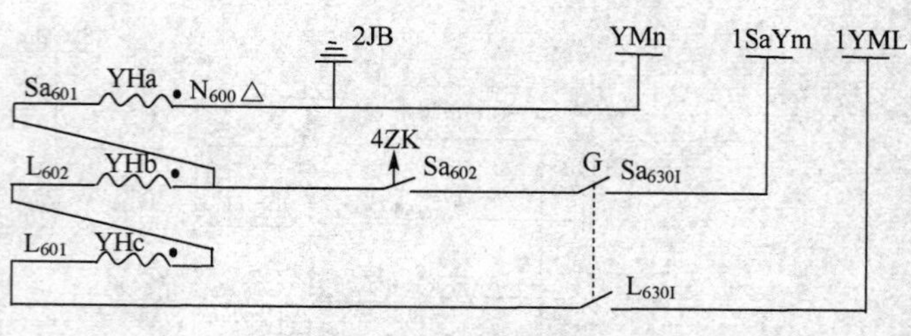

图 6.64　母线零序电压开口三角形方式接线图

6.4.6　二次电压辅助继电器屏控制回路

（1）识图提示

前面介绍了在 220kV 变电站中，母线电压引入时，并不是直接由 PT 刀闸辅助接点来切换，而是通过辅助接点启动辅助继电器屏上的中间继电器，用中间继电器的常开接点进行切换，该回路如图 6.65 所示。

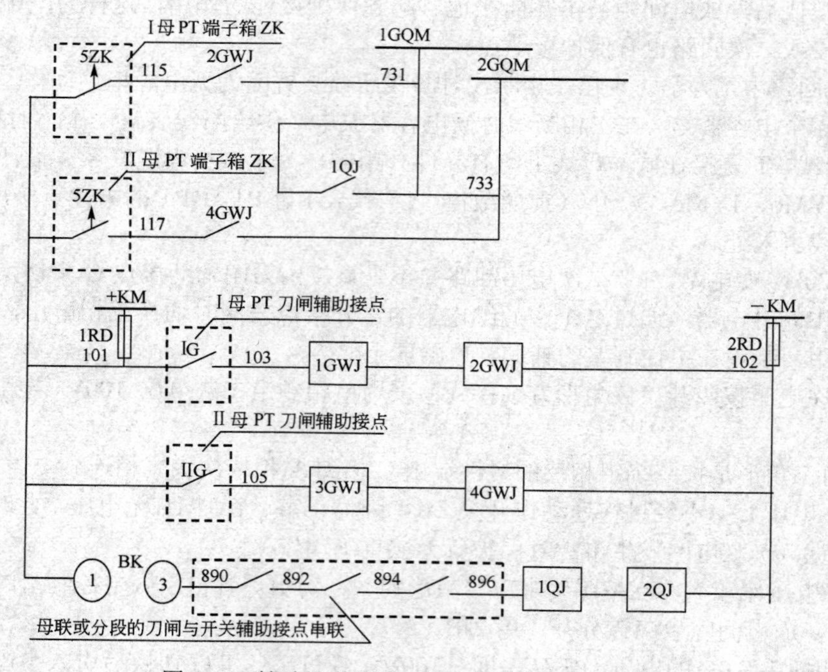

图 6.65　辅助继电器屏上的中间继电器控制电路

① PT 刀闸辅助接点ⅠG 和ⅡG 去启动中间继电器 1GWJ，2GWJ，3GWJ，4GWJ，利用 1GWJ 与 3GWJ 的常开接点去代替图 6.63 与图 6.64 的 G，为了防止辅助接点接触不良，需要两对接点并接。

② 1GQM 和 2GQM 是电压切换小母线，电压切换用于双母线接线方式，1GQM 和 2GQM 分别是间隔运行于Ⅰ母和Ⅱ母的切换电源，由图 6.65 可知，在该母线 PT 运行时（ⅠG 或ⅡG 合上），电压切换小母线才能带电（2GWJ 与 4GWJ 合上），要么是在电压并列时，1QJ 合上勾通 1GQM 和 2GQM。5ZK 开关在端子箱，可以根据需要人工切断该小母线电源。

③ BK 是电压并列把手开关，电压并列是指双母线其中一条母线的 PT 退出运行，但是该母线仍然在运行中，将另外一条母线上的 PT 二次电压自动切换到停运 PT 的电压小母线上。二次电压要并列，必须要求两条母线的一次电压是同期电压，因此引入母联的刀闸和开关的

辅助接点。同时，即便两条母线同期但分列运行，如果Ⅱ母采用了Ⅰ母的电压，当连接在Ⅱ母上的线路有故障时，Ⅰ母电压却无变化，这样Ⅱ母线路的保护就可能拒动。所以只有母联开关在运行时候才允许二次电压并列。

（2）绘图提示

二次电压辅助继电器屏控制回路基本绘图步骤提示如下。

① 设置绘图环境。

② 设定图层。

③ 辅助继电器屏控制回路基本图形的绘制。

④ 总体调整图形布局，根据图形大小、形状做出调整。

⑤ 标注文字，连接图元。

（3）实践内容

① 阐述辅助继电器屏控制回路基本设计方案。

② 绘制辅助继电器屏控制回路中 PT 刀闸、母线、中间继电器、把手开关 BK 等主要元器件。

③ 绘制辅助继电器屏控制回路接线图，如图 6.65 所示。

6.4.7　二次回路继电保护操作回路

（1）识图提示

继电保护操作回路是二次回路的基本回路，110kV 操作回路构成该回路的基本结构，220kV 操作回路也是在该回路上发展而来，同时保护的微机化也是将传统保护的电气量、开关量进行逻辑计算后交由操作回路，因此微机保护仅仅是将传统的操作回路小型化，板块化。下面就讲解 110kV 的操作回路，如图 6.66 所示。

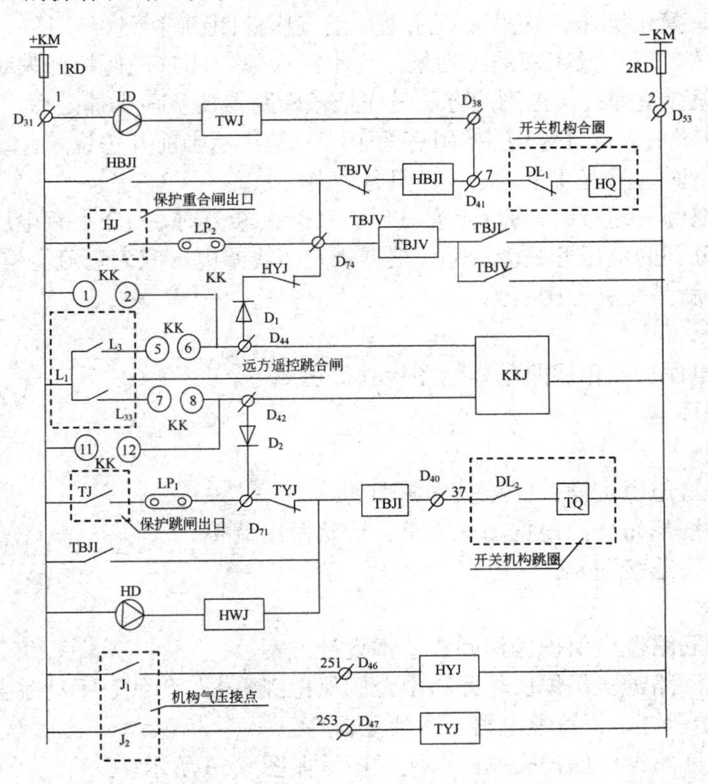

图 6.66　二次回路继电保护操作回路接线图

LD	绿灯，表示分闸状态	HD	红灯，表示合闸状态
TWJ	跳闸位置继电器	HWJ	合闸位置继电器
HBJI	合闸保持继电器，电流线圈启动		
TBJI	跳闸保持继电器，电流线圈启动	TBJV	跳闸保持继电器，电压线圈保持
KK	手动跳合闸把手开关	DL_1	断路器辅助常开接点
DL_2	断路器辅助常闭接点		

① 当开关运行时，DL_1 断开，DL_2 闭合。HD，HWJ，TBJI 线圈，TQ 构成回路，HD 亮，HWJ 动作，但是由于各个线圈有较大阻值，使得 TQ 上分的电压不至于让其动作，保护调闸出口时，TJ，TYJ，TBJI 线圈，TQ 直接勾通，TQ 上分到较大电压而动作，同时 TBJI 接点动作自保持 TBJI 线圈一直将断路器断开才返回（即 DL_2 断开）。

② 合闸回路原理与跳闸回路原理相同。

③ 在合闸线圈上并联了 TBJV 线圈回路，这个回路是为了防止在跳闸过程中又有合闸命令而损坏机构。例如合闸后合闸接点 HJ 或者 KK 的 5，8 粘连，开关在跳闸过程中 TBJI 闭合，HJ，TBJV 线圈，TBJI 勾通，TBJV 动作时 TBJV 线圈自保持，相当于将合圈短接了（同时 TBJV 闭接点断开，合闸线圈被隔离）。这个回路叫防跃回路，防止开关跳跃的意思，简称防跃。

④ KKJ 是合后继电器，通过 D_1、D_2 两个二极管的单相导通性能来保证只有手动合闸才能让其动作，手动跳闸才能让其复归，KKJ 是磁保持继电器，动作后不自动返回，KKJ 又称手合继电器，其接点可以用于“备自投”“重合闸”“不对应”等。

⑤ HYJ 与 TYJ 是合闸和跳闸压力继电器，接入断路器机构的气压接点，在以 SF_6 为灭弧绝缘介质的开关中，如果 SF_6 气体有泄漏，则当气体压力降至危及灭弧时该接点 J_1 和 J_2 导通，将操作回路断开，禁止操作。这里应该注意是当气压低闭锁电气操作时候，不应该在现场用机械方式打跳开关，气压低闭锁是因为气压已不能灭弧，此时任何将开关断开的方法性质是一样的，容易让灭弧室炸裂，正确的方法是先把该断路器的负荷去掉之后，再手动打跳开关。

⑥ 位置继电器 HWJ，TWJ 的作用有两个，一是显示当前开关位置，二是监视跳、合线圈，例如，在运行时，只有 TQ 完好，TWJ 才动作。

前面讲了，在开关运行时，TQ 上有分压，在开关断开时，HQ 上有电压。若跳、合圈的动作电压低于所分到的电压开关会误动。根据规定，线圈电压应为直流全电压的 35%～70%，即 77～154V。这就是跳、合闸实验。

（2）绘图提示

二次回路继电保护操作回路基本绘图步骤提示如下。

① 设置绘图环境。

② 设定图层。

③ 二次回路继电保护操作回路基本图形的绘制。

④ 总体调整图形布局，根据图形大小、形状做出调整。

⑤ 标注文字，连接图元。

（3）实践内容

① 阐述二次回路继电保护操作回路基本设计方案。

② 绘制二次回路继电保护操作回路中合闸保持继电器、母线、手动跳合闸把手开关、跳闸位置继电器、指示灯、位置继电器等主要元器件。

③ 绘制二次回路继电保护操作回路接线图，如图 6.66 所示。

6.4.8 变电站的音响信号回路

（1）识图提示

① 闪光系统　闪光回路的继电器 1ZJ、2ZJ 都是直流屏本身自带继电器，闪光小母线（+）SM 编号 100 装设在直流屏和控制屏，再用电缆连接两块屏的小母线（在直流屏上均能看见以三个端子为一组的端子排，分别为+KM，–KM 和 SM）。其与操作回路图构成的闪光回路可用图 6.62 表示。KK 开关的 9、10 是合后状态，14、15 是分后状态。当 KK 在合后状态，断路器在分闸时，负电源通过不对应回路与（+）SM 接通，由于 1ZJ 线圈电阻存在，LD 发出暗光，同时 1ZJ 时间接点延时动作 2ZJ，2ZJ 常开接点延时闭合，1ZJ 线圈被短路，LD 发出明光，同时 2ZJ 常闭接点延时打开，1ZJ 返回，2ZJ 也返回，LD 又发出暗光，一直延续下去。断路器在合闸时的不对应状态同理。1TA 是实验按钮，白灯 1BD 能起到监视电源的作用，1TA 和 1BD 装设在中央信号控制屏。

这里的+KM、–KM 和（+）SM 母线是直流屏上的母排，我们接出控制电源后到每块保护屏的小母线上（这里只画出了保护屏的–KM'小母线），然后每个保护有专用的控制保险（这里只画出 2RD），每一路保护的不对应回路都并联接在–KM'和（+）SM 之间。

不对应信号的复归，只需要将把手 KK 开关打在短路器相应位置即可。

② 事故音响系统　中央信号系统由事故信号与预告信号两部分组成，事故信号除了上面的灯光信号外，还必须要有音响信号，事故信号用电笛，预告信号分瞬时预告信号和延时预告信号，预告信号用电铃，音响信号需要有自动复归重复动作的功能。

KK 开关的 1、3 和 19、17 是合后状态。

冲击继电器 1XMJ 在线圈 ZC 突然通过电流，或者电流突然变化时，ZC 动作，当电流稳定时，ZC 返回。

在不对应瞬间 ZC 线圈通过突变电流，ZC 启动 ZJ 线圈，ZJ 的一个接点自保持 ZJ 线圈（因为 ZC 马上就会返回，以备下一次启动），一个接点去启动电笛 DD，还有一个接点去启动时间继电器 1SJ，1SJ 开接点延时启动 1ZJ 线圈，1ZJ 闭接点断开让 ZJ 返回，停止电笛。这个回路主要考虑到两点：1．启动回路 ZC 与音响回路 ZJ 装置分开，以保证音响装置一经启动即与原来不对应回路无关，ZC 马上返回达到重复动作的目的。2．时间继电器 1SJ 很快能将音响信号解除（同时灯光信号保留），以免干扰处理事故。

所有断路器的不对应回路都可以接在 SYM 和–XM 之间。

由于 220kV 变电站 10kV 出线都是属于开关间就地保护，为了简化接线，按各母线段装设单独的事故信号小母线 2SYMⅠ和 2SYMⅡ。将 10kV 各个断路器不对应都接在 XPM 和 2SYMⅠ或 2SYMⅡ之间。该三根小母线装设在 10kV 开关柜内。当 10kV 开关事故跳闸时首先启动事故信号继电器 2SXJⅠ或 2SYMⅡ，该两个继电器各自一个接点去启动冲击继电器，一个接点去接通分段光字牌报警。

2TA 是手动实验按钮，可以每天检查音响回路。YJA 是手动解除音响按钮。2TA、YJA 装设在中央信号控制屏上。1JJ 可以监视 XM 电压。

（2）绘图提示

变电站的音响信号回路基本绘图步骤提示如下。

① 设置绘图环境。

② 设定图层。

③ 变电站的音响信号回路基本图形的绘制。

④ 总体调整图形布局，根据图形大小、形状做出调整。

⑤ 标注文字，连接图元。

（3）实践内容

① 阐述变电站的音响信号回路基本设计方案。

② 绘制变电站的音响信号回路中继电器、母线、把手开关、实验按钮、指示灯、位置继电器等主要元器件。

③ 绘制变电站的音响信号回路中闪光回路接线图，如图 6.67 所示。

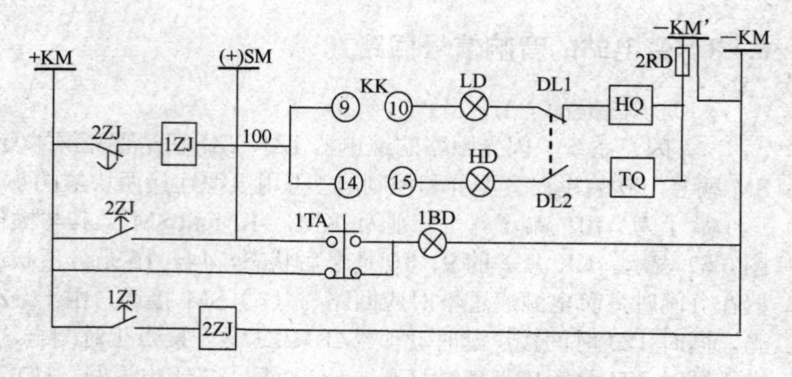

图 6.67　闪光回路接线图

④ 绘制变电站的音响信号回路中事故音响回路接线图，如图 6.68 所示。

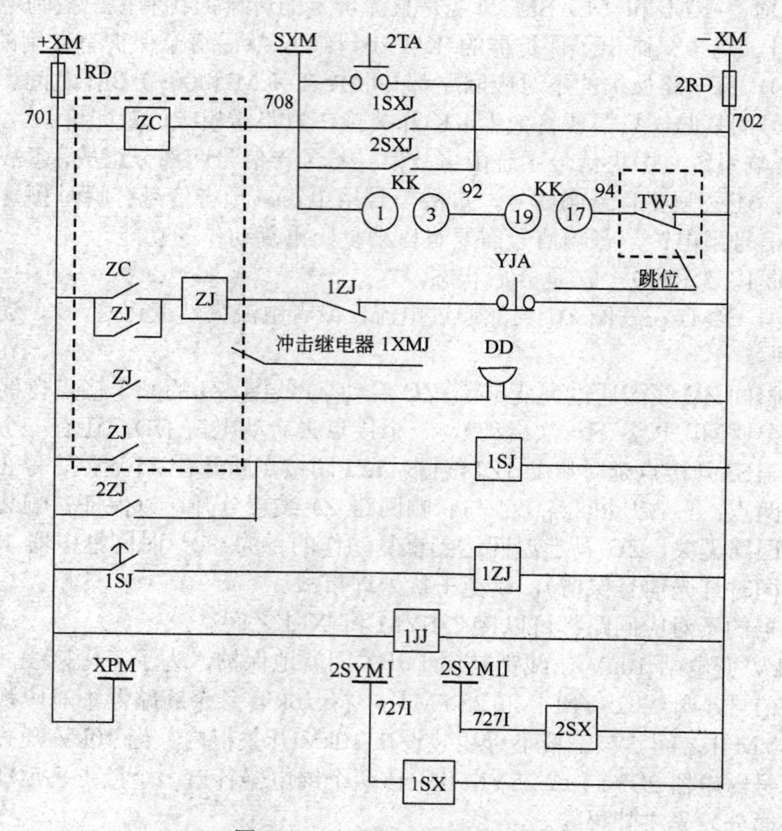

图 6.68　事故音响回路接线图

6.5 电子电路题选

6.5.1 耳机低频增强电路

（1）识图提示

本机电路大致可分为下面三部分。

① 由电阻、电容组成的低频增强电路。

② 利用功率放大器IC的反馈输入，组成立体声反相合成电路。

③ 利用功率放大器IC组成头戴耳机的驱动电路。

从输入端IC之间的电阻电容起到增强低频特性的作用，因为加有电位器，低频部分的增强量可在0～10倍之间连续可调。立体声反相合成电路IC②脚和⑧脚的直流耦合电容之后，由0.47μF和50kΩ的电位器组成。用东芝TA7376P推动头戴式耳机。这种IC内藏两个通道，外接元件少，可在低电压下工作。负载阻抗较低时，可重放出动人效果的低频声音。

电源若改用1.5V电池，用四只串联，电压为6V，可直接驱动高输出的扬声器。若将三个200μF/10V的电容增加到1000μF左右，可获得更好的效果。所有元件电阻均为1/8W。0.1μF和0.47μF的电容用普通电容，其他的用电解电容。电位器中，20kΩ为双连电位器，50kΩ用带开关电位器。插头用立体声插头。

此电路制作极其简单，要留心IC的脚和电解电容的极性。电位器的接线比较凌乱，不要搞错了。

（2）绘图提示

耳机低频增强电路基本绘图步骤提示如下。

① 设置绘图环境。

② 设定图层。

③ 耳机低频增强电路基本图形的绘制。

④ 总体调整图形布局，根据图形大小、形状做出调整。

⑤ 标注文字，连接图元。

（3）实践内容

① 阐述耳机低频增强电路基本工作原理。

② 绘制耳机低频增强电路系统中电阻、电容、功率放大器、电源、电位器等主要元器件。

③ 绘制耳机低频增强电路原理，如图6.69所示。

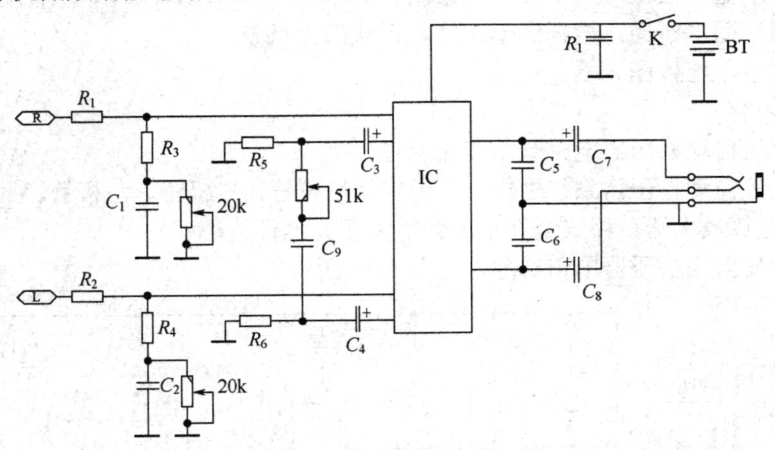

图6.69　耳机低频增强电路原理

6.5.2　交流自动稳压器

（1）识图提示

市电从变压器的1、2头输入，3、4头为自耦调压抽头，5、6头为控制电路的电源及取样抽头。市电电压正常时，因C点电压始终为3V，A、B点均大于3V，故A_1、A_2输出低电平；当市电电压下降时，5、6 头的电压也随之下降，A 点电压也跟着下降，当 A 点电压下降到低于 3V 时，A_1 输出高电平，使三极管 V_1 饱和导通，继电器 K_1 吸合，将调压器输出调于 1、3 头；当市电电压继续下降时，同理 B 点电压低于 3V 时，($V_A<V_B$)，A_2 输出高电平，使 V_2 饱和导通，K_2 吸合，将调压器输出调于 1、4 头，以达到自耦升压之目的。

反之，如果电压升高时，B 点电压也随之升高，当 B 点电压高于 3V 时，A_2 输出低电平，V_2 截止，H_2 释放，输出端调至 1、3 头；当市电电压继续升高时，A 点电压高于 3V，A_1 输出低电平，V_1 截止，K_1 释放，输出端调至 1、2 头。A_1、A_2 为运算放大器，在这里作电压比较器用；IC_1 为三端稳压块，它为运算放大器及继电器提供供电电源；VD_5、VD_6 为保护二极管。

① 元器件的选择　IC_1 选用 LM78L06。A_1、A_2 选用 LM358。V_1、V_2 选用 9013。继电器选用 4123、电压为 6V。DW 选用 3V 稳压管。VD_1～VD_4 选用 1N4007，VD_6 选用 1N4148。变压器的铁芯可根据稳压器功率而定，

② 安装与调试　本稳压器应安装在金属机壳内，并具有较好的散热孔，在电路装配完成后将 R_{P1} 及 R_{P2} 调至最大阻值，用调压器将输入电压调至 180V，然后调 R_{P1} 将 A 点电压调整在 2.9V，此时 A_1 输出高电平，V_1 导通，继电器 K_1 吸合，将输出端自动调至 1、3 头，输出电压为 220V 左右；然后再调调压器使输入电压为 140V（此时输出电压为 180V），调整 R_{P2}，使 B 点电压为 2.9V，此时 A_2 输出高电平，V_2 导通，继电器 K_2 吸合，将输出端自动调至 1、4 头，使输出电压再次升高到 220V 左右。按图中所给数据，在电网电压低至 120V 时，电视机仍能正常收看。需要说明的是：由于继电器的吸合电流大于释放电流，输出电压会有一定的误差，需要反复调整 R_{P1} 和 R_{P2}，以达到最佳状态。

（2）绘图提示

交流自动稳压器电路基本绘图步骤提示如下。

① 设置绘图环境。

② 设定图层。

③ 交流自动稳压器电路基本图形的绘制。

④ 总体调整图形布局，根据图形大小、形状做出调整。

⑤ 标注文字，连接图元。

（3）实践内容

① 阐述交流自动稳压器电路基本工作原理。

② 绘制交流自动稳压器系统中电阻、电容、稳压管、二极管、三极管、继电器、可调电阻、变压器、运算放大器、桥式全波整流器等主要元器件。

③ 绘制交流自动稳压器电路原理，如图 6.70 所示。

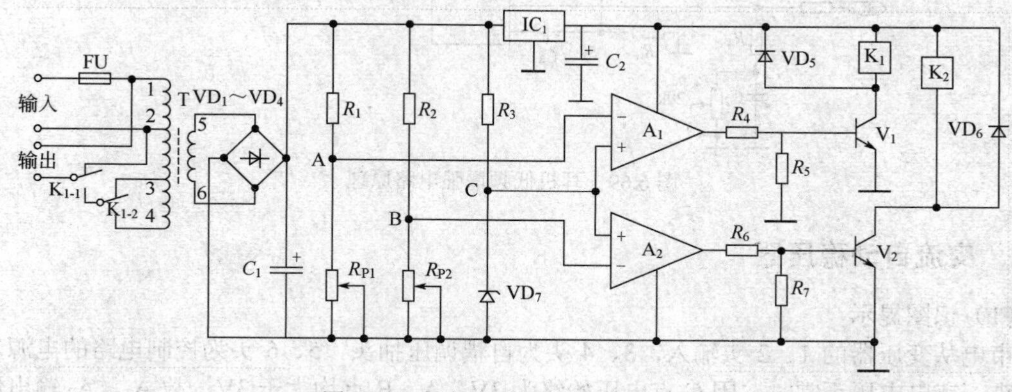

图 6.70　交流自动稳压器电路原理图

6.5.3 家用瓦斯报警器

（1）识图提示

该装置是由电源电路、传感器电路、压控振荡器电路及报警电路等组成。220V 市电经电源变压器 T_1 降压至 5.5V 左右，不用整流、滤波直接作为气敏半导体传感器 QM-N10 的加热电压。控制电路的供电则是由全桥整流、C_1 滤波后供给的。QM-N10 气敏半导体传感器在洁净空气中的阻值大约有几十千欧，接触到有害气体时，电导率增大，电阻值急剧下降，下降幅度与瓦斯浓度在 0.5%以下成正比。由与非门 IC1A、IC1B 构成一个门控电路，IC1C、IC1D 组成一个多谐振荡器。当 QM-N10 气敏传感器未敏感到有害气体时，由于电导率极小，IC1A ②脚处于低电位，IC1A 的①脚处于高电位，故 IC1A 的③脚为高电位，经 IC1B 反相后其④脚为低电位，多谐振荡器不起振，三极管 VT_2 处于截止状态，故报警电路不发声。

一旦 QM-N10 敏感到有害气体时，其电导率增大，阻值急剧下降，在电阻 R_2、R_3 上的压降使 IC1A 的②脚处于高电位，此时 IC1A 的③脚变为低电平，经 IC1B 反相后变为高电平，多谐振荡器起振工作，三极管 VT_2 周期地导通与截止，于是由 VT_1、T_2、C_4、HTD 等构成的正反馈振荡器间歇工作，发出报警声。与此同时，发光二极管 LED_1 闪烁。从而达到有害气体泄漏告警的目的。

（2）绘图提示

家用瓦斯报警器电路基本绘图步骤提示如下。

① 设置绘图环境。

② 设定图层。

③ 家用瓦斯报警器电路基本图形的绘制。

④ 总体调整图形布局，根据图形大小、形状做出调整。

⑤ 标注文字，连接图元。

（3）实践内容

① 阐述家用瓦斯报警器电路基本工作原理。

② 绘制家用瓦斯报警器系统中电阻、电容、稳压管、三极管、继电器、变压器、桥式全波整流器、气敏传感器、与非门、发光二极管等主要元器件。

③ 绘制家用瓦斯报警器电路原理图，如图 6.71 所示。

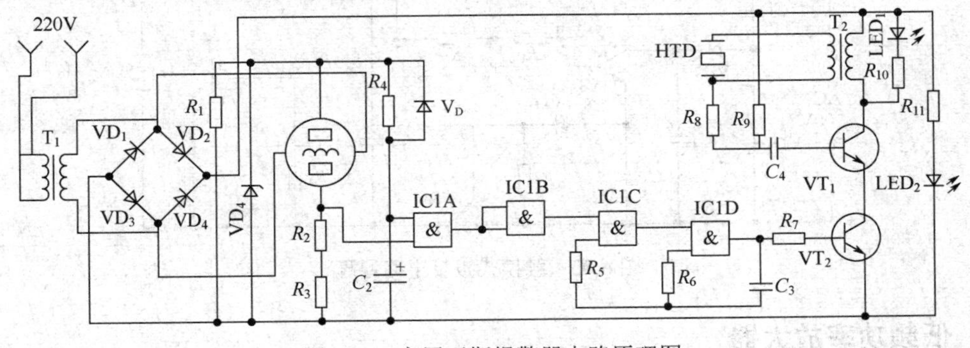

图 6.71 家用瓦斯报警器电路原理图

6.5.4 触摸式报警器电路

（1）识图提示

主要由电源电路、触摸延迟电路、可控硅开关电路及负阻振荡器四大部分组成。电源电

路由 VD_1、VD_2、C_1、C_2 等组成，为触摸延迟电路提供约 12V 直流工作电压。触摸延迟电路主要由 VT_1 等元件组成，平时 VT_1 处于截止状态，可控硅 VS 因无触发电压而处于关断状态，后续电路无电不工作。

N 为触摸电极片，当人手触碰时，人体泄漏电流经电阻 R_1、R_2 注入 VT_1 的发射结，使 VT_1 导通，C_2 上的 12V 直流电压经 VT_1、VD_3 向可控硅 VS 门极提供正向门极电流，使 VS 迅速开通，电容 C_4 两端可获得 300V 左右的直流高压。VT_2、R_4、R_5、R_P 及 B 组成的负阻振荡器立刻起振，压电陶瓷片 B 就发出响亮的报警声。调节可变电阻器 R_P 可改变报警声响的音调。

人手离开电极片 N 后，三极管 VT_1 迅速恢复截止态，但此时 C_3 储存的电能可通过 VD_3 继续为 VS 提供正向门极电流，故 VS 不会立即关断，电路依然报警。C_3 的电荷放完后，VS 失去正向触发电流，当交流电过零时即关断。由于电路的发声器件是压电陶瓷片，电路功耗很小，C_4 储存的电荷仍能维持负阻振荡器工作一段时间，直至 C_{44} 电荷放完，电路才停止报警。如果再次触碰电极片 N，则电路又能立刻报警。由上面分析可知，电路存在两级延迟，所以不必使用大容量电容器就能获得较长的延迟时间，本电路每触碰一次 N，报警时间约可维持 3min 左右。负阻振荡器由于工作在高压状态，输出波形峰峰值较高，所以报警音量比较大。

（2）绘图提示

触摸式报警电路基本绘图步骤提示如下。

① 设置绘图环境。

② 设定图层。

③ 触摸式报警电路基本图形的绘制。

④ 总体调整图形布局，根据图形大小、形状做出调整。

⑤ 标注文字，连接图元。

（3）实践内容

① 阐述触摸式报警电路基本工作原理。

② 绘制触摸式报警电路中电阻、电容、三极管、二极管、可变电阻器、可控硅等主要元器件。

③ 绘制触摸式报警电路原理，如图 6.72 所示。

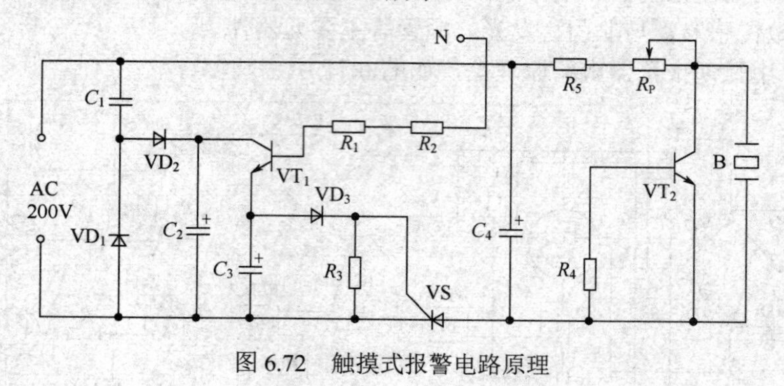

图 6.72　触摸式报警电路原理

6.5.5　低频功率放大器

（1）识图提示

功率放大可由分立元件组成，也可由集成电路完成。由分立元件组成的功放，如果电路选择得好，参数恰当，元件性能优越，且制作和调试的好，则性能很可能高于集成功放。但用分立元件组成的功放只要有一个环节出现问题或搭配不当，则性能很可能低于一般集成功放，为了不至于因过载、过流、过热等损坏还得加复杂的保护电路。集成功放 LM1875 外围电路简单，电路成熟，低频特性好，保护功能齐全。它的不足之处是高频特性较差，但对于本设计要求的 50～10kHz 已足够，因此选用 LM1875。

设计要求前置放大输入交流短接到地时，R_L 的电路负载上的交流噪声功率低于 10mV，因此要选用低噪声运放。本装置选用优质低噪声运放 NE5532N。

为了防止开机冲击和输出过载，本设计专门增加了开机延时和输出过载等保护电路。

① 功率放大器的设计　功率放大器选用集成功放 LM1875。此电路中 R_{21}，R_{20} 组成反馈网络，C_{11} 为直流负反馈电容，R_{19} 为输入接地电阻，防止输入开路时引入感应噪声，C_{10} 为信号耦合电容，VD_3, VD_4 为保护二极管，R_{22} 和 C_6 组成输出退耦电路，防止功放产生高频自激，C_{12}、C_{13}、C_4、C_5 是电源退耦电容。

② 前置放大器的设计　前置放大由两级 NE5532N 及外围电路组成，各级均采用固定增益加输出衰减组成。对于第一级放大，要求在信号最强时，输出不失真。

③ 波形变换电路　由于输入信号可能很弱，为了在弱信号时波形变换电路仍能正常工作，应在前面加一级信号放大。波形变换由高精度运放 OP07 完成，VD_1，VD_2 为输入限幅二极管，C_{17} 是为了提高高频响应。由于 OP07 的输出波形仍不太理想，因此又加了由高频三极管 9018 和反向器组成的正反馈电路完成方波整形，输出经 VD_5、VD_6 限幅、运放 IC4：A 衰减放大后输出。WR_5 用于调节电平偏移，使输出方波对称，WR_4 用于调节输出幅度。

④ 稳压电源的设计　运放的电源由 LM7812T 和 LM7912T 加散热器组成，保护电路电源由一片 LM7812T 提供，74LS04 用的 5V 电源由 12V 稳压电源经限流、稳压二极管稳压提供。

⑤ 保护电路　开机时电源接通，功放得电，但因继电器 J_1 未吸合，功放无输出。这可防止功放得电瞬间因电压建立不平衡而引起的开机冲击损坏负载和功放。C_{14} 通过电阻 R_{15} 充电，电容充电结束 VT_3 截止，VT_4 倒通，继电器吸合，功放输出。

若输出过载，即输出电压平均值超过保护设定值时，VD_7 导通，VT_2、VT_3 导通，VT_4 截止，继电器 J_1 释放，同时 C_{14} 通过 VT_2、R_{26} 放电。当输出降低后，VT_2 截止，但 C_{14} 通过 R_{15} 和 VT_3 发射结充电，VT_3 继续导通，当 C_{14} 充电结束后，VT_3 截止，VT_4 导通，继电器 J_1 吸合，装置重新输出。C_8 是为了吸收个别尖峰脉冲，起滤波作用，WR_3 用于设定保护电压。本电路可以有效地保护负载不过载，对功放也有一定的保护作用。

（2）绘图提示

低频功率放大器电路基本绘图步骤提示如下。

① 设置绘图环境。

② 设定图层。

③ 低频功率放大器电路基本图形的绘制。

④ 总体调整图形布局，根据图形大小、形状做出调整。

⑤ 标注文字，连接图元。

（3）实践内容

① 阐述低频功率放大器电路基本工作原理。

② 绘制低频功率放大器系统中电阻、电容、稳压管、三极管、功率放大器、运放、稳压二极管、继电器等主要元器件。

③ 绘制低频功率放大器原理，如图 6.73 所示。

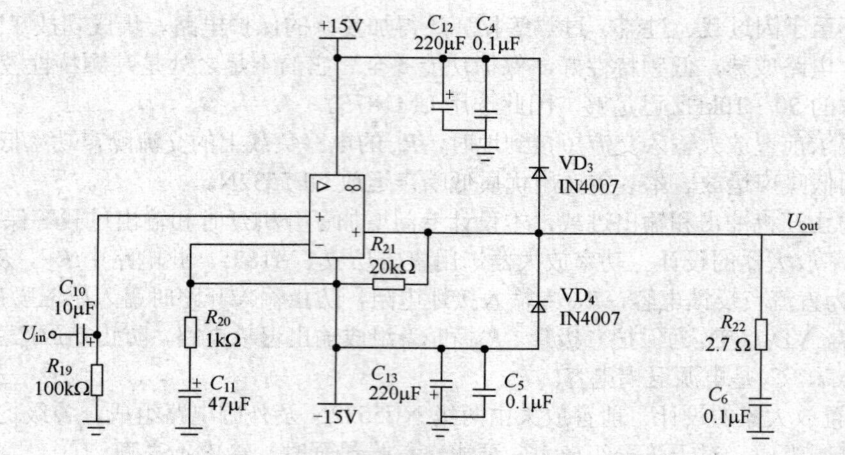

图 6.73　低频功率放大器原理图

④ 绘制低频功率放大器前置放大电路，如图 6.74 所示。

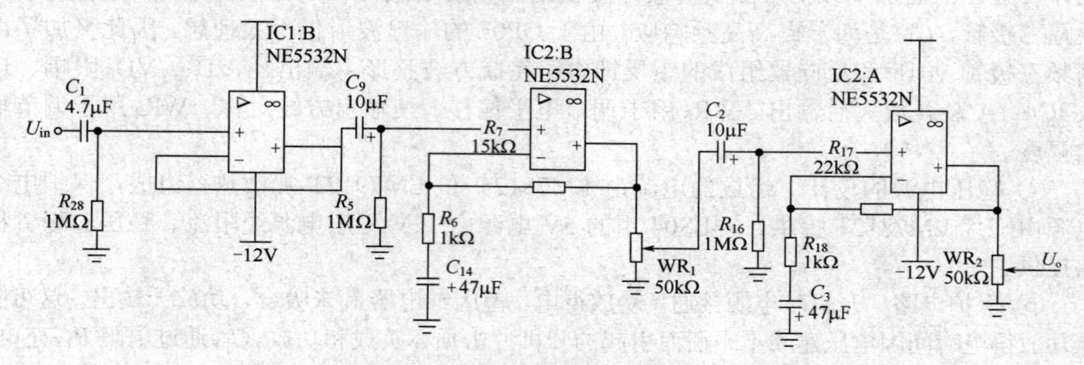

图 6.74　低频功率放大器前置放大电路

⑤ 绘制低频功率放大器波形变换电路，如图 6.75 所示。

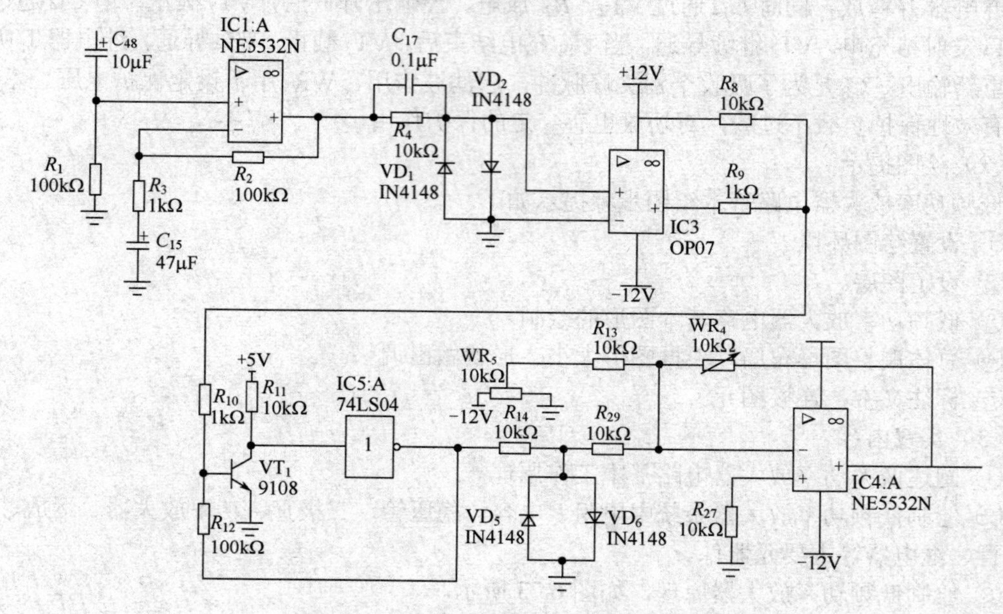

图 6.75　低频功率放大器波形变换电路

⑥ 绘制低频功率放大器保护电路，如图 6.76 所示。

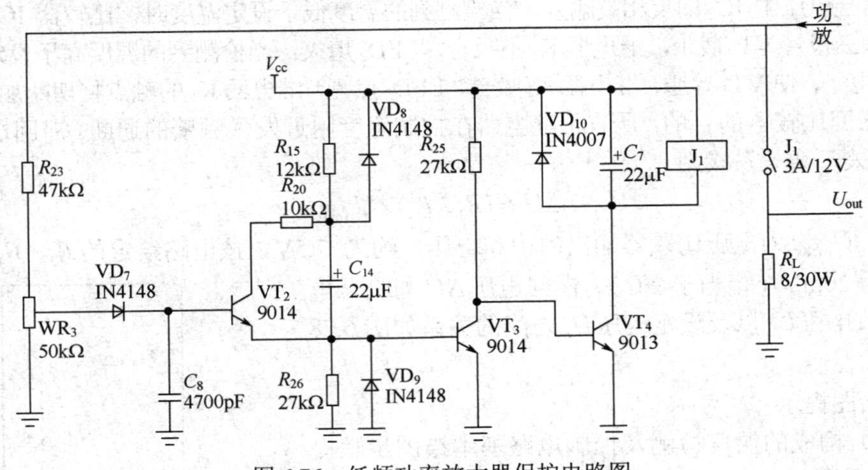

图 6.76　低频功率放大器保护电路图

6.5.6　LE35D 构成的温度检测及控制电路

（1）识图提示

采用 LE35D 构成的温度检测及控制电路，如图 6.77 所示。该电路主要由温度传感器、温度设定电路、显示电路及控制电路等组成。电路中的 S_1 为温度检测及控制设定选择开关，当 S_1 在 A 处时，温度传感器 LE35D 检测到的温度直接由 $3\frac{1}{2}$ 位 LCD（液晶显示）表头显示出来；S_1 设置在 B 处时，为控制温度设定。设定温度的对应电压由 5.1V 稳压管 VD_1 提供，该电压经运放 IC_2 缓冲后，由 R_{P_1} 和 R_{P_2} 分压后取得。调整 R_{P_1}、R_{P_2} 使分压值的范围为 0～1.0V（相当于 0～100℃），该电压由 LCD 直接转为温度值显示出来，因此可方便地进入控制温度的设定。控制温度设定后，S_1 应拨回到 A 处。

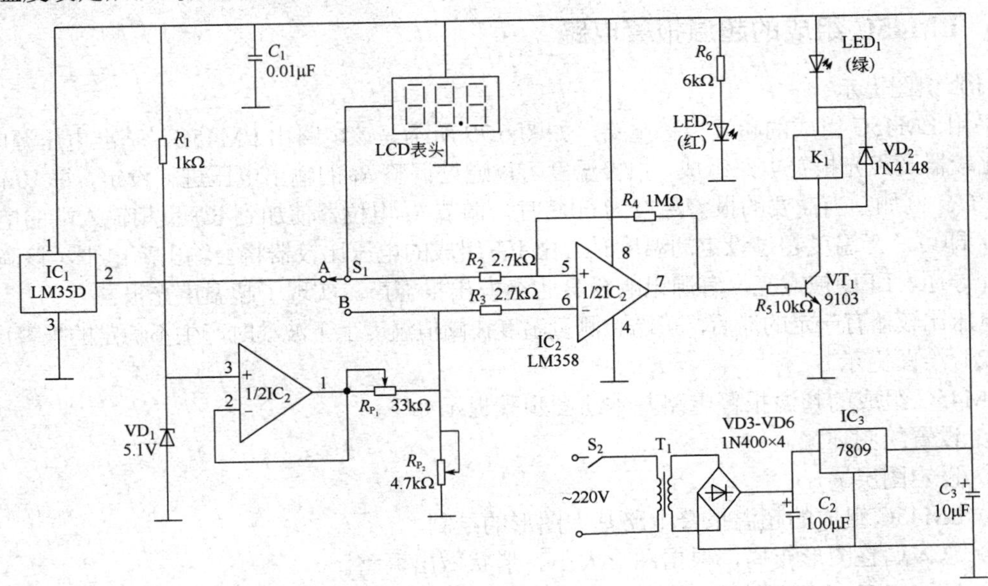

图 6.77　LE35D 构成的温度检测及控制电路原理图

IC_2组成带滞回的电压比较器，LE35D 检测到的温度信号电压由IC_2的同相端输入，设定的温度控制信号电压由IC_2的反相端输入。当检测到的温度低于设定温度时，比较器IC_2输出低电平，半导体三极管VT_1截止，继电器K_1不吸合，LED_2熄灭；当检测到的温度高于设定温度时，IC_2输出高电平，使VT_1导通，继电器K_1吸合，LED_2点亮，继电器K_1的触点将切断加热器电源。

采用滞回比较器的目的，是防止继电器在控制温度附近发生频繁的通断。滞回电压ΔU与R_4及R_2有关，其关系式为

$$\Delta U \approx (R_2 / R_4) \times U_{\mathrm{omax}}$$

式中，U_{omax}为电压比较器输出的饱和电压，约为 7.5V。按电路给定的R_2、R_4参数，滞回电压约为 20mV（相当于 2℃）。滞回电压ΔU与吸合电压U_{i}、释放电压U_{a}以及设定电压U_{e}之间的关系如图 6.78 所示。

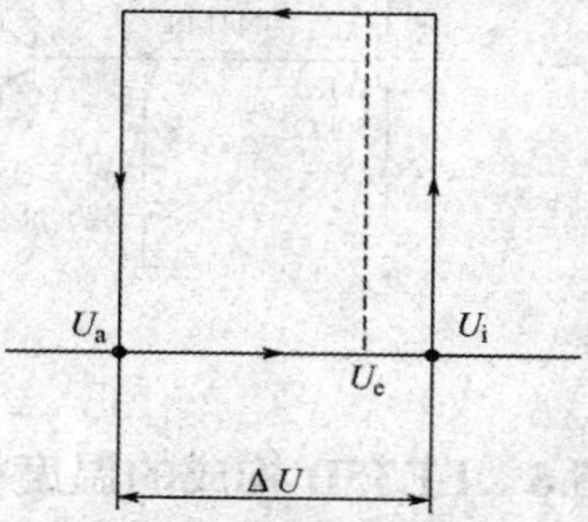

图 6.78　设定电压与继电器吸合电压、释放电压与设定电压的关系

（2）绘图提示

LE35D 构成的温度检测及控制电路基本绘图步骤提示如下。

① 设置绘图环境。

② 设定图层。

③ LE35D 构成的温度检测及控制电路基本图形的绘制。

④ 总体调整图形布局，根据图形大小、形状做出调整。

⑤ 标注文字，连接图元。

（3）实践内容

① 阐述 LE35D 构成的温度检测及控制电路基本工作原理。

② 绘制 LE35D 构成的温度检测及控制电路中开关、电阻、电容、比较器、三极管、变压器、运放、稳压管、继电器等主要元器件。

③ 绘制 LE35D 构成的温度检测及控制电路原理图，如图 6.77 所示。

6.5.7　LM45C 组成的超温报警电路

（1）识图提示

采用 LM45C 组成的超温报警电路，如图 6.79 所示。该电路由 LM45C、基准电压源电路、电压比较器及声光报警电路组成。报警温度可以通过调整R_{P}的输出电压进行设定，每 10mV 相当于 1℃。例如，当需要的报警温度为 60℃时，调节R_{P}电位器使加到IC_2反相输入端的电压为 600mV 即可。当温度超过设定的温度时，由IC_2组成的电压比较器将会输出高电平，该高电平使VT_1导通，LED 被点亮，有源讯响器 B 也会发出报警声，实现了超温声光报警。

电压比较器有一定的滞后，可防止测量温度在阈值温度上下波动时产生不稳定的报警声。

（2）绘图提示

LM45C 组成的超温报警电路基本绘图步骤提示如下。

① 设置绘图环境。

② 设定图层。

③ LM45C 组成的超温报警电路基本图形的绘制。

④ 总体调整图形布局，根据图形大小、形状做出调整。

⑤ 标注文字，连接图元。

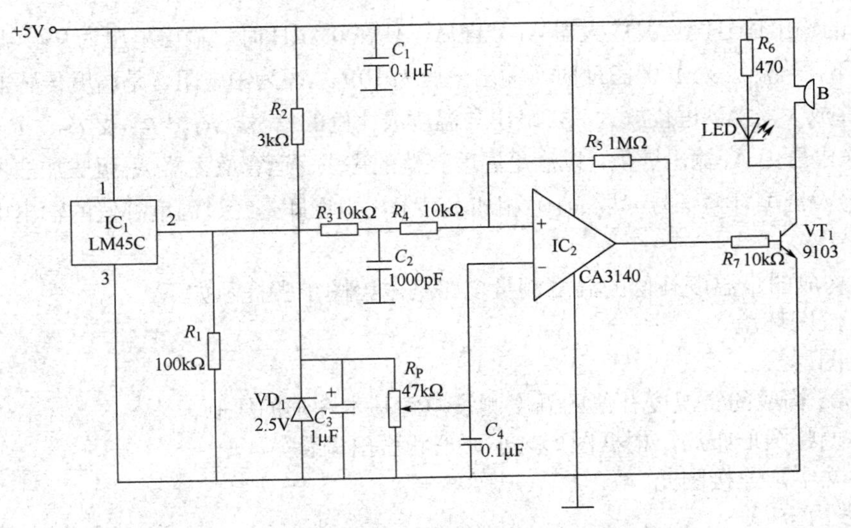

图 6.79　LM45C 组成的超温报警电路原理图

（3）实践内容

① 阐述 LM45C 组成的超温报警电路基本工作原理。

② 绘制 LM45C 组成的超温报警电路中发光二极管、电阻、电容、三极管、运放、滑动变阻器等主要元器件。

③ 绘制 LM45C 组成的超温报警电路原理图，如图 6.79 所示。

6.5.8　IH3605 构成的带温度补偿的温度测量电路

（1）识图提示

采用 IH3605 构成的带温度补偿的温度测量电路，如图 6.80 所示。在 0%～100%RH 测量范围内，其输出电压 U_{OUT} 为 0～10V。

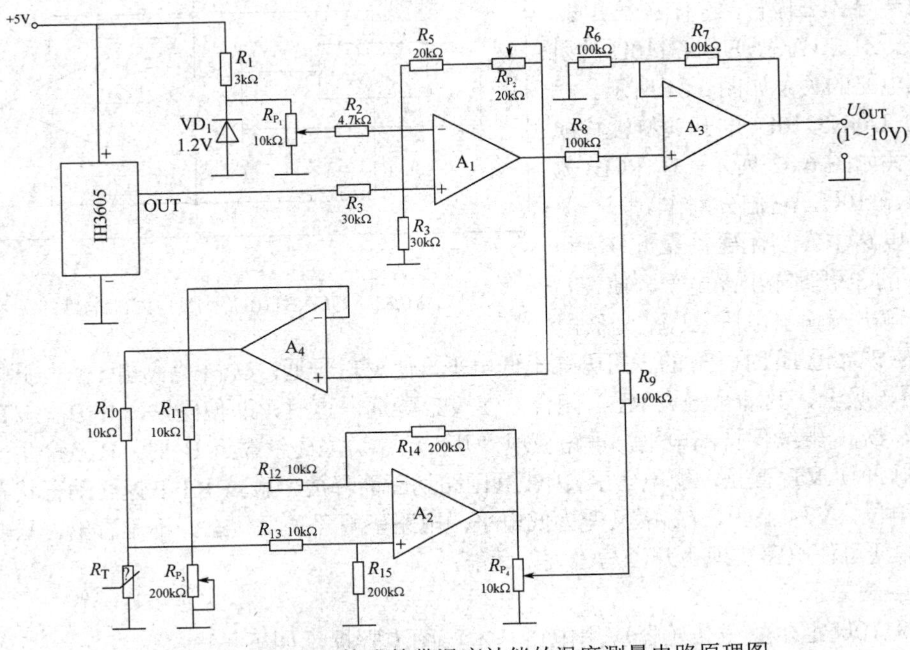

图 6.80　IH3605 构成的带温度补偿的温度测量电路原理图

IH3605 的输出信号经运算放大器 A_1 处理后，使在 0%RH 时，输出电压为 0V（调节 R_{P_1}）；在 25℃条件下，当温度为 100%RH 时，输出电压为 10V。R_T 为铂电阻，是温度传感器，它的输出信号由运算放大器 A2 进行放大后，输出与温度成比例的信号。R_T、R_{P_3} 及 R_{10}、R_{11} 组成测温电桥，其工作电压由 A_1 输出提供，以满足温度补偿的需求。运算放大器 A_3 组成加法器，将温度放大后的信号及温度补偿信号（取 R_{P_4}）相加，其输出电压即是经过温度补偿的输出电压 U_{OUT}。

（2）绘图提示

IH3605 构成的带温度补偿的温度测量电路基本绘图步骤提示如下。

① 设置绘图环境。

② 设定图层。

③ IH3605 构成的带温度补偿的温度测量电路基本图形的绘制。

④ 总体调整图形布局，根据图形大小、形状做出调整。

⑤ 标注文字，连接图元。

（3）实践内容

① 阐述 IH3605 构成的带温度补偿的温度测量电路基本工作原理。

② 绘制 IH3605 构成的带温度补偿的温度测量电路中发光二极管、电阻、电容、三极管、运放、滑动变阻器等主要元器件。

③ 绘制 IH3605 构成的带温度补偿的温度测量电路原理图，如图 6.80 所示。

6.5.9 UGN3110U 霍尔集成传感器应用电路

（1）识图提示

UGN3110U 是一种开关型霍尔集成传感器，它的输出端正常输出时电压为高电平，当有磁场感应时输出低电平，磁场消失后又恢复为高电平输出。由于它体积小、工作可靠及使用方便，所以在工业自动化控制系统中得到了广泛的应用。

UGN3110U 采用塑料封装，其外形如同一只半导体三极管，它有三个引脚，分别为 V_+、V_-、V_{OUT}。UGN3110U 的引脚与内部电路的关系如图 6.81 所示。

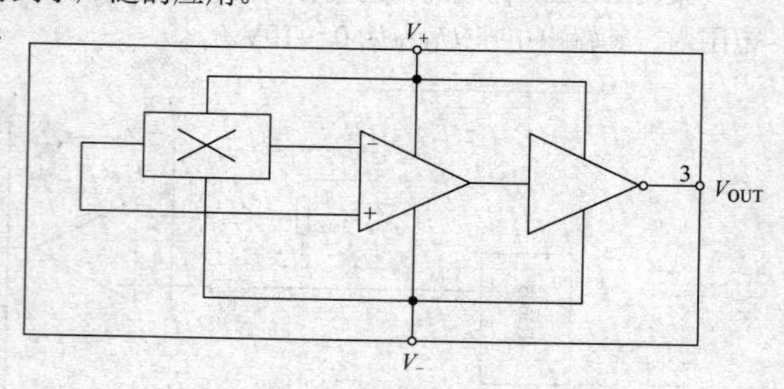

图 6.81 UGN3110U 引脚与内部电路的关系

利用 UGN3110U 的开关特性构成的电子开关如图 6.82 所示。B_1 和 B_2 为两只 UGN3110U，它们分别作为开、关元件接在电路中。当无磁铁靠近 B_1 和 B_2 时，B_1 的 3 引脚输出高电平，使 VT_2 截止，故输出端输出电压 U_{OUT} 为低电平；当有磁铁靠近 B_1 时，B_1 的 3 引脚输出低电平，使 VT_2 导通，U_{OUT} 为高电平。与此同时，继电器 K_1 得电吸合，其动合触点 K1-1 闭合，使 VT_1 导通。这时，即使磁铁离开 B_1，VT_2 也一直保持导通，U_{OUT} 继续保持高电平，电路呈现“开”状态。当磁铁靠近 B_2 时，B 点产生一低电平脉冲，该脉冲使 VT_1 截止，继电器 K_1 因线圈回路切断而释放，触点 K1-1 返回动合状态，A 点又恢复高电位，VT_2 截止，U_{OUT} 又变为低电平，电路呈现“关”状态。不难看出，只要磁铁靠近 B_1 和 B_2 便可使电路实现“开”与“关”功能。

（2）绘图提示

UGN3110U 霍尔集成传感器应用电路基本绘图步骤提示如下。

① 设置绘图环境。

② 设定图层。

③ UGN3110U 霍尔集成传感器应用电路基本图形的绘制。

④ 总体调整图形布局，根据图形大小、形状做出调整。

⑤ 标注文字，连接图元。

（3）实践内容

① 阐述 UGN3110U 霍尔集成传感器应用电路基本工作原理。

② 绘制 UGN3110U 霍尔集成传感器应用电路中二极管、继电器、电容、电阻等主要元器件。

③ 绘制 UGN3110U 霍尔集成传感器应用电路原理图，如图 6.82 所示。

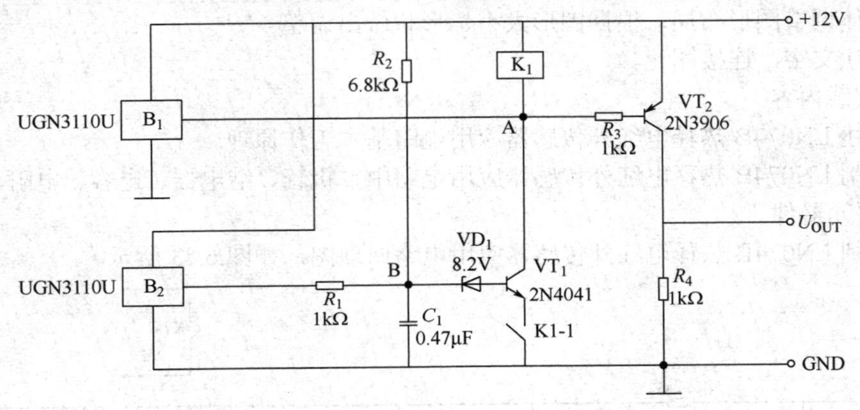

图 6.82　UGN3110U 制作的电子开关原理图

6.5.10　LN074B 热释电红外传感器应用电路

（1）识图提示

LN074B 是一种装有两个探测元件的热释电红外传感器，在工艺上将两个特性一致的探测元件进行串接，组成差动平衡电路。当外来光干扰信号和外界温度急剧变化，或受到外来震动的影响时，两探测元件的差动效应使之相应抵消，具有很好的抗干扰性。LN074B 热释电红外传感器的波长灵敏特性为 0.2～20μm，在制作探测元件的硅片上贴上了一个截止波长为 7～10μm 的滤光片，使波长小于 7μm 的非人体辐射的红外线被吸收掉，仅使波长为 7～10μm 的红外线通过，而正常人体辐射的红外线波长为 9～10μm，因此，LN074B 特别适用于人体发出的红外线进行检测，在防盗报警系统中得到了应用。

采用 LN074B 组成的热释电红外控制开关电路如图 6.83 所示，该电路主要由热释电红外传感器 LN074B、放大器、滤波器、比较器及继电器控制电路等组成。为提高接收灵敏度，在 LN074B 热释电传感器前面加装有菲涅尔透镜，可使红外探测距离增加至十几米。

当有人在探测区内移动时，LN074B 将移动人体辐射的红外线信号转换成交变的超低频信号（0.3～10Hz），该信号经低噪声前置放大器 VT_1 放大后，加至运算放大器 IC_1 的 3 脚。IC_1 采用了 PMOS 运算放大器 CA3140，它与 R_4、R_5 和 C_4 等组成低通放大器，放大增益可达 20 倍。IC_2 与 R_{P_1} 组成电压比较器。平时，探测区内无人走动时，电路处于静态，IC_2 无信号输出，VT_2 截止，继电器 K_1 不工作。当有人进入红外探测区时，LN074B 输出的低频交变信号经 VT_1、IC_1 两极放大后加至 IC_2 的 3 脚。当 3 脚的信号电压高于 2 脚的基准电压时，IC_2 的输出端 6 脚由低电平转为高电平，使 VT_2 饱和导通，继电器 K_1 得电吸合，其动合触点 K1-1 闭合，将被控电器的电源接通，实现自动控制。

VT_3和C_7、R_8、R_9、R_{10}等组成开机延时电路，当开机或调试时，可保证待主人离开现场后，控制电路才开始工作。刚开机时，VT_3导通，使VT_2基极电位钳定在0.3V左右，可确保VT_2处于截止状态。待C_7充电约20s后，VT_3处于截止状态，解除对VT_2的控制，使其处于待机状态。

（2）绘图提示

LN074B热释电红外传感器应用电路基本绘图步骤提示如下。

① 设置绘图环境。

② 设定图层。

③ LN074B热释电红外传感器应用电路基本图形的绘制。

④ 总体调整图形布局，根据图形大小、形状做出调整。

⑤ 标注文字，连接图元。

（3）实践内容

① 阐述LN074B热释电红外传感器应用电路基本工作原理。

② 绘制LN074B热释电红外传感器应用电路中二极管、继电器、电容、电阻、运放、三极管等主要元器件。

③ 绘制LN074B热释电红外传感器应用电路原理图，如图6.83所示。

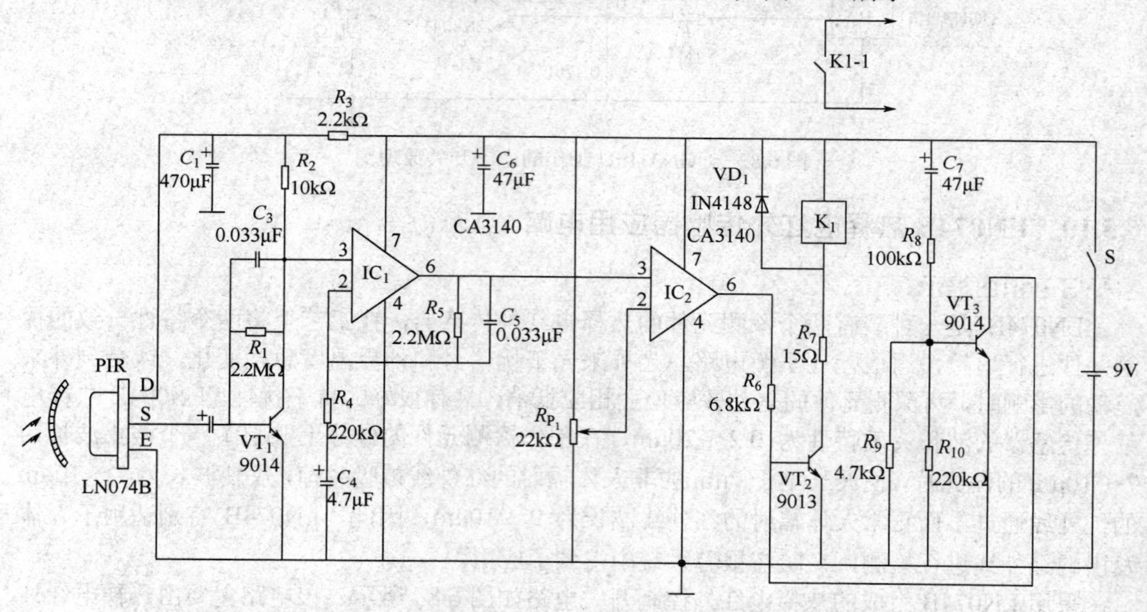

图6.83 LN074B组成的热释电红外传感器应用电路原理图

6.5.11 SD02热释电红外集成传感器应用电路

（1）识图提示

SD02是一种双元型热释电红外传感器件，两个热电探测元采用锆钛酸铅（PZT）制成。这种双元型热释电红外传感器具有以下特点。

① PZT元件具有压点效应，双PZT元件可以消除因振动而引起的误差。

② 能消除因周围环境变化而引起的误差。

③ 为消除太阳光等红外辐射的干扰，在探测元前加有一个7.5～14μm的干涉滤光片，使波长小于7.5μm和大于14μm的红外光被吸收，只允许人体发出的红外线通过。

采用 SD02 热释电红外传感制作的电子狗电路由热释电红外传感器、放大器、电压比较器、延时电路及狗叫模拟集成电路等组成。当有人走近热释电红外传感器的作用范围内时，电子狗电路便会发出模拟狗叫声，可作为防盗看门狗。当有人进入红外防范区时，SD02 将检测到人体发出的红外信号并将其转换为相应的电信号，该信号经放大和电压比较，从 A 点输出一正跳变信号。该正跳变信号经 VT_1 倒相放大后，触发由 IC_4 组成的单稳态电路翻转，IC_4 的 3 脚输出高电平，该高电平触发 IC_5 工作，其 15 脚输出模拟狗叫的音频信号，经 VT_2 放大后驱动扬声器发出狗叫。

狗叫声的持续时间由 IC_4 组成的单稳态电路的暂态时间确定，即

$$t_{\mathrm{d}}=1.1R_{16}C_{15}$$

按电路给定的参数，暂态时间为 1min。

（2）绘图提示

SD02 热释电红外集成传感器应用电路基本绘图步骤提示如下。

① 设置绘图环境。

② 设定图层。

③ SD02 热释电红外集成传感器应用基本图形的绘制。

④ 总体调整图形布局，根据图形大小、形状做出调整。

⑤ 标注文字，连接图元。

（3）实践内容

① 阐述 SD02 热释电红外集成传感器应用基本工作原理。

② 绘制 SD02 热释电红外集成传感器应用中二极管、电容、电阻、运放、三极管等主要元器件。

③ 绘制 SD02 热释电红外集成传感器应用电路原理图，如图 6.84 所示。

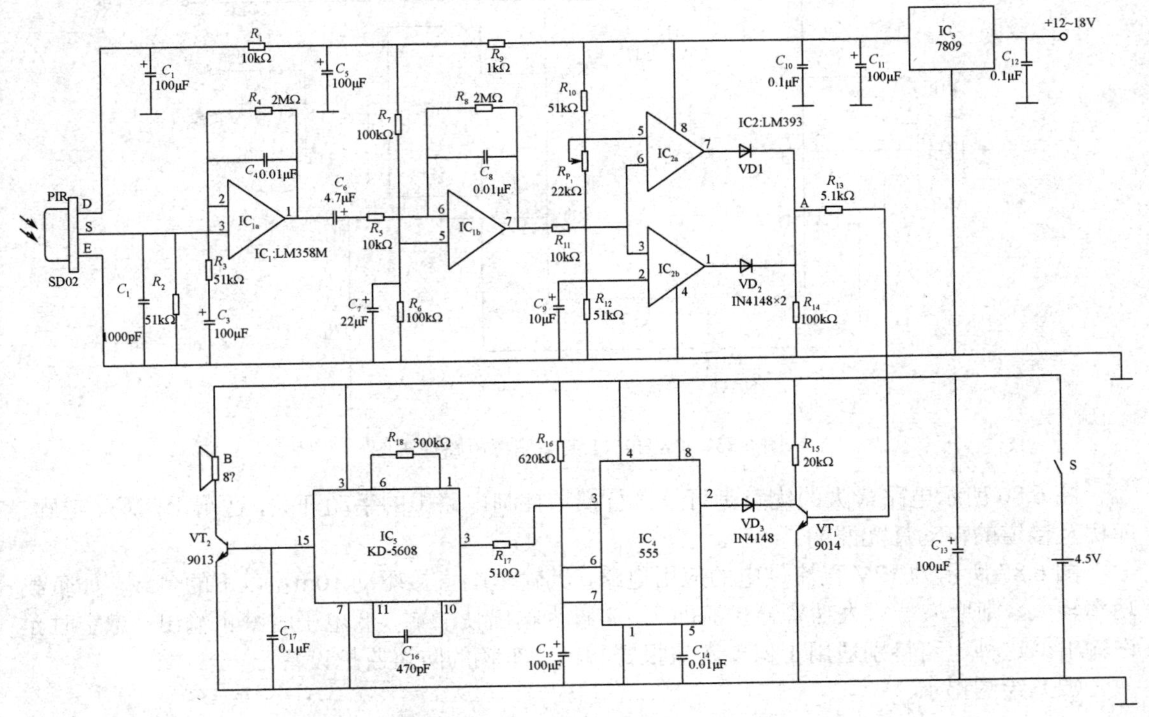

图 6.84　SD02 热释电红外集成传感器应用电路原理图

6.5.12 TWH95 系列红外探测控制模块应用电路

（1）识图提示

TWH95 系列是一种采用大规模数字电路及微型元件组成的红外探测集成器件，该器件具有监测范围宽、探测距离远、一致性好、可靠性高、外围电路简单、使用方便及无需调试等特点，特别适用于对人体的自动探测。

TWH95 系列按信号输出方式的不同有 3 种型号：TWH9511 为交流供电继电器输出型；TWH9512 为交流供电晶闸管输出型；TWH9513 为直流供电集电极输出型。

图 6.85～图 6.87 所示分别为 TWH95 系列 3 种型号的典型应用电路，接通电源后，电路即处于开机延时阶段，热释电红外传感器 PIR 经 45s 后延时结束，此时电路进入自动检测状态。如果有人进入探测区，人体辐射出的红外线被 PIR 探测到，PIR 便会将它转换为幅度为 1mV、频率为 0.3～7Hz 的微弱电信号该信号直接锁入 IC_2 的输入端 S，经 IC_2 内部两级放大及电路处理后，最后从输出端输出控制信号，去驱动晶闸管或继电器工作，最终达到人体自动控制或防盗报警的目的。

图 6.85 所示电路可广泛应用于控制电路与被控负载隔离操作的场合进行自动控制及报警，如自动门、危险区警示等。

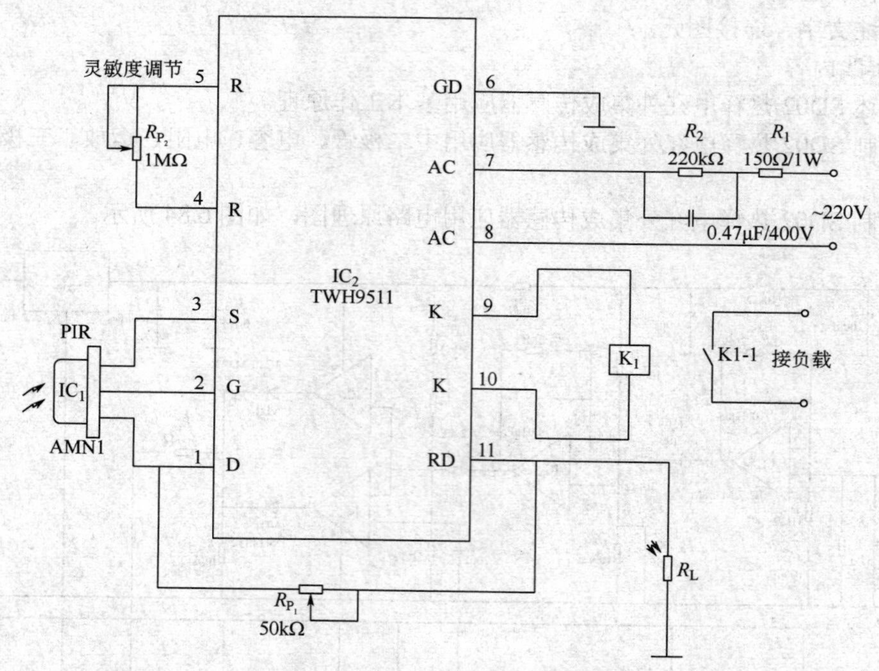

图 6.85 TWH9511 典型应用电路原理图

图 6.86 所示电路最大的优点是可直接替换原控制电路中的手动开关，适用于商场、走廊、库房及楼道的自动灯光照明。

图 6.87 所示为 12V 直流供电的应用电路，其输出端直接驱动 10mA 以下的负载。如负载功率较大，则增加一只大功率管扩流即可，2 脚为输出使能端，低电平时禁止输出，悬空时允许输出。这种电路特别适用于保安防盗报警和机动车辆的防盗监护设备。

（2）绘图提示

SD02 热释电红外集成传感器应用电路基本绘图步骤提示如下。

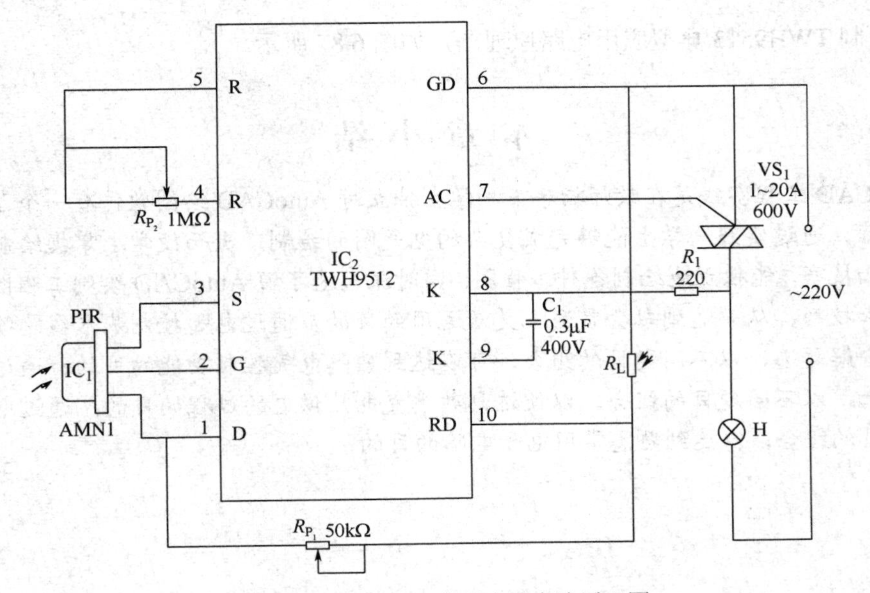

图 6.86　TWH9512 典型应用电路原理图

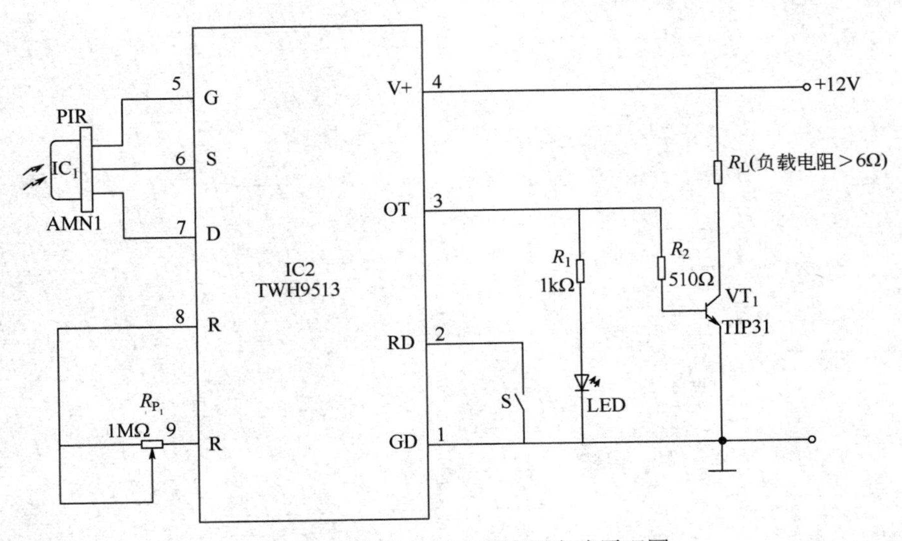

图 6.87　TWH9513 典型应用电路原理图

① 设置绘图环境。

② 设定图层。

③ SD02 热释电红外集成传感器应用基本图形的绘制。

④ 总体调整图形布局，根据图形大小、形状做出调整。

⑤ 标注文字，连接图元。

（3）实践内容

① 阐述 SD02 热释电红外集成传感器应用基本工作原理。

② 绘制 SD02 热释电红外集成传感器应用中二极管、电容、电阻、运放、三极管等主要元器件。

③ 绘制 TWH9511 典型应用电路原理图，如图 6.85 所示。

④ 绘制 TWH9512 典型应用电路原理图，如图 6.86 所示。

⑤ 绘制 TWH9513 典型应用电路原理图，如图 6.87 所示。

本章小结

电气 CAD 工程实践是在教师指导下，学生独立对 AutoCAD 绘图软件有一个了解、熟练掌握的过程，通过实践，学生能够完成复杂的电气图的绘制，进而使学生掌握绘制工程图的基本方法和技巧，能独立地绘制各种工程图；同时深入地了解 AutoCAD 绘制工程图的主要功能、方法和技巧，从而达到融会贯通、灵活运用的目的。通过电气控制基本线路绘图题选及工厂电气分解题选，以不同题目的组合，可以达到熟悉电气控制功能的目的。通过发电厂供电分解题选，以不同题目的组合，以便达到熟悉发电厂供电的过程的目的。通过电子电路题选不同题目的组合，以达到熟悉常用电子电路的目的。

参考文献

[1] 付家才．电气 CAD 工程实践技术．第 2 版．北京：化学工业出版社，2012．

[2] 全国电气信息结构文件编制和图形符号标准化技术委员会，中国标准出版社编．电气简图用图形符号国家标准汇编．北京：中国标准出版社，2009．

[3] GB/T 4728.1—2018 电气简图用图形符号 第 1 部分：一般要求．

[4] GB/T 4728.2—2018 电气简图用图形符号 第 2 部分：符号要素、限定符号和其他常用符号．

[5] GB/T 4728.3—2018 电气简图用图形符号 第 3 部分：导体和连接件．

[6] GB/T 4728.4—2018 电气简图用图形符号 第 4 部分：基本无源元件．

[7] GB/T 4728.5—2018 电气简图用图形符号 第 5 部分：半导体管和电子管．

[8] GB/T 18135—2008 电气工程 CAD 制图规则．

[9] GB/T 13361—2012 技术制图 通用术语．

[10] GB/T 14689—2008 技术制图 图纸幅面和格式．

[11] GB/T 10609.1—2008 技术制图 标题栏．

[12] GB/T 14690—1993 技术制图 比例．

[13] GB/T 14691—1993 技术制图 字体．

[14] GB/T 17450—1998 技术制图 图线．

[15] GB/T 16675.1—2012 技术制图 简化表示法 第 1 部分：图样画法．

[16] GB/T 16675.2—2012 技术制图 简化表示法 第 2 部分：尺寸注法．

[17] 管殿柱等．AutoCAD 入门教程全掌握．北京：清华大学出版社，2019．

[18] 王晋生．新标准电气制图．北京：中国电力出版社，2003．

[19] 王晋生．新标准电气识图．北京：中国电力出版社，2003．

[20] 刘玉敏．机床电气线路原理及故障处理．北京：机械工业出版社，2005．

[21] 熊辜明等．机床电路原理与维修．北京：人民邮电出版社，2001．

[22] 郑凤翼等．怎样识读电气控制电路图．北京：人民邮电出版社，2010．

[23] 解璞等．AutoCAD 2018 中文版电气设计基础与实例教程．北京：机械工业出版社，2019．

[24] 刘增良，刘国亭．电气工程 CAD．第 2 版．北京：中国水利水电出版社，2005．

[25] 麓山文化．中文版 AutoCAD2016 电气设计实例教程．北京：中国电力出版社，2016．

[26] 舒飞等．AutoCAD 2005 电气设计．北京：机械工业出版社，2005．

[27] 杨中瑞，叶德云．电气工程 CAD．北京：中国水利水电出版社，2004．

[28] 邵群涛，电气制图与电子线路 CAD．北京：机械工业出版社，2005．

[29] 云杰漫步科技 CAX 设计室．AutoCAD 2010 电气设计．北京：北京希望电子出版社，2010．

[30] 天工在线．AutoCAD 2018 电气设计从入门到精通 CAD 教程．北京：水利水电出版社，2018．

[31] 闫聪聪，刘昌丽．AutoCAD 2016 中文版电气设计实例教程．北京：人民邮电出版社，2017．

[32] 胡仁喜．AutoCAD 2018 中文版电气设计实例教程．北京：机械工业出版社，2017．